论当代的科学知识民主

尚智丛 等 著

世界图书出版公司
北京·广州·上海·西安

图书在版编目（CIP）数据

论当代的科学知识民主 / 尚智丛等著 . —北京：
世界图书出版有限公司北京分公司，2024.1
ISBN 978-7-5232-0877-9

Ⅰ . ①论… Ⅱ . ①尚… Ⅲ . ①科技政策—研究—中国
Ⅳ . ① G322.0

中国国家版本馆 CIP 数据核字（2023）第 207602 号

本书为国家社会科学基金项目“科学知识的民主问题研究”成果
（项目批准号 15AZX007）

书　　名　论当代的科学知识民主
LUN DANGDAI DE KEXUE ZHISHI MINZHU

著　　者　尚智丛 等
责任编辑　邢蕊峰
封面设计　彭雅静

出版发行　世界图书出版有限公司北京分公司
地　　址　北京市东城区朝内大街 137 号
邮　　编　100010
电　　话　010-64038355（发行）　64033507（总编室）
网　　址　http://www.wpcbj.com.cn
邮　　箱　wpcbjst@vip.163.com
销　　售　新华书店
印　　刷　中煤（北京）印务有限公司
开　　本　787mm × 1092mm　1/16
印　　张　33.625
字　　数　500 千字
版　　次　2024 年 1 月第 1 版
印　　次　2024 年 1 月第 1 次印刷
国际书号　ISBN 978-7-5232-0877-9
定　　价　98.00 元

目 录

导言：时代的召唤

“科学与民主”是一个由来已久的话题。长期以来，人们认为二者分属于认识与政治两个不同的领域。当然，正确的认识有助于建立良好的政治秩序、开展正确的政治活动；而反过来，良好的政治秩序可以促进认识的发展。因此，人们往往从科学启迪心智，激发民主追求，社会民主保障科学自由探索等角度讨论这一话题。然而，随着20世纪后期大科学的产生，科学知识生产不再是个别聪颖之士的智力创造，它本身已成为典型的社会化生产活动。同时，伴随知识经济中后福特式生产体系和国家创新体系的形成，科学知识生产成为一种基本的社会生产形式，并为经济生产和社会生活提供必不可少的要素——科学知识。在这一背景之下，科学知识的生产和应用[①]就成为一个多元主体参与的过程，其本身就存在多元主体的平等参与、主张表达、交流磋商和共识形成，即民主问题。同时，科学知识的生产与应用也成为国家治理和社会治理的重要部分。此时，探讨科学与民主就需深入到科学知识生产和应用的具体过程，分析其中的多元主体参与以及由此推进的社会民主进程。这大大不同于以往的状况。这是时代进步提出的新问题。这也正是本书选择“科学知识民主”为题的原因。

① 科学知识的传播与应用是紧密联系在一起的，传播为了应用，应用依靠传播。本文将科学知识的传播与应用结合在一起论述，称为“科学知识的应用”。

第一节　科学知识民主及其形成

自17世纪科学革命以来，科学技术蓬勃发展，推动人类社会快速进步。此后400多年间，人类社会先后出现了以蒸汽动力技术、电力技术、原子能技术和信息技术为基础的大规模产业革命。社会生产方式和生活方式因之发生根本性变革，科学技术也因此成为塑造社会秩序的重要因素。另一方面，社会化大生产方式的确立及深入发展、社会生活的组织化程度日益提升以及民主运动的高涨，也深刻影响了科学技术的发展方向、规模与速度。科学与社会秩序呈现出相互促进、交织发展的共生现象（the co-production of science and the social order），且愈演愈烈。进入21世纪，信息科学技术、生物科学技术、新能源科学技术、新材料科学技术等多学科交叉融合，正在引发新一轮科技革命和产业变革。这将给人类社会发展带来新的机遇。科学知识民主是当代知识经济与知识社会中一类独特的民主实践，是指在当代具有情境化、跨学科、异质性与网络型等特征的知识生产和应用过程中，各类利益相关者自由平等地参与、表达主张、交流磋商和达成共识。它形成于20世纪后半叶以来所发生的两种剧烈社会变迁过程之中：其一是科学知识的快速增长和知识社会的形成；其二则是社会民主的高涨。

一、科学的快速增长和知识社会的形成

文艺复兴运动解放了人性，人的情感和理性得以倡扬。饱含人类情感和理性的哲学、文学、艺术和科学繁荣灿烂，创造出人类历史上前所未有的智慧之花。与此同时，弘扬人的尊严，追求自由与平等，也成为反对神权、解放人性的具体目标。伴随文艺复兴与宗教改革的深入发展，17世纪爆发的资本主义与科学革命创造了一个崭新的现代社会形态。

科学一般被理解为关于自然界现象间因果规律的知识体系，即自然

科学知识，以及生产这类知识的科学实践活动。18世纪产业革命以后，人们用以控制和改造自然的技术逐步摆脱了经验范畴，出现了依靠科学而发展出来的高效精准的现代技术，诸如电力技术、原子能技术、信息技术、生物技术等等。学者们称之为“科学技术”，以区别于以往年代中的经验性技术。20世纪以来，科学与技术的结合日益紧密，出现科学技术一体化趋势。在阐述20世纪科学技术发展之时，学者们一般使用“科学技术”、“科技”甚或“科学”泛指二者。本书在不特别说明的情况下，以“科学”泛指一体化的科学技术。

著名科学计量学者普赖斯（Derek J. de Solla Price）在其《小科学，大科学》一书中描述现代科学的发展：科学的基本特征是呈指数增长，每10～15年就要翻一番，远远高于人口的增长和经济的发展速度。国家用于科学事业的人力和物力的支出，使其成为国民经济中重要的一环。以科学论著和科研人员数量以及科学研究资金投入来计算，自18世纪以来的250年中，每半个世纪科学都会增长一个数量级，到20世纪中叶已经到达了5个数量级，即10^5。普赖斯认为科学发展的指数增长到达一定界限，将会放缓，呈现逻辑增长曲线，即S型曲线（如图0-1）。由于科学事业中的人为因素的影响，S曲线也会以振荡或阶跃状延伸①。

在科学发展的推动之下，18世纪以后人类社会经历了分别以蒸汽动力技术和电力技术为标志的两次技术革命，建立起以大机器为基础的社会化大生产体系。进入20世纪，爆发新一轮科学革命，相对论、量子力学、量子化学、分子生物学和计算机科学的发展带来第三次技术革命。此番科学革命与技术革命相互激荡，理论突破与技术创新彼此促进，上演了一场狂飙猛进的新科技革命。这次科技革命自20世纪40年代末从美国开始，逐步扩展到西欧、东欧、亚洲乃至世界各地。时至今日，以信息技术、人工智能、纳米材料和分子生物学技术为标志，新科技革命深

① Price D. S., *Little Science, Big Science*, New York: Columbia University Press, 1963, p.2, 8, 21.

刻地改变了人类社会的生产方式与生活方式。许多新兴的产业部门迅速崛起，如精细化工业、核工业、电子信息技术产业、智能科技产业、航天工业、激光工业、生物工程、转基因生物农业、生物医疗、光导纤维以及新材料、新能源、海洋开发等新产业部门。自20世纪70年代起，经济发展与社会进步跨入了一个新的时代，即知识经济与知识社会的时代。

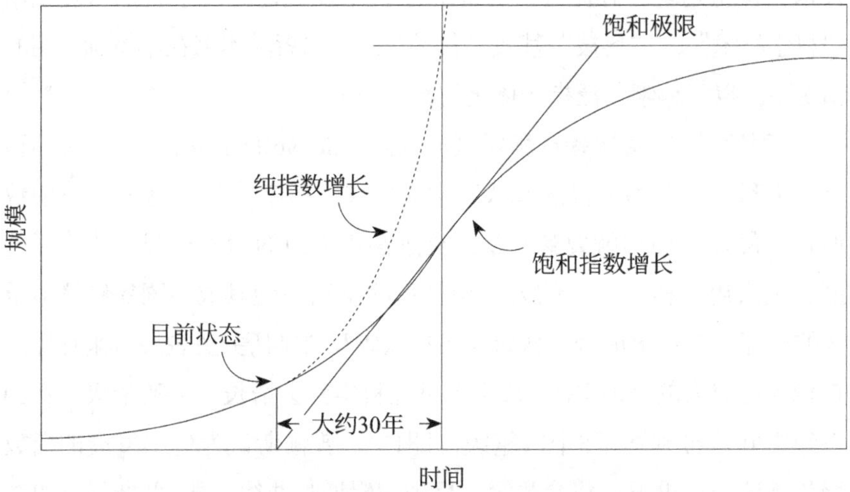

图0-1　科学增长的S型曲线（逻辑增长曲线）

图片来源：Price D., *Little Science, Big Science*, New York: Columbia University, 1963, p.21。

在这场深刻的变革中，有两种社会变迁过程协同并进。其一是社会生产体系重组与国家创新体系的建立。其二是大科学取代小科学，成为科学发展的主要方式。

（一）社会生产体系重组与国家创新体系的建立

20世纪70年代以后，立足于大规模批量生产方式的资本主义经济遭遇了严峻的挑战，难以维持一定的利润率。在这种情况下，发生了由“福特式”生产体系向“后福特式”生产体系的转变，生产过程被拆解成不同的部分，并将之分配给专门的承包人。这些承包人凭借其专长使服务和技能对市场和技术变迁做出迅速的反应。这种生产体系由此获得了最大的灵活性，保持对技术与市场变化的快速与准确的反应，从而保持低成本。后福特式生产体系的确立为产业部门与大学和科研机构建立紧密的商业联系提供了机会。与此同时，美欧多国政府大幅降低了对传统意义上的学院式学术研究的支持力度，大学等学术机构被迫去发现和确立自己所能胜任的产业领域。在这一过程中，一些大学教授联合企业建立研发中心，或者以技术入股的方式加入企业，将个人的研究成果加以商业应用。至20世纪末期，大学已经直接参与到产品生产阶段，基础研究—应用研究—工业生产三个阶段不断循环交替，实现了整个科学技术水平和产品的不断提升。在这一过程中，以微软、谷歌、英特尔、杜邦、孟山都等为代表的一大批科技型企业逐步成长起来，成为重组后的新资本主义经济体系的支柱。这一新经济体系被经济与合作发展组织（OECD）命名为知识经济。

20世纪80年代以后，许多国家将大学与产业部门的紧密结合以及公共知识部门的商业化作为经济发展中国家产业政策的替代物，纷纷建立国家创新体系，试图营造一种技术创新的总体环境，通过推进技术创新而实现产业发展，以此应对经济不景气的状况。这一政策导向的直接后果是出现了科学园区，带动了区域发展。美国的斯坦福、坎布里奇和英国的剑桥成了科学园区发展的成功典范。20世纪80年代以来，世界各地先后建立了许多诸如此类的园区，并将之作为实现技术转移、增加就业机会的关键机制。知识经济由此确立下来。

科学研究商业化以及大学与产业的密切结合标志着人类社会正在经历着一次新的学术革命。在这次学术革命中，大学等学术机构的研究直接为农业、工业、医药和军事的发展服务。大学与产业联合的研发活动造就了跨社会建制的新型社会结构（transinstitutional structures），人类社会步入知识社会形态①。

---

① [美]希拉·贾撒诺夫等编：《科学技术论手册》，盛小明等译，北京：北京理工大学出版社，2004: 385–386。

（二）大科学成为科学发展的主要方式

1961年，温伯格（Alvin M. Weinberg）通过对比发现，当代科学与历史上的科学存在明显不同的特征，诸如规模巨大、耗资巨大、参加者众多等特征，因而称之为大科学①。普赖斯通过科学计量，也发现当代科学论文、科学期刊、科学发现、研究经费、科研人员等指标呈指数增长，当代科学已经打破了过去的传统，进入了一个新时代。他认为："当代科学的优越表现不仅像金字塔那样耀眼，而且，国家在人力和财力上的巨大投入已让它成为国家经济中的重要组成部分。"②"二战"中，美国开启了曼哈顿工程，科学家们的集体合作实现了制造原子弹的目标，加速了战争的结束。之后，曼哈顿工程的研究模式成为科学研究的样板，阿波罗计划、人类基因组计划、阿尔法磁谱仪实验等科学研究都采取了类似模式，科学知识生产也由此显著地从小科学时代进入大科学时代。

大科学的组织方式通常由少数政治精英与科学精英统帅，"由上而下"进行，将大量科研经费和各种复杂昂贵的设备、众多实验室和科研人员进行合理的分工与合作。由于知识专门化程度的提升，科学家之间的协作变得复杂。这种组织形式可能并不完美，有些有能力的人并没有参与，而有些参与者可能并不具备应有的能力。与小科学不同，大科学在依靠论文进行交流的同时，更多地采用面对面的直接交流。这一过程改变了科学家对工作和同事的情感和态度。同时，大科学内在的反馈机制进一步加强了精英科学家在科学领域内的地位和权力，以及他们同社会和政治力量的联系③。相对小科学时代个体科学家影响巨大的情形，大科学时代科学家团体对社会秩序的影响愈来愈大。由于大科学时代的

① Weinberg A. M., "Impact of Large-scale Science on the United States", *Science*, Vol.134, No.3473, 1961, pp.161-164.

② Price D. S., *Little Science, Big Science*, New York: Columbia University Press, 1963, p.2.

③ Price D. S., *Little Science, Big Science*, New York: Columbia University Press, 1963, p.2, pp.86-91.

科学知识生产是在国家总体目标的指导和大规模公共资金的资助之下进行的，大科学的知识生产已经成为一种影响社会发展的重要公共资源，在塑造和影响社会秩序中发挥着日益突出的重要作用。

大科学项目消耗了大量公共财政支出，以解决重大社会问题。尽管科学家在界定和追求自己的研究议程方面仍然享有相当大的自由，但是，政治家们认为应当为巨大的科学支出进行辩护并展示其显著成果。其结果是在争取探索性研究的自由与满足日益增长的目标型研究这二者间形成一定的张力。科学家必须在这二者间寻求平衡。大科学时代，科学欺诈、不端行为和科研伦理成为人们严重关切的问题。私营部门对公共管理决策中是否充分使用了科学知识提出质疑。此外，还出现了另一种情景。苏联解体之后，全球政治格局发生巨大变化，知识和权力向跨国公司内部集中，国家权力受到侵蚀。跨国企业凭借其全球布局的优势，可以避开某一国家或地区的法律限制，在全球寻求技术与资本的扩张机遇。跨国企业的经济与社会影响力有时超越了国家。随着全球竞争的加剧，不仅是国家利益，就连企业利益也与科学技术更紧密地结合在一起①。

社会生产体系重组、国家创新体系的建立和大科学的形成使得科学研究不再是少数聪慧超群人士的智力游戏，相反，变成了一种人类社会存在与发展不可或缺的、基本的、惯常的生产方式。这种生产方式的产品即科学知识，是其他社会生产方式的重要资源。通过重组，社会生产体系安排特定部门完成科学知识生产。科学职业也不再由少数天资卓著者承担，相反，越来越多的智力平平者进入到科学中来，科学职业群体日益庞大。早在1938年，英国科学家贝尔纳（John Desmond Bernal）就观察到20世纪人类社会的这一巨大变化。他认为，把科学看作一种纯粹的、超脱世俗事物的传统信念，只不过是一种逃避现实的幻想，

① Jasanoff S., "Science and Democracy", in Ulrike F., Fouché R, Miller C. A., Smith-Doerr L (eds.), *The Handbook of Science and Technology Studies*(4th ed.), Cambridge: MIT Press, 2017, p.260.

甚至是一种可耻的伪善①。作为现代社会的一种惯常生产方式，科学知识的生产并不仅仅由自然界因素和科学家的认知结构决定，相反，它不可避免地受到各种社会因素的影响，诸如经济财力、人力资源、物质资源、军事防务需求、国家治理需求、社会伦理观念，甚或社会意识形态等。这正如现代社会的物质资料生产一样。事实上，20世纪的科学哲学家、科学史家、科学社会学家，都注意到了这一点。以库恩（Thomas Samuel Kuhn）为代表的科学历史主义学者和以默顿（Robert King Merton）为代表的科学社会学学者开展了诸多研究。20世纪70年代以后，随着拉图尔（Bruno Latour）和伍尔加（Steve Woolgar）把民族志研究方法引入到实验室观察之后，许多历史学家、人类学家、社会学家纷纷尝试说明科学知识生产是一种怎样的社会互动过程，从而建立起各种科学的社会建构理论。尽管这些科学的社会建构论并不否认科学知识中的自然因素，却提出：社会因素在科学知识的生产过程中发挥着积极且重要的作用；科学知识是在特定社会历史条件下，由人的科学实践活动“建构”而成，具有明显的地方性（local）；科学的普遍性其实是在科学实践方式的逐步拓展中形成的，是地方性知识广泛传播的结果。

20世纪后半叶以来，科学知识生产与人类社会各种生产方式深刻地交织在一起。它成为经济社会发展的创新源泉，同时也带来诸如核泄漏、环境破坏、潜在生物风险等巨大的经济社会风险。它与现实世界的政治权力和文化生活紧密结合，既为国家治理服务，又为政治权力所左右。科学与民主政治出现复杂的互动关系，这种关系不仅体现在政治支持或阻碍科学，以及科学促进民主政治等外在方面，也体现在知识生产和应用过程中多元参与者的权利分配等内在方面。深入分析科学与当代民主政治这一复杂的互动关系，成为20世纪后期重要的理论研究与实践课题。

① [英]J. D. 贝尔纳：《科学的社会功能》，陈体芳译，桂林：广西师范大学出版社，2003: 4。

这一课题的核心是："人民拥有怎样的科学技术知识才能确保国家权力遵循民主理念？其中主要问题诸如：国家权力如何理解科学？政治如何塑造科学？科学如何约束政治权力？政治上弱势群体能否利用知识来影响权力决策？换句话说，如果民主政府要求民众在提出和解决公共问题的技术基础方面发挥作用，那么，需要哪些资源来促进这种参与？"①

二、社会民主的高涨

民主（Democracy）的本质在于保护人的权利与自由。自古希腊以来，随着社会历史条件的变革，人类社会演变出多种民主形式。民主产生于政治领域，其词源学上的含义是人民（demos）的统治（cracy）或人民主权，指一种既区别于君主制（一个人的统治）又区别于贵族制（少数人的统治），而由全体人民平等地、无差别地参与国家（公共事务）决策与管理的统治形式。

古希腊时期，雅典政体是民主政体的典型代表。雅典政体的民主特色主要体现在两方面。一是制度安排。其政治制度最早体现了主权在民、权力制约等特点，其中最重要的三个机构，分别是公民大会、五百人议事会和民众法庭。作为最高权力机关，所有合法的公民均有权在公民大会上发言，参与辩论并表决；作为公民大会之外负责日常事务的权力机构，五百人议事会的成员由抽签产生并轮流执政；民众法庭的成员也由抽签产生，并根据少数服从多数原则审理案件。二是制度背后的政治观念与文化。雅典民主普遍信奉公民美德，并把人民献身于城邦政治作为实现美德、发展自我的一种重要方式。基于这种同质化的社会文化背景，雅典公民的生活并没有公私之分，直接参与城邦公共事务的决策

① Jasanoff S., "Science and Democracy", in Ulrike F., Fouché R, Miller C. A., Smith-Doerr L (eds.), *The Handbook of Science and Technology Studies*(4th ed.), Cambridge: MIT Press, 2017, p.259.

与管理，既是一种政治的原则，也是一种生活方式；既是一种权利，更是一种义务。因此，雅典民主是一种由全体公民参与的直接民主，民主是实现自我本质的目标，同时也是手段。然而，这种直接民主一方面将雅典推向繁荣，另一方面也带来了各种社会问题，苏格拉底之死便是最好的例证。

作为首次出现的民主形式，雅典彰显了民主的最初的也是本质的定义，即人民的统治；同时也标榜了民主最主要的两种价值：自由和平等。作为一种公民参与的、自我积极管理的统治形式，它优于其他统治形式。然而这种简单直接的民主形式也存在令人诟病的局限性，民主过程缺乏自我纠错机制，缺乏法律的限制，缺乏保护少数的原则。单纯依靠少数服从多数的原则并不能保证决策的正确性，也不能保证所有公民的言论和思想自由，因而极易产生多数人暴政的危害。

这一时期著名的思想家柏拉图和亚里士多德对民主持批判态度。他们认为政治统治需要专业的知识和技能，统治者必须是接受过良好教育、聪明而有智慧的人，而民主却把权力赋予了没有受过教育、愚昧无知的民众。这些人很难对问题形成正确的看法，他们一旦获得参与政治的权利就会变成集体暴君。因此，柏拉图和亚里士多德并不把民主看作一种允许所有人享有同等政治权利的、公平的制度，而把它看作数量占多数的穷人对富人横行霸道的制度，是一种群氓政治[①]。

在柏拉图和亚里士多德之后，民主便被打上了“多数暴政”的标签，并被视为政治堕落的表现。直到17世纪资产阶级登上政治舞台之后，民主在经历了一系列重要的改造之后才重返政治舞台。现代民族国家，无论其国土面积还是人口数量，其规模早已不适合采用小国寡民的城邦式直接民主。直接民主的弊端更是民主实践中必须克服的障碍。现代政治思想家们进一步发展中世纪英国起源的代议制民主制度，将之拓展为适应现代社会平等与自由要求的民主形式。自1688年英国确立君主

① 王绍光：《民主四讲》，北京：生活·读书·新知三联书店，2014: 14。

立宪制以后，民主思想在世界范围内广泛传播，各种代议制民主政体也相继建立起来。民主政治成为现代国家治理的标志之一，社会民主在全球范围内持续高涨。

代议制民主是指全体人民或大部分人民通过由他们定期选出的代表行使最后的控制权，这种权力在每一种政体中都必定存在于某个地方[①]。代议制民主具有以下几方面特点：一是人民主权。国家和政府的产生来源于社会契约，由于政府权威是由人民所赋予，建立政府的目的就是保护个人生命财产的安全与自由。如果政府没有达到这些目的，那么作为授权人，人民有权废除它们。二是代议制与代表权。由于地域及人口限制，更是为了避免多数暴政的危害，人民通过选举代表自身利益的代表，来参政和议政。这些代表既站在公共善的立场为不同群体的利益诉求发声，同时又理性地审视公民的不同意见。需要注意的是，代议制民主遵从少数服从多数的原则，但其前提是尊重并保护少数。任何部分的人都应该有自己的代表（当然是按比例的），少数与多数一样都享有充分的代表权。三是三权分立与权力制衡。自古以来的经验表明，所有拥有权力的人，都倾向于滥用权力，而且不用到极限决不罢休。孟德斯鸠提出，为防止权力滥用，必须用权力制约权力，合法政府形式必然遵守立法、行政与司法三权分立的原则，通过权力间的相互制衡来保障公民的自由[②]。四是自由与法治。与古希腊民主崇尚美德不同，近代民主的主题是维护公民自由。公民自由可以从积极和消极两方面来理解。积极自由是指个人在影响他们日常生活的绝大多数事物中可以追求自己的偏好，涉及思想自由、言论自由、信仰自由、个性自由等；消极自由是指公民的个人权益不受压倒一切的政治权威的侵害。因此，为了维护自由，必须对国家的权力加以限制。限制国家权力的有效手段就是制定宪法以及与之相契合的各项法律，国家和政府的各项活动必须遵循宪法

---

① [英]J. S. 密尔：《代议制政府》，汪瑄译，北京：商务印书馆，2011: 65。

② [法]孟德斯鸠：《论法的精神》，许明龙译，北京：商务印书馆，2011: 185。

和法律的要求。代议制民主作为一种间接民主形式，从根本上转变了民主的参照系，较好地解决了公民参与和政府效率的矛盾关系，它既作为负责又可行的政治制度而得到赞美，又能在广袤的国土上和漫长的时间跨度内保持稳定①。然而，代议制民主在实践过程中也暴露出明显的缺陷：一是依据少数服从多数原则进行投票存在悖论，即“阿罗不可能性定理”。这一悖论揭示了多数人的投票选择并不能反映多数人的意志。二是由于信息不足及缺乏审慎思考，即使由公民决定，一定程度上也是碰运气或被操纵的结果。三是代议制容易导致官僚主义统治，由此导致人民与代表的分离。代表并不一定代表公共利益，公民实际上被排除在政治生活之外，因而对政治生活普遍持冷漠的态度。

尽管在理论与实践两个方面，社会民主都存在不足，然而，17世纪以来民主进步的趋势确是愈演愈烈，至20世纪，民主已成为世界各国人民最嘹亮的呼声。

三、科学知识民主的提出

20世纪以来，在科学技术的推动之下，社会化大生产体系在全球范围扩展，世界经济与文化繁荣发展，越来越多的人开始关心自身的权利与自由。在这一背景之下，传统民主理论开始受到各种质疑与批判，民主思潮呈现出百家争鸣的繁荣景象，其中呈现出两条背道而驰的主线。一条是从实证主义出发，坚决捍卫代议制民主形式的精英主义倾向；另一条是为解决代议制民主的弊端而向直接民主的复归，发展出一种半直接形式的参与民主（participatory democracy）和协商民主（deliberative democracy）。

精英主义从经验和实证角度出发，认为20世纪的社会结构、政体和文化都发生了新变化。在新科技革命影响下，社会生产方式的发展要求

① [美]赫尔德：《民主的模式》，燕继荣等译，北京：中央编译出版社，1998: 148。

国家加强对经济和公共事务的干预，增强自己的管理与决策职能，国家权力重心逐渐由议会转移到行政机关。行政机关的膨胀不可避免地带来了官僚主义的盛行，官僚主义的发展实际上导致一定程度的政府与民意的脱离。面对这样的社会现实，精英主义者选择承认并捍卫这种现象，认为由于人天生是不平等的，社会本质上就是少数领袖或精英对社会绝大多数的统治。精英民主论代表人物熊彼特（Joseph Alois Schumpeter）提出：民主政治并不意味也不能意味人民真正在统治。就“人民”和“统治”两词的任何明显意义而言，民主政治的意思只能是：人民有接受或拒绝将要来统治他们的人的机会①。在精英民主论者看来，民主并不是促进公民共同利益实现和发展公民美德的基础，它只不过是产生精英、为精英统治提供合法性依据，并保持精英统治富有效率的关键机制或过程。

20世纪70年代，人类社会跨入知识社会，精英主义以技术统治论（Technocracy）表达出来。这一观点认为，后工业社会是一个知识社会，专业知识处于中心地位，政府决策越来越离不开专业知识的支持，政治过程需要科学家和知识分子的积极参与，因而知识分子阶层将逐渐成为主宰社会的统治阶级。精英主义倾向的代议制民主模式迎合了西方上层社会的需求，并对社会经济和政治生活产生了深刻影响。这种模式并没有很好地解决严峻的社会矛盾，反而加剧了公民对政府甚至专家的不信任，加剧了社会的不平等。尤其在知识社会中，这一民主模式并不能解决由于认知鸿沟加大而产生的愈益严重的不平等现象，也不能避免知识在应用和决策过程中产生的不确定性、风险和负面影响。

为克服精英主义代议制民主的弊端，一些学者试图超越现存缺陷并实现直接民主，为此，他们提出一种强调参与和协商的半直接民主形式，即参与民主或协商民主。这种民主模式在代议制基础上强调公民参与并形成共识的过程，这有助于矫正代议制民主的不足，增强公民与政

① [美]熊彼特：《资本主义、社会主义与民主》，吴良健译，北京：商务印书馆，2011:415。

府的联系。在知识社会中，科学知识和民主思想成为形塑社会秩序的重要力量，而民主制度则成为社会秩序的核心部分。这种半直接的民主形式同样有助于解决当前存在的与知识相关的不平等现象，保障人权的实现和社会可持续发展，并发展成为依托于知识这一中心资源的知识民主。

1927年，美国哲学家约翰·杜威（John Dewey）与记者沃尔特·李普曼（Walter Lippmann）之间曾发生一场著名的辩论。杜威坚信：教育的力量可以培养充分知情的政治；公众可以围绕共同关心的话题，获取必要知识，实现合理自治[①]。相比之下，李普曼则颇为悲观。他认为：金钱和权力使普罗大众与政治疏远。这些权力中就包括大众媒体误导和操纵舆论的权力。在这样的世界里，公众是虚构出来的。李普曼关于公民的说法是："理论上他统治，但实际上他不执政。"[②] 20世纪初期是一个进步的时代，这场辩论体现出当时的思想家们对促进社会进步的焦虑。半个多世纪过去后，20世纪后期以来的变化，使我们看到杜威的乐观预见正在实现，李普曼的悲观焦虑逐渐消退。教育普及，特别是高等教育的普及，以及信息交流的便捷和自媒体的产生，都使得公众参与公共治理逐步成为现实。知识民主正在逐步形成。

知识民主意味着这样一种理想的民主社会，在这个社会中，主导性和非主导性的行动者都有平等的机会和能力来发展知识，从而为社会问题的解决做出贡献。知识民主在知识的获取、共享以及应用等方面，不存在针对哪一人群的任何偏见[③]。知识社会中知识已成为建构社会秩序的基础因素。从知识的平等关系到社会公平正义秩序的建构，都需要发展一种在知识生产和应用阶段容纳所有主体平等和自由参与以及理性协

① Dewey J., *The Public and Its Problems*, New York: Holt, 1927.

② Lippmann W., *The Phantom Public*, New York: Macmillan, 1927.

③ Bunders J. G. et al., "How Can Transdisciplinary Research Contribute to Knowledge Democracy?", in In't Veld R. J. (eds.), *Knowledge Democracy: Consequences for Science, Politics, and Media*, Berlin: Springer, 2010, pp.125-152.

商的民主形式。

从其发展历程来看，民主不仅仅是一种政体，更主要的是一种互相关联的生活方式和共享的经验交流模式[①]。具体而言，民主包含三种含义：其一，一种人民统治的政体；其二，一种人人平等、通过协商和表决的公共决策方式；其三，一种在公共事务中，追求自由、平等、参与的精神。从其产生的时间顺序上看，民主的首要含义是第一种含义，其次是第二种和第三种含义；但是，从逻辑顺序上看，民主的首要含义是第三种含义，第一种和第二种含义是民主精神的具体表现形式。只有具备了民主的精神，才会在具体实践中运用，这也是民主之所以会不断扩大其运用领域的原因。民主的具体实践之所以最先发生在政治领域中，是因为政治领域最早形成一种正式的公共事务，随着其他领域表现出类似的特征，民主作为一种人类精神的追求，必然不断扩展。

民主是“人类对分歧与争端的一种秩序的解决方案”[②]，是公共事务中不同背景和观点的成员之间，通过平等的观点表达和讨论互动，彼此相互理解和达成一致意见的实践和追求。在解决存在分歧与争端的公共事务中，民主不是最有效的和最节约社会资源的处理方式，在达成一致意见之前往往需要花费很多金钱和精力；也不是最高尚的解决方式，它充满着彼此之间的利益争端；但它以非暴力方式和少数服从多数原则解决争端，防止了专制可能带来的灾难，并调动了人们解决问题的积极性。因此，民主成为最有吸引力和适用最广泛的处理方式，几乎所有争论的解决和公共事务的管理都号称是以民主的方式进行的。在“人民的统治”这个民主的基本含义中，“人民”和“统治”的含义不仅在不同历史时期不同，而且在同一时期中也充满了争论。但是，这并没有影响人们对民主的追求和民主适用范围的扩展，民主体现出一种人们对理想

---

① Dewey J., *Democracy and Education: An Introduction to the Philosophy of Education*, Delhi: Aakar Books, 2004, p.93.

② 薛洁：《偏好转换的民主过程——群体选择的困境》，吉林大学博士学位论文，2006: 107。

的追求，它在实践中不断发展和完善。本书中的“民主”主要是指在公共事务中，人人平等地参与、自由表达主张、交流磋商、最终达成一致意见的集体决策精神和方式。

公共决策以追求最大的善为目的，但在决策中往往出现一些有关规范的争议，诸如，谁应当来定义“善”？谁的经验可以作为公共知识的基础？决策过程中怎样的付出和收益才是匹配的？这些争议暴露出公共认识论的内在矛盾。在当代知识社会中，知识（这里主要指科学知识）渗透到公共决策的每一个环节，是决策判断的核心因素，不了解相关的知识就无法对决策及其影响形成独立的判断。因此，在对公共事务进行民主投票表决之前，个人是否了解相关知识成为其能否真实表达自己意愿的基础。

另一方面，当代科学研究已经不能由个体科学家单独来完成，也不能单独由科学共同体和自然事物来完成，而是涉及众多异质行动者，建立在经济、社会和法律的保障之上而完成的①。生物医学研究就是一个典型例子。患者提供了研究材料，医院收集研究材料和建立生物信息库，科学家进行实验研究，制药公司进行研发和药物测试。所有这些参与者协调一致，才能最终完成一项研究。这期间会出现争议，在法律、政策、规章制度以及伦理规则等规范约束下，通过磋商可以消除争议，达成一致。科学研究形式的改变造成了传统社会中权力和利益的重新分配，对资源的界定和资源支配的权力发生了改变，民主的真正实现，必须首先实现科学知识民主。

科学知识民主就是指在当代具有情境化、跨学科、异质性与网络型等特征的知识生产和应用过程中，各类利益相关者自由平等地参与、表达主张、交流磋商和达成共识。它要求不仅实现科学治理的民主化，而且，要实现科学知识生产和应用的民主化；不仅是科学共同体内部的

① Jasanoff S., *The Ethics of Invention: Technology and the Human Future*, New York: W. W. Norton & Company Inc., 2016, p.202.

民主，也是政府和公众的民主。它不仅是由科学知识在当代公共决策和民主中的地位所决定的，也是由科学知识的发展和民主条件的发展所决定的。科学知识民主的实践和理论探讨重新定义了一些基本政治概念，诸如：公民身份（citizenship）、国家（the state）、政治文化（political culture）、公共理性（public reason）、法治主义（constitutionalism），以至“民主”（democracy）自身。

第二节　科学知识民主的当代彰显

20世纪70年代以后，科学知识民主持续高涨。这不只是思想理论的探索，更是社会实践的持续扩张。20世纪以来，科学在提高人类福祉的同时，也产生了一系列负面影响。无论是科学共同体还是社会公众，对科学知识生产和应用都产生了持续不断的意见分歧。多元主体参与科学知识的生产和应用，成为一种持续扩张的现象。以往人们普遍持有一种简单的观点：科学知识是客观真理；掌握了科学知识，就能够很好地理解自然、社会与人自身，就能够实现社会民主。如前所述，这一观点助长了精英主义的技术统治论，恰恰与社会民主背道而驰。在这一背景下，科学知识民主在理论反思和实践探索两个方向发展，主要体现在如下三个方面：关于科学知识客观性的反思、当代科学知识生产方式变革和知识应用中价值负载所提出的民主要求。

一、关于科学知识客观性的反思

古希腊时期，知识与民主无关。柏拉图认为存在两个世界，一个是理念世界，一个是现实世界。理念世界是恒久不变的真实世界，只有远离现实、致力于追求永恒事物的哲学家才能认识它，对它的认识结果是知识，知识的正确与否取决于是否符合理念。知识是对理念的正确认识，即真理。现实世界是人类对理念世界的一种幻觉，每个人都可以对它发表意见，意见与真理无关，意见的正确与否可以通过民主来表决。这种传统，使得对知识的追求限于学院之内，对民主的使用限于世俗生活当中，知识与民主互不干涉。

自17世纪近现代科学诞生以来，作为一种独立的社会建制，追求知识是科学的明确目标。客观性是科学知识的特点，只有经过专业训练，掌握特定的知识，遵循一定的规范，达到特定资格的人，才能进行科学研究。这些人组成科学共同体，与科学知识相关的活动都在科学共同体内部完成。“科学生活中最坚定的原则之一（或许尚未见诸文字）就是在科学问题上禁止诉诸政界首脑或社会大众。”① 民主被科学拒之门外。科学知识的客观性要求知识的生产过程具有可重复性，知识具有可检验性，因此，往往认为科学家没有必要，也不能通过投票方式来决定科学知识的正确与否，只能通过科学观察和科学实验来检验。直到20世纪中叶，这种观点并没有引起人们的质疑。但是，随着工业社会向知识社会的转变，知识逐渐取代资本、劳动力和自然资源，成为价值创造和财富创造的核心要素②，成为经济发展、社会建设和个人竞争的一种重要资源。拥有知识的多少成为能否在公共事务中获得观点表达和支持的关键因素，在知识领域中的平等成为在政治、经济和社会领域中平等的基础。如此一来，民主不得不与知识联系起来。“生产什么样的知识？谁进行生产？为了谁的利益而生产？为了什么目标而生产？”③ 这些问题成为人们关注的焦点。在这一背景之下，科学知识的客观性被哲学家

① [美]托马斯·库恩：《科学革命的结构》，金吾伦、胡新和译，北京：北京大学出版社，2003: 151。

② Knorr-Cetina K., “Culture in Global Knowledge Societies: Knowledge Cultures and Epistemic Cultures”, in Jacobs M. D., Hanrahan N. W. (eds.), *The Blackwell Companion to the Sociology of Culture*, Malden: Blackwell, 2005, p.65.

③ Gaventa J., “Toward a Knowledge Democracy: Viewpoints on Participatory Research in North America”, in Fals-Borda O., Rahman M. A. (eds.), *Action and Knowledge: Breaking the Monopoly with Participatory Action-Research*, New York: Apex Press, 1991, p.131.

与知识社会学家重新加以审视。

事实上，自17世纪以来知识的客观性就一直是一个充满争议的概念，它的含义主要有以下四种：知识与客观对象符合一致；各个命题之间保持逻辑一致；知识的有用性；知识的公共性或主体间在认识上的一致性①。这四种含义相互间存在较大的差异，但至少都表达出一项共同内容，也就是人们对一致性的追求。长期以来，对知识客观性目标的追求是以哲学思辨或科学方法的可重复性来保证的。哲学思辨是一种先验方法，从先验的天赋观念或理念推导出具有普遍性的知识。按照笛卡尔（René Descartes）的说法，只有少数人具备这种发展知识的能力，大多数人只能听从于少数人提供的知识。科学方法依赖于观察和实验，而对观察和实验的描述必须与特定的人、时间和地点有关，它是一种具体的经验。从英国皇家学会（Royal Society）开始，科学共同体及一般公众都认为，只有上述对具体经验的描述才是科学知识。这种经验具有具体性和逼真性，从而取代了中世纪古典文献的权威地位，成为新的知识权威②。从具体经验出发，可以得到特定时空条件下的确定性，但是不能推出普遍性。这就是一直困惑人们的归纳问题。知识客观性并没有得到有效的证明。科学假说由个体科学家提出，但是，从科学假说到科学理论的过渡，需要经过科学共同体的检验和承认才能完成，再经过社会公众的承认才能成为社会中普遍应用的知识。“科学知识本质上是群体产物，如不考虑创造这种知识的群体特征，那就无法理解科学知识的特有效能，也无法理解它的发展方式。”③ 这种检验和承认都是以参与者的平等参与来进行的，这就是民主的决策方式。应该说近现代科学知识生产本身就是一个民主的过程。作为决策的一种方式，民主以集体决策

---

① 林建成、翟媛丽：《“月亮问题”引发的思考——客观性及其根源的理论探讨》，《自然辩证法研究》，2014(7): 111。

② Dear P., “Totius in Verba: Rhetoric and Authority in the Early Royal Society”, *Isis*, Vol.76, No.2, 1985, p.154.

③ [美]托马斯·库恩：《必要的张力》，范岱年、纪树立译，北京：北京大学出版社，2004: 序言X。

过程中参与者的平等参与为特点[①]。这样一个特定的民主决策过程表达了科学知识的客观性。

20世纪以来，科学归纳的有效性和科学观察的中立性都受到了持续的批判，传统的科学客观性遭到了质疑。以往，人们关注如下问题："一种理论什么时候才是真的？""一种理论什么时候才是可以接受的？"但是，批判理性主义者波普尔（Karl Popper）把人们对知识的关注点转移了，转向了对另一些问题的探讨，即"一种理论什么时候才可以称为科学的？"或"一种理论的科学性质或者科学地位有没有标准？"[②] 如此一来，科学与伪科学的划界问题成为一个关键问题，对科学标准的界定成为一种争议。科学知识客观性问题的解决需要首先解决科学标准问题。库恩认为，科学史分为常规科学和科学革命两个时期，常规科学时期的进步，是由科学共同体的视界所决定的，他们只看到自己的学派，不关心与其竞争的学派，他们的进步仅仅是在自己的范式下而言的进步。科学革命时期的进步，是竞争中胜利的学派从自己的视界出发，认为自己的胜利实现了进步[③]。在科学革命时期，"不同学派之间的差别，不在于方法的这个或那个的失效——这些学派全都是'科学的'——差别在于我们将之称为看待世界和在其中实践科学的不可通约的方式（incommensurable ways）"[④]。在不同学派互相竞争的过程中，某个学派最终获得科学共同体的承认，不是通过专制和独裁而实现的，而是通过科学共同体成员的自由平等参与，并最终得以承认而实现的。

---

① Christiano T., "Democracy", *Stanford Encyclopedia of Philosophy*, (2006-07-27)[2015-05-08], http://plato.stanford.edu/entries/democracy/.

② [英]卡尔·波普尔：《猜想与反驳——科学知识的增长》，傅季重等译，上海：上海译文出版社，1986: 47。

③ [美]托马斯·库恩：《科学革命的结构》，金吾伦、胡新和译，北京：北京大学出版社，2003: 147–150。

④ [美]托马斯·库恩：《科学革命的结构》，金吾伦、胡新和译，北京：北京大学出版社，2003: 4。

科学知识社会学（Sociology of Scientific Knowledge，SSK）进一步分析科学知识的社会形成过程，认为：知识是得到集体认可的制度化的信念[①]。经验不是科学理论的最终决定因素，信念与经验的合力共同决定了科学知识。科学概念的意义是开放的，它无法独立于使用方式而存在，而是在使用中不断形成的[②][③]。在这里，科学知识的客观性首先是一种科学知识的可信性。每个科学家对科学概念和科学知识的承认，都伴随着自己之前的经验和信念，它是各个科学家不断调整自己的信念，达到共同承认的过程。SSK的激进观点引发激烈争论，后SSK在重视科学知识的社会因素的同时，也重视科学实践，将科学知识的客观性视为实践的客观性，认为科学知识客观性中包含着偶然性、历史性和相对性[④]。

科学知识的生产与生产地点、生产环境和生产者的思维习惯都密切相关，具有不确定性，科学知识的未来发展也是不可预测的和开放的。虽然有其不确定性和开放性，但一定时期内的科学知识需要被承认为具有相对确定性的科学知识，这需要所有参与者的平等磋商。这是一个民主过程。科学知识社会学的研究方法因此被借鉴到科学知识民主问题的研究之中。贾萨诺夫（Sheila Jasanoff）认为："就政治领域而言，（SSK所推崇的）方法论的对称性在两个方面影响了关于科学与民主的研究。首先，二者都必须被看作受文化影响的、历史形成的实践活动，而不是超越时空的主张或规范。其次，二者之间不存在从属关系，而是相互增强、有时又相互竞争的制度化的权威形式。"[⑤]

至此，经过科学哲学和科学知识社会学的批判分析，我们可以清晰

---

① Bloor D., *Knowledge and Social Imagery* (2nd ed.), Chicago: The University of Chicago Press, 1991, p.5.

② Bloor D., "Idealism and the Sociology of Knowledge", *Social Studies of Science*, Vol.26, 1996, p.850.

③ [英]巴里·巴恩斯、大卫·布鲁尔、约翰·亨利：《科学知识：一种社会学的分析》，邢冬梅、蔡仲等译，南京：南京大学出版社，2004: 66–71。

④ 刘鹏：《客观性概念的历程》，《科学技术与辩证法》，2007(6): 48–49。

⑤ Jasanoff S., "Science and Democracy", in Ulrike F., Fouché R, Miller C. A., Smith-Doerr L (eds.), *The Handbook of Science and Technology Studies*(4th ed.), Cambridge: MIT Press, 2017, p.269.

地看到，科学知识的客观性已不再是先验的存在，而是科学知识生产实践过程中所有参与者平等磋商后，对某种一致性的确认。当然，在这一过程中，不排除自然因素的存在与作用。

二、科学知识生产方式的变革

科学经历了从业余科学到小科学，再到大科学的转变。“在传统社会中，创造和掌握科学知识的人通常是技术专家（包括医生）或哲学家”[①]，科学知识生产是从事其他职业的人的业余爱好。在这个时期，并没有持续的科学活动，科学知识从属于其他知识。近代科学革命以来，科学逐渐建制化，出现了职业科学家和科学共同体，科学家的研究方向和研究主题受到社会经济和军事的影响，但是从事科学知识生产的主体仍然是个体科学家。这个时期科学知识民主主要体现为科学共同体内部的检验与承认。科学知识在个体科学家那里提出来之后，科学共同体成员不断地对科学知识进行检验、调整，并最终达成一致意见。到了20世纪上半叶，“科学已经不再是富于好奇心的绅士们和一些得到富人赞助的才智之士的工作。它已经变成巨大的工业垄断公司和国家都加以支持的一种事业了。这就不知不觉地使科学事业，就其性质而言，从个体的基础上转移到了集体的基础上，并且提高了设备和管理的重要性”[②]。20世纪下半叶，出现了大科学模式，由大量科学家组成研究组织，这些科学家把不同的专业知识带入到一个共同的研究项目之中[③]。从事科学知识生产的主体从个体科学家转变为科学共同体，科学从个体科学家和科学共同体的事业转变为政府和国家的事业，民主问题成为科

---

① [美]约瑟夫·本–戴维：《科学家在社会中的角色》，赵佳苓译，成都：四川人民出版社，1988: 45。

② [英]J. D. 贝尔纳：《科学的社会功能》，陈体芳译，北京：商务印书馆，1982: 25。

③ Longino H., “The Social Dimensions of Scientific Knowledge”, *Stanford Encyclopedia of Philosophy*, (2002-04-12)[2015-10-17], http://plato.stanford.edu/entries/scientific-knowledge-social.

学知识生产的一个突出问题。

（一）科学知识生产中的分工对民主的需要

科学知识生产中的分工是随着大科学的出现而出现的。大科学起源于“二战”期间美国为了发展原子能武器而进行的曼哈顿工程。分布于整个美国不同地方的理论物理学家和实验物理学家，在奥本海默的统一指挥下协调工作，在同一个目标下解决不同的小问题[①]。自此之后，当代涉及人类健康、国家安全和社会发展的很多科学项目，比如，阿波罗计划、人类基因组计划、阿尔法磁谱仪实验等，都属于大科学项目或者具有大科学的特征。在这些项目中，从事研究的科学家不仅来自不同的研究方向和研究领域，还很可能来自不同的国家和地区，具有不同的文化背景和思维习惯。这就使得在项目研究过程中，难以通过权威管理来进行。科学权威和行政权威仅仅在项目组织和协调过程中发挥一定的作用。在项目研究中，科学家之间需要了解彼此的工作和要求，他们各自需要充分表达自己的观点，互相之间进行沟通，最终统一行动。这就必须通过民主的过程来实现。

（二）科学知识生产的可重复性对民主的需要

科学知识生产的可重复性是科学知识具有客观性的体现以及取得合理性的保证，也是科学知识获得科学共同体承认的根本依据。然而，大科学时代可重复性原则在两个方面受到了挑战。一方面，彻底的重复实验难以完成。哈里·柯林斯（Harry Collins）通过引力波探测实验的分析发现，第一，对一个实验结果的重复检验需要七个步骤才能完成，但是，这七个步骤的每一个都没有清晰的划界标准。科学家是在开放的系统中工作的，他们在发展——而不仅仅是使用——概念和规则，

---

① Longino H., “The Social Dimensions of Scientific Knowledge”, *Stanford Encyclopedia of Philosophy*, (2002-04-12)[2015-10-17], http://plato.stanford.edu/entries/scientific-knowledge-social.

实验结果不能通过复制得到确认①。第二，实验结果是否存在与实验仪器建构是否成功之间存在着循环。比如，为了发现引力波撞击地球这个结果，必须建造一个好的引力波探测器；直到我们发现正确的结果，才知道是否建造了一个好的引力波探测器；但是，是否发现正确的结果又依赖于建造一个好的引力波探测器。如此一来，在仪器建造和实验结果判定之间形成了逻辑循环。这种现象被称为实验者回归（experimenters' regress），它意味着必须在实验之外才能找到判断实验是否成功的标准②。夏平（Steven Shapin）通过对空气泵复制的分析，发现实验共同体（experimental community）的边界是模糊不清的，实验无法在同一规则下完全重复，需要对实验仪器不断进行调整，并且在实验的各个层面都存在着实验者的协商③。重复实验事实上是在对概念和规则不断商讨的情况下进行的，它事实上是一个科学共同体内部的民主磋商过程。

另一方面，在大科学时代，科学知识分工越来越细，个体科学家之间彼此并不具有能够检验对方知识生产的能力，而且，科学研究越来越依靠费用高昂的仪器和巨额的资金支持；不同的研究小组很难有必要的知识、充足的资金和设备以及时间，来进行相互之间的知识检验。对科学知识的可重复性要求更多地成为一种原则性要求。当实践中难以实施对科学知识生产过程进行重复性实验检验的时候，科学知识生产者就需要通过语言来游说科学共同体成员，使之相信他所提出的科学假说。此时的同行评议便成了一个交流与磋商过程，对科学知识的承认便成了一种民主磋商的结果。

---

① Collins H. M., *Changing Order: Replication and Induction in Scientific Practice*, London: Sage Publications, 1985, pp.39-46.

② Collins H. M., *Changing Order: Replication and Induction in Scientific Practice*, London: Sage Publications, 1985, p.84.

③ Shapin S. & Schaffer S., *Leviathan and the Air-Pump: Hobbes, Boyle, and the Experimental Life*, Princeton: Princeton University Press, 2011, p.226.

（三）科学知识生产所需要的巨额经费对民主的需要

随着从小科学走向大科学，科学研究需要巨额资金，这在三个方面促进了科学知识民主。首先，经费在科学研究的具体分工和进行过程中如何分配和使用？这需要科学家之间进行民主协商。如果经费分配没有得到共同体的承认，那么随后的科研过程必然会受到影响。其次，国家对科学研究的公共资助虽然已经日益增加，但是，它仍然无法满足所有学科发展的需要。在获取国家公共资助方面，科研项目之间的竞争持续加剧，项目申请者只有充分展示自己的实力和优势，才能获取资助。在整个竞争过程中，包括申请和审批过程，无论对于申请者，还是资助者，获得所有参与者的一致同意都是基本的要求。最后，巨额的科研经费支出使得公众和政府对科研经费支出的质询与问责成为一种合法性要求。在传统上，公众一直是受科学知识指导和启迪的对象，对科学知识生产没有知情权和干预权；政府也一直仅仅是使用科学知识而不去干预具体的科学知识生产；科学一直作为一种不受政府和公众监管的独立社会建制而自主发展。然而，科学的发展和科研经费支出以指数速率增长[①]，公众和政府不得不对科研经费进行干预。公众作为纳税人，有权利知道和决定公共资金的支出渠道、方式和比例，有权利对科学知识生产所需经费的具体使用情况和产出结果进行质询。政府作为公共事业的管理者，则必须对科研经费的使用效率承担责任。20世纪以来，政府一直存在一个困扰：是应该仅仅给科学研究提供公共资助、让科学自由发展，还是应该让科学发展紧紧围绕国家目标而进行？20世纪30至40年代、50年代和90年代，关于这个问题在英美两国曾先后出现过三次热烈的讨论。在讨论中，“人们逐步达成了一致的观点：政府应主导和组织科学发展，科学发展最终要体现国家目标”[②]。科研经费的增加使科学知识生产成为一种需要考虑经费使用效率的活动，公众和政府参与到了

---

① Price D. S., *Little Science, Big Science*, New York: Columbia University Press, 1965, pp.1-32.

② 尚智丛、卢庆华：《科学的“计划”与“自由”发展：争论及其影响》，《自然辩证法研究》，2007(4): 64。

科学知识生产当中。

（四）科学知识生产中异质性多元主体的出现

自从17世纪近现代科学诞生以来，科学知识的来源和权威被归于研究方法的特殊性。只有经过专业训练、掌握特定的知识、遵循一定的规范、达到特定资格的人才能进行科学研究。这些人组成科学共同体。与科学知识相关的活动都在科学共同体内部完成，科学知识被认为会自动带来社会效益。一直到19世纪，如果有人问科学的社会功能是什么，对于科学家来说，这是一个奇怪的、几乎没有任何意义的问题，对于政府官员和普通公众来说，更是如此。如果要回答这个问题的话，答案根本不用考虑：给人类带来普遍福祉[①]。人们对科学家和科学活动充满了敬仰。然而，到了20世纪下半叶，科学知识的应用带来诸如核污染、环境破坏等多重的和无法预期的负面效果[②]，以及不被感知的和无法预料的风险[③]。科学知识的传统地位遭到了挑战，科学方法和科学家地位遭到质疑。

此时，科学知识生产被认为与使用情境密切相关，公众在实际生活和生产过程中的日常实践经验和地方性知识，往往能够做出有用的发现。比如，在科罗拉多州洛矶弗拉茨发生的有组织的反对核辐射中毒和在拉夫运河发生的清理有毒污染废弃物运动这两个案例中，对身体健康有害物质的发现都不是由科学家做出的，而是由“家庭主妇研究者”（housewife researchers）做出的。她们运用自己的经验来分析和证明了

---

① Bernal J. D., *The Social Function of Science*, London: George Routledge & Sons Ltd., 1939, p.Xiii.

② Perrow C., *Normal Accidents: Living with High-Risk Technologies*, New York: Basic Books, 1984, p.5.

③ Beck U., *Risk Society: Towards a New Modernity*, trans. Ritter M. London: Sage Publications, 1992.

社区中其他人的身体健康情况[①]。在印度博帕尔毒气泄漏事件中，受害者和当地志愿者自己研究环境的变化和化工厂排放物的关系，进行索赔。随着知识的增加，人们的策略越来越熟练[②]。科学知识和公众在研究中的地位正在经历新的认识和评估。对科学知识的研究视角已经且正在持续发生转换：从先验和理想化转向经验，从规范转向描述，从基于“现在”转向基于历史，从去情景化、智识的、精英主义、个人主义和纯粹认知转向情景化、物质的、默会的、集体的和心理社会的，从科学产品转向科学过程，从对世界的沉思转向对世界的改造[③]。这就使得公众的日常经验成为科学知识生产中必须要考虑的重要因素，科学知识的生产不能再完全由科学共同体来决定。公众对风险和事物的感知与科学共同体的感知是不同的，公众眼中的世界和科学家眼中的世界并不是一个世界，公众需要参与进去。公众不再仅仅是受科学知识教育和启发的对象，不再仅仅尽力去理解科学，而是开始认识到自己的经验知识的价值，积极参与到科学对话，参与到科学知识生产过程之中。

在这一背景之下，参与研究（participatory research）和开放科学（open science）越来越得到重视。在参与研究中，被研究对象本身能够成为研究者，能够解决他们生活中所面临的实际问题。参与研究具有如下特点：第一，参与研究是社会调查、教育工作和行动相结合的整体活动；第二，参与研究的政治动力来源于共同体或工作场所；第三，最终目标是基础结构的转换和相关人员生活的改善；第四，整个研究过程应该包含共同体和工作场所；第五，被教育者自己的能力和资源应该被重视和调动起来；第六，共同体成员和工作场所相关人员应该与被专业

① Gaventa J., “Toward a Knowledge Democracy: Viewpoints on Participatory Research in North America”, in Fals-Borda O., Rahman M. A. (eds.), *Action and Knowledge: Breaking the Monopoly with Participatory Action-Research*, New York: Apex Press, 1991, p.128.

② Jasanoff S., *The Ethics of Invention: Technology and the Human Future*, New York: W. W. Norton & Company Inc., 2016, p.80.

③ Soler L., Zwart S., Lynch M. et al. (eds.), *Science After the Practice Turn in the Philosophy, History, and Social Studies of Science*. New York: Routledge, 2014, pp.14-24.

训练过的专家一样，也被看作研究人员，而且他们之间存在相互学习的过程。

三、科学知识中价值负载的凸现

在近现代科学发展中，价值中立一直被视为基本原则。它有两种含义：第一，对个人而言的价值中立，即科学知识是面对事物本身得出的研究结论，研究者不做评断，它是大自然呈现给人类的，是由不依赖于个体研究者的客观科学事实所构成的，对每个人的价值都是等同的。第二，对“人类”而言的价值中立，从字面上看，它应该是指科学知识对于人类和其他物种的价值是等同的。如果撇开其他物种不谈，仅仅考虑人类，它可以理解为，科学知识本身并不能决定给人类带来好处或坏处，对人类的不同发展方向是价值等同的。科学知识在诞生过程中，价值中立的理想“起源于科学革命先驱们在面对旧时代的科学时怀有的那种不信任感”①，科学家必须抛弃对古代知识具有权威性的信仰和研究中的个人偏见，面对大自然本身，对具体事物进行研究。可见，这里的科学知识价值中立是指第一种价值中立说。随着科学知识在人类社会发展中力量的彰显，人们对科学知识的崇拜日益加深，第二种价值中立说在人们的价值观念中日益流行和加深。

然而，20世纪的科学知识取得了巨大进步，对人类的发展和进化方向有潜在的重要影响。这一状况对第二种价值中立说形成了挑战。核科学的发展促进了核武器的诞生和更新，其杀伤力可以造成人类的灭亡，局部范围的使用不但造成大量人口的死亡，而且造成幸存者基因突变并代际传递。生殖医学的发展对人类的传统价值观造成了挑战，在供精人工授精中，第三者的精子进入了家庭，孩子同时具有生物学父亲和社会

---

① [德]马丁·卡里尔、钱立卿：《科学中的价值与客观性：价值负载性、多元主义和认知态度》，《哲学分析》，2014(3): 111。

学父亲。体外受精和胚胎移植的结合，使问题变得更加复杂，一个孩子可以同时有生物学父亲、生物学母亲、代孕母亲、社会学父亲和社会学母亲。其中的每一个具体的环节，诸如对胚胎的操纵、精子质量控制和使用、代孕商业化和中止、孩子的权利等，都充满了伦理争论。上述各个层面和环节中不同主体的界定，以及彼此之间的权利与义务，都成为需要重新界定的重要事项。目前，这类界定在道德和法律两个层面均存在相当程度的混乱。其主要原因是彼此之间稳定关系的形成需要新的价值的形成。

基因治疗的目的是治疗基因缺陷，还是增强基因以获得某种超能力？二者之间的界限是模糊和存在争议的[①]。生殖细胞中基因增强的发生，使得对个体性状的改变可以遗传到下一代，生殖性克隆可以再造出相同的个体，胚胎干细胞具有设计个体性状的发展潜力，科学逐渐具有生命设计的能力。对于人类的发展来说，科学知识不再是价值中立的，而是具有发展指向性。科学知识已经发展到对人类影响如此之大的地步，其研究方向和内容不能再由科学家自主决定，必须由科学家、政治家、公众等所有利益相关者进行民主协商，共同决定。比如，在基因编辑技术上，麻省理工学院分子生物学教授凯文·埃斯韦特（Kevin Esvelt）认为，科学家在进行基因编辑实验之前应公开全部的研究计划，因为“我们必须知道这些实验室正在发生什么，他们想做什么。重要的是我们不应该关起实验室大门来各自开发秘密生物技术”[②]。

同时，科学知识的第一种价值中立说也难以持续。传统科学体制保证了科学家的无私利性和有组织的怀疑精神[③]，从而保证科学家在研究中能够消除个人偏见、保持对科学经验和科学方法的忠诚，面对研究客

---

① Jasanoff S., *The Ethics of Invention: Technology and the Human Future*, New York: W. W. Norton & Company Inc., 2016, p.120.

② 网易：《观点称科学家应该100%公开基因编辑计划防止基因泄漏引发生态危机》，[2016-11-07]，http://digi.163.com/16/1102/06/C4RLB20K001687H3.html。

③ Merton R. K., *The Sociology of Science: Theoretical and Empirical Investigations*, Chicago: The University of Chicago Press, 1973, pp.275-278.

体本身进行客观研究，实现科学知识的价值中立。但是，20世纪80年代以来，世界不同国家都发现了越来越多的科研不端和科研欺诈事件，科学共同体自治不能再保证科研诚信，需要外部力量的介入。美国巴尔的摩案是科研不端行为调查的典型案例，历时十年，调查程序发生了三次变化。最初是由科学家基于学术良心的个人调查，其次是美国国家卫生研究院（NIH）的调查，最后是独立的美国科研诚信办公室的调查[①]。这反映出对科研诚信的监管已从科学共同体内部走向社会，已经与其他公共事务的监管程序基本一致，需要通过民主监督保证科学家的无私利性精神和科学研究的公正。

然而，令人遗憾的是，即使通过科学体制的改革保证了科研诚信，仍然不能保证科学知识的价值中立。"二战"之后，"基础研究"取代了"纯科学研究"的说法，这两个词虽然从定义上看是可以相互替换的，但是，这种替换具有重要的含义。"基础研究"的说法暗示了它具有潜在的实际用途，能够创造巨大的社会价值[②]。此外，还出现了"任务定向基础研究"[③]和"应用基础研究"[④]，科学知识生产与应用之间的关系逐渐由间接的、不紧密的关系走向直接的、紧密的关系，科学技术化和技术科学化趋势在加强，科学知识生产具有明显的指向性和目的性。与此同时，科学研究所需经费日益巨大，资本成为科学知识生产的前提条件。科研项目负责人在各种交际场合筹集资金，经费资助者和项目负责人对科学知识生产过程具有直接的干预能力，能够影响科学知识直接为自身的利益服务。科学研究已经不再是价值中立的活动，它应该经过人人平等、集体决策的民主过程来进行。

---

① 王阳、胡磊：《巴尔的摩案与美国不端行为处理程序的演进》，《科学学研究》，2016(3): 338。

② 龚旭：《政府与科学——说不尽的布什报告》，《科学与社会》，2015(4): 87。

③ Wang Z. Y., *In Sputnik's Shadow: The President's Science Advisory Committee and Cold War America*, New Jersey: Rutgers University Press, 2008, p.56.

④ Wang Z. Y., "The Chinese Developmental State During the Cold War: The Making of the 1956 Twelve-year Science and Technology Plan", *History and Technology*, Vol.31, No.3, 2015, p.192.

在当代知识社会中，科学知识的广泛应用，使得社会中的公共决策和个人生活决定都离不开科学知识，科学知识“已经融入了处于社会深层的认知联合体、概念结构以及权力与利益的认知结构中”[①]。对科学知识及其生产和应用的掌握，已经成为人们表达意见和争取权利的基础，没有科学知识民主就无法实现社会民主、经济民主和政治民主。自20世纪80年代以来，欧美国家陆续出现负责任创新、科学对话、科学听证会、共识会议、公民陪审团、科学商店等多种公众参与科学的形式，以保证在发展和应用科学技术专门知识并以之制定公共政策之时，相关利益者均能表达自身利益诉求和见解。这些具体的科学知识民主形式在最近三十多年的实践中在不断发展和完善。

第三节　科学知识民主与全过程人民民主

改革开放后的中国迅速融入经济全球化浪潮之中。在广泛且频繁的全球分工协作与科技合作的进程中，中国科学技术迅猛发展，在四十余年的时间里走完了发达国家以往百余年的发展历程，进入到世界科技发展前沿。自20世纪90年代以来，中国走进知识经济与知识社会，科学知识民主同样也普遍发生于中国大地之上。作为当代中国全过程人民民主中的一种具体形式，科学知识民主发挥出独特且重要的作用。

一、全过程人民民主的本质

2019年11月2日，习近平总书记在上海市长宁区虹桥街道古北市民

---

① [英]杰勒德·德兰迪：《知识社会中的大学》，黄建如译，北京：北京大学出版社，2010: 前言，致谢1。

中心考察时指出："我们走的是一条中国特色社会主义政治发展道路，人民民主是一种全过程的民主，所有的重大立法决策都是依照程序、经过民主酝酿，通过科学决策、民主决策产生的"。2021年7月1日，在庆祝中国共产党成立100周年大会上的重要讲话中，习近平总书记强调，我们必须"践行以人民为中心的发展思想，发展全过程人民民主"。在2021 年 10 月召开的中央人大工作会议上，习近平总书记又指出："党的十八大以来，我们深化对民主政治发展规律的认识，提出全过程人民民主的重大理念"。"全过程人民民主"这一理念深刻阐释了中国特色社会主义民主的实质，是对社会主义政治理论的重大创新。党的十九届六中全会通过的《中共中央关于党的百年奋斗重大成就和历史经验的决议》写进"全过程人民民主"这一新的政治命题："必须坚持党的领导、人民当家作主、依法治国有机统一，积极发展全过程人民民主，健全全面、广泛、有机衔接的人民当家作主制度体系，构建多样、畅通、有序的民主渠道，丰富民主形式，从各层次各领域扩大人民有序政治参与，使各方面制度和国家治理更好体现人民意志、保障人民权益、激发人民创造"①。

全过程人民民主是中国特色社会主义民主政治的基本特征和优势之所在，是人民当家作主的必由之路。全过程人民民主是中国特色的社会主义人民民主，其最为显著的本质特征，"是它广泛的人民性、巨大的政治包容性和民主的全过程性"②。

人民民主的全过程性主要表达在法理全过程性、制度全过程性和民意全过程等三个方面。③

---

① 《中共中央关于党的百年奋斗重大成就和历史经验的决议》，(2021-11-16) [2022-03-26], http://www.gov.cn/zhengce/2021-11/16/content_5651269.htm。

② 桑玉成等：《全过程人民民主理论探析》，上海：上海人民出版社，2021: 69。

③ 桑玉成等：《全过程人民民主理论探析》，上海：上海人民出版社，2021: 69-76。

（一）在国家权力归属上的法理全过程性

国家权力归属问题是基本的政治问题，是一个根本性的国家正义问题。在国家权力归属方面，全过程人民民主具有法理全过程性。中国《宪法》第二条明确规定："中华人民共和国的一切权力属于人民"，"人民依照法律规定，通过各种途径和形式，管理国家事务，管理经济和文化事业，管理社会事务"[①]。中国的国家权力归属于人民，在法理上，人民拥有全过程管理国家的权力。

人民民主就是主权在民，就是国家的最终权力源于人民，接受人民的监督和制约。简而言之，就是人民当家作主，人民至上。作为政治统治形式，人民民主与君主独裁和寡头专制相对，即多数人的统治。在不同社会中，因"人民"的范围不同，人民民主的具体内涵与形式会有所差异。中国的"人民民主"中的"人民"指的是全体人民。人民民主最大限度地保障国家权力的主体归属，防止国家政治与人民的分离，避免"公仆"与"主人"关系的倒置，避免国家对社会的异化。

（二）在共和民主制度上的全过程性

中国特色社会主义的全过程人民民主是在政治实践中逐步完善起来的。伴随中华人民共和国建立，中国共产党领导全国各族人民确立了人民民主专政的国体和人民代表大会制度的政体，实现了向人民民主的伟大跨越，开辟了人民当家作主的历史新纪元。党的十一届三中全会以来，民主政治进一步发展，人民的各项权益得到越来越切实的政治保障，人民民主的内容不断扩大。党的十五大首次提出了"依法治国"的基本方略，至十五届五中全会则提出："发展社会主义民主政治，依法治国，建设社会主义法治国家，是社会主义现代化建设的重要目标。要适应经济体制改革和现代化建设的要求，继续推进政治体制改革，加强

---

① 法律出版社大众出版编委会编：《中华人民共和国宪法：实用问题版》，北京：法律出版社，2019: 5。

民主法制建设。加强民主政治建设，推进决策的科学化、民主化，扩大公民有序的政治参与”①。党的十六大首次提出“建设社会主义政治文明”。党的十七大强调“人民民主是社会主义的生命”，提出：“要健全民主制度，丰富民主形式，拓宽民主渠道，依法实行民主选举、民主决策、民主管理、民主监督，保障人民的知情权、参与权、表达权、监督权”②。党的十八大进一步明确社会主义民主制度与民主形式建设，提出：支持和保证人民通过人民代表大会行使国家权力；健全社会主义协商民主制度；完善基层民主制度。特别强调民主协商制度的建设，明确提出：“要完善协商民主制度和工作机制，推进协商民主广泛、多层、制度化发展”③。

2017年，党的十九大召开，深刻阐述了中国特色社会主义人民民主的独特之处及其在发展人民民主方面的制度贡献：“世界上没有完全相同的政治制度模式，政治制度不能脱离特定社会政治条件和历史文化传统来抽象评判，不能定于一尊，不能生搬硬套外国政治制度模式。要长期坚持、不断发展我国社会主义民主政治，积极稳妥推进政治体制改革，推进社会主义民主政治制度化、规范化、程序化，保证人民依法通过各种途径和形式管理国家事务，管理经济文化事业，管理社会事务，巩固和发展生动活泼、安定团结的政治局面”。大会提出：“扩大人民有序政治参与，保证人民依法实行民主选举、民主协商、民主决策、民

① 《中国共产党第十五届中央委员会第五次全体会议公报》，人民网“中国共产党历次全国代表大会数据库”，(2000-10-11) [2022-03-26]，http://cpc.people.com.cn/GB/64162/64168/64568/65404/4429268.html。

② 《高举中国特色社会主义伟大旗帜　为夺取全面建设小康社会新胜利而奋斗——在中国共产党第十七次全国代表大会上的报告》，中国广播网，(2007-10-25)[2022-03-26]，http://www.cnr.cn/2007zt/sqdjs/wj/200711/t20071102_504610399.html。

③ 《坚定不移沿着中国特色社会主义道路前进　为全面建成小康社会而奋斗——在中国共产党第十八次全国代表大会上的报告》，人民网，(2012-11-08)[2022-03-26]，http://cpc.people.com.cn/n/2012/1118/c64094-19612151.html。

主管理、民主监督。”[①]明确了新时代的“五大民主形式”，从制度上确立了人民民主的全过程性。

民主选举，是指人民根据自己的意愿，按照法定形式，选定国家各级代表机关的代表和某些国家公职人员的行为，有直接选举和间接选举两种，是人民行使和实现其基本政治权利的一种方式。

民主协商，指在决策的规则和程序方面，保证广泛的人民参与，自由表达见解与意愿，进行充分的交流与商议，就决策议程达到参与者相互之间的充分理解。

民主决策，指在决策的规则和程序方面，保证广泛的人民参与，倾听意见并集中民智，使决策建立在民主和科学的基础之上。

民主管理，指人民作为政治主体参加国家事务和企事业的管理，行使宪法赋予的各项权利并承担宪法赋予公民的责任和义务；在基层社会的自治中，管理更是人民的直接行为，是人民民主的实体。

民主监督，指人民根据宪法赋予的权力，对国家各级代表机关和公职人员进行监督，以纠正各种违法行为，分为执政党的党内监督、其他党派的党际监督、人民代表的监督、人民舆论的监督和人民个体的监督等，是人民民主的保障。

在实践中发展出一些落实上述五种基本民主方式的具体措施。在保障人民群众民主选举权利方面，明确要求在党委、人大、政府、政协换届选举中保证基本群众代表比例，从制度上确保党政干部、企业负责人不会挤占应该给基本群众的名额。在民主协商方面，实践中“继续重点加强政党协商、政府协商、政协协商，积极开展人大协商、人民团体协商、基层协商，积极探索社会组织协商”[②]。为推进民主决策，采取了诸多举措，例如，各级政府重大决策出台前向本级人大报告，通过座

---

① 《决胜全面建成小康社会 夺取新时代中国特色社会主义伟大胜利——在中国共产党第十九次全国代表大会上的报告》，人民网，(2017-10-28)[2022-03-26]，http://cpc.people.com.cn/n1/2017/1028/c64094-29613660.html。

② 《关于加强社会主义协商民主建设的意见》，北京：人民出版社，2015。

谈、听证、评估、公布法律草案等方式，扩大公民有序参与立法途径，各级党委把人民政协政治协商作为重要环节纳入决策程序。为推进民主管理，不仅完善农村村委会民主管理制度，而且完善了企业民主管理、事业单位民主管理、机关单位民主管理、社会组织民主管理等机制建设，充分调动群众民主管理的积极性。在推进民主监督方面，让权力在阳光下运行，切实推进权力运行公开化、规范化，完善党务公开、政务公开、司法公开和各领域办事公开制度，让人民群众能够近距离监督、便捷监督。在基层民主建设中，充分保障这些权利。例如，通过健全以职工代表大会为基本形式的企事业单位民主管理制度，更加有效落实了职工群众的知情权、参与权、表达权、监督权，有效维护广大职工群众民主决策、民主管理、民主监督权利。这些对民主各环节的全方位发展，在制度建设上确保了全过程人民民主的落实。

（三）在人民意志体现上的民意全过程性

习近平总书记强调："在中国社会主义制度下，有事好商量，众人的事情由众人商量，找到全社会意愿和要求的最大公约数，是人民民主的真谛。"① 在全过程人民民主中，民意与民主贯通，主要体现在两个方面。一是，所有的重大立法决策都是依照程序、经过民主酝酿，通过科学决策、民主决策产生的。公共决策具有广泛的民意基础，且不断加强扩大。二是，通过广泛的政治参与渠道，各阶层的意见得以表达，人们的"众意"通过"最大公约数"而上升为国家"公意"，具有民意贯通的全过程性。

民意的表达不仅在公共政策的形成之中，还体现在人民在选举、协商、决策、管理和监督等各环节中，行使其民主权利的过程中。习近平总书记指出："人民是否享有民主权利，要看人民是否在选举时有投票

① 《在庆祝中国人民政治协商会议成立65周年大会上的讲话》，人民网，(2014-09-21)[2022-03-26]，http://cpc.people.com.cn/n/2014/0922/c64094-25704157.html。

的权利，也要看人民在日常政治生活中是否有持续参与的权利；要看人民有没有进行民主选举的权利，也要看人民有没有进行民主决策、民主管理、民主监督的权利。社会主义民主不仅需要完整的制度程序，而且需要完整的参与实践。人民当家作主必须具体地、现实地体现到中国共产党执政和国家治理上来，具体地、现实地体现到中国共产党和国家机关各个方面、各个层级的工作上来，具体地、现实地体现到人民对自身利益的实现和发展上来。”[①]

相比较而言，西方式的民主主要体现在选举环节，即每隔几年的国家或地方主要领导人的投票选举。在决策上，采取政治家与科学技术专家合谋的形式，以专门知识的高门槛排斥公众的参与，导致决策与民主背离。同时，合谋中的小集团利益倾向也导致公众对决策合理性的质疑。近年中，罗伯特·达尔（Robert Alan Dahl）提出的多元民主（pluralist democracy）、卡罗尔·佩特曼（Carole Pateman）的参与民主以及哈贝马斯（Jürgen Habermas）的协商民主等理论被西方社会用以尝试解决这两个困境，然而实践效果有限。自2017年伦敦始发席卷全球的公众“科学大游行”（March for Science）是发生于西方社会的科学知识民主的典型活动，充分说明了民众对现行资本主义民主制度的不满。

全过程人民民主既是一种政治理念，也是一种制度规范，更是一种政治实践。从现代民主政治的发展历程看，人民群众能够真实有效广泛参与的民主，恰恰是民主层次提升、民主发展进步的表现。按照全过程人民民主的精神，人民不仅进行选举，还积极参与国家政治生活，参与社会管理，由此能够把过程民主和结果民主、形式民主和实质民主、直接民主和间接民主统一起来。作为最为基层的民主生活实践，人民群众通过民主协商、社会协同、公众参与，因地制宜地创新参与形式，积

---

① 《在庆祝中国人民政治协商会议成立65周年大会上的讲话》，人民网，(2014-09-21)[2022-03-26]，http://cpc.people.com.cn/n/2014/0922/c64094-25704157.html。

极有序地参与到具体的社会治理实践中。人民在广泛参与中行使民主权利，商议解决共同关心的问题，充分反映不同的诉求，互相增进理解，当家作主的意识得到了培育，当家作主的能力也得到了提升。

二、全过程人民民主中的协商民主

协商民主是全过程人民民主的重要实现方式。2019年10月31日党的十九届四中全会上通过的《中共中央关于坚持和完善中国特色社会主义制度　推进国家治理体系和治理能力现代化若干重大问题的决定》中提出："坚持社会主义协商民主的独特优势，统筹推进政党协商、人大协商、政府协商、政协协商、人民团体协商、基层协商以及社会组织协商，构建程序合理、环节完整的协商民主体系，完善协商于决策之前和决策实施之中的落实机制，丰富有事好商量、众人的事情由众人商量的制度化实践"[①]。强调在各层面、各领域中促进协商民主，以协商民主落实科学决策、民主决策。

协商民主的理论研究兴起于20世纪90年代的西方国家，特征是将民主的重点从偏好聚合的民主观念（即"选举"）转变为偏好转换的理论（即"协商"）。但是，协商民主并未取代选举民主，而是作为其补充。协商民主有三重含义。"一是组织形式上的协商民主，即将协商民主看作一种社团形式，社团的事务由其成员公共协商支配。二是决策模式上的协商民主，即在该体制下决策是通过公开讨论的，每个参与者自由表达的，同时倾听并考虑不同意见和观点，最终做出具有约束力的决策。三是治理方式上的协商民主，即强调公共利益和责任，促进平等对话，辨别所有政治意图，重视多方利益诉求，在此基础上出台具有约

① 《中共中央关于坚持和完善中国特色社会主义制度　推进国家治理体系和治理能力现代化若干重大问题的决定》，人民网，(2019-11-06)[2022-03-26]，http://cpc.people.com.cn/n1/2019/1106/c64094-31439558.html。

束力的政策。”[①] 第三种意义上的协商治理是协商民主与社会治理的融合，是目前的主流理论。协商民主目前仍存在一些理论争论，诸如其合法性、权威问题及其与自由民主的关系等。部分西方国家及欧盟在实践中逐步探索协商民主，理论在不断完善中。

1949年中国人民政治协商会议的召开是中国协商民主实践的开始。在此后70年的发展中，中国的协商民主体系逐步建立起来，基于实践的理论总结也逐步丰富起来。2017年党的十九大报告中再次明确从政党协商、人大协商、政府协商、政协协商、人民团体协商、基层协商以及社会组织协商等七大渠道构建健全协商民主制度，“把协商民主贯穿政治协商、民主监督、参政议政全过程，完善协商议政内容和形式”[②]。

在政治生活的很多领域，人民可以通过广泛的协商机制，包括政党协商、人大协商、政府协商、政协协商、人民团体协商、基层协商、社会组织协商等多种协商形式，把各方面的意见、建议和要求汇聚起来，并通过法定的整合机制，形成国家意志。在日常的政治管理中，无论是重大政策的出台还是重要法律的颁布，事关国计民生的每一项重大公共决策都要经过广泛的讨论和征集意见的程序、最大限度地听取来自各方面的意见建议后才得以做出。

中国协商民主的实践成就集中体现在政治协商、人大协商和基层协商等方面。由中国共产党和各民主党派、社会各界代表参加的政协协商，是政治协商重要制度平台。党的十九大报告充分肯定政协协商的作用：“人民政协是具有中国特色的制度安排，是社会主义协商民主的重要渠道和专门协商机构。人民政协工作要聚焦党和国家中心任务，围绕团结和民主两大主题，把协商民主贯穿政治协商、民主监督、参政议政全过程，完善协商议政内容和形式，着力增进共识、促进团结。加强人

① 桑玉成等：《全过程人民民主理论探析》，上海：上海人民出版社，2021: 92。

② 《决胜全面建成小康社会 夺取新时代中国特色社会主义伟大胜利——在中国共产党第十九次全国代表大会上的报告》，人民网，(2017-10-28)[2022-03-26]，http://cpc.people.com.cn/ n1/2017/1028/c64094-29613660.html。

民政协民主监督，重点监督党和国家重大方针政策和重要决策部署的贯彻落实”[①]。在全国政协之外，中国还建立了各地方层级的人民政协，推进地方政治协商，形成了完整而有效的政治协商体系。

人民代表大会制度是全过程人民民主实践的主渠道，人民代表大会履职实践构成全过程人民民主的集中体现。习近平总书记强调：“人民民主是一种全过程民主。所有的重大立法决策都是依照程序、经过民主酝酿，通过科学决策、民主决策产生的。”“从政治系统论的角度来看，立法的整个过程实际上就是把社会上各种利益和要求输入立法系统之中并转化为法律法规输出的过程。从这个意义上说，各级人大立法权的行使注定是一个社会各方表达政治主张和利益诉求的政治过程。”[②]经过70年的探索、实践，中国各级人大逐步形成一套完整的协商民主与决策民主的制度程序与规范。

充分发挥代表作用与民众的全流程参与、制度化协商相结合，在议题设置、政策方案形成与完善、政策实施反馈和监督等立法与决策阶段，目前已形成了一些具体民主机制。在议题设置阶段，采取的民主机制包括：公开征求立法意见、代表和民间立法建议，以及议题听证、议题协商、议题专家评估、议题论证等。公开征求立法意见、代表和民间立法建议的作用是相对独立的，主要就立法议题发挥作用；而其他形式的作用在实践中常常是混合的，即对议题、草案等共同发挥作用。政策方案形成与完善包括三个具体过程：草案的咨询与酝酿、草案的讨论和协商、草案的听证与优化。政策方案的形成与完善一方面依靠以常委会为主的内部决策系统，另一方面依靠以各类智库为代表的外部支持系统，同时开展有序的政治参与。目前民众有序参与的形式主要有：立法

---

① 《决胜全面建成小康社会 夺取新时代中国特色社会主义伟大胜利——在中国共产党第十九次全国代表大会上的报告》，人民网，(2017-10-28)[2022-03-26]，http://cpc.people.com.cn/n1/2017/1028/c64094-29613660.html。

② 程竹茹等：《全过程人民民主：基于人大履职实践的研究》，上海：上海人民出版社，2021: 26。

调研、立法座谈会、立法论证会和立法听证会等。在政策实施反馈和监督阶段，各级人大特别是地方人大发展了参与式预算、针对政府各类专项的满意度调查、多方参与的各项执法检查等民主机制。这些民主机制强调人大常委会、各专门委员会、人大代表、社会公众、专家之间的协商合作，强调人大与其他社会组织之间的协同共治，强调自上而下与自下而上相互结合的多元参与和监督，体现了协商治理的全过程人民民主。

基层协商是社会主义协商民主实践中最为活跃的领域，其中的民主形式也最为丰富。改革开放之初，部分地区尝试基层群众自治，创新基层民主协商的形式，进入21世纪，基层协商民主蓬勃发展。2015年中共中央下发《关于加强社会主义协商民主建设的意见》，为基层协商民主的发展提供了制度保障。至目前，基层实践中发展出了多种协商民主模式。按照功能，城乡社区协商民主可以分为决策型协商民主、议事型协商民主、调节型协商民主；按照发起，可以分为行政机构植入型、社区组织互嵌型、居民内生推动型等；从政社关系角度，可分为党领群治联动型、政社协同共建型、政群平等对话型、社群精准议事型等。

基层协商民主在行动主体上呈现从社会组织、政府到党组织等多样性，在开展领域上呈现从乡村治理到城市治理的各种各类生产和生活领域，在实践议题上呈现从环境治理、科技治理到政治文化的多元性等，在参与形式和程序上呈现多层次性。与此相应，发展出一些较为成熟的协商平台，诸如社区协商议事会、社区民主评议会、村务监督委员会等，以及民主商谈会、公民评议会、居民或村民代表会等。①

三、科学知识民主的时代价值

作为一项复杂的实践活动，科学不停地改变着世界的存在方式以及人类的生活方式。特别是，当代社会已经进入知识社会，知识的创新

① 桑玉成等：《全过程人民民主理论探析》，上海：上海人民出版社，2021: 102–103。

和发展成为社会发展的关键因素，科学知识已经卷入到国家建设和竞争之中，很多政治行为和政治行动的重要方面都围绕着科学知识的生产、争议和使用而展开。“当代民主的魅力不是在投票箱中找到的，而是在审查较少的科技政策体系中找到的，也就是在技术咨询委员会、法庭诉讼、管理评估和科学争论之中，甚至是在环境小组和多国合作组织的短期网页上找到的。”①

在当代各国的协商治理和科学实践中，人们发现科学知识存在价值预设，在知识发展与应用之时，需要考虑多元参与者的利益诉求，遵从民主原则。科学知识民主成为当代围绕科学技术而展开的政治活动中协商治理的主要内容。这首先出现在学者们对“风险社会”的认识。

1979年，美国发生了三里岛核泄漏事故，佩罗（C. Perrow）调查之后，认为某些高技术由于太复杂而难以精确计算和预测，具有造成事故与灾难的潜在特性，会导致当代社会中会出现“正常事故”②。佩罗的预言很快就应验了，随后出现了诸多科技成果使用带来的重大事故，诸如，1984年印度博帕尔毒气泄漏事件、1986年美国挑战者号爆炸、1986年苏联切尔诺贝利核电站事故、2011年福岛核事故、持续的艾滋病感染和疯牛病危机、持续的转基因生物技术应用的争议等等。贝克（U. Beck）指出，我们进入了“风险社会”，这不是由于无知和鲁莽而出现的风险社会，而是一个即便使用理性判断和推理而仍然无法避免的风险社会，我们必须考虑如何面对和规避这种风险③。科学知识的应用和管理成为人们重点关心的问题。

巴伯曾指出，对科学的系统理解，首先得从根本上把科学看作一

---

① Jasanoff S., *Designs on Nature: Science and Democracy in Europe and the United States*, Princeton: Princeton University Press, 2005, p.7.

② Perrow C., *Normal Accidents: Living with High Risk Technologies*, New York: Basic Books, 1984.

③ Beck U., *Risk Society: Towards a New Modernity*, trans. Ritter M., London: Sage Publications, 1992.

种社会活动，看作发生在人类社会中的一系列行为[①]。被纳入社会实践系统中的科学不可避免地与政治形成关联。斯唐热（Isabelle Stengers）提出“宇宙政治”的概念，说明一切都是政治的，反对传统政治观念对参与公共事务磋商的群体的限制[②]。拉图尔探讨科学、政治和自然的内涵，构建了一种新的、基于实验形而上学的多元宇宙政治。宇宙政治意味着对参与科学建构主体的开放式考察，科学建构过程中涉及的磋商和妥协包含多重异质主体，且数量可能处于动态递增的状态中[③]。

福特沃兹（S. O. Funtowicz）和拉维茨（J. R. Ravetz）把与政策相关的科学分为常规科学、咨询科学和后常规科学[④]。后常规科学是指高度不确定、高度争议且与健康、安全和环境决策相关的知识，它的质量靠科学家和利益相关者等参与者更广泛的评议来保证。社会行动者不同程度地参与了科学知识生产的磋商过程，公共决策中的科学知识是政府机构为了政策的便利性与科学家合谋而建构和磋商的产物。

柯林斯和罗伯特·埃文斯（Robert Evans）认为政府、科技专家与公众在当代利用科学知识制定公共政策时发挥着不同的作用，历史上存在三波形式。第一波是“科学权威时代”，基于科技在“二战”中的贡献以及科学事业取得的巨大成就，政府与公众承认科学家在科学领域以及相关政策制定中的话语特权。第二波是“民主的时代”，民主原则被引入科学知识的生产和应用过程中，公众被赋予了特定的权利，参与围绕科学知识而展开的政策制定。第三波形式反思第二波对第一波的矫枉过正，认为这种做法模糊了专家和公众之间的界限，反对无限制地泛化科学知识民主，提出“专家知识”的概念，试图在科学技术专门知识与

① [美]伯纳德·巴伯：《科学与社会秩序》，顾昕、郏斌祥、赵雷进译，北京：生活·读书·新知三联书店，1991: 2。

② Stengers I., *Cosmopolitics* Ⅱ, Minneapolis: University of Minnesota Press, 2011, p.355.

③ Latour B., *Politics of Nature: How to Bring Sciences into Democracy*, Massachusetts: Harvard University Press, 2004.

④ Funtowicz S. O., Ravetz J. R., “Three Types of Risk Assessment and the Emergence of Post-normal Science”, *Social Theories of Risk*, New York: Praeger, 1992, pp.251-274.

特定领域的经验知识之间建立连续的知识系统，从而实现在政策制定过程中多元知识的相互补充，实现科学技术专家、政府官员与普通公众之间达成相互理解，形成共识[①]。实质上，第三波形式在反对技治主义的同时，也反对一切形式的技术民粹主义。它鼓励公众参与规制科技活动目标的讨论，但主张将实现目标的方式交由专家负责[②]。与之对立，贾萨诺夫则认为：科学知识和公众知识的分歧深深植根于不同的生活世界中，包括对不确定性、可预测性和控制性的不同理解。来源于不同经验背景的知识不是辅助型的，而是代表了理解世界的不同方式[③]。

作为知识社会最为广泛的协商治理形式，科学知识民主涉及当代社会各领域的主要议题，容纳社会各阶层的广泛参与，是当代主要国家中最活跃的协商治理。20世纪90年代以后，中国跨入全球知识经济与知识社会进程之中，科学知识民主蓬勃发展，成为全过程人民民主进程中最活跃的部分。在实践中，围绕科学技术展开的协商治理的制度、程序也逐步完善起来。在这里举一些典型事例。

2005年3月至7月围绕圆明园整治工程的环境影响出现社会争议，由此也开始了专门的协商治理。经过多次书面意见磋商与听证会讨论，最终国家环保总局要求圆明园湖底防渗工程全面整改，并由此出台了《环境影响评价公众参与暂行办法》。这一文件的出台确立了中国科学知识民主的制度保证。

2009—2016年，围绕食盐加碘政策而展开了广泛的讨论与协商。在多年的争论过程中，形成了政府牵头，地方病学、营养学和相关临床医学（内分泌、妇幼保健等）等学科专家，盐业生产与管理部门以及拥有

① Collins H., Evans R., “The Third Wave of Science Studies: Studies of Expertise and Experience”, *Social Studies of Science*, Vol.32, No.2, 2002, pp.235-296.

② Collins H., Weinel M., Evans R., “The Politics and Policy of the Third Wave: New Technologies and Society”, *Critical Policy Studies*, Vol.4, No.2, 2010, pp.185-201.

③ Jasanoff S., “Breaking the Waves in Science Studies: Comment on H. M. Collins and Robert Evans, ‘The Third Wave of Science Studies’”, *Social Studies of Science*, Vol.33, No.3, 2005, pp.389-400.

高等教育背景和知识的普通公众协商治理、出台相关政策的模式。

2000—2010年，围绕转基因农作物安全性出现持续争议，特别是围绕转基因水稻安全性的多轮争议形成了“挺转派”与“反转派”。双方集合政治人物、科学技术专家、人文学者、舆论大咖、公众代表，以言语和行动在各种舆论平台展开论战，促成国家生物安全工作协调机制的建立和《农业转基因生物安全管理条例》的颁布（2001年）与完善（2017年修订）。

此外，在一些地方围绕PX项目和核电项目落地而发生邻避纠纷。在地方政府的牵头之下，科学技术专家、施工企业、当地居民多方磋商，就风险与收益相互交换见解与意见，在充分了解的基础上，达成共识。

在实践探索中，关于中国科学知识民主的理论认识也逐步清晰起来。学者们提出：科学知识对公共决策程序和决策者能力产生巨大影响，进而影响公共决策进程[①][②][③]。科学知识与公众常识在信息提供上的不对等是导致矛盾的原因，可以通过重构科学观念来强调公众参与决策在知识上的价值[④]；在利益关系人分类的基础上可以完善管理公众参与的策略[⑤]；通过加强科学家与公众的对话消除二者在科学体制与认识论地位上的不平等[⑥]；通过新型知识生产和综合型合法性的生成可建构良

① 李真真：《科学家与决策者——两个社会系统间的对话机制》，《民主与科学》，2004(2): 22–25。

② 王锡锌：《公众参与、专业知识与政府绩效评估的模式——探寻政府绩效评估模式的一个分析框架》，《法制与社会发展》，2008，14(6): 3–18。

③ 朱旭峰、田君：《知识与中国公共政策的议程设置：一个实证研究》，《中国行政管理》，2008(6): 107–113。

④ 王庆华、张海柱：《决策科学化与公众参与：冲突与调和——知识视角的公共决策观念反思与重构》，《吉林大学社会科学学报》，2013(3): 91–98, 175–176。

⑤ 黄小勇：《决策科学化与民主化的冲突、困境及操作策略》，《政治学研究》，2013(4): 3–12。

⑥ 孙秋芬、周理乾：《走向有效的公众参与科学——论科学传播“民主模型”的困境与知识分工的解决方案》，《科学学研究》，2018(11): 1921–1927, 2010。

好的科学知识民主[①]。

在当代知识社会中，科学知识民主是协商治理的重要形式，是当代中国全过程人民民主建设的重要内容。伴随科学知识在社会生产和生活各个领域的广泛应用以及公民科学素质的迅速提升，各类主体越来越多地参与公共决策领域科学知识的主张提出、交流磋商与共识形成。如火如荼的科学知识民主实践吸引了各国学者的关注，从认识论基础、民主主体及其权利与责任、民主原则与程序等多方面开展研究。在综合、借鉴国内外同行研究成果的基础上，本书系统探讨科学知识民主问题，提出关于科学知识民主的基本理论。另一方面，本书着力中国实践案例分析与国际比较，阐述中国科学知识民主的独特之处，说明其在发展全过程人民民主、推进国家治理现代化和构建人类命运共同体方面的积极意义。

---

① 刘桂英：《环境治理中的科学与民主：争论与关系建构》，《自然辩证法研究》，2019(2): 48–52。

第一章
科学知识的自然属性与客观性

理解科学知识民主首先要理解科学知识的属性。科学知识的本质属性一直是科学哲学家们非常关注的问题。常识中，人们常把客观性、真理性、普遍性与可检验性等特征当作科学知识的本质属性。这些属性使得科学知识优于其他知识，而为人们所推崇。科学知识的真理性、普遍性与可检验性等来源于其客观性。然而，在科学认识论的深入研究中，学者们对科学知识的这些属性却产生了越来越多的争议。建构主义学派质疑科学知识的客观性和绝对真理性；逻辑经验主义和批判理性主义说明实验并不能完全验证科学知识的真伪，无论是证实还是证伪都存在理论困境；而科学实践哲学的研究则说明，除了常识意义上的普遍性外，科学知识还拥有鲜明的地方性或局域性特征。从逻辑经验主义到历史主义的各流派科学哲学对科学知识的解释模型都不能彻底解决认识中的部分难题，如经验的可靠性问题、归纳方法的合理性问题、范式转换的确定性标准问题，等等。这就使得哲学家们越来越质疑科学知识的客观性、真理性、普遍性及可检验性等本质属性及其优越性。与此同时，建构主义学者强调科学知识的社会属性，强调社会因素与自然因素在知识形成中的共同作用。马克思主义认识论则从实践的立场强调了科学知识形成与发展中的主客观相互作用与对立统一。

科学知识是人类在探索自然的实践过程中形成的一种对自然的系统

化的认识结果。作为一种认识活动，科学认识的源头和结果都与自然界有着密不可分的关系。从科学史来看，近现代科学的诞生和发展是以唯物主义反映论为基础的。首先要承认世界是可知的，而世界的可知性以人的思维对自然的能动反映为必要条件。历史证明，人类能够认识自然规律并利用自然规律改造世界、造福人类。工业革命以来，人类创造的社会财富超越以往一切时代的总和。从认识论上来说，这不仅是科学知识内涵的客观性和真理性的必然结果，也是人类思维对自然界的正确反映的生动写照。然而，何为科学知识的客观性？历史上存在多种观点。

第一节　关于知识的三种真理观

关于知识的真理性，在哲学发展史上存在有三种典型的真理观，即融贯论的真理观、符合论的真理观和实用主义的真理观。这三种真理观的真理标准却不相同，也就是说，如何判断知识为真，各自采用了不同的标准。马克思主义的真理观采取辩证唯物主义立场，扬弃以往各流派的真理观，强调认识中的主客观辩证统一。

一般来说，科学理论由一组具有普遍性的全称命题组成，这组命题中既有陈述式命题，也有预言式命题。一项科学理论中的任何子命题都可被单独视为一项关于外在世界的科学知识。融贯论要求：科学知识若想被人们接受其为真理，它就必须与理论中的其他科学知识在逻辑上保持贯通，即命题体系必须是融贯的。符合论要求科学知识的陈述要与外在世界相符，即主观与客观、思维与存在是完全同一的。实用主义则要求科学知识能够对改变当下的状态产生理想的效果，即这种科学知识必须是有用的。融贯论继承了近代理性主义传统，习惯从一组命题体系的逻辑通贯性视角来判定真理。符合论主要由近代经验主义传统发展而来，因此偏向于从命题是否客观反映事实的角度来考察真理。实用主义则试图超越近代经验主义和理性主义的形而上学思维方式，既立足于经验主义又强调经验的融贯性，并将真理的判定范围限定在人的现实生活范围之内。总体来说，三种真理观也在一定程度上反映了认识论从形而上学转向世俗生活、从理性思辨转向实践验证、从主客二分转向主客统一等变化特征。

一、融贯论的科学真理观

融贯论主张真理存在于绝对知识体系之中。古希腊柏拉图试图从变动不居的具体现象中寻求其背后一般性本质，从而提出了关于理念的绝对真理体系。由于作为形而上学实在的理念得不到世俗经验的验证，而只能依靠理性和逻辑在抽象思维中获得辩护，理念论因此被视为融贯论的早期典范，但融贯论成为一种关于真理的理论体系是近代以来的事情。笛卡尔作为认识论的理性主义开创者，同时也成为融贯论的首倡者。在理性主义的基础上，近代融贯论的真理观也以不证自明的先验观念为初始条件，强调理性在建立知识体系中的唯一作用，强调知识体系中的任何一个命题的真理性都由其他命题演绎而来。这种真理观不看重命题与经验事实是否相符，只要求命题的前提是无可怀疑的，逻辑推理过程是严密的。除笛卡尔之外，近代理性主义者如莱布尼茨（Gottfried Wilhelm Leibniz）、斯宾诺莎等人的真理观都可以划为近代融贯论之列。但是，近代融贯论所强调的不证自明的起始观念恰恰成为最大的问题。为了说明这一绝对正确的起始观念的来源，他们最终不得不求助于一种更完满的实体，如笛卡尔的“上帝”、斯宾诺莎的“自然神”、莱布尼茨的作为单子的“上帝”等。也正因此，融贯论不可避免地脱离实践而陷入形而上学的独断论之中。近代融贯论以理性主义的先验前提为基础，力求通过严密的逻辑推理建构完整的知识体系。然而非欧几何与相对论等现代科学成果却使其先验前提遭遇危机，即便是作为形而上学实体的“上帝”也无法确保其先验前提的普遍性和绝对性。这就导致作为近代融贯论方法论支柱的演绎主义失去了可靠的先验基础，从而不得不向经验主义妥协，逐渐形成了一种现代融贯论。

现代融贯论反对将真理体系融贯性的基础建立在不合理的形而上学独断论的基础上，而强调一种基于经验主义的、有证成的融贯论。现代融贯论认为，一个命题的真理性不是通过与外在事实的镜像比较来获得证明的，该命题的真理性只能通过其所在的整个命题体系内部的融贯性而获得证明①。现代融贯论可以分为线性融贯论和整体融贯论。在线性融贯论中，第一个命题的真理性依靠另一个命题获得证成，沿着这条证成线索追寻下去，一组命题中最后一个命题的真理性又依靠第一个命题获得证成，这种融贯论因难逃循环论证的命运而成为一种非主流的融贯论。整体融贯论则更像一张立体网络，一组命题中的每一个命题都与其他命题相互联系。一个命题的真理性可能因同时获得多个其他命题的综合支持而获得证成，其关键在于命题体系的真理性依靠其整体融贯性而获得支持。现代融贯论的立场与传统理性主义的区别在于，它不是通过强基础主义的方式从某个先验的绝对信念中推导出整个真理体系，而是秉持弱基础主义立场，认为由经验而来的命题陈述虽然不是绝对可靠的，但是对于该命题陈述的信念可以通过与其所在的命题体系中的其他命题之间的逻辑贯通性来获得提升。尽管现代融贯论的基础是经验主义的，但它同时又以一种整体论的方式主张命题间的逻辑贯通性。就此而言，现代融贯论依然保留了理性主义的内核。

纵观融贯论的发展历程，我们可以发现：在柏拉图那里，知识的真理性来自于理念的客观性，而近代融贯论所坚持的知识真理性则来自于先验前提或上帝的客观性，到现代融贯论认为的真理性则来自于命题间的逻辑贯通。如果我们强调知识的客观性，那么此时的客观性就是命题间的逻辑贯通。在整个融贯论的发展过程中，知识客观性与真理性的具体内涵发生了变化。

① Pojman L. P., *What Can We Know?: An Introduction to the Theory of Knowledge*, United States: Wadsworth Thomas Learning, 2000, p.116.

二、符合论的科学真理观

符合论是认识论中与融贯论相对立的一种真理观。与融贯论主张从命题之间的逻辑贯通性来判定命题的真理性不同，符合论主张从命题与事实之间的符合关系来判定命题的真理性，其思想源流也可以上溯至古希腊时期。如恩培多克勒在“流射说”的基础上提出了最早的“同类相知”的观念，该假说第一次为人的视觉经验与外在事物具有相符关系提供了一种理论假说。德谟克利特在“流射说”的基础上提出了一种更靠近科学的“影像说”，他把人的视觉经验解释为由外在事物发出的与自身形状相似的影像在眼中留下的印记，并明确提出“真理和现象是同一的，真理与显现于感觉中的东西毫无区别，凡是对每一个人显现，并且对他显现得存在的，就是真的”①。这两种基于某种微粒性本原的“同类相知”假说成为唯物主义反映论的雏形。亚里士多德的“蜡块说”继承了这种唯物主义反映论，并从逻辑上对符合论做出说明。他将命题规定为对客观事物性质、状态与关系的陈述，命题为真即命题陈述与事实相符。亚里士多德的符合论真理观与其对感性经验客观性的肯定是分不开的，他认为，“感觉绝不只是感觉自身，而必有某些外于感觉者先感觉而存在”②，人的感性灵魂如同蜡块，感觉就是外在事物印在蜡块上的痕迹。由此说明主体的感觉由客体决定，所以感觉经验是知识的客观来源。

近代经验主义创始人培根继承了亚里士多德对感性经验的肯定态度，并以感性经验作为衡量理论真理性的最终标准。马克思评论道：“按照他的学说，感觉是完全可靠的，是一切知识的源泉。”③ 培根认

① 北京大学哲学系外国哲学史教研室编译：《古希腊罗马哲学》，北京：商务印书馆，1982: 104。

② [古希腊]亚里士多德：《形而上学》，吴寿彭译，北京：商务印书馆，1995: 77。

③ 中共中央马克思恩格斯列宁斯大林著作编译局：《马克思恩格斯全集》（第二卷），北京：人民出版社，1957: 163。

为，知识是存在的表象，存在的真理与知识的真理是同一的，两者的差异如同实在的光线与反射的光线的差异罢了，从而表明真理的判定标准由知识与客观事物的符合关系决定，能够正确反映客观事物的知识就是真理。培根的经验主义由霍布斯和洛克系统化之后，经验主义本身蕴含的感觉主义必然地暴露出来，从而导致主体与客体、思维与存在的分裂，这也导致了英国的唯物主义经验符合论走向了唯心主义经验符合论。如果说唯物主义经验符合论要求的是观念对事物的客观符合，那么唯心主义经验符合论的主张就是观念对观念的主观符合。为了消除思维与存在的分裂，贝克莱的策略是否认事物的客观实在性，提出“物是观念的集合”与“存在即是被感知”。将客观事物观念化之后，人的认识对象，或者说知识的对象就成了观念。此时的真理就不再是观念与客体的相符，而是观念与观念的契合。从某种意义上来说，唯心主义经验符合论又透露出融贯论的影子。事实上，符合论与融贯论的对立，如同近代经验主义与理性主义的对立，两者之间的对立是相对的。没有纯粹的经验主义者，也没有完全的理性主义者。在现代科学认识论中，科学知识既要与客观事实相符，也要保持自身的逻辑融贯，两者相结合才能成为判定科学知识真理性的适当条件。

三、实用主义的科学真理观

真理的符合论中存在一个认识论难题，即如何说明思维与存在的同一性。19世纪60年代在美国诞生的实用主义通过采用一种“后置注意力”的策略避开了这一难题。实用主义的方法论策略是把注意力从科学知识的生产端转移到科学知识的应用端，从而在一定程度上摆脱理性主义对符合论的诘难。在这种策略下，实用主义者对科学知识现实意义的关切超过了对科学知识内部形式的关注。他们反对传统哲学中认为真理就是实在的临摹，而主张以人为尺度，认为真理是对人生能够产生实际效果的东西，是能够应付当下处境的东西。知识的真理性在于知识的实际效用，某种知识在当下有用，那便是真理，反之则不是真理。如果这种知识以后不适用了，便也不是真理了。詹姆士用这样一段话将实用主义真理观的特点展现得淋漓尽致："要是真观念对人生没有好处，或者真观念的认识是肯定无益的，而假观念却是唯一有用的，那么……我们的责任就是回避真理。"[①] 对实用主义者而言，任何真理都是历史的、相对的、具体的，是某时某刻发挥具体作用、产生具体效用的观念。

尽管实用主义者也谈到实践或实验是检验真理的标准，但其所谓的检验或证实的意义与传统经验主义的实证观完全不同。实用主义者将知识视为应付环境的工具，而不考虑知识是否正确反映了客观世界，只关注知识在帮助人们应付环境的过程中是否产生了令人满意的效果。在认识论中，理性主义走向了把真理抽象化和绝对化的极端，而实用主义则走向了另一个极端，在肯定真理的历史性和具体性之时，彻底否定了真理的相对稳定性和普遍性。实用主义对真理效用具体性的极端要求割裂了过去、当下与未来，导致人们难以统筹全局地考虑当下利益与长远利益，从而可能忽视那些当下无用、未来却可能有巨大价值的科学知识。在方法论上，实用主义抛弃任何偏见和教条，用宽容的态度对待"证据"的标准，用温和的态度对待"大胆的假设"，它愿意承认任何东西，既愿意遵循逻辑和感觉，也愿意考虑纯粹的个人经验，哪怕是神秘的经验，只要有实际效果[②]。在此方法的指导下，科学知识与主观信念受到同等的对待，对实际效果具体性的绝对化最终不可避免地倒向了主观主义和相对主义。

融贯论、符合论与实用主义的科学真理观都存在其局限性。从马克思主义的实践观点出发，可以深入地理解科学认识中主体与客体、自然属性与社会属性的辩证关系。这一点留待第四章进行阐述。

① [美]威廉·詹姆士：《实用主义》，陈羽纶、孙瑞禾译，北京：商务印书馆，1979: 42。
② [美]威廉·詹姆士：《实用主义》，陈羽纶、孙瑞禾译，北京：商务印书馆，1979: 44。

第二节　科学认识方法之批判

在认识论中，认识方法是用来回答通过怎样的方式才能确保认识的真理性的问题。在认识论发展的不同历史时期，哲学家们推崇的认识方法有所不同。自然哲学家主要是从客体入手来研究世界的本原，通过对本原的考察以把握纷杂现象中的“一”，从而形成了关于世界统一性的本体论研究传统。古希腊自然哲学家的抽象思维水平有限，主要采取感性直观和朴素思辨的方法来认识自然。经过中世纪思辨哲学的发展，至文艺复兴，随着人文主义的兴起，哲学家的目光逐渐转向对人自身的研究，从主体入手来分析人的认识能力成为这一时期哲学研究的主流范式，其主要任务是完成对认识内容的客观性和真理性的论证。在这一时期，关心科学发展的哲学家们试图从科学中概括出一般的认识方法，以实现指导人类一切认识活动的目的。一些崇尚数学方法的哲学家力求把数学中的演绎逻辑引入认识论，另一些哲学家则试图将实验方法和归纳方法提升为一种更为普遍的认识方法，从而形成了理性主义与经验主义这两种对立的认识论传统。

一、科学中的归纳方法及其局限

理性主义一派强调感性认识与理性认识之间的对立，割裂两者之间的联系，相信两者可以分别独立进行。唯理论者认为感性认识是关于个别的、偶然的、暂时的认识，是变幻无常的，人们不能从感性认识中获得真理性的知识。他们相信只有理性认识才能把握世界的本质，通过理性认识得到的知识才是关于世界的普遍性和真理性的知识。自笛卡尔起，理性主义哲学就青睐于从不证自明的天赋观念或先验原则出发，通过演绎逻辑建构出一座完整的知识大厦。为了解释天赋观念的来源问题，唯理论者不得不以形而上学独断论的方式将某种思辨性的抽象实体作为天赋观念可靠性的保障，进而使之成为整个知识体系真理性的基石。由于唯理论者在关于科学知识的本性与形成的说明中脱离了自然界，而实践中的科学认识又以自然界为基础，这种理论与现实之间的矛盾导致了理性主义在与经验主义的竞争中渐渐落于从属地位。17世纪以来的科学发展中，经验主义逐渐占据了主导地位。

经验主义一派强调感性认识和理性认识的统一性，甚至取消两者之间的差异。经验论者奉行的一条基本原则是“凡在理智之中的，无不先在感觉之中”。他们认为理性认识从感性认识开始，对客观事物的感觉经验是一切知识的源泉，人们通过对感觉经验的归纳获得知识。经验论者对归纳法推崇备至，认为归纳法是形成综合命题的基础，因而能够生产新知识，演绎法只能用于同语反复地分析命题而不生产新知识。经验论者由此形成了一条与唯理论者的演绎主义相对立的知识生产模式，即归纳主义的知识生产模式。培根指出，科学知识不是头脑里先天存在的，也不是从某个确切无疑的结论中演绎出来的，而是对客观自然界的正确反映。他将发现真理的方法归为两类：一种是当时流行的、依照不可动摇的基础性真理去推演其他真理；另一种是从感官和特殊的东西引出一些原理，经由逐步而无间断的上升，直至最后才达到最普通的原理①。培根认为后一种方法虽未被试行过，但这是正确的方法，即归纳的方法。

培根提倡归纳法与其所处时代的历史条件和社会基础有着密切关联。大航海时代开拓了广阔的市场，英国资本主义经济获得空前发展。海外贸易和对殖民地的掠夺拓展了航海业、造船业以及其他工业领域，为自然科学提出了诸多新课题。在力学、天文学、物理学、地理学、化学、生物学等各门具体科学发展的同时，需要探究发现自然规律的一般性方法。随着大量的观察和实验材料的积累，人们在经验事实的基础上对获得的经验材料进行分类和分析，揭示隐藏在众多特殊现象中的共同原因，科学研究逐渐从自然哲学的形态转变为实验科学的形态。但是，

① [英]培根：《新工具》，许宝骙译，北京：商务印书馆，1984: 12。

实验科学的发展受到中世纪以来服务于宗教神学推理的演绎逻辑的束缚，因而必须在认识方法上进行彻底改革，从而提出以归纳法作为人类理智的新工具。培根的新工具之“新”在于其对亚里士多德《工具论》中延续千年的演绎逻辑的反对。由于亚里士多德的三段论式演绎逻辑以观念为基础，而人的感官所具有的迟钝性和欺骗性常常导致观念本身的混乱，导致三段论式演绎系统中的基础命题并非绝对可靠。因此，新工具中的归纳方法需要同观察和实验相结合才能建立牢固的基础。

亚里士多德曾总结归纳方法，将其概括为两类，即完全归纳法和不完全归纳法。完全归纳法是考察了某类事物中的全部个别事物后，得出关于这类事物的普遍原理的方法，如数学中的穷举法就是一种完全归纳法。但在实际科学研究中，对自然现象的探索和发掘无穷无尽，穷举某类事物存在巨大的挑战。更多情况下使用的是不完全归纳法，其优势在于通过获得关于某类事物的部分经验并由此升华为一般性原理。培根进一步发展了不完全归纳法，将之用于探究自然现象间的因果规律。他把归纳法分为三个步骤：一是搜集材料，即通过观察和实验搜集经验材料，这与其认识源于经验的认识论基本原则是一致的；二是整理和排列材料，即以“三表法”寻找因果联系的方法；三是由经验材料推出结论，即从个别经验中推出一般性的结论，这个过程中绝不容许反例出现。培根将归纳逻辑同实验科学的方法结合起来，从而肩负起“在自然界里燃烧起一线光明的责任”[①]。科学史表明，自然科学的定律和公式大多是由归纳法总结出来的，如万有引力定律、玻意耳定律等。

穆勒继承了培根的归纳法思想，并丰富了“三表法”，形成“穆勒五法”。一是求同法，即从两个以上的不同的场合中找出共同的情况，这种共同的情况便是要研究的现象的原因；二是差异法，即从两个以上的“相同”的场合中找出不同的情况，这种不同的情况也是要研究的现

① 宁莉娜、王冠伟、王秀芬：《西方逻辑思想史》，哈尔滨：黑龙江人民出版社，2004: 117。

象的原因；三是同异并用法，即求同法和差异法的联合使用。如果某现象出现在一组两个以上场合，这些场合都只能找到一个共同情况，而在另外一组两个以上场合中没有该现象，也正好找不到该共同情况，则这唯一的共同情况就是该现象的结果或原因；四是剩余法，即从某现象中减去通过先前的归纳已知其为某些前项的结果的部分，剩下的便是其余前项的结果；五是共变法，即只要某现象随另一现象的变化而变化，则前一现象就是后一现象的原因或结果。穆勒五法探究自然现象间的因果关系，其信念建立在自然齐一律的基础上。自然规律的普遍性被当成了归纳法的普遍性的基础。然而自然规律的普遍性得不到理性的支持，对自然齐一律的论证本身还得依靠归纳法，这导致循环论证。从本质上来说，“穆勒五法”仍然是一种不完全归纳法。这种归纳法的结论大于前提，且其结论不能获得完整的验证，因而具有先天的或然性。正因如此，归纳法的合理性遭受休谟质疑。

二、实证方法的进步与局限

经验主义归纳法是从有限的经验事实向普遍的理性知识扩展的唯一有效通道，但这一通道却因受到人类理性的诘难而被中断。如果归纳法不能帮助人们做出关于客观世界的规律的正确陈述，客观世界于人而言就不可避免地陷入不可知的混乱境地。这迫使哲学家们不得不在感性经验与科学知识之间重新架起一座沟通的桥梁。在这新的桥梁上，人们既不强调理性万能，又不抛弃理性；既无法对实在穷根究底，又不抛弃感性经验的实在性，实证主义方法由此被引入到科学认识论之中。与近代经验主义的归纳法和理性主义的演绎法相比，实证主义方法并不预先假设人类是如何获取科学知识的，也不提供关于科学知识的心理学和历史学基础，它仅为科学知识生产提供一套认识规则或真理评价标准。实证主义创始人孔德将人类认识的发展分为三个阶段，即神学阶段、形而上学阶段、实证或科学阶段。神学阶段作为第一阶段是人类智力发展的必要起点。形而上学阶段作为第二阶段是人类为追求绝对真理而充分发展推理的阶段。在这一阶段中，无论是经验论者还是唯理论者都没有将现实的观察经验提升到凌驾于一切的高度，而试图从超验的领域获得真理。实证阶段作为第三阶段是科学的阶段，人类放弃了对绝对知识的追求，转而以观察经验和实证原则作为可靠知识的标准。

马赫在经验论的基础上，提出的“要素一元论”的思想，以实证方法论证了感觉构成一切认识活动的基础，以实验的手段证明了思维经济原则。所谓“要素”是指物质世界被分解为不能被进一步分解的最小成分①。被人们感觉到的一切事物都是要素的复合体，处于联系中的要素构成了感觉。要素分为三类，即物理要素、生理要素和心理要素。同一种要素可以是物理的东西，也可以是心理的东西。如树叶中的绿色（要素A）与空间、光线、触觉等要素相结合时，A就是物理要素，而与人眼的视觉要素发生依存关系时，A就是心理要素②。此时的要素A便表现出主观经验与客观实在的同一性。要素一元论弥合了主体与客体、物质与意识之间的鸿沟，摆脱了引起思想混乱的心物二元论，成为思维经济原则的本体论保证。思维经济原则是指一种费力最小原则，可以把科学看成是一个最小值问题，即花尽可能少的思维，对事实做出尽可能完善的陈述③。按照该原则，科学理论不仅应该尽可能多地包含经验事实，并需要兼顾简便性与经济性。对这一原则的贯彻使得马赫坚信，必须要排除一切形而上学的东西，因为它们是多余的，并且会破坏科学的经济性④。

逻辑实证主义继承了孔德的实证主义以及马赫对形而上学的排斥，在哲学中也被称为新实证主义。不过，这一流派的一些主要成员如石里克、卡尔纳普等更愿意自称为逻辑经验主义，以强调其经验主义的特

---

① [奥]马赫：《感觉的分析》，洪谦、唐钺、梁志学译，北京：商务印书馆，1986: 4。
② [奥]马赫：《感觉的分析》，洪谦、唐钺、梁志学译，北京：商务印书馆，1986: 34–35。
③ 洪谦：《现代西方哲学论著选辑》（上册），北京：商务印书馆，1993: 41–42。
④ [奥]马赫：《感觉的分析》，洪谦、唐钺、梁志学译，北京：商务印书馆，1986: iii。

征。他们认为："除了经验方法以外，没有任何一种方法可以达到真正的知识；经验之外或经验之上的思维领域是不存在的。"[①] 逻辑经验主义者反对传统理性主义把知识看作思维的直接或间接产物，认为思维的作用仅是一种"同语反复的变式"[②]。在他们看来，关于知识的陈述只有两类，一类是纯形式的基于数学和逻辑而形成的分析命题，这类命题不产生新知识，其真假与外在实在无关。另一类是能够产生新知识的基于经验的综合命题，此类命题对外在实在有所陈述，其真假必须由经验加以检验。而基于思辨的形而上学命题既不属于分析命题，也不属于综合命题，所以它们只是一些不可证实的、非真非假的、没有意义的非法命题。

逻辑经验主义关于知识的看法实际上表露了其认识论的两个关键问题，即意义问题和实证问题。从某种意义上来说，这两个问题实际上是一个问题，因为证实一个命题之为真假必先知晓其意义。然而证实是一个永无止境的过程，人们无法穷举关于某类事物的一切经验以归纳逻辑证实一个命题。因此，以赖欣巴哈、卡尔纳普等为代表的经验论者将传统归纳逻辑发展为概率逻辑，由"证实"妥协为"确证"。以"确证度"替代具有终极意义的完全"证实"，意味着一个理论的确证度即一个理论为真的概率。随着对某一理论的检验性实验的确证案例的增加，人们对该理论的信心将逐渐增强，即该理论的确证度在提升。不可能有绝对的证实，只可能有逐渐的确证，这个观念有时被表述为："一切语句都是概率语句"，即一切知识都是或然性的概率知识[③]。大体来说，经验主义认识论追求的是主客一致，力求获得能够被实证的关于外在世界的"镜像"知识。然而到目前为止，上述经验主义认识论所依赖的方法在理论上都存在一些问题，如休谟对因果必然性的否定严重地打击了

① [美]汉恩、纽拉特、卡尔纳普：《科学的世界概念：维也纳学派》，载于陈启伟主编，《现代西方哲学论著选读》，北京：北京大学出版社，1992: 451。

② 洪谦：《维也纳学派哲学》，北京：商务印书馆，1989: 37。

③ 洪谦：《现代西方哲学论著选辑》（上册），北京：商务印书馆，1993: 500。

归纳方法的可靠性，即便是确证理论所依赖的实验亦可能由于实验者所持有的、有缺陷或错误的知识而变得不可靠。

三、批判理性主义方法的精细化

由于对理论的完全证实不可能实现，波普尔（国内又译为“波珀”）等批判理性主义（又称为“证伪主义”）者发展了一种新的策略来描述科学知识的生产过程。波普尔认为，一切科学理论都是有待经验检验的推测性和暂时性的假设，但是这种经验检验并不依赖可证实性，而是依赖可否证性[①]。如果某一理论遭到判决性实验的否证，则抛弃该理论。反之，则暂且保留该理论，直至下一次被否证。这种对科学理论的不间断式革命的解释模型意味着科学知识只不过是一些能够被经验否证而又暂时未被经验否证的假说罢了。因此，可否证性就代替了可证实性而成为科学与非科学划界的标准。一切科学理论都是由对世界有所陈述的命题组成，陈述内容的非空集合必然导致存在潜在的与理论陈述相对立的否证者。从逻辑上看，一个理论陈述的内容越多，潜在的否证者就越多，该理论就越容易被否证；一个理论陈述的精确度越高，就越容易与个别经验产生矛盾，该理论就越容易被否证。波普尔认为，越容易被否证的科学理论，但却没有被否证，就是好的科学理论。换而言之，越是好的科学理论，陈述中包含的经验内容越多，同时精确度也越高。从这个意义上说，好的科学理论就具备了两种重要的功能：一是为我们提供更多和更精确的关于世界的知识；二是为我们提供了更廉价的试错成本。因此，“假说—否证”的现实意义就在于通过对不断提出的新假说进行试错并抛弃错误的假说，以不断的“假说革命”推动科学的进步。

---

① [英]K. R. 波珀：《科学发现的逻辑》，查汝强、邱仁宗译，北京：科学出版社，1986: 14–15。

拉卡托斯在扬弃波普尔的证伪主义的基础上提出了一种更为精致的证伪主义，他认为波普尔的可证伪性并没有解决科学与非科学的划界问题，因为波普尔显然忽略了科学理论明显的韧性。科学史表明，科学家并不会轻易放弃与经验事实相矛盾的理论[①]。经验事实虽不足以证明理论，但也不能够否证理论，因为任何理论都可以通过适当地调整背景知识而从经验的反驳中获得挽救。所谓背景知识无非就是与待验证的理论相互联系的其他理论。正是因为背景知识的存在，一旦待检验的理论与经验事实之间产生矛盾，朴素的否证法则就无法判定究竟问题是出在背景知识上还是出在待检验的理论上。所以对于精致的证伪主义者来说，理论与经验事实的矛盾至多只是抛弃该理论的非充分条件。是否抛弃旧理论，或者接受新理论，要看新理论是否比旧理论包含更多的经验内容、能否预见更多的新事实。这表明，精致的证伪主义关注的焦点从单个理论的绝对价值转向了处于相互竞争状态下的理论的相对价值。相较于波普尔朴素的证伪主义，其优点在于它不问一个理论可否证度高不高、是不是已经被否证，而只问该理论是不是比它的竞争对手更可行[②]，从而避免了如何在单个理论中衡量可否证度这一技术性难题。在此基础上，拉卡托斯提出了他的“科学研究纲领方法论”这一精致证伪主义构想。

一项科学研究纲领由四部分构成：一是由一些基本理论构成的硬核，其作用是界定一项研究纲领的基本性质和特征。硬核中的基本理论一般不接受经验的检验，如果硬核遭到否证，则会动摇整个研究纲领。二是由一些辅助性假设构成的保护带，其作用是将否证的矛头引向自身，从而保护硬核免遭否证。保护带是一项研究纲领的弹性地带，通过修改保护带中的假设可以有效保护硬核免遭否证。三是由方法论上的禁

① [英]伊·拉卡托斯：《科学研究纲领方法论》，兰征译，上海：上海译文出版社，1986：5。

② Chalmers A. F., *What is the Thing Called Science?*, Indianapolis: Hackett Publishing Company, 1999, p.74.

止性规定构成的反面启示法，其作用是建议科学家不要做什么。如禁止在一项研究纲领下工作的科学家将否证的矛头指向硬核，而要求科学家竭力将矛头引向保护带，通过修改保护带中的假设保护该研究纲领。四是由一些积极的鼓励性规定构成的正面启示法，其作用是鼓励科学家通过修改或完善辅助性假设、发展实验技术和数学方法等方式发展一项研究纲领。只要一项研究纲领处于进化阶段，科学家就可以忽略由否证性经验事实带来的反常。只有在处于退化阶段的研究纲领中，科学家才会较多地关注反常。拉卡托斯认为，进化阶段的研究纲领无惧反常，它能通过调整保护带同化和吸收反常，从而不断发展自身。当它发展到一定程度后就必然步入退化阶段，科学家会把注意力转向反常，从而使一项研究纲领进入危机阶段，直到出现一个更强大的新研究纲领替代旧研究纲领。相较于“不断革命”式的朴素证伪主义科学发展图式，拉卡托斯为否证预留的弹性空间，更能说明成熟的科学知识如何能以一种协调和有凝聚力的方式获得进步。就此而言，拉卡托斯的精致的证伪主义相对来说与科学史更相符。

第三节　科学知识客观性的多重含义

从自然哲学时代开始，人类开始尝试以一种非神话的方式解释自然，如何确保解释的客观性成了人类孜孜不倦地追求的永恒事业。无论哲学家的认识论对科学知识客观性所作的论证存在怎样的困难和缺陷，都没有动摇人们对科学知识能够具有客观性的坚定信仰。认识论证明不了科学知识的客观性，似乎只是因为哲学家的无能。

一、科学知识客观性的机械论理解

当人们因经典力学取得的伟大成就而沉浸在一片自满的情绪中时，

力学思想也随之被深深地镌刻于认识论之中。力学思维对认知思维的影响集中表现为一种直观的和机械的唯物主义反映论。这种朴素的反映论大致表现为这样一条线索：即科学知识的客观性来源于经验事实的客观性，经验事实的客观性又来源于外在事物给予人类感官的某种“冲击力”，其客观性如同机械运动中的“作用力”与“反作用力”之间关系一样真实。外在事物对主体感官产生“压力”，主体感官自然生成“抗力”，进而形成客观并真实可靠的感性经验。感性经验通过某种必然性推理上升到理性认识，进而形成科学知识。总之，整个认识过程如同遵循客观的力学原理的机械运动，是有根据且组织严密的，因而是客观的。这种信念让一些19世纪末期的科学家相信过去的物理学知识因其客观性而不可颠覆，经过多年积累的物理学已接近探索的尾声。一些物理学家认为，物理学已难有作为，往后无非就是在已知规律的小数点后多加几位数字而已。普朗克的一位老师甚至劝说他不要进入这一“没有前途”的领域，因为除了少数几个遗漏的问题没解决外，主要的发现已经完成了。开尔文勋爵也曾乐观地表示，物理学的“大厦”已经落成，只剩一些修饰性工作。虽然，他敏锐地察觉到在物理学的万里晴空上仍然飘着“两朵乌云”，但他没有意识到这“两朵乌云”正在物理学的世界酝酿着一场根本性变革。

“两朵乌云”中的一朵出现在光的波动理论上。1887年，迈克尔逊-莫雷展开了一项关于验证光的传播介质“以太”的判决性实验。然而，实验结果与“以太漂移”的假说存在矛盾，从而否证了“以太”这一源自亚里士多德的古老概念的客观实在性。另一朵“乌云”出现在关于能量均匀分布的麦克斯韦-玻尔兹曼理论上。19世纪末，一些科学家在黑体辐射的实验中发现黑体辐射的能量密度将随着辐射频率的增大而趋于无穷大，从而产生了所谓“紫外灾难”的结果，该结果与经典力学的思路也存在明显的矛盾。为了解决“紫外灾难”的难题，普朗克通过改良维恩定律并重新诠释玻尔兹曼公式，从而推出了普朗克公式。此外，伦琴发现的X射线引发了原子这一延续了两千多年历史的概念也出现重大变化，原本被视为终极不可再分的原子可以再分为原子核与电子，而原子核还可以再分为质子和中子。爱因斯坦的相对论则推翻了经典物理学中的绝对时空观，物体运动得越快，质量就越大，占据的空间越小，时间也过得越慢，三维空间与时间的结合能够形成四维的时空连续体。经典物理学所遭遇的这一系列变革不仅颠覆了传统的科学观，还引发了认识论对客观性概念的质疑。

二、科学客观性的分类学探讨

究竟什么是客观性？有学者从分类学角度对历史上学者们在科学中使用的客观性概念的含义进行研究，通过说明客观性的不同用法展示了客观性概念的多样性以及客观性的不同用法之间的相互纠缠。这些对客观性的分类研究最终不仅没有告诉人们什么叫客观性，而且，还发现客观性的不同用法中还包含了相互对立的内容[①]。如绝对意义上的客观性是一种与主体的主观性相对立的性质，这种客观性标准要求尽可能排除一切主观因素的影响。辩证意义上的客观性认识到人在实践中的主观能动性，客观性是由主体在实践中建构的，因而在排斥主观性的同时又无法彻底抛弃主观性。科学社会学中的客观性在排斥个体的主观性之时，又不得不将作为整体的科学共同体的主观行为视为具有客观性。这导致了人们在看了众多关于客观性的分类之后可能对客观性的概念更加困惑，以至于哈金（Ian Hacking）在评论达斯顿（Lorraine Daston）和加里森（Peter Galison）的《客观性》一书时说："读完这本包含了众多注释和精美插图的长达415页的书后，人们依然不知道什么是客观性"[②]。哈金赞同维特根斯坦对"游戏"的看法，认为客观性是一个类似于"游戏"的具有家族相似性的概念，人们无法通过归纳各种客观性

① 罗栋：《科学客观性的分类学研究》，《自然辩证法研究》，2017(11): 9–13。

② Galison P., Hacking I. et al., "Objectivity in History Perspective", *Metascience*, Vol.21, No.1, 2012, pp.11-39.

用法来理解其本质。他认为人们甚至根本没必要研究达到客观性所需要满足的所有必要条件，而只要看科学家在实践中是如何使用“客观性”一词的就好了，人们讨论客观性的时候实际上关注的是该研究是否可信[①]。

由于客观性概念是一个随着科学史的发展而不断演变的概念，对客观性的分类学研究永远不可能达至完备的程度，因而，通过这种方式无法获取对客观性的一般理解。除了分类学研究视角外，学术界在承认客观性概念具有高度复杂性特征的同时，还讨论了客观性的另外九个方面的特征：一、客观性表现为过程的而非状态的客观性；二、客观性意味着科学共同体对于某种科学知识的看法能够达成一致意见；三、科学的客观性是指科学只能给出关于事物的相互关系而非质的说明；四、科学客观性意味着科学在数学形式上具有不变性；五、客观性与严格性或精确性具有对立统一的关系，即在人工干预下的科学研究中客观性和严格性既有互相排斥的作用又有相互促进的功能；六、客观性依靠科学方法和社会规范获得保障；七、客观性与社会文化之间存在相互建构的关系；八、科学客观性的概念是开放的和不断变化的；九、客观性不能排除主观性[②]。但是这种一般性总结仍然难以明确究竟什么是客观性。在仔细考察以上九种特征后，我们可以发现这样两个问题：首先，对科学客观性的特征进行归纳主义的总结导致其结论不可避免地具有或然性，使得这些对客观性的经验说明很容易被找到反例。比如我们很难找到某种能够让科学共同体内所有人一致地赞同或反对的理论；再比如，对地方性知识的研究表明科学理论不一定具有普遍性；又比如，科学史上的范式革命也表明科学理论的数学形式具有可变性。其次，对客观性概念的可变性及其形成的社会因素的强调可能在无意间为客观性的相对主义

① Hacking I., “Let’s Not Talk About Objectivity”, in Padovani F., Richardson A., Tsou J. Y. (eds.), *Objectivity in Science: New Perspectives from Science and Technology Studies*, Switzerland: Springer, 2015, pp.19-33.

② 李醒民：《科学客观性的特点》，《江苏社会科学》，2008(5): 1–8。

解读敞开了大门，从逻辑上也可能走向对客观性的不可知论解读，进而产生坚持客观性的存在却又不能认识客观性的矛盾。

在上述讨论中不难发现，科学知识的客观性显然是一个可以被解构的多语义复杂术语，这种复杂性涉及论证客观性所依赖的各种富有争议的哲学基础。如果我们把科学知识视为一种人类生产活动的产品，那么对这种产品的客观性分析至少可以分为三个部分：一是产品质料的客观性，即科学知识中命题陈述的对象或科学研究对象是不是客观的；二是产品形式的客观性，即科学知识本身是否具有客观性，科学知识中的命题陈述是不是对外在事物的忠实表述；三是产品生产过程的客观性，即科学知识生产中所运用的科学方法能不能得出客观性结果。

三、科学知识客观性的实在论与经验论分歧

一般来说，根据科学发展阶段的不同，可以将科学知识生产的质料或科学研究的对象是否具有客观性这一问题的分析分为近代与现代两个阶段。近代自然科学诞生之初，科学家主要以可感知的自然事物与可观察的自然现象为研究对象。尽管观察经验的获得可能需要依靠技术设备，但总体来说，近代科学的唯物主义立场表明其研究对象的可观察性使科学知识的生产质料具有相对明显的直观性和客观性。但是，当现代科学的研究深入到直观经验难以观察的领域之后，对科学研究对象的客观性判断就产生了分歧。此时的客观性主要表现为科学研究对象是否具有实在性。实在论者常常诉诸科学史中曾做出成功解释的科学理论强化其关于假设性实体的信念，他们坚信科学中的理论术语所指称的实体是一种独立于心灵的客观实在，并以成功的经验案例来证明假设性实体的客观性。当代科学实在论认为，科学理论假设的实体对象虽然无法通过观察经验获得直观的证实，但这种假设的实体却是整个科学理论自身融贯性及其与现象相符的基础，而且依靠假设性实体的科学理论还能对改造世界产生实际效用，并成功地做出与事实相符的预测。就此而言，基

于假设性实体的科学理论即便不是真理，也应该是对真理的近似表述。

但是，这种基于成功的科学解释的趋同实在论遭到了反实在论者的挑战。反实在论认为，尽管基于假设性实体的科学理论能够在一定程度上成功地解释经验现象，但这并不意味着理论术语所指称的假设性实体本身具有客观性。在科学史上的经验案例中，基于以太假说的麦克斯韦电磁学引出了一种光的电磁学理论，并最终导致了无线电波的发现，然而“以太”这种假设性实体却被迈克尔逊-莫雷的判决性实验证明为不存在的东西。因此，为了给假设性实体确立某种客观性判断标准，一些反实在论者如劳丹（Larry Laudan）和范·弗拉森（B. C. van Fraassen）等把“可观察性”作为确立某种关于实在的信仰的依据。反实在论者对假设性实体的态度表现出强烈的工具主义、达尔文主义和实用主义的倾向。他们认为假设性实体对于理论而言只是一些有用的工具，不同的假设性实体之间存在一种优胜劣汰的关系，成功的假设性实体能够帮助科学理论成为被广泛接受的真理，而失败的假设性实体则不可避免地被淘汰和被抛弃。

当代科学实在论与反实在论之间的争论源远流长，可上溯至古希腊时代柏拉图的理念论与亚里士多德反理念的争论，以及中世纪的实在论与唯名论之间的争论，两者之间的争论至今仍以不同形式继续着。实在这一概念在哲学中的重要性体现在它既是本体论的讨论对象，也是认识论关心的问题。在科学认识论中，认识对象的实在性为认识的客观性提供本体论的保证。尽管我们无法忽视反实在论对科学实在论所作的经验反驳，但如果科学认识的对象完全不具有实在性，那就意味着我们关于认识对象的一切命题都是彻底的猜想或纯建构性的陈述，而这样的结论显然与当代科学发展的现实是不相符的。不过，两者之间的争论至少表明了一点，科学认识对象中的不可观察实体作为一种假设性实在显然不具备绝对的客观性。而这种非绝对客观的认识对象又必然会影响到科学认识的结果，即科学知识本身也不具备绝对的客观性。在经验主义的符合论中，科学理论的真理性表现为与客观事实相符合。依赖于假设性实在的科学理论当下与事实的相符无法保证其未来仍能与事实相符。同理，依赖于假设性实在而暂时获得自身内部融贯性的科学理论也不意味着该理论将一直保持融贯性。当下能够解释经验的“真理”未必在未来仍能解释经验，当下不能解释经验的“谬误”未必在未来不能成为解释经验的“真理”。

如果说，不可靠的假设性实在无法为科学知识绝对客观性提供本体论支持，那么经验主义科学方法论的相对主义困境则进一步引发了对科学知识绝对客观性的解构。归纳主义的方法以因果关系的必然性为前提，但是，休谟否认了因果必然性原理。他怀疑“一切存在的东西必有其存在的原因”这一理性主义的先验原则，用心理因素取代了自然规律，从而使因果必然性成为一种习惯性联想。这导致了由感性经验上升到理性认识的通道被掐断，从而直接否定了归纳逻辑的合法性。概括起来至少有以下几个方面的原因：其一，归纳法是从有限的事例推广到无穷的对象，从现在的经验跳到未来的预测，这两者都得不到演绎逻辑的必然性保证。其二，我们不能认为在很多场合下归纳法为科学知识生产做出了大量贡献，所以归纳法就总是有效的；用归纳法为归纳法辩护只是循环论证。其三，我们不能用自然齐一律为不完全归纳法得出的结论作论证，自然齐一律归根结底还是一种出于习惯性联想的归纳结论，因而，这样的论证也是循环论证。其四，归纳主义要求的观察经验与观察结论之间存在一些显见的逻辑困境。例如，我们如何通过可观察的事物归纳出诸如原子结构、微观粒子之类的不可直接观察的结论？我们如何通过人工干预下的、不精确的观察归纳出精确的科学知识？这些都是传统经验主义框架下的归纳法无法有效回答的难题。

实证主义的方法试图摆脱归纳主义的或然性，而主张用实证的方法确定科学知识的真假。但是，由于通过归纳法获得的科学知识不具备必然性，以这种或然性知识为大前提而演绎出的推论和假设即便获得了部分的经验证实，仍然不能说该理论必然为真。一些现代经验论者试图以概率逻辑来拯救归纳法，他们把“证实”这一绝对的概念转换为“确证度”这一相对的概念。卡尔纳普承认，如果把证实理解为对真理的完全确认，那么任何对规律的全称陈述都是不可能的，但是可以通过对越来越多的单一例证的证实而逐渐增强我们对于某一规律的全称陈述的信心，在这个意义上可以说该规律的确证度在增长，命题陈述为真的概率在提升[①]。但是这种关于确证度的概率主义观念脱离了历史情境，没有考虑到实证案例在不同历史时期对提升理论确证度的不同影响，例如，今天再对行星位置及其运行轨道进行观察实际上对提升万有引力的确证度已经毫无意义。更严重的是，如果将概率等同于确证度，就意味着一切科学理论都将变得不可接受。因为通过有限的经验案例去确证无限指称的全称陈述，其概率将无限趋近于零。在这个意义上说，我们只能抛弃在逻辑上出现矛盾的概率主义实证论，而选择接受具有或然性的实证原则。但无论如何，在实证主义方法论中，科学理论绝不可能拥有绝对的客观性或真理性。

由于归纳主义方法论在逻辑上的先天不足导致证实科学理论成为不可能，所以证伪主义试图另辟蹊径以规避归纳主义与实证主义的方法论困境，其依据是可证实性与可否证性的不对称性。波普尔认为，全称陈述不能从单称陈述中推导出来，但却能够和单称陈述产生矛盾。利用演绎逻辑的必然性，即可从单称陈述之真论证全称陈述之伪[②]。然而，科学史上遭遇否证的理论却未被抛弃的案例比比皆是。在实际操作层面上，证伪主义将至少还面临以下两项技术上的难题：其一，证伪主义仍然无法摆脱观察和实验依赖理论的问题，这导致了科学理论在面临否证时，我们无法确定问题究竟是出在待检验的科学理论上，还是出在观察实验者所持有的背景知识上，亦或是出在为了检验该理论而增设的一些辅助性假设上。其二，由于证伪主义允许对待检验的科学理论增设一些可检验的辅助性假设，那么当该科学理论面临否证时，原则上我们可以

① 洪谦：《现代西方哲学论著选辑》（上册），北京：商务印书馆，1993: 498。

② [英]K. R. 波珀：《科学发现的逻辑》，查汝强、邱仁宗译，北京：科学出版社，1986: 15–16。

通过无限增设新的可检验的辅助性假设，使待检验的科学理论永远逃脱被否证的风险。证伪主义面临的方法论困境无疑将导致人们无法根据经验主义原则来决定究竟什么时候应该抛弃这一科学知识，从而使科学知识生产陷入进退维谷的境地。

综上所述，我们不难发现，科学知识作为一种源于自然的认识成果，虽然具有显著的自然属性，但这一最基本的属性不能保证科学知识具有绝对客观性。一方面，哲学认识论的三种真理观无法为科学知识确立某种绝对的单一性标准；另一方面，三种认识方法论在逻辑上无法获得科学知识的终极证实或证伪。从根本上来说，科学知识是唯物主义经验认识的产物，而非纯粹理性主义的认识结果。这就意味着科学认识论不可避免地承袭了近代以来的经验主义认识论难以克服的重大缺陷，从而使各种对科学的规范性描述要么流露出不可知论的意蕴，要么表现出显著的相对主义倾向。如反实在论或证伪主义只把科学理论视为“拯救现象”的普遍性假说而不可能是对自然界的真实描述。科学实在论或逻辑经验主义将科学理论妥协为一种对自然的近似或逼真的反映，把概率逻辑引入科学认识论实质上反映的是人们关于科学知识的信念强度。

在传统经验主义认识论中，经验是一种具体的、共时的东西，表现为在具体时刻为具体个人所持有的个别经验。导源于经验的科学知识由此表现出两种矛盾：一是个别经验不能客观地转变为一般经验；二是对同一观察客体的新旧交替的经验必然导致关于同一研究对象的新旧交替的科学知识。如此一来，严格坚持科学知识与经验之间的对应关系就不可避免地走向了相对主义。经验对科学知识之真伪验证的失败，标志着自然界裁决科学知识之真伪的霸权走向衰落，以至于拉卡托斯认为，陈述的真值不能由事实来证明，而在某些场合可以由一致性协议来决定①。拉卡托斯进一步表明，那种能够即时推翻一项研究纲领的判决

① [英]伊姆雷·拉卡托斯：《证伪和科学研究纲领方法论》，载于[英]伊姆雷·拉卡托斯、艾兰·马斯格雷夫等编，《批判与知识的增长》，周寄中译，北京：华夏出版社，1987: 136–137。

性实验是不存在的[①]。由于传统科学哲学中的自然判决不再具有绝对效力，历史主义学派便试图从社会历史领域寻求对科学范式变更的说明，然而不可通约的范式理论表明科学知识的增长是一个没有客观标准可循的非理性的过程。因此，历史主义进路不仅没有为科学认识论树立起某种确定的理性标准，反而使相对主义气息在科学认识论中变得更加浓厚，而欧洲的社会建构主义学派更是将相对主义认识论推向了高潮，并为科学知识民主开辟了一条可能的道路。

① [英]伊·拉卡托斯：《科学研究纲领方法论》，兰征译，上海：上海译文出版社，1986: 118。

第二章

科学知识的社会属性与建构性

第一节　历史主义学派的认识论观点

第二节　科学知识的社会建构论观点

第三节　科学认识论的相对主义立场演变

长久以来，以逻辑经验主义为代表的正统科学哲学重视的是科学知识与自然的关系，淡化了作为科学认识主体的人在科学知识生产过程中的作用，似乎在科学知识与自然之间横跨着一座天然的桥梁，而与人的活动没有多大关系。这显然失之偏颇。虽然科学知识源于自然，自然赋予科学知识与生俱来的本质属性，但科学知识同时也离不开人对自然的主观认识，是人的能动实践的成果，科学知识因而必然具有社会属性。科学知识的自然因素决定了科学知识的合理与否需要接受自然的裁决，但仅仅是自然裁决并不足以形成被人广泛接受的科学知识。如果自然判决能够成为科学知识合理与否的唯一裁决要素，那就无法理解科学史中为何还会出现随处可见的科学争论。显然，科学共识的达成还包含了一些因人而生的社会性因素，这些社会因素共同构成了科学知识的社会属性。从这一方面来说，科学知识是在人的活动中建构而成的，有其建构属性。

第一节　历史主义学派的认识论观点

在现代科学认识论中首先严格阐述科学知识的社会属性的哲学流派是历史主义学派。严格来说，历史主义学派并非一个具有统一纲领的思想流派，而是一些哲学家在反对逻辑经验主义和批判理性主义的过程中形成了一个显著的共同点，即他们都主张用历史的观点动态地研究科学理论和科学实践，以库恩和费耶阿本德为代表。

一、古希腊哲学中的知识建构性观点

人在认识中发挥决定作用。这一观念可以上溯至古希腊的自然哲学思想。在古希腊时代，当自然哲学家泰勒斯明确地提出了“水是万物的本原”这一命题时，便拉开了科学萌芽的序幕。尽管这一命题在今天看来非常朴素，甚至荒诞幼稚，但在哲学史和科学史上却具有划时代意义。这一命题以全称陈述的方式表达了万物源于水的观念，它意味着人类开始从纷繁复杂的自然现象中寻求共同的原理，总结具有普遍性的自然规律，并以具有普遍性的全称命题表述出来，形成基本原理，而基本原理又可以反过来被用于解释和预见更多的自然现象。这一新的认知思维模式被科学继承下来，并沿用至今。泰勒斯之后，自然哲学家们对本原问题众说纷纭、莫衷一是。一时间，关于本原的论述形成百家争鸣、百花齐放的局面，如一与多的本体争鸣、动与静的本体论争，以及有形与无形的本体之辩等。

大约在2400年前，古希腊智者普罗泰戈拉在哲学上第一次把哲学家们的注意力从天上拉回了人间。他提出了两个著名的命题。第一个命题为“人是万物的尺度”。这一命题不仅一扫爱利亚学派基于永恒不变的存在而将真理绝对化的作风，而且还成为西方哲学史上第一个强调人的主观能动性的命题。普罗泰戈拉说：“人是万物的尺度，是存在的事物存在的尺度，也是不存在的事物不存在的尺度。”[①] 在他这里，人的认识表现出显著的相对性。他以“风”为例论证这种相对性，同样一阵风

① [古希腊]柏拉图：《柏拉图全集》（第二卷），王晓朝译，北京：人民出版社，2003: 664。

对于有些人而言是微凉或很冷的，对另一些人而言是凉爽或舒适的。按照柏拉图在《泰阿泰德篇》中的解读，普罗泰戈拉这一命题表达了这样的含义："事物对于我就是它向我呈现的样子，对于你就是它向你呈现的样子"。[①] 普罗泰戈拉把认识的尺度归化于人，将原本外在于人的逻各斯内化于人，各人依据自己的逻各斯去认识事物，从而开辟了相对主义认识论的先河。

第二个命题是"一切理论都有其对立的说法"。这一命题立足于相对主义认识论，充分发掘客观世界中各类事物的对立关系，从而形成了最早的主观辩证法。这种主观辩证法的诞生最初是为了服务民主生活中的观点论证和辩论的。由于雅典实行的民主制度为公民积极参与政治生活创造了良好的条件，所以任何一位有抱负的雅典公民都需要掌握一定的论辩技术，才能使自己的观念成功地影响城邦生活。在这种社会背景下，论辩技术成为城邦政治生活中不可或缺的重要技能，从而导致了以研究和传授论辩技术为职业的智者的出现。因此，这一命题的提出可以说是普罗泰戈拉对其论辩实践经验的总结。根据这一命题的思路，人们很容易得出理论无所谓真假这样的结论。只要言之有理，一切理论皆可为真，重点在于能够自圆其说。尽管，普罗泰戈拉这一命题面临着致命的反身性问题，正如柏拉图指出的那样："它总是一个令人奇怪的学说，既摧毁其自身又摧毁了其他理论"[②]。但它的确是古往今来不同流派的各种理论知识之间争鸣不休的一个重要原因。知识间的争鸣不仅在哲学社会科学知识中是常态，在自然科学知识中也非鲜见，关于科学知识本身及其生产和应用中的争论在科学史中层出不穷。

---

① [古希腊]柏拉图：《柏拉图全集》（第二卷），王晓朝译，北京：人民出版社，2003: 664。

② 苗力田：《古希腊哲学》，北京：中国人民大学出版社，1989: 187。

二、库恩“科学革命”理论中的社会因素

一般来说，历史主义学派在肯定科学知识生产中的自然因素之外，还将科学家的心理、科学共同体的意愿等社会性因素注入了科学认识论之中。在方法论上，以费耶阿本德为代表的科学方法无政府主义者反对教条式地用一成不变的逻辑形式生产科学知识，主张自由地采用开放式的、创造型的方法，即“怎么都行”的多元方法。在科学进步观上，历史主义学派主张以一种间断式革命来取代归纳主义的积累进步和证伪主义的连续革命。历史主义学派所说的革命是指摒弃旧范式，用一种与旧范式不相容的新范式取而代之，并强调科学共同体的社会因素在新旧范式转换过程中的重要作用。

“范式”是贯穿库恩的“科学革命”理论的核心概念，但库恩本人并没有对这一概念给出明确的定义。剑桥语言研究室的学者玛格丽特·玛斯特曼（Margaret Masterman）从《科学革命的结构》一书中统计出至少有21种关于范式的用法，并大致将其分为三类：第一类“范式”是作为一组形而上学信念的元范式。这些信念将对在范式框架内所进行的工作提供世界观之类的原则性指导。如牛顿范式为科学家提供一个机械的世界观，作为机械系统的世界受牛顿定律的支配。第二类“范式”是科学的社会学范式，这类范式的用法涉及各种社会因素对科学知识生产的影响，如社会文化、社会历史、社会心理和社会传统等。第三类“范式”是人工范式或构造范式，这类范式的用法涉及更为具体和实际的东西，比如教材中的规范性知识、语词体系、科研工具设备等①。后来，库恩在对范式理论进行反思时，将范式等同于科学共同体，他说：“‘范式’一词无论实际上还是逻辑上，都很接近于‘科学共同体’这个词。一种范式是也仅仅是一个科学共同体成员所共有的东

① [英]玛格丽特·玛斯特曼：《范式的本质》，载于[英]伊姆雷·拉卡托斯、艾兰·马斯格雷夫等编，《批判与知识的增长》，周寄中译，北京：华夏出版社，1987: 77-84。

西”[①]。总而言之，范式为科学家提供和规定了科学知识生产所需的基本理论、基本方法和工具设备，为他们的“解难题”活动指定了理论模型和分析框架。科学家在范式既定规则的支配下所从事的秩序井然的科学知识生产活动，就是库恩所谓的常规科学阶段，实际上也就是形成稳定的科学共同体的阶段。

在常规科学阶段，一个成熟的范式为科学共同体的“解难题”活动提供指导的同时，也形成了新的藩篱。库恩把范式的这种规约作用比作一个“坚实的盒子”。致力于完善范式的科学家们强行把自然塞进一个由范式提供的、已经制成且相当坚实的盒子里。科学家们的工作任务仅仅是澄清这个坚实的盒子里的自然现象和理论。而那些没有被装进盒子里的现象则常常被视而不见，因为常规科学的目的并非去发现新的现象，而且，往往难以容忍别人发明新的理论[②]。这表明，在常规科学阶段，范式不仅限制了科学家生产什么样的科学知识，而且还规定了科学家以何种方式生产科学知识。“坚实的盒子”里不仅为科学家准备好了有待解决的问题，而且，要求科学家精心设计一些能够使自然现象与理论假说相符的实验及其所需的仪器设备。由于范式理论给定了现象，实验只能别无选择地承担起解释这种既定现象的责任，而解释失败则往往被认为是科学家及其设计的实验的责任，而非范式本身有什么问题。

由于常规科学阶段的范式规定了科学研究的问题、方法和标准，并把科学家眼中的自然范围严格限定在范式中，对与范式不相容的现象视而不见，对与范式不相容的新理论不能容忍；在范式的约束下，科学家的视野和思维受到禁锢，弱化了科学家的创造性。但是，也正是因为范式的限制，才使得科学家能够专注于并深入研究自然的一部分，通过扩展科学知识的精度和广度来完善范式。范式的这种自我调整和延伸能

① [美]托马斯·库恩：《必要的张力》，范岱年、纪树立译，北京：北京大学出版社，2004: 293。

② [美]托马斯·库恩：《科学革命的结构》，金吾伦、胡新和译，北京：北京大学出版社，2003: 22。

力使得范式具有一定的吸收反常的能力。所谓反常是指科学家开始有意识地关注一些范式没有为他们准备的新现象，即出现了一些不符合范式预期的现象。当范式遭遇反常时，可以通过调整理论使反常符合预期结果，最终同化和吸收反常。在同化和吸收反常的过程中，范式框架下的科学理论变得更为丰富和完善，促使常规科学阶段科学知识生产的扩大化和精确化。与朴素证伪主义中“不堪一否”的假说相比，范式表现出明显的韧性。但是，范式走向普遍化和精确化的趋势同时也弱化了其对更多反常的吸收和同化能力。也就是说，旧范式越趋向完善也就越趋向稳定，也就越难以通过调整理论吸收反常，旧范式在解释不断涌现的新事物时逐渐左支右绌，最终酿成危机。

所谓危机就是范式框架内的反常持续得不到解决，并逐渐出现对范式进行大规模破坏的要求。在危机阶段，持续未能解决的反常迫使越来越多的科学家要求常规科学中的问题和技巧有重大转变，科学共同体开始进入了一段有着显著的专业不安全感的时期。这种不安全感是因常规科学阶段的范式持续未能帮助科学家成功解谜而产生的[①]。其结果就是导致科学家对旧范式的怀疑，以及旧范式对科学家的规则束缚越来越松弛。持续的危机往往预示着更换新范式的时机已到来，旧范式指导下的科学知识生产模式的失效迫切要求科学家寻找一种新的科学知识生产模式，用新理论取代旧理论，从而形成能够解决危机的新范式。随着一个有竞争力的新范式的崛起，科学发展便进入了革命阶段。所谓科学革命即新范式对旧范式的取代，科学共同体内部成员通过非暴力的理论争鸣的方式对不同范式进行比较，进而确定新范式。不同范式之间没有共同标准或中间地带，因而不仅在逻辑上不相容，而且是不可通约的。因此，以范式更替为标志的科学革命意味着某一科学共同体世界观的转变，同时也意味着科学知识生产模式的转变。科学家将在新范式的指导

① [美]托马斯·库恩：《科学革命的结构》，金吾伦、胡新和译，北京：北京大学出版社，2003: 62。

下，基于新方法和新仪器生产科学知识。

三、费耶阿本德的多元方法论

库恩的范式理论强调科学家在单一范式的指导下采用范式框架内提供的方法生产科学知识。费耶阿本德的无政府主义认识论则完全解除了范式框架内的方法对科学共同体生产科学知识的束缚。他在科学知识生产过程中强调“怎么都行”的多元方法论原则。基于一种鲜明的反规则立场，费耶阿本德将过去科学哲学为科学家生产科学知识所规定的各种方法视为阻碍科学进步的教条主义。这些方法论教条以固定的逻辑形式，教人以一成不变的方法和规则建构理论，从而使科学知识生产脱离了生活实际。从认识论发展史来看，一种包含了不变的和绝对必须遵守的原则的方法观念，无论其认识论根据如何充足，总会遇到被违反的情况。并且，即便是对于同一认识对象，在不同的范式框架中也会生产出不同的科学知识。既然没有一成不变的科学知识，也就没有与之相对应的一成不变的理论和概念系统，也就不存在一成不变的方法。一切方法论，甚至最明白不过的方法论，都有其局限性①。

虽然基于归纳的逻辑经验主义和基于否证的批判理性主义对于理论与经验之间的还原逻辑有着不同意见，但二者都认同理论的可靠性仅仅取决于观察资料对理论的支持程度。因此，两种流派的哲学家都认为可以为科学知识的生产一劳永逸地提供某种统一的逻辑规则。依靠这一规则，可以区分科学知识与非科学知识，还能让科学知识实现持续增长。为了证明传统认识论所规定的方法规则的失败，费耶阿本德援引了科学史中伽利略以思想实验对抗地球静止论的案例。对伽利略时代的大多数人来说，从高塔掉下的石头将落在塔基旁边，而不是落在塔后。这类经

---

① [美]保罗·法伊尔阿本德：《反对方法——无政府主义知识论纲要》，周昌忠译，上海：上海译文出版社，1992: 10。

验在当时常被用作地球静止不动的证据。因为如果地球是运动的，那么石头应该会落在距离塔基相当距离以外的地方。然而伽利略如是论证道：一个沿着没有摩擦力的斜面向下滚动的球因落向地心而不断加速，而沿着没有摩擦力的斜面向上滚动的球则因远离地心而不断减速。如果把斜面改为平面，球速将不增不减，因为球既没有上升也没有下降。伽利略的思想实验提供了一个关于某物倘若没有外力作用将保持原有方式匀速运动下去的例子。因此，塔上落石将和塔一起随着地球自转而进行水平运动，导致其落点位于塔基旁边，而非塔后。在此案例中，伽利略并未像逻辑实证主义或证伪主义所要求的那样诉诸观察经验或实验来进行理论检验，而仅凭抽象的逻辑思维便完成了一种科学认知的进步。

在费耶阿本德看来，经验主义的各种方法论对科学家的约束之所以会失效，其中一个重要原因是他们忽视了科学知识生产中的非理性因素。他认为科学的进步并非完全依靠理性的进步，非理性的力量常常起到关键作用，如商业利益的诱惑、传教士的宣传，以及武力的征服等。他指出："科学同神话的距离，比起科学哲学打算承认的要切近得多，科学是人已经发展起来的众多思想形态的一种，但并不一定是最好的一种。科学引人注目、哗众取宠而又冒失无礼，只有那些已经决定支持某一种意识形态的人，或者那些已经接受了科学但从未审察过科学的优越性和界限的人，才会认为科学天生就是优越的。然而意识形态的取舍应当让个人去决定。既然如此，就可推知，国家与教会的分离必须以国家与科学的分离为补充。科学是最新、最富有侵略性、最教条的宗教机构。"① 普适方法将人的才智以及促使才智发展的环境看得太过简单，迫使科学家接受普适方法将以牺牲人性为代价。迫使科学家按照僵化的和普适的方法生产科学知识不切实际，既违背人性，又危害科学。

尽管费耶阿本德反对理性，提倡非理性主义，但他对科学知识生

① [美]保罗·法伊尔阿本德：《反对方法——无政府主义知识论纲要》，周昌忠译，上海：上海译文出版社，1992: 255。

产中占据统治地位的理性主义的反叛性论证，终究没能摆脱理性的束缚。与其说他反对理性，不如说他是对基于理性主义的一元科学方法的科学沙文主义的反抗。科学哲学史表明，当经验主义各派理论家试图建构一套完整的认识论或方法论体系时，他们就会努力用这套理论体系解释科学进步的模式，从而有意或无意地忽视那些与其理论体系不相容的东西，但是科学家实际上并未在那些认识论和方法论的“独裁”下从事科学知识生产。正如爱因斯坦所指出的那样，科学家不应该拘泥于一种认识论体系，而应该像一个机会主义者那样，在描述独立于知觉的客观世界时可以当一个实在论者，在依靠自由精神发明概念和理论时可以成为一个唯心主义者，在对概念和理论寻求实证支持时应该是一个实证论者，在精炼和简化概念和理论时还可以成为一个柏拉图主义者或毕达哥拉斯主义者①。因此，相较于用内嵌单一逻辑形式的方法论来束缚科学家的做法，在科学知识生产的实践中强调一种非理性主义的方法论原则，能够更好地促进科学的发展，而这种非理性主义方法论的唯一原则就是“怎么都行”。

第二节　科学知识的社会建构论观点

20世纪20年代，以逻辑实证主义为代表的科学哲学家以自然为依托，试图建构一套关于科学家如何生产科学知识的科学认知模型。一般来说，他们相信科学知识是一种人类关于客观世界的系统化的经验知识体系，他们希望准确描述科学家以何种固定的逻辑形式生产客观的科学知识。出于对科学知识客观性的坚定信念，他们在描述各自的科学认知模型时力求排除人与社会等非自然因素的干扰，从而尽可能地实现经验

① [美]阿尔伯特·爱因斯坦：《爱因斯坦文集》（第一卷），许良英等编译，北京：商务印书馆，1976: 480。

对自然的临摹。20世纪30年代时，苏联科学家黑森在第二次国际科学史代表大会上用马克思主义的观点分析了牛顿力学产生的社会经济根源，并指出科学的发展受到社会需要的推动。

一、关于科学知识的社会学研究的兴起

20世纪30年代，贝尔纳和默顿的研究相继开启了科学认识的社会学视角研究。默顿在其博士论文《十七世纪英国的科学、技术和社会》中阐述了17世纪英国的清教伦理如何激励了科学的兴起，以及经济和军事需求如何影响科学家的科研选题。这一研究开辟了科学的社会学研究传统。科学的社会学研究主张从社会因素如何影响科学发展的视角研究科学认识与科学知识的增长。但是，社会因素对科学的影响实际上包含两个层次，第一层是科学家的兴趣焦点和选题方向受到社会因素的影响，第二层是科学家在科学知识生产过程中受到社会因素的影响，亦即社会因素对科学的外部与内部两个方面的影响。

默顿传统所做的研究实际上就是针对社会因素对科学的第一层影响，即社会因素对科学的外部影响。秉承默顿传统的一派与传统的经验主义科学哲学一样认为科学知识生产由专门的科学标准和逻辑程序引导，不应受社会因素的影响。他们甚至认为，如果说社会因素对科学知识生产过程有什么影响的话，那一定是破坏科学知识客观性的负面影响。这种观念包含了一个隐性预设，即科学知识生产只遵循纯理性规则，因而无需援引自然因素以外的包含了非理性的社会因素对其进行考察和解释。因此，科学的社会学研究传统一直停留在第一个层面上，社会因素对科学知识生产过程的影响的研究长期受到忽视，科学知识生产对于社会学家们而言一直是个等待开启的黑箱。

启发社会学家打开科学知识生产过程这一黑箱的，是库恩的历史主义科学认识论。库恩在解释范式转变的机制时，将科学共同体的集体性抉择这一社会因素第一次推上了舞台，使得科学家这一特殊群体的集

体抉择在科学知识生产中的作用成为无法回避的问题，从而把社会学研究与科学认识论结合在了一起。库恩在20世纪60年代发表的范式理论导致科学哲学的社会学转向，成功地启发了一批科学哲学家和社会学家将注意力转向对科学知识生产的研究，逐渐形成了今天科学社会学最重要流派之一，即科学知识社会学。这些学者们所秉持的认识论通常被称为“社会建构主义”。总体来说，社会建构主义者反对经验主义科学哲学蕴含的自然决定性与先天秩序性。他们反对自然对科学知识生产的决定性作用，相信是科学家在实验室中的社会行为决定了科学知识的形态。他们反对科学知识生产是由某种既定规则支配的活动，相信科学知识的社会建构包含了各种偶然性和非理性因素。他们反对传统科学哲学所坚持的证据的判决性作用，认为基于某种理论的证据不可能解决理论之间的争论。基于这些共同的基本观念，在社会建构主义的大旗下出现了若干科学知识社会学流派，并提出了各自的研究纲领。

二、“强纲领”的贡献与局限

科学知识社会学的爱丁堡学派提出“强纲领”，作为其方法论信条。他们认为，传统科学哲学和科学社会学的一个错误在于把科学知识从社会情境中剥离出来，将其视为一种客观反映自然规律的“自然之镜”，从而使科学知识长期免于社会学的审视。为了纠正这一偏差，爱丁堡学派提出要用科学的方法即一种经验主义的方法来考察科学知识，这种方法要求把科学知识放回到具体的社会历史情境中来研究，强调对科学知识进行因果性、公正性和对称性研究。具体说来，这种方法论包含四个要点：一是要阐述导致某种科学知识产出的各种原因，其中要包括社会原因；二是要公正地对待并说明科学知识中的真理与谬误、合理性与不合理性，以及成功与失败；三是为求解释的对称性而要求以同样的原因解释科学知识中的真与假等对立的两个方面；四是基于第二点和第三点而要求用于科学知识的各种解释模型必须能够用于解释科学知识社会学自身。“强纲领”之“强”的意义在于其强烈地要求对科学知识的各种解释中一定要囊括社会学解释。在社会建构主义看来，传统科学哲学往往以理性与客观之名而行主观臆断之实的方式规定科学知识应该是怎样的、科学家应该怎样生产科学知识，而科学知识社会学则采用经验主义与历史主义的方法描述科学知识实际上是怎么样的、科学家实际上怎样生产科学知识。

传统科学哲学把科学知识当作“自然之镜”，认为科学知识由自然决定，是对自然的正确描述，而爱丁堡学派的基本立场则是把科学知识当作社会的产物，是社会建构的产物。科学知识的社会建构论的出发点首先是把知识定义为集体持有的信念，这种知识观主要来自于库恩的启发。库恩在阐述范式理论时，把范式描述为科学共同体所持有的信念，任何科学知识的生产活动都受到范式的引导和制约。因此，作为生产结果的科学知识也就是范式的必然结果。布鲁尔（David Bloor）指出：“对于社会学家来说，人们认为什么是知识，什么就是知识。它是由人们满怀信心地坚持、并且以之作为生活支柱的那些信念组成的。”[①] 这表明，在爱丁堡学派那里，知识不再具有绝对的客观性和真理性，而仅是一种带有集体性和约定性的信念，只要是得到集体认可并在生活中起到一定作用的观念都可以是知识。诚然，科学知识有其产生的自然实在基础。布鲁尔也承认社会学家不能把知识视为与个体经验和物质世界毫无关系的幻想，同时，也将唯物主义和感觉经验的可靠性作为前提性原则[②]。但是，这并不意味着以自然实在为基础的个人经验必然能够升华为集体认可的科学知识，因为具有不同文化背景的人面对同一客体能够得出完全不同的观察结论，从而引发科学争论。显然，自然实在并不能解释为什么对于同一客体的观察会产生差异性观察结论。只有引入社会

① Bloor D., *Knowledge and Social Imagery*(2nd ed.), Chicago: The University of Chicago Press, 1991, p.5.

② Bloor D., *Knowledge and Social Imagery*(2nd ed.), Chicago: The University of Chicago Press, 1991, pp.33-34.

因素才能解释产生差异性观察结论的原因，并且，进一步解释那些能够结束科学争论并达成一致的机制。因此，在社会建构论对科学知识生产的解释模式中，自然因素不得不让位于社会因素。

关于引入什么样的社会因素来分析科学争论这一问题，爱丁堡学派的做法是通过分析科学史中的案例将科学争论的缘起与终结归因于利益，以期说明作为集体信念的科学知识是科学共同体通过谈判和磋商而达成妥协的结果，而利益则是驱动谈判和磋商的内在动力。这些科学史案例研究包括巴恩斯（Barry Barnes）和麦肯齐（Donald Mackenzie）对20世纪初英国人关于统计学争论的分析、夏平对19世纪爱丁堡颅相学争论的考察，以及布鲁尔对17世纪玻意耳微粒哲学在英国的兴起及其与古老的活力论思想之间争论的研究等等。需要指出的是，爱丁堡学派的利益分析模式所指称的“利益”并非狭隘的经济利益，还包括认知或技术利益，以及阶级或职业等社会利益。对科学争论的利益分析旨在表明，宏观利益能够转换成影响个人或群体行动的动因。这种说明也可以解释科学知识的增长①。

尽管爱丁堡学派的成员在各自的案例研究中采用了不同的利益分析策略，但仍有一些共同的形式：一是论证了看似理性的争论实则是社会关联的；二是论证中包含了“科学行动表达了伴生利益”这一核心思想，具体做法是在一组科学行动案例中将行动视为反映行动者某种潜在愿望的指标，并将这组愿望等同于行动者的伴随利益，从而表明所要说明的行动是与伴随利益一致的；三是从多个行动中确认出一种利益，说明“利益是独立于他们所说明的行动的原因”；四是指出行动与利益之间的关系实际上不是因果决定的，从而摆脱某种简单的社会文化决定论的嫌疑；五是在论证中补充或限定具体化的利益是集体的而不是个人

① 赵万里：《科学的社会建构——科学知识社会学的理论与实践》，天津：天津人民出版社，2002: 152。

的，利益分析是在结构水平上进行的[①]。这种分析模式片面地将科学家的信念偏好归因于利益，使得科学家似乎成为利益的“提线木偶”，而忽视了其他可能支配人的行为的复杂随机事件和动机，因此，也受到诸多批评。

三、相对主义经验纲领的贡献

巴斯学派对科学争论的分析策略是以相对主义经验纲领（EPOR）解释科学争论的产生缘由，并由此提出解决方案。相对主义经验纲领的认识论前提预设作为集体信念的科学知识与外在自然没有必然的因果关系。其论证方法可以分为三个步骤：首先，说明实验的数据材料在解释上的可变性，即可以对实验结果做出不同的合理解释；然后，分析导致科学争论终结的多种机制，说明科学家是如何就最终的结论达成共识；最后，将终结争论的机制与更广泛的社会结构联系起来，以期说明结束科学争论的机制与多重社会因素之间的关系[②]。这种分析模式要求科学知识社会学家们进行大量实地研究，用科学家们日常科研实践中的生动细节说明科学知识的社会建构过程。与爱丁堡学派针对科学史案例开展研究的方式不同，巴斯学派以人类学方法对科学家进行跟随记录，从中发现科学理论的形成过程。柯林斯相信唯有如此，才能最有力地说明社会因素如何影响科学知识的生产。

为了将相对主义经验纲领贯彻到实际研究中，柯林斯在20世纪70年代进行了三次经验研究，即关于建造TEA激光器、引力波探测实验和灵学实验的实地研究。其中关于引力波探测实验的经验研究是柯林斯最具代表性的一项关于科学争论的研究。引力波是爱因斯坦广义相对论

① 赵万里：《科学的社会建构——科学知识社会学的理论与实践》，天津：天津人民出版社，2002：156。

② Collins H. M., *Changing Order: Replication and Induction in Scientific Practice*, London: Sage Publications, 1985, pp.25-26.

的一个预测，为了对这一预测进行检验，马里兰大学的约瑟夫·韦伯（Joseph Weber）建造了专门的探测器，并声称自己通过分置在不同地区的同类型探测器同时检测到引力波的存在，从而引起了科学界的广泛关注。但是，当其他实验室的科学家试图重复这一实验时，却并没有获得理想的结果。对于复制实验的失败，科学家们有着不同的看法。从而产生了关于复制实验的争论。柯林斯将常见的复制实验分为七个步骤：第一，剔除所有与实验主题无关的活动；第二，剔除所有非科学的活动；第三，剔除所有与实验者身份不相宜的活动；第四，剔除所有非实验的活动；第五，剔除所有达不到原实验标准的复制实验；第六，将余下的分为产生肯定结果的实验和否定结果的实验两大类；第七，决定实验是否被成功复制。[①] 复制实验的这七个步骤看似明确，但实际上每一步都缺乏明晰的界定标准，以至于在正式讨论某种新发现之前，对导致这种新发现的手段就已经产生了难以诉诸自然法则做出裁决的争论。例如，在第一个步骤中，人们很难界定到底什么与实验主题相关，什么与之无关？哪些复制实验可以被认为是成功的？对此缺乏相应标准来加以判断。对复制实验产生的肯定或否定的结果的判定依赖于其要验证的理论本身，从而导致循环论证的嫌疑。这些理论困难在探测引力波实验的案例研究中具体表现为：什么样的探测器才算是对韦伯的探测器的复制？探测到什么样的现象才算是对引力波的成功检测？诸如此类的理论困境在复制实验中还有很多，它们共同印证了一个被柯林斯称为“实验复归”（experiments regress）的现象，即复制实验本身就是一项富有争议的工作，试图用实验来解决争论可能产生无穷的后退循环的结果。因此，复制实验不仅不能解决争论，就连它本身所导致的争论也只能依靠社会磋商来解决。

为了说明这种社会磋商机制，柯林斯引入了“赫塞网”（Hesse-

① Collins H. M., *Changing Order: Replication and Induction in Scientific Practice*, London: Sage Publications, 1985, p.39.

net）和“核心组”（Core-set）的概念。“赫塞网”的名称是由巴恩斯所创，用以指称哲学家玛丽·赫塞所提出的一种概念网络。柯林斯将该网络的意义泛化为一张宽泛的社会网络。一场科学争论中的各方科学家都身处这张网络之中，他们在网络中的身份地位和战略目标等社会因素影响着他们在争论中所坚持的意见和态度。而这一组密切参与科学争论的科学家群体则被柯林斯称为“核心组”。科学争论的终结与新科学知识的确认，就是他们通过磋商手段而达成一致的结果[①]。因此，作为社会产品的科学知识从生产到社会应用，经历了两种截然不同的状态，即从混乱的争论到公众的信念，而磋商以及其他社会因素则隐蔽于这一过程中而不被“核心组”以外的社会公众所察觉。剖开科学的“黑箱”并对科学知识生成过程进行社会学分析之后，柯林斯同时也对归纳问题中的自然规律的齐一性难题做出了社会学回答。自然规律齐一性的原因并不在于自然规律本身，而在于社会。当它化为社会共同的信念后，自然规律的齐一性就在社会实践中被确定下来了。因此，归纳的合理性不在于其本身的逻辑形式是否合法，而在于它是否能够成为社会共同持有的信念。

四、行动者网络理论的贡献

在对科学知识的社会建构主义解释中，以拉图尔为代表的巴黎学派比爱丁堡学派和巴斯学派走得更远，以至于他最终抛弃了“强纲领”这一基本纲领。拉图尔的一个“哥白尼革命”式的基本观点就是：“现实是争论得以解决的结果，而不是原因”[②]。这里的“现实”由自然和社会共同构成，科学知识所指称的自然实在是解决争论的结果、是被建

① Collins H. M., *Changing Order: Replication and Induction in Scientific Practice*, London: Sage Publications, 1985, pp.142-143.

② Latour B., Woolgar S., *Laboratory Life: The Construction of Scientific Facts*, New Jersey: Princeton University Press, 1986, p.237.

构的；现存的社会秩序所代表的社会实在也是解决争论的结果，也是被建构的。因此，拉图尔反对传统科学知识社会学对自然与社会作二元划分，并提出了一种广义的对称性原则。在“强纲领”中，所谓对称性是指在方法论上要求用同样的原因解释各种信念，不能用自然的原因解释真实的信念，而用社会的原因解释虚假的信念。然而，在以爱丁堡学派和巴斯学派为代表的传统科学知识社会学中，自然因素被认为在科学知识的社会建构中几乎不起作用，这使得传统科学知识社会学在实际分析中显得并不“对称”。因为他们将科学知识的所有原因全部归结为社会因素，而完全忽视了非社会的自然因素。拉图尔认为，既要对自然因素做出解释，也要对社会因素做出解释，因为两者都是被建构地存在着[①]。因此，拉图尔和伍尔伽在1986年出版的第二版《实验室生活》时将原副标题“科学事实的社会建构”中的“社会”二字去掉了，从而清楚地表明了其与传统科学知识社会学的不同。

拉图尔的科学认识论是从对实验室生活的经验观察开始的。他将整个实验室比作一个巨大的文学铭写系统。这套系统包含了实验人员、检测仪器等各种有生命和非生命的、能产出各种记录指标的文学铭写装置，而这些记录指标被统称为铭写标记。所有文学铭写装置的意义就在于向科学家提供各种用以生产论文的铭写标记，而科学家们自己并不需要与原初的自然物打交道。他们要做的只是利用这些实验室生产的铭写标记，同时参考那些已发表论文，来生产一篇新的论文。论文中经过修辞手段修饰的陈述将努力说服论文读者相信他们在论文中陈述的是某种新发现的事实。铭写标记的重要性不仅表现为一种科学家生产论文所需要的形式化的指标，也是科学家在争论中用来支持或反对某种陈述的关键证据。当某种陈述经过科学家的争论与磋商并获得可靠性之后，该陈述将被物化为一套新的实验装置。在这种情况下，可靠的陈述便获得了

① Bloor D., “Anti-Latour”, *Study in History and Philosophy of Science*, Vol.30A, No.1, 1999, pp.81-112.

信用，并因此将获得更多的投资机会，于是，就形成了一种类似于优势积累的“信用循环”，从而有利于更多的论文被生产出来。

在对实验室生活的分析中，拉图尔似乎让人看到这样一种真相：从铭写标记到论文的产出，实验室的这套看似理性的程序规则其实遮蔽了科学知识的建构过程，使实验室以外的人看不到其中非理性的社会因素。首先，铭写标记的产出并不必然地遵守某种固定的理性规则，铭写标记具有较强的情境依赖性，实验室中的铭写装置决定了产出铭写标记的方式和形式。也就是说，铭写标记是可变的。例如，某种物质能够被人认识到是存在的，其实是由某种特定的鉴定仪器决定的。如果实验室没有这种鉴定仪器，某种物质的性状就不能被认知，而只能通过其他手段获得另一种认知，因此，整个文学铭写系统制造出来的铭写标记实际上是一种通过人工实现的技术现象。其次，论文中的某种陈述的实在性由实验室中的实践操作来决定。科学家之间通过争论与磋商，排除论文中模棱两可的部分，之后才会发表论文。发表出来的论文作为事实陈述的“容器”可能被一部分读者当作明确无误的科学知识，用来说明其他问题。但是，所有这些被当作理所当然的科学知识都曾是科学家们争论和磋商的对象①。这种争论磋商的结果就是将一些陈述转变为人们主观想象的“虚构”，剩下的陈述则转变为自然事实。正是从这个意义上来说，自然实在从决定科学事实的原因转变为科学家之间磋商妥协的结果。

在拉图尔早期对实验室的人类学研究中，整个实验室如同一张小型网络，实验室中的科学家、技术人员、勤杂人员、实验动物、仪器设备等都是这张网络的组成部分，整张网络的中心就是作为科学知识建构结果的论文。但拉图尔没有止步于此，他继续在更大的实践网络中对科学知识的建构进行了考察，形成了行动者网络理论。类似于实验室这一

① Latour B., Woolgar S., *Laboratory Life: The Construction of Scientific Facts*, New Jersey: Princeton University Press, 1986, p.76.

文学铭写系统，行动者网络是由人和非人的行动者相互作用而组成的异质性网络。行动者网络消解了传统哲学关于自然与社会的二元划分，人、自然、社会以及人工自然物等异质性因素被共同纳入到建构科学知识的网络中来，而实验室作为一个整体可被视为一张更大的网络中的行动者。行动者网络理论旨在将整个世界中的各种力量联系起来并强调它们之间的互动，以说明科学知识是如何被建构的。一切对科学知识生产起到作用的力量都是行动者，无论这种力量是来自于专业的还是非专业的人，抑或是来自技术设备还是修辞文本。因此，相较于实验室研究而言，行动者网络理论是一种对建构科学知识的更大范围的社会学说明。

在行动者网络中，各类行动者的作用在于他们共同促成了科学知识转变为一种被广泛接受的信念。科学知识中的任何陈述能否获得广泛关注，取决于科学家能否充分利用各种策略使其陈述获得有利地位。这些策略包括适当的修辞手段、引用和被引用、实验室中铭写标记的支持，等等。总之，就是要让该陈述与其他因素联结起来形成同盟性质的"要塞"，一项陈述的命运取决于其能否形成足够的"要塞"。拉图尔指出："需要做大量的基础性工作以确保有足够多的要塞使技术文献和实验室提供的助力之间形成关联。如果没有大量的科学共同体以外的人参加，如果没有巧妙的策略调整人类和非人类资源，再好的修辞也无济于事。"[①] 这里所谓的科学共同体以外的人包括资助者、其他生产部门的工作者、信任者、宣传者等等，如果没有这些科学共同体以外的人的支持，科学共同体或者说实验室就无法顺利开展工作。人类和非人类资源则是指资金、劳动力资源、仪器设备等各种资源。实验室的科学知识生产涉及这样一种循环：科学知识需要成功地转换成利益，再由获得利益的行动者扩大科学知识生产规模。因此，这种循环的成功运行将必然吸引越来越多的要素卷入到科学知识生产过程中来，而所有这些人类或

① Latour B., *Science in Action: How to Follow Scientists and Engineers Through Society*, Cambridge: Harvard University Press, 1987, p.145.

非人类要素都能起到助力科研事业的作用①。因此，一个成功的陈述需要形成大量“要塞”，异质行动者联结成行动者网络并共同建构科学知识。这就意味着原本以科学家为主体的狭义科学共同体演化成了由异质行动者组成的广义科学共同体，共同体内的成员都会对科学知识的建构产生相应的影响。尤其是在解决分歧和冲突的时候，参与的主体已经不再局限于狭义科学共同体中的科学家了，而需要广义的科学共同体成员在联结中形成“要塞”，即形成某种关于科学知识生产的共识。

第三节　科学认识论的相对主义立场演变

如果说正统科学哲学秉承了分析传统，主要探讨的是科学知识的命题系统内部逻辑关系及其与外在自然的关系，那么科学史与社会学视角下的科学认识论研究关注的就是历史文化背景和社会文化环境对科学知识生产的影响。前者由关于自然的基本信念出发，试图通过理性方法从自然获取可靠的科学知识，从而使科学知识表现出显著的客观性。后者由科学知识生产所处的社会系统出发，试图从不同的社会存在之间的相互作用解释科学知识，由此凸显了科学知识的社会属性。前者向后者的转变向我们展示了科学认识论在唯物主义反映论中由绝对到相对转变的一条线索：从近代经验主义初期认为的经验对存在的反映与存在是同一的，到逻辑经验主义认为的经验对存在的反映是概率性或近似真实的，再到批判理性主义主张的理性自由创造的是永远不可能为真的假说，再到库恩的历史主义主张的不同范式之间的非理性选择，最后到社会建构论对相对主义和非理性主义的主动拥抱。其结果是科学知识沦为解释可变的或社会建构的产物。科学认识论从绝对到相对、从理性到非理性的

① Latour B., *Science in Action: How to Follow Scientists and Engineers Through Society*, Cambridge: Harvard University Press, 1987, p.159.

转变，展现了从正统科学哲学的“逻辑重建”到后现代哲学的“过程重现”的不同诠释范式。

一、从经验主义到历史主义的认识论立场转变

后现代哲学作为与近现代哲学相对立的一种哲学思潮，它反对正统科学哲学的着手点之一就是对其方法论的批判。在正统科学哲学中，归纳主义与证伪主义之争主要聚焦在逻辑层面。自休谟以来，哲学家对归纳主义的逻辑合法性批判从未中断，到波普尔时达至顶峰。他在拒斥归纳主义的同时，提出了与之对立的证伪主义方法论。但是，反归纳的逻辑主义从来没有彻底驳倒归纳主义，尤其是在现实层面上，自然科学对归纳法的依赖也从未中断。正如艾耶尔（Alfred Jules Ayer）说的那样，自然科学的荣誉并未由于哲学家对归纳问题的迷惑而受到损害①。逻辑经验主义者也能够像证伪主义者对归纳主义所作的批评那样反过来指出，假说虽不能被证实，但也不能被确定地否证。从双方之争中可以看出，归纳方法的合法性虽然得不到逻辑和理性的辩护，但作为生产新知识的关键方法之一，科学家一直都在使用它。这就说明归纳主义必定具有它的某种合理性，任何试图从逻辑层面对其进行彻底否定的行为几乎没有现实效果。更重要的是，一旦对科学进步的历史过程进行考察，就很容易发现正统科学哲学“逻辑重建”中的科学进步图景与历史中科学进步的真实过程有着诸多不一致之处。科学的进步既不是归纳证实的累积过程，也不是演绎否证的不断革命过程。归纳主义的累积进步观没有看到科学进步中的间断性或革命性，证伪主义的不断革命论忽略了科学进步中的连续性和积累性。

从正统科学哲学对科学“逻辑重建”的局限性可以看出，在方法论层面对科学知识生产做出某种一元规范性表述的诠释进路是行不通的。

① 洪谦：《现代西方哲学论著选辑》（上册），北京：商务印书馆，1993: 592。

科学认识论的进一步发展需要超越逻辑层面，从社会历史层面开辟新的诠释路径。在对科学史的考察中，库恩综合了逻辑经验主义的科学累积进步观和证伪主义的连续科学革命观，形成了阶段性革命论的新科学进步观。在库恩对科学发展不同阶段的结构分析中，常规科学阶段继承了逻辑经验主义所支持的科学累积进步观，科学革命阶段则扬弃了证伪主义对科学革命的说明，而范式概念在科学发展的不同阶段中起到穿针引线的作用。在历史主义科学认识论语境中，范式是一个充满社会学意蕴的新颖概念，它从两个方面将社会学基因注入了正统科学哲学，从而引导了正统科学哲学的社会学转向。首先，范式概念改变了逻辑主义科学划界的标准。在正统科学哲学中，可证实或可证伪是科学与非科学的划界标准。但在历史主义语境中，范式才是科学与非科学的划界标准，无范式则无科学。作为一套科学习惯的范式的诞生使前科学向常规科学转变，解难题的活动在这些习惯的指引下进行，这些习惯可以是智识的、语言的、行为的、机械的、技术的[①]。在这个意义上说，常规科学的形成就是典型的科学的社会建制化过程，它由科学共同体认可的习惯来规定。其次，范式的社会化选择定义了科学革命。在科学革命阶段，促使科学家在相互竞争的范式中改宗换派的力量源自作为一组形而上学信念的范式，而不是因为新范式的完全证实或旧范式的彻底否证。老一代科学家在抗拒新范式的同时信守旧范式，直至生命的终结。但同时，也有部分对旧范式没有坚定信念的青年科学家毅然选择改宗，信奉新范式。新范式向旧范式的转变有时要花上一代人的时间[②]。因此，也很难从科学革命的历史中概括出某种关于范式转换的确切标准。

库恩用两个类比对科学革命中的范式选择做出非理性主义的社会学说明。第一个类比是把范式转换比作“格式塔”转换。库恩在汉森的

---

① [英]玛格丽特·玛斯特曼：《范式的本质》，载于[英]伊姆雷·拉卡托斯、艾兰·马斯格雷夫等编，《批判与知识的增长》，周寄中译，北京：华夏出版社，1987: 84。

② [美]托马斯·库恩：《科学革命的结构》，金吾伦、胡新和译，北京：北京大学出版社，2003: 137。

“观察渗透理论”的启发下注意到科学革命时期处于不同范式指导下的科学家的世界观是彻底不同的，并借用格式塔心理学解释这种现象①。例如，同一幅等高线地图在未经训练的学生眼中可能是毫无意义的线圈，而在地理学家眼中就是一幅生动的地形图。学生只有经过相应的训练转变视觉之后才能见科学家之所见。第二个类比是用政治革命来形容科学革命。在科学革命中，科学家对范式的选择就如同政治革命中的人们在互不相容的政治制度之间做出选择一样，其实质就是在不相容的社会生活方式之间做出选择②。在政治革命中，新旧制度的支持者分别以不同的制度评价模型竭力为自己主张的正确性作辩护。由于缺乏一种超越新旧制度框架的评价标准，自说自话的各方最终只能求诸民众的支持。科学革命时期的新旧范式的支持者同样缺乏一种超越范式框架的评价标准，他们在自己支持的范式的支配下秉持相互排斥的评价标准为自家范式作辩护，争论双方同样陷入一种自说自话的境地之中。在科学革命中，新范式取代旧范式是因为它争取了更多的科学人员的支持。科学范式的转换实质上是科学共同体的“格式塔”转换，这种转换主要取决于科学共同体的社会心理因素，而非单一主体的认知逻辑。科学共同体是范式的社会基础。在这个意义上说，范式的转变是科学共同体民主决策的结果，这种结果体现的是科学共同体的集体意志。

库恩提出范式概念后，受到来自正统科学哲学界的诸多批评。他们反对库恩贬低理性逻辑在范式转换中的作用，反感库恩的范式内嵌的相对主义属性。不过库恩并不愿意承认自己的相对主义倾向，他说自己在《科学革命的结构》第一章中就明确地否定了“新范式是通过某种神秘的美学而最终胜利的”，而且将精确性、广泛性、简明性、富有成果，以及诸如此类的价值作为范式选择的标准。但是，他又认为这些标准在

---

① [美]托马斯·库恩：《科学革命的结构》，金吾伦、胡新和译，北京：北京大学出版社，2003: 101。

② [美]托马斯·库恩：《科学革命的结构》，金吾伦、胡新和译，北京：北京大学出版社，2003: 86。

范式的选择中只是一种价值判断，而非某种刻板僵硬的规则，共有这些标准的科学家仍然可以在同样的情况下做出不同的选择①。库恩用非理性的“格式塔”转换来比喻范式转换后的世界观或信仰的彻底变革，但是，这一点却与科学史不尽相符。如果不可通约的范式转换对科学家世界观的颠覆程度真的如此彻底，以至于生活在不同世界中的科学家毫无共同之处，就无法解释不同范式支配下的科学家为什么仍然会共用一些相同的基本术语、基本公式、基本理论，乃至基本设备。作为反实在论者，库恩反对理论的本体能够与真实的自然相契合②，相同的理论术语在不可通约的各种范式中有着不同的指称对象，其意义是随着科学理论或科学共同体的变化而变化的。这就意味着科学理论及其术语的本体论承诺失去了一贯性。这实际上也就否决了科学理论与客观世界相符的可能性。而且，评判范式的标准不是逻辑主义的实证或否证，而是解难题的能力，这也表明了任何理论都成了无所谓真伪的东西。正如库恩自己所说的那样，应该抛弃范式的转变意味着理论对真理的逼近这样一种观念③。总之，基于反实在论的范式理论的以上特征不仅充分展现了科学知识的社会属性，同时也坐实了库恩的历史主义认识论的相对主义倾向。

库恩的历史主义认识论展示了科学共同体在相互竞争的范式中的民主选择过程，他把这种民主选择归因于一种非逻辑的合理性，即价值判断上的合理性。然而价值判断是一种区别于事实判断的相对判断，是一种根植于社会文化因素和社会心理因素而做的判断。对范式选择的非理性主义归因意味着在范式选择这一问题上不存在什么明确的规则或方法。库恩的范式理论隐含的这一旨趣被费耶阿本德充分发挥，并激进地将之明确表述为方法论的无政府主义。在对方法论的无政府主义的激进

① [美]托马斯·库恩：《对批评的答复》，载于[英]伊姆雷·拉卡托斯、艾兰·马斯格雷夫等编，《批判与知识的增长》，周寄中译，北京：华夏出版社，1987: 351–352。

② [美]托马斯·库恩：《科学革命的结构》，金吾伦、胡新和译，北京：北京大学出版社，2003: 185。

③ [美]托马斯·库恩：《科学革命的结构》，金吾伦、胡新和译，北京：北京大学出版社，2003: 153。

论证中，为了反对任何理论方法的独裁统治，费耶阿本德对库恩设定的教条性的、权威的和思想狭隘的常规科学表达了不满[①]。常规科学阶段要求科学共同体一致同意并接受范式为其所作的一切安排，从而导致科学家处于被范式支配的极端不自由的境地中。这样的要求无异于教会或暴君的独裁，从而阻碍了科学的发展。他认为，科学史中没有任何一种理论会同其领域内的全部事实都相符[②]，范式中的理论以及范式之外的理论都是这样。然而，范式以外的理论，甚至是早已被扔进历史的垃圾堆里的观念都有可能重新复活，成为改善我们的知识的利器[③]。例如，在亚里士多德时代曾被认为是荒诞的毕达哥拉斯的宇宙观到了哥白尼时代又重新复活。中国的新文化运动时期曾一度被科学沙文主义列入旧文化而被打倒的传统中医在新中国成立之初实现复兴，并成为一种提高人均寿命的非常有效的方法。

至少有两个重要原因促使费耶阿本德强调科学发展需要不同意见。首先，同时存在多种范式的比较和竞争有助于激发科学发现新现象。新现象往往是通过新范式突破旧范式的理论和方法的束缚而产生的。这种突破能够改变常规科学从而导致科学的进步。其次，非科学或非理性的东西往往也能够对科学有所启发。从整个社会发展历史来看，科学没有充分的理由说明自己是导致社会进步的全部原因。科学知识至多只能说明自己是导致社会进步的有效知识之一，但绝不是唯一的有效知识。因此，科学知识内涵的某种方法也不应该成为唯一的或绝对的方法。逻辑主义的科学哲学曾试图以理性方法对科学与非科学进行划界，然而，结果表明不但科学不完全具备逻辑主义所规定的某种方法论特征，相反，非科学的内容有时也会具有科学主义所引以为傲的方法论特征。科学史

① [美]保罗·费耶阿本德：《对专家的安慰》，载于[英]伊姆雷·拉卡托斯、艾兰·马斯格雷夫等编，《批判与知识的增长》，周寄中译，北京：华夏出版社，1987: 279。

② [美]保罗·法伊尔阿本德：《反对方法——无政府主义知识论纲要》，周昌忠译，上海：上海译文出版社，1992: 31。

③ [美]保罗·法伊尔阿本德：《反对方法——无政府主义知识论纲要》，周昌忠译，上海：上海译文出版社，1992: 24–26。

对科学的起源研究表明，非科学的内容也可以对科学有所启发，例如关于巫术、宗教、游戏、兴趣等贴近人类日常生活的事物对科学的启发早已不再是新鲜的观念。丹皮尔指出："科学解释按其本质来说，一般也就是用我们的心灵比较熟悉的现象来说明新的现象。"① 正统科学哲学关于科学起源于经验观察或问题的说法遭遇大量的挑战，一种新兴的观点认为科学研究始于机会②，而"机会"的内涵显然远远超出传统科学观认可的内容。因此，费耶阿本德认为："任何思想，不管多么古旧和荒诞，都有可能改善我们的知识。"③科学需要允许一种观念上的民主和自由的氛围，通过对非科学内容的兼收并蓄而使自己的发展处于无限的可能性之中。

开放观念的要求促使费耶阿本德进一步反对普遍方法在科学中的独裁。由于科学无法将非理性彻底排除，其包含的非理性特征要求一种无政府主义的方法论与之相匹配。费耶阿本德反对普遍方法的目的并非试图用某种新的方法来代替旧的普遍方法，或者彻底取消普通方法在科学知识生产中的作用，而只是为了反对任何宣称具有普遍约束力的方法论。正如经验主义的科学认识方法所表现的那样，任何方法既有可取之处，也有各自的局限性。因此，如同任何思想都能对科学知识生产有所启发一样，任何方法都有可能对科学知识生产起到促进作用。此外，费耶阿本德在认识论上的不可知论倾向也是其倡导无政府主义方法论的一个重要原因。他认为，我们探索的世界在很大程度上就是一个未知的实体，所以我们必须保留自己的选择权而不可作茧自缚，没有人能保证一种认识论比另一种认识论更优越④。因此，倡导一种基于不确定性的自

---

① [英]W. C. 丹皮尔：《科学史及其与哲学和宗教的关系》，李珩译，北京：商务印书馆，1997: 85–86。

② 吴彤：《科学研究始于机会，还是始于问题或观察？》，《哲学研究》，2007(1): 98–104。

③ [美]保罗 · 法伊尔阿本德：《反对方法——无政府主义知识论纲要》，周昌忠译，上海：上海译文出版社，1992: 24。

④ [美]保罗 · 法伊尔阿本德：《反对方法——无政府主义知识论纲要》，周昌忠译，上海：上海译文出版社，1992: VI。

由主义方法论不仅是对科学自由发展的最佳回应，也是对科学家自由研究权利的必要保障。费耶阿本德在认识论上的不可知论倾向及其对非理性因素的强调，使得他对相对主义的态度远没有库恩那么矜持，他对常规科学的否定明确地向人们宣示了其对科学知识生产中的一切确定性因素的抗拒态度。常规科学的缺位使科学成了一种既没有确定目标又没有固定方法的非理性科学，从而形成了一种与其科学观相匹配的极具知识民主与自由主义气息的方法论主张。

二、社会建构论的相对主义认识论立场

在科学哲学的社会学转向中，历史主义起着承上启下的作用。库恩以常规科学与科学革命调和了逻辑经验主义与证伪主义之间的矛盾，并将两种逻辑主义的方法论融入对科学进步的合理性说明中。尽管库恩没有全盘否定逻辑主义对科学合理性的形式化说明，但他总体上对逻辑主义科学合理性的重构模式是持反对态度的。在范式理论中，我们不难发现，由于范式的不可通约性，新范式中的科学方法与旧范式中的方法显然不可能完全一样。这就意味着科学发展中不存在永恒不变的合理性，合理的科学方法将随着范式转换而变化。费耶阿本德将库恩理论中暗含的非理性主义成分推到极致，形成了无政府主义的自由方法论，将科学方法的选择权交还给科学家。但从整体来看，历史主义对科学发展的宏观“过程重现”无法给出范式与方法的社会选择的确定性标准。由于这种选择缺乏规范的方法论，因而只能诉诸科学共同体的价值判断。默顿学派曾试图在宏观的社会伦理层面对科学知识生产做出普遍的规范性表述，但是，理想中的一般性规范在大量科研行为失范的冲击下遭遇严重的反常危机。科学认识论与默顿社会学所遭遇的困境使得欧洲科学知识社会学家不再执着于从宏观层面对科学家的行动逻辑做出普遍性说明，转而从社会微观层面关注现实中的科学家实际上是如何行动的。他们不仅将历史主义科学认识论内嵌的非理性成分发扬光大，而且毫不避讳自

己所坚持的相对主义立场，把相对主义视为“科学地”理解知识形式的必然要求[①]。

科学知识社会学家的一个主要论证目标就是将原本具有确定性特征的科学知识在建构过程中还原为可变的公共信念，其总体策略可以大致概括为三个步骤：第一步是指出由经验观察的主体间性引发科学争论这一事实，从而有力地反驳了科学知识的自然决定论；第二步是论证判决性实验的复制困境，从而彻底推翻自然界对科学知识的裁决霸权；第三步是在解释达成信念共识的机制中引入多重非理性社会因素，从而实现认识论从唯物主义反映论向社会建构论的转变。

科学知识的社会建构也可以分为两个层面的建构：首先是科学事实的社会建构。在拉图尔和塞蒂娜等科学知识社会学家的实验室研究中，一方面，实验室科学家的研究对象不再是本真的自然物，而是由人工设备加工过的人工物；整个实验室就是一个具有显著的非自然属性的人工作坊，因而，作为科学事实的实验现象也不再是纯粹的自然现象，而是在范式支配下生产出来的“技术现象”，是符合范式预期的团队建构性产物。另一方面，在建构科学事实的社会网络中，研究场域的地方性、选择的偶然性与标准的可变性、实验室人员的口头磋商和书面交流，以及权力对资源和规则的干预等实验室情境，对科学事实的生成具有重大的不确定性影响。其次是科学文本的社会建构。读者所见的科学论文并非对实验室操作过程的忠实和原始的文本记录，而是科学家在同行评议的基础上通过多次对初稿进行删减重组和修辞掩饰后的结果，如删除论文中的“脆弱或危险的论断”、用“可能”替换“必然”或“肯定”等[②]。作为结果的论文终稿不仅包含了论文作者的主观建构成分，而且也是作者与评议人之间民主磋商的结果。对于熟谙“引证”策略的科学

---

① Barne B., Bloor D., “Relativism, Rationalism and the Sociology of Knowledge”, in Hollis M., Lukes S. (eds.), *Rationality and Relativism*, Oxford: Blackwell, 1982, pp.21-22.

② Knorr-Cetina K., *The Manufacture of Knowledge: An Essay on the Constructivist and Contextual Nature of Science*, Oxford: Pergamon Press, 1981, p.102.

共同体而言，由建构性科学文本之间的相互联结而形成的“论文之墙”容易迫使读者对科学文本产生一种基于引证的客观性错觉，从而遮蔽了科学文本的社会建构属性。

综上所述，从历史主义科学认识论到科学知识社会学，各派理论表现出来的相对主义倾向从温和走向极端，从而在现实中引发了这样的矛盾：一方面，相对主义认识论对绝对真理的解构为人类在科学知识生产活动中充分发挥主观能动性预留了必要的活动空间，弱化了自然界在科学知识真理性判决中的霸权地位，从而为科学知识民主开辟了道路。另一方面，相对主义对科学知识生产中理性标准的消解又使科学哲学对科学合理性的辩护事业陷入困境。它强化了非理性的社会因素在科学知识生产中的突出作用，从而也为科研行为失范提供了弹性空间。在理论上，任何相对主义的认识论都面临着无法消除的反身性问题带来的困扰。正如实验室研究理论所表现的那样，相对主义竭尽全力消解了科学知识的理性优位，用经验科学的方法取消了科学知识作为客观真理典范的合法性，结果玉石俱焚地消解了科学知识社会学自身理论的合法地位。一旦科学知识社会学想以经验主义的科学方法标榜自身研究的科学性，它就只能要么承认科学的合理性以彰显自身的科学性，要么在解构科学合理性的同时承受非理性主义对自身科学性的反噬。究其根本，引发上述矛盾并让认识论陷入困境的原因在于它们无一例外地秉持着形而上学的思维方式，没有看到主观与客观、历史与逻辑、绝对与相对、理性与非理性等诸对范畴在认识论中的辩证统一关系，而片面强调两者之间的不可共存的尖锐对立。执着于消除矛盾而追求绝对和谐的理论必然走向对立范畴中的某个极端，最终必然导致理论要么因无法彻底消除对立面而陷入困境，要么因某种绝对体系而走向终结，从而不得不连续寻求话题的转向以延续理论在特定领域的生命。

在科学知识社会学的建构论主张中，科学知识的建构过程也是科学知识生产的参与者之间磋商、妥协直至达成共识信念的过程。整个过程渗透了基于利益、信仰、权力等社会因素所作的主观决定，这种决定在社会建构论中似乎沦为一种脱离客观自然约束的纯主观决定。即便是“强纲领”的对称性原则被拉图尔扩展为一种广义的对称性原则，并将属于自然的非人类行动者纳入建构主体范围内后，建构过程中渗透的决定归根结底仍然要由拥有自主意识的人来作出，而不可能由无意识的非人类行动者作出。那么，将意识主体的所有决定全部归因于社会因素就必然面临着追本溯源的困扰，即该决定的社会依据是什么。决定依赖的各种社会因素可以还原成某种观念性的东西，而一个主观观念的形成必然有其依赖的另一个更为基础的主观观念。面对这样的追问可以有两种选择，要么容忍批评者对观念的来源不断追问下去，要么诉诸自然实在或先天知识来终结这种令人讨厌的追问。前一种选择表明，当社会学家忽略自然在科学知识生产中的作用时，就把问题极大地复杂化了。他们打开科学知识黑箱的同时又向大家呈现了一个认知的黑箱，或者说他们根本就不可能对科学知识黑箱进行彻底的审视。对建构论的经验主义社会学解释不仅难以应付刨根究底式的因果溯源，而且也无法对所有科学家进行毫无遗漏的经验观察，再得出可靠的经验结论。正如拉图尔自己承认的那样，除非在实验室增加更多的观察者，监控科学家的所有行为，甚至通过解剖他们的脑袋而获取其大脑内部信息，否则无法提升建构论主张的可信性①。而后一种选择就是向基础主义的自然决定论或理性主义的形而上学独断论求救，结果必然走向对建构主义的社会决定论立场和经验主义立场的背叛。

① Latour B., Woolgar S., *Laboratory Life: The Construction of Scientific Facts*, New Jersey: Princeton University Press, 1986, pp.256-257.

第三章

科学知识属性的辩证解析

第一节　科学实践中的主体与客体

第二节　科学认识的逻辑性与历史性

第三节　知识的普遍性与地方性

20世纪70年代以来兴起的科学知识社会学以相对主义认识论消解了科学的绝对客观性，使得自然界不再拥有对科学事实的裁决霸权，而作为自然代言人的科学家在对自然的认知方面也就不再享有绝对权威。它将科学知识的自然属性作为其理论前提的同时，又放大了科学知识的社会属性。对科学实践和科学知识生产的社会学考察揭示了科学研究中的观察的主体间性、判决性实验的复制困境、达成共识的民主机制、科学解释的可变性等等。这一研究对科学知识生产全过程及其参与主体的追踪与回溯，在一定程度上消解了自库恩以来被广泛接受的、狭义的科学共同体的概念，向人们展现了一张关于科学知识生产要素的庞大网络。科学共同体的边界由此被模糊化，科学知识生产也变得不只是一群学有专长并阅读相同文献的实际科学工作者的事业。对科学知识生产过程的考察越是深入，就能发掘越广泛的参与科学知识生产的行动者。与此同时，科学的社会建制化进程并未因科学知识生产参与主体的多元化而停滞，科学实践的社会分工仍在日益精细化和专业化。由此，产生了科学的专业化与民主化、科学合理性与政治合法性等对立与矛盾。公众在专业知识与技能方面的缺陷决定了科研实践对专家的依赖性，对专家作用的过分强调又会产生重返技治主义之嫌。在此，基于马克思主义的实践观点，阐述科学实践中主体与客体、逻辑与历史、知识普遍性与地方性之间的辩证关系，以便深入理解科学知识的自然属性与社会属性、客观性与建构性的辩证关系。这有利于今天更好地理解科学实践。

第一节 科学实践中的主体与客体

在古希腊自然哲学向近现代科学的转变过程中，科学认识论关注的焦点相应地从客体向主体转移。从逻辑经验主义到建构主义的科学认识论专注于对人类认识能力与认识过程的深入考察。与此同时，对主体认识的片面关注持续提升了人的主观能动性与各种非理性因素在认识过程中所占权重，从而在事实上不断地弱化乃至消解了客体对主体认识的约束作用，因而，在认识论上也就不可避免地逐渐走向相对主义。这种认识论趋向为多元主体参与科学实践提供了空间，与当代政治合法性的理念相契合，但是对主体与客体的非对称性关注就不可避免地导致两者之间的失衡。忽视客体在主观认识中的制约作用实际上也导致了专家与公众之间界限的模糊化，无限制的公众参与也意味着民主政治在科学决策过程中的泛化，从而导致科学民主化与科学的社会建制化发展之间产生尖锐的矛盾。在此，要澄清几点认识。

一、科学实践中的主体协商

从科学的社会建制化发展角度来看，科学是一批术业有专攻的科学家所从事的认识和解释自然的实践活动。尽管人们明确地知道认识主体的存在和参与是生产科学知识的前提条件，但近代以来对科学知识客观性的不懈追求似乎使这一前提在传统科学认识论中被遗置于令人难以察觉的角落。传统科学观将科学知识视为“自然之镜”，科学知识就是对认识客体的真切反映，科学知识中不应该包含认识主体的主观影响或其他社会性成分，查尔默斯甚至直接将科学表述为一种没有主体的过程。

这就意味着历史主义之前的传统科学认识论没有充分揭示出认识主体在认识过程中的创造性与偶然性，而单方面强调认识客体规定认识主体的认识内容与结果，并对科学知识之真伪具有绝对判决权。传统科学认识论没有为认识主体的主观能动性留下空间，人在自然面前只能是一部被动的反映机器，也由此形成了与之匹配的形而上学的绝对真理观。

在绝对真理观的支配下，科学以求真为目的。为了确保认识主体忠实地反映认识客体，日益复杂化和建制化的科研实践对认识主体的专业能力提出了较高的要求。当科学研究成为一种独立的、组织化和专业化的职业之时，也就形成了与这种职业相匹配的道德共识。默顿将这些道德共识总结为四种制度上必须遵守的规范，即普遍主义、公有主义、无私利性以及有组织的怀疑精神①。所谓普遍主义即判决科学知识的非个人标准以及科学对参与者的普遍开放性。公有主义是指科学知识作为社会协作的产物属于全社会共有。无私利性强调“为科学而科学”的建制性要求。有组织的怀疑精神则要求科学家基于有条理的批判标准检验一切观念和假设。在这四条理想主义道德共识的规约下，作为认识主体的科学家不仅被公众寄予了生产真实可靠的、并能造福人类的科学知识的厚望，甚至还被赋予了科学知识代言人的身份。

但科学史表明，认识主体对认识客体无偏见的仔细观察和实验并不一定能保证科学知识的绝对真理性，例如，地心说和日心说都曾在其所处的时代被冠以“真理”的头衔，而后却被否证并由新的假说取而代之。又如现代物理学中的量子力学对经典力学的背离，海森堡“测不准原理”的创立为科学开辟了一片新天地。科学知识的持续变化引发对认识客体的观念变迁。这从根本上动摇了人们关于科学认识能够实现对世界的终极说明这一信念。反实在论者劳丹认为，求真是人们为科学设立的一个遥不可及的乌托邦式的理想，我们没有任何根据相信它能够实现

① [美]R. K. 默顿：《科学社会学：理论与经验研究》（上册），鲁旭东、林聚任译，北京：商务印书馆，2003: 365。

或者被实施。也就是说，对于怎样采取行动、采取何种策略来实现这个目标，我们连最模糊的观念也没有[①]。这一点可以在19世纪关于是否以获得绝对可靠的知识为认识目的的争论中发现。如果任何科学定律和理论所表达的普遍性陈述适用于比我们所能观察到的更为广泛的实例，那么想要通过全面的检验来澄清一个普遍性陈述的真理性就会显得毫无希望[②]。当科学知识生产者无法确保其成果的绝对真理性或可靠性，作为外行的公众即有理由要求参与、质疑和批判科学知识，科学家的话语权威及其科学知识代言人这一身份的合法性也就因此受到质疑。

事实上，当代科学技术论（STS）研究有力地说明了“为了科学而做科学”只是乌托邦式的理想。科学知识的生产和应用不仅仅是认识主体基于认识客体的表现，通过某种固有逻辑法则所确定的，而且，还是受主体的政治立场、利益博弈、族群文化等一系列社会因素的共同作用的。为了迎合“纯科学”的理想而制定的科学规范试图为科学家树立自然的科学代言人这一身份的同时，忽略了科学家同时也是公众利益的政治代言人这一身份。这是无私利性等科学的规范在当代科学实践中被频频打破的重要原因。例如，在美国FDA（食品药品管理局）审批一种紧急避孕药作为处方药销售的案例中，支持该议案的科学家顾问与反对该议案的技术官僚均声称自己依据合理的“科学知识”而提出建议。深入的分析则发现，支持该议案的科学家是青年妇女利益的代表，持反对立场的技术官僚则是信奉基督教的保守派群体的代表[③]。在这一典型案例中，作为认识主体的科学家和技术官僚显然不是“中立”知识的代表，他们所扮演的角色并不仅仅是忠实地反映认识客体的“反射镜”，他们实际上还背负着保护并扩大己方共同体的利益、说服或争取意见对立群

① [美]L. 劳丹：《科学与价值：科学的目的及其在科学争论中的作用》，殷正坤、张丽萍译，福州：福建人民出版社，1989: 66。

② [美]L. 劳丹：《科学与价值：科学的目的及其在科学争论中的作用》，殷正坤、张丽萍译，福州：福建人民出版社，1989: 68。

③ [美]马克·布朗：《民主政治中的科学：专业知识、制度与代表》，李正风、张寒、程志波等译，上海：上海交通大学出版社，2015: 4–5。

体的重要使命。

当科学家作为特定群体利益代言人的身份凸显出来之后，关于科学知识的客观性、中立性或价值无涉之类的传统信念就受到越来越多的挑战，人们越来越多地发现对立的科学主张其实蕴含着不同的利益诉求。例如，后学院时代科学家与资助者之间缔结的契约关系使科学家的个人兴趣必须服从于资助者的利益需求。关于气候与环境等全球性科学问题的不同主张反映了普通公众与政府和资本家等不同群体的利益诉求。这就使得关于同一科学问题的任何一种主张都难以在现代社会中顺风顺水地直接获得执行，而必须由异见者之间通过争论与协商等民主方式达成一致意见。更进一步来说，在科学技术一体化日益深入的当代社会，许多科学问题事实上也是技术问题。任何科学家都难以依据单一逻辑标准对这些技术化的科学问题展开推论和预测，并由此给出唯一的正确答案。其决策与方案通常具有多重性、不确定性，甚至带有风险。这就很自然地导致了这样一种结论：我们越来越需要更加多元化的认识主体参与到对复杂科学问题的协商讨论中来，以实现多元认识主体之间的知识互补，降低决策风险，并由此获得决策的政治合法性。

二、客体对主体认识的约束作用

不同认识主体面对同一认识客体产生巨大的认识分歧，乃至在科学实践中提出相互对立的决策方案。从认识论上来说，导致这种认识差异的一个重要原因在于认识主体的不同的背景知识对观察与实验的渗透影响。20世纪60年代，汉森在《发现的模式》一书中提出并全面阐述了观察渗透理论的观点。通过对大量实际案例的分析，他认为认识主体的观察本身很难做到像经验主义所要求的那样排除背景理论的干扰而呈现出无偏见的中立特性。正如格式塔心理学“鸭兔图”实验所表明的那样，认识主体在认识过程中能够观察到什么并不完全取决于认识客体，还与认识主体及其观察方式有关。简单地说，就是认识主体通常反映的是他所知道的或心中预期的东西。汉森指出："看是一件'渗透着理论'的事情。x 的先前知识形成对 x 的观察。表达我们知道什么所使用的语言或符号也影响着观察，没有这些语言和符号也就没有我们能认作知识的东西。"[①] 如此一来，认识主体的主观能动性就超越了认识客体的自然属性，在观察与认识中发挥着至关重要的作用。

汉森的理论从根本上对这样一条传统经验主义基本原则构成了挑战，即是否接受一个理论的判定依据来自直接经验。如果认识主体的观察中掺杂着某种先前获得的背景理论，那就不存在理论中立的经验事实[②]。基于认识客体的主观经验也就失去了判决科学理论与命题陈述的优越性，这就对严重依赖观察经验的传统科学认识论产生了巨大的冲击，对科学知识的客观性和真理性构成重大威胁。对这一观点的强化和放大也成为逻辑经验主义之后科学认识论的相对主义转向的重要依据。但是，经验观察的理论依赖性并不能成为彻底否定经验事实具有客观性的充分理由。事实上，经验观察的语境主义夸大了感觉经验的语境性、主观性和偶然性。如果我们充分考虑以下几个方面，就不得不承认认识客体给予认识主体的感觉经验仍然具有客观性，并对认识主体的感觉经验具有相当程度的约束作用。

首先，即便科学观察在特定理论背景的影响下获得了作为"经验事实"的假象，这种假象仍然是真实存在的。它不仅具有客观性，而且对于建构科学理论同样具有约束作用[③]。例如，无论是托勒密时代"地心说"的信奉者，还是哥白尼时代"日心说"的追随者，关于太阳"东升西落"这一经验直观的体验应该是一样的。同样，无论认识主体是否具备关于光的折射理论这一背景知识，他对木棍插入水中会发生弯曲这一

① [美]N. R. 汉森：《发现的模式》，邢新力、周沛译，北京：中国国际广播出版社，1988: 22。

② 徐竹：《具体情境下的"经验"概念——从对"观察渗透理论"命题的批判说起》，《自然辩证法研究》，2006(6): 29–32, 45。

③ 卫郭敏：《观察渗透理论必然导致相对主义吗？》，《岭南学刊》，2015(3): 112–116。

客观现象的视觉反映都不会产生变化。在这个意义上说，我们不能认同对观察渗透理论进行极端相对主义解读，而只能说认识主体对认识客体的观察的恰当性和相关性存在需要修正的可能。

其次，技术现象的现实呈现同样具有不以人的意志为转移的客观性。科学的研究对象不是自在自然，而是认识主体通过观察获得的经验现象。现代科学的观察对象更多的是基于受控实验的人工自然，认识主体建构的人工自然一旦成为现实并为认识主体所反映，它便具有了客观实在的性质。人工自然由潜能到实现所呈现的现象即为技术现象，这种技术现象同样具有客观实在的属性，而且，对科学理论的建构产生约束作用。

此外，新实验主义者基于否证主义的原理，通过经验观察和实验案例的重构表明了科学实践中其实存在一些无理论负载的观察和实验，从而批判了观察渗透理论的教条[①]。他们的论点之一是通过寻找一些无理论负载的、甚至是几乎无意义的观察而说明观察和实验不仅可以有独立于理论的"自己的生命"，而且观察和实验还可以先于理论。例如，植物学家布朗于1827年发现浮于水面的花粉做无规则运动这一现象时并没有关于"布朗运动"的理论知识，直到数十年后因为佩兰（J. B. Perrin）和爱因斯坦等其他科学家的研究才使人们掌握了关于"布朗运动"的科学原理。其论点之二是实验者可以在不诉诸高层次理论的情况下通过实验证实他们的主张，并且这些实验还可能导致新的高层次理论的发现。例如，当伽利略使用望远镜观察木星时，他并没有掌握与木星的卫星相关的理论，也没有与木星的卫星相关的理论需要通过观察或实验来检验，反倒是伽利略关于木星的卫星这一新发现为日后新理论的产生和发展提供了有力的经验支持。又如，当认识主体通过电子显微镜和荧光显微镜这两种按照不同的物理学原理工作的显微镜观察到同一新现象的时候，观察者无需事先获得关于两台显微镜是如何工作的理论知

① 吴彤：《"观察/实验负载理论"论题批判》，《清华大学学报》，2006(1): 127–131。

识。我们有理由说产生这一新现象的认识客体规定了认识主体的观察结果，而且该结果在极大的概率上具有客观性和可靠性。

三、主体能动性与客体制约性的辩证关系

在以上论述中，我们不难发现，科学知识作为认识主体对认识客体能动反映的结果，它具有显著的社会属性和自然属性。一方面，科学知识在其建构过程中打上了认识主体的社会属性的烙印。作为科学认识的主体，人并非以单个人的形式从事科学研究，而是以社会性的人从事认识活动。马克思指出："甚至当我从事科学之类的活动，即从事一种我只是很少情况下才能同别人直接交往的活动的时候，我也是社会的，因为我是作为人活动的。不仅我的活动所需的材料，甚至思想家用来进行活动的语言本身，都是作为社会的产品给予我的，而且，我本身的存在就是社会的活动。"[①] 正因如此，民主作为现代社会政治合法性的基础便理所当然地日益要求介入科学知识的社会生产全过程。另一方面，科学知识源于认识主体之外的自然客体对其感官形成的刺激，从而使科学知识先天地具有自然属性。与此同时，认识主体的能动反映也受到自然客体的制约。马克思指出："感性必须是一切科学的基础。科学只有从感性意识和感性需要这两种形式的感性出发，因而，只有从自然界出发，才是现实的科学。"[②]

辩证唯物主义认识论从社会实践的维度出发，将科学认识理解为实践基础上的认识主体对认识客体的能动的反映，从而为认识主体的能动性找到了客观现实的基础。在马克思的辩证唯物主义自然观中，自然是和人的活动相关联的。他有关自然的其他一切言论，都是思辨的、认

① 中共中央马克思恩格斯列宁斯大林著作编译局：《马克思恩格斯全集》（第四十二卷），北京：人民出版社，1979: 122。

② 中共中央马克思恩格斯列宁斯大林著作编译局：《马克思恩格斯全集》（第四十二卷），北京：人民出版社，1979: 128。

识论的或自然科学的，都是以人对自然进行工艺学的、经济的占有之方式总体为前提的，即以社会的实践为前提的①。因此，科学对自然的考察既是一种人类思维反映自然的精神活动，又是一种特殊的社会实践活动。这种精神活动以人的实践为基础，自然界只有在人的实践中才成为思维的反映对象。从这个意义上来说，科学认识中的主体能动性与客体的制约性在实践的基础上走向统一，形成了能动的反映论。这种反映论高度重视认识活动中认识主体的能动性，认为人的认识总是表现为主体用现有的认识结构去"同化"外部事物的过程。这一"同化"过程既具有摹写性，同时也具有创造性。没有摹写性的反映将导致否定认识客观性的唯心主义，没有创造性的反映就无法说明科学认识的能动性。在辩证唯物主义认识论中，摹写是创造性的摹写，而非机械的镜像反映式的摹写。创造是以摹写为基础的创造，而不是主观随意的创造。能动的反映论是摹写与创造的统一，它既具有客观性，又具有主观能动性。

在辩证唯物主义反映论之前，机械唯物主义的消极反映论建立在绝对自然观的基础之上，因而，没有为科学认识与实践留下磋商与创造的余地，民主自然无法介入科学。这种消极反映论的问题在于它自始至终都将自然视为一个在人类诞生以前就存在着的且始终如一的抽象整体。其之所以抽象，是因为它脱离了人的存在、人的生成、人的活动，脱离开人类社会的发展来谈论自然的存在问题②。把自然视为一种超越历史的物质世界，实际上就赋予了自然以本体论的意义，自然就成为一个具有绝对意义的、自为因果的、自在的、与人的精神对立的实体。因此，人在自然面前就只能成为消极的静观者或被动的反映机器。而相对主义的科学认识论又走向了另一个极端。它在充分意识到科学认识的社会性与历史性的同时，又夸大了认识过程中的主体能动性与相对性，将一切共识信念的达成完全归功于主体磋商的结果。它既没有像唯心主义认识

---

① [联邦德国]A. 施密特：《马克思的自然概念》，欧力同、吴仲昉译，北京：商务印书馆，1988: 2-3。

② 曹志平：《马克思科学哲学论纲》，北京：社会科学文献出版社，2007: 269-270。

论中的某种绝对可靠的先天观念作为科学认识的起点，又没有像旧唯物主义反映论中那样以抽象的外在客体作为科学认识的基础，科学知识便因此丧失了客观性与真理性。消极的反映论与相对主义认识论的对立实际上反映的是科学知识的自然属性与社会属性的对立，前者凸显的是科学认识的绝对必然性，后者展现的是人的自由意志。辩证唯物主义反映论将实践纳入认识论，才在主体与客体、社会与自然之间架起了一座沟通的桥梁，从而揭示出科学认识是认识主体通过实践活动能动地反映认识客体的过程，使科学认识不至于在绝对必然性与民主化之间陷入某个极端。

第二节　科学认识的逻辑性与历史性

在传统科学认识论中，科学知识的客观性和必然性与知识民主之间存在着显著的张力。形成这种张力的一个重要原因在于没有将实践的观点纳入科学认识论，并将其当作人所特有的存在方式。在近代认识论中，理论与实践是长期割裂的，正如康德的《纯粹理性批判》和《实践理性批判》所表现的那样，前者的任务是在理论上解决世界“是怎样”的问题，后者作为一种实践哲学旨在解决世界“应怎样”的问题。理论与实践的割裂反映了传统认识论将自然与社会之间的矛盾对立绝对化，从而在表述自然时注重在逻辑层面强调其绝对性或必然性，在表述社会与历史时则凸显出人的主观能动性或自由意志。

一、“逻辑的人”对知识民主的拒斥

逻辑经验主义是最具代表性的传统科学认识论之一，其科学观的重要特点是将科学的合理性等同于逻辑性。它试图通过逻辑而追求一种形式的、超验的、与科学认识主体所处的时空条件和社会境况无关的普遍

性，希望以某种逻辑方法揭示科学知识的普遍模式，并以经验的可证实性作为判定科学知识真伪的标准。逻辑经验主义中的逻辑之于科学的有效性和本质性主要是建立在这样两个先验预设的基础之上：一是逻辑与事实同构。这种同构性为其主张的逻辑方法的有效性提供了先验保证。逻辑与事实的同构关系意味着在逻辑方法的帮助下，由经验观察所获得的事实能够合法地推导出必然的科学知识。科学知识之为科学知识关键在于其内含的逻辑形式，只要通过逻辑分析就能把握科学知识及其命题的本质。二是作为科学认识主体的人能够充分发挥纯粹理性的功能而在科学实践中成为“逻辑的人”①。这一先验假定排除了一切个人动机、价值、利益等非理性因素在科学认知中的作用，从而推导出人能够通过科学实验和经验观察获得无偏见的、价值中立的科学事实。逻辑与事实的同构性和人的逻辑性这两个假定共同呼唤了某种理想化科学语言的出现。例如，数理逻辑作为一种理想的人工语言，其语言的语义明晰性使科学活动成为逻辑分析的过程，其价值中立性则尽可能地排除了人们处理经验事实过程中可能受到的非理性干扰。

逻辑与事实的同构这一原则主要得益于维特根斯坦前期哲学中逻辑主义思想的启发。罗素开创了分析哲学中的人工语言传统之后，提出要建立一种理想化的人工语言取代缺乏精确性的日常语言。维特根斯坦则在罗素的基础上认为这种人工语言必须与世界具有同构性，这种观点常常被简称为“图像论”。按照维特根斯坦的看法，正因为语言与世界有着相同的结构，所以语言才能描述世界，语言才能成为世界的图像。在他的“图像论”中，世界是事实的总体，语言是命题的总体。但是，事实与事实之间、命题与命题之间不具有内在联系，而只是由它们的复合才构成了世界和语言，这种复合关系需要依靠“和”“否定”“当且仅当”等联结词来维系。通过这些联结词，简单事实构成复合事实，基本命题构成复合命题。就这样，命题之间相互联系的结构就与事实之间

① 曹志平：《马克思科学哲学论纲》，北京：社会科学文献出版社，2007: 353。

相互联系的结构形成对应关系。因此，复合命题能够描述复合事实，语言的结构与世界的结构相同。所以，语言的逻辑形式先验地就是世界的逻辑形式。这一关于理想化人工语言的形而上学假定就是逻辑经验主义的哲学前提，它排除了一切非理性因素在表述科学命题中的作用。

尽管逻辑经验主义的哲学前提是先验的和形而上学的，但它却打着拒斥形而上学的旗号，将一切含混不清的或不可言说的形而上学概念排除在命题表述之外。在“图像论”中，语言中的语词一定对应着某种可被理解的且具有固定不变的形式、属性和内容的实体对象。正因为语词和对象的这种固定不变的对应关系，才使得人们在没有见到苏格拉底是怎么死的情况下，依然能够理解“哲学家苏格拉底死了”这句话的意义。我们的语言能够表述事实，也能表述潜在的可能。如“明天会下雨”这句话表述的就是一种可能，但却不一定是事实，因为我们知道明天不一定会下雨，它是不是事实需要经验的证实。所以，相较于过去的经验主义，逻辑经验主义强调的是基于科学实验之类的绝对客观的经验，而非一般的泛泛而谈的感性经验，其核心在于经验证据对科学理论的客观性和不变性。由于逻辑经验主义假定作为科学认识主体的人是纯粹理性的、逻辑化的人，科学认识过程中一切非理性和主观能动性就被剔除于该过程之外，一切科学命题的表述就转化为无偏见的、无价值预设的事实判断。科学认识过程也因此成为纯粹理性的过程，其中并没有为主体间磋商与价值判断留下任何空间。

二、“历史的人”对知识民主的要求

逻辑经验主义坚持从科学内在的纯粹理性出发解释科学何以可能，在逻辑的连贯性和实证的积累性基础上形成了累积进步的科学观。库恩对这种堆栈式的编史学科学观提出了挑战。他认为：“近年来，有些科学史家已经发现，越来越难完成科学累积发展观所指派给他们的任务。”[①] 科学编史学的困难主要源于科学史家们很难确切地将某项科学发现完全归功于某个具体的个人，以及如何给处于不同时代的科学家们划定一条通用的科学与非科学的区分标准，等等。毕竟我们不能说过去的科学家得出的那些被当代科学家视为谬误的结论完全是未经证实的、毫无逻辑的东西。在这样的情况下，库恩将历史因素引入了科学。这种历史主义科学观强调对科学何以可能的解释要结合科学的历史和实践，实际上就是在科学认识论研究中赋予历史以方法论的地位。库恩坚信："历史如果不被我们看成是轶事或年表的堆栈的话，那么，它就能对我们现在所深信不疑的科学形象产生一个决定性的转变。”[②] 这种转变的一个重要特点就是科学知识生产从纯粹理性的逻辑问题转变为作为科学认识主体的人的问题。

在库恩的历史主义科学认识论中，作为其理论核心的范式概念的基础是科学共同体。为了表达科学共同体这一概念对历史主义科学认识论的基础性地位，库恩在《科学革命的结构》的后记中明确地说道："假如我重写此书，我会一开始就探讨科学的共同体结构。”[③]科学共同体是科学知识生产的单位，是由人组成的，而人是社会历史的存在。处于特定历史文化环境中的人，在特定生产关系的基础上，通过实践而形成社会交往的历史。因此，作为科学共同体的核心和基础的人是“历史的人”。历史主义语境中的“历史的人”是在历史的影响下受旧有信念和行为动机等价值因素支配的人[④]。从这个意义上来说，拥有不同历史的人，其现在的状态也会不同。正如观察渗透理论所揭示的那样，拥有不同历史背景或秉持不同信念的人将对同一认识对象给出不同的认识结

---

① [美]托马斯·库恩：《科学革命的结构》，金吾伦、胡新和译，北京：北京大学出版社，2003: 2。

② [美]托马斯·库恩：《科学革命的结构》，金吾伦、胡新和译，北京：北京大学出版社，2003: 1。

③ [美]托马斯·库恩：《科学革命的结构》，金吾伦、胡新和译，北京：北京大学出版社，2003: 158。

④ 曹志平：《马克思科学哲学论纲》，北京：社会科学文献出版社，2007: 359。

论。所以，科学共同体中的个体对新旧范式的选择就呈现出去逻辑化特征。尽管库恩一度按照解决问题的能力这种实用主义的标准去衡量新旧范式，但科学史表明，新范式在形成的初期解决问题的能力并不一定比旧范式强。这种情况下对新范式的选择只能诉诸难以言说的个体信念，并以此来获得说明。事实上，这也就表明了新旧范式的转换本质上是一个民主选择的历史过程。

在大科学时代，科学实践的边界变得前所未有的模糊。拉图尔曾在《我们从未现代过》的开篇就提出“杂合体”（hybirds）这一概念，意指现代科学与经济、政治、文化、宗教等方面的事情日益紧密联系在一起。在阅读一份综合性报纸的过程中，我们发现文化与自然、知识与利益、争议、权利等不断被杂合到一起[①]。持续增殖的杂合体事实上表明科学实践的参与主体日益多元化。众多科学实践参与主体所从事活动的目的往往各不相同，甚至是相互冲突的。科学史就是这无数相互冲突的活动的总的结果。正如恩格斯的历史合力论所阐述的那样：“历史是这样创造的：最终的结果总是从许多单个的意志的相互冲突中产生出来的，而其中每一个意志，又是由许多特殊的生活条件，才成为它所成为的那样。这样就有无数相互交错的力量，有无数个力的平行四边形，由此就产生出一个合力，即历史结果，而这个结果又可以看作一个作为整体的、不自觉地和不自主地起着作用的力量的产物。”[②]在现代科学实践中，任何个人都有明确的目的，每个人的意志都对科学历史过程起着作用，而不是由某一个人的意志单独起作用，所有个体意志的综合即形成了科学历史的前进方向。在这个意义上说，科学的历史是人们在实践中共同创造的，它不以个人意志为转移。从这一点上来说，在当代社会的科学实践中贯彻民主原则是确保其合法性的唯一途径。

---

① Latour B., *We Have Never Been Modern,* trans. Porter C., Cambridge: Harvard University Press, 1993, pp.2-3.

② 中共中央马克思恩格斯列宁斯大林著作编译局：《马克思恩格斯选集》（第4卷），北京：人民出版社，2012: 60。

三、科学实践中历史与逻辑的辩证统一

承认科学认识主体及其历史性，即承认科学认识主体及其一切物质实践活动的社会性，因为“历史不过是追求着自己目的的人的活动而已”[①]。脱离认识主体的历史性来考察人的认识活动，是唯心主义和旧唯物主义反映论的共同缺陷。唯心主义者如柏拉图和黑格尔等从某种精神实体出发来演绎人的认识过程，不仅无法意识到与人类认识能力和认识活动相关的历史性和社会性问题，最终还走向了宿命论。宿命论继承了演绎法的必然性，将世上的一切视为必然，既然正在发生的一切就应该是这个样子，而不可能是别的样子，那么一切都是先天注定的，人只能消极地随波逐流了。旧唯物主义反映论在科学实验的基础上仅把人的精神当作物质发展到高级阶段的产物，把人的认识过程仅看作自然的发展过程，从而导致被动的镜式反映论。这种消极的反映论将人抽象地设想为纯粹理性的“逻辑的人”。排除了人的非理性因素和能动性后就意味着科学知识生产成为一个没有“任何意外”的客观逻辑的展现过程。从历史唯物主义视角来看，科学的发展历程就是人们为满足自身需要而展开的认识和利用自然的过程。它对科学认识论的启示在于它既承认立足于唯物主义基础上的主体在科学认识中表现出的客观性，又肯定了历史过程中的主体具有蕴含了价值理性的能动性，从而为科学实践中人的主观能动性的发挥留下了空间。

作为历史主义科学认识论的对立面，逻辑经验主义的科学认识论仅以纯粹逻辑的观点看待科学实践活动，将其视为一个静态的、僵化的、抽象的逻辑过程，而不是具体的、历史的、现实的人的实践活动，所以认识不到科学实践与认知过程中蕴含的目的和价值诉求。逻辑经验主义对方法理性的极端强调导致其对价值理性的极端忽视，因而也认识不到

① 中共中央马克思恩格斯列宁斯大林著作编译局：《马克思恩格斯全集》（第二卷），北京：人民出版社，1957: 118–119。

理性与人的现实生存和实践是分不开的。正如马克思在批判费尔巴哈及其以前的旧唯物主义时所指出的那样："从前的一切唯物主义——包括费尔巴哈的唯物主义——的主要缺点是：对事物、现实、感性，只是从客体的或者直观的形式去理解，而不是把它们当作人的感性活动，当作实践去理解，不是从主观方面去理解。"①显然，马克思这段对旧唯物主义的批判也适用于对逻辑经验主义科学认识论的批判。相较于逻辑经验主义科学认识论，历史主义及其之后的后现代主义科学认识论则较多地考虑到科学认识过程中作为认识主体的人的因素，但同时也因为过于强调科学实践过程中的社会因素和心理因素，导致了其对一以贯之的确定性规则的系统排斥。

事实上，承认科学实践与认识的历史性和社会性并不意味着要像主观唯心主义者所认为的那样，把科学实践活动完全视为一种受认识主体的主观信念和动机所驱动和决定的活动。如一些社会学家片面地坚持从政治、文化、宗教等方面的主观动机解释科学知识生产过程中科学家的行为和决策，从而导致了一种缺乏逻辑一贯性的、解释可变的极端相对主义。事实上，科学实践与认识具有主观能动性的同时，也受到客观条件制约。在科学史中，人们的目的有些是一开始就实现不了的，如对永动机的追求。有的则暂时缺乏实现手段，如可控核聚变技术。并且在很多场合，人们预定的目的和达到的结果往往存在着非常大的出入，有些甚至事与愿违，如人们原本希望通过对溶菌酶的研究而发明某种疫苗类的药物，结果却通过青霉菌获得了青霉素。科学发展的历史是以人为主体、以自然和社会为客体的主体与客体之间交互作用的过程。主体与客体作为物质性存在而具有客观性，因而，两者之间的交互过程即历史过程也具有客观性和现实性，它同自然过程一样要受客观规律的支配。这种客观规律制约着认识主体的科学实践活动，又在科学实践的认识结论

① 中共中央马克思恩格斯列宁斯大林著作编译局：《马克思恩格斯选集》（第4卷），北京：人民出版社，2012: 3。

中以逻辑形式表现自身的存在。

科学实践是科学认识的基础，科学实践的主体和客体都受自然规律的制约，因而在科学认识过程中必然折射出以某种逻辑形式表达的规律性。从实践的主体来看，人类实践离不开受制于自然的肉体组织的运动。马克思说："不管有用劳动或生产活动怎样不同，它们都是人体的机能，而每一种这样的机能不管内容和形式如何，实质上都是人的脑、神经、肌肉、感官等的消耗。这是一个生理学上的真理。"[①] 尽管现代科技的发展极大地拓展了人类的认识能力、认识范围和认识形式，科学实践过程越来越成为"自然科学的自觉按计划的和为取得预期有用效果而系统分类的应用"[②]，但这并不意味着认识主体的实践可以脱离客观规律而成为毫无逻辑性的随意创造。从科学认识主体的实践对象来看，可以区分为两种情况：一种是自在自然，如对人迹罕至的原始森林或近地太空的科研考察等，其认识过程必然受到自然规律的支配；另一种是人化自然/社会，如在实验室中通过对认识对象进行纯化、化合或控温等人工干预后获取的科学认识，其认识过程虽然打上了人类技术的印记，但技术对象与技术现象的质料仍然来源于自在自然，因而对人化自然的实践和认识同样受自然规律的约束。

由于实践的介入，才使得科学认识过程中的逻辑性与历史性实现了统一。科学实践是科学认识的基础，其客观性来源于它是一种改造客观世界的物质性活动，其能动性来源于它还是一种认识主体的有目的和有计划的社会性活动。正是在这种能动的物质性活动中，科学的客观性才成为可能，科学知识才获得了现实的根据。作为一种能动的社会性实践活动，科学具有历史性，科学认识主体是"历史的人"，从而为科学中的民主磋商预留了空间。作为一种客观的物质性实践活动，科学是讲求

---

① 中共中央马克思恩格斯列宁斯大林著作编译局：《马克思恩格斯选集》（第4卷），北京：人民出版社，2012: 88。

② 中共中央马克思恩格斯列宁斯大林著作编译局：《马克思恩格斯选集》（第4卷），北京：人民出版社，2012: 533。

逻辑的，科学认识主体是“逻辑的人”，从而为科学中的民主磋商设定了限度。

第三节 知识的普遍性与地方性

无论是出于“爱智慧”的古希腊式科学，还是愈渐功利化的近现代科学，它们都拥有一个共同目标，那就是在必然性和永恒性的意义上去理解自然，并通过符号逻辑的形式形成具有普遍意义的命题系统。这种具有普遍意义的、关于自然的命题系统即被视为科学知识。对科学知识普遍性的狂热追求使科学知识在认识论中逐渐获得了某种绝对意义，进而赋予了科学知识生产者垄断知识生产与解释的霸权。但是，随着科学知识社会学的兴起，普遍性这一长期占据统治地位的传统观念似乎成为一种有待于从科学知识生产源头被推翻的霸权。20世纪末兴起的科学实践哲学通过科学实践的局部性和情境性解构了科学知识的普遍性，并坚持认为包括科学知识在内的一切知识都是具有特殊性的地方性知识。地方性知识概念的提出虽然在遏制知识霸权和精英统治，以及促进科学民主化等方面具有一定的积极意义，但其相对主义立场不仅使自身的合法地位遭遇反身性原则的挑战，而且还有可能导致狭隘的科学的民族主义。正确理解科学知识的普遍性与地方性的辩证关系，才能很好地理解科学知识的生产与应用。

一、普遍性知识及其生产者的文化霸权

古希腊自然哲学家们对世界本原的思考拉开了对普遍性知识探索的序幕。无论是某种基于感性直观的具体本原，还是某种基于理性思辨的抽象本原，其目的都是从纷繁复杂与变动不居的现象中，把握其共同的基质和本性。这些关于世界之所由来的共性知识反映了人类早期对普遍

性知识的追求。在此基础上，赫拉克利特以逻各斯的概念，揭示了世界万物运动变化所遵循的普遍性规则。巴门尼德则在对真理与意见的区分中，确立了以理性把握普遍性真理的原则。苏格拉底以其独具特色的理性诘问方式，帮助对话者归纳出关于讨论对象的普遍性定义。柏拉图关于理念与现象的划分第一次彻底割裂了普遍性与特殊性的关系，使关于世界的普遍性知识在认识论上走向实体化和客观化。亚里士多德逻辑学关于归纳逻辑与演绎逻辑的说明和区分则为近代认识论追求普遍性知识提供了两条道路：以培根为代表的近代经验主义偏向于将基于实验获取的感性经验，通过归纳方法上升为普遍性知识；以笛卡尔为代表的近代理性主义则更青睐于从某种先验信念出发，通过演绎方法获得关于普遍性知识的推论。康德打破近代经验主义和近代理性主义的分野，在先验感性形式和先验知性范畴的基础上形成了具有普遍性和必然性的先天综合判断命题。

在上述关于普遍性知识的简要回顾中可以看出，追求关于世界的普遍性知识长期以来一直是传统认识论的主旋律。它们都有一个显著的共同特点，即从个体认识出发探讨认识结论的普遍性，而唯一能够为个体认识结论普遍性提供保证的就是个体认识的客观性。在传统认识论中，追求认识的客观性一直存在两种路径：一种路径是尽可能消除个体认识过程中的主观偏见，如培根提出的“四假象说”。该学说指出了人类认识过程中常见的缺点，要求通过正确地使用理智以克服轻信“假象”的缺点。机械唯物主义者们则借助力学思维来论证由外物作用于感官而获得的观念的客观性。另一种路径是借助一些绝对的形而上学概念作为逻辑推演的起点，以确保认识过程及其结论的客观性。如柏拉图把“善”的理念确立为本体论和认识论的最高范畴，认为“善”的理念“给认识的对象以真理，给认识者以知识的能力”①。笛卡尔从自明的“天赋观念”出发，借助演绎推理推演出绝对客观的普遍性知识。康德虽然调和

① 苗力田：《古希腊哲学》，北京：中国人民大学出版社，1989: 315。

了近代经验主义与近代理性主义，但从根本上来说，其对数学知识和自然科学知识的普遍性与必然性所作的论证依靠的仍然是一套先验的形而上学概念系统。

从社会发展的角度来看，人类追求普遍性知识无非是为了从根本上把握关于世界的规律，抱着“以我为主，为我所用”的目的满足自身某种需求或利益。一旦某种知识经过一系列理性论证或经验证实，它就有可能成为人们心目中具有普遍性意义的绝对信念。它看似与认识主体的品质、信仰、种族、私利等个人因素毫无关系，因而显得理性客观、价值中立、可信可靠。由于普遍主义的知识观与本质主义、绝对主义有着千丝万缕的联系，掌控这种知识生产技术的人实际上也就垄断了生产知识与解释知识的权力，从而很自然地就使知识社会日渐走向精英统治或技治主义的方向，甚至可以说技术本身就是对人和自然的统治，就是方法的、科学的、筹划好了的和正在筹划着的统治[①]。普遍主义的知识观把某个共同体在特定条件下发现的、用以解决特定问题的特定理论当成能够解决所有问题的绝对真理，最终可能走向科学沙文主义或科学帝国主义[②]。从现实来看，现代科学知识生产的任务主要由科学家完成，科学家掌控了与其所生产的科学知识相关的主要信息，包括其潜在的社会价值与潜在的消极影响。在缺乏公众参与和公众监督下生产出来的科学知识一旦获得普遍性地位，便存在误导公共决策或损害公共利益的可能，这种情况在现代科学发展中逐步增多，诸如，DDT和氟利昂的发明和使用所带来的危害。

① [德]尤尔根·哈贝马斯：《作为“意识形态”的技术与科学》，李黎、郭官义译，上海：学林出版社，1999: 39–40。

② 安维复、郭荣茂：《科学知识的合理重建：在地方性知识和普遍知识之间》，《社会科学》，2010(9): 99–109。

二、地方性知识对文化霸权的解构

在当代科学认识论中，对科学实践的历史主义和社会学研究吸收了经验主义与理性主义的合理内核，逐渐形成了以经验主义为主导、以理性主义为内在支撑的科学认识论格局。科学知识生产始于经验这一基本原则逐渐成为当代科学认识论的基础。可以说，当代科学认识论本质上是经验主义的，因而形成了排斥以某种绝对的形而上学概念为演绎起点的研究传统。但是，当经验主义科学认识论拒斥先验主义的解释而主张从有限的和局部的经验出发建构科学知识的时候，其实都是在有意无意地倡导着地方性知识[①]。地方性知识概念所内含的区域性意蕴不单是指空间层面上的物质性环境，它还涉及科学知识生产过程中的一些具体情境，如在特定历史条件下生产科学知识的实践过程所关涉的政治立场、宗教信仰、文化观念、价值预设和利益考量等具体的社会情境。从科学实践哲学的观点来看，科学知识之所以是地方性的，原因在于一切科学家的实践活动都是局域性的、情境化的，是在特定的实验室或者其他特定的探究场所中由特定的人所进行的实践活动。从任何特定场合和具体情境中获得的知识都是局域性的或地方性的。科学知识的地方性就表现为科学知识及其生产的语境性、局域性和索引性[②]。在科学实践哲学的语境中，普遍性科学知识是科学家对具体实践情境中获取的地方性知识进行去情境化和形式逻辑化操作的结果。

在后现代主义思潮中，科学知识社会学基于建构主义立场解构了科学知识的普遍性。布鲁尔和巴恩斯将科学知识的普遍性解释为一种基于约定主义的集体信念；拉图尔和塞蒂娜等人在开展实验室研究过程中，将那些因脱离时间和地点等限定性因素而看似具有普遍性的事实陈述还原为在修辞技巧帮助下实现标准化的结果。换言之，传统观念中具有普

① 盛晓明：《地方性知识的构造》，《哲学研究》，2000(12): 36–44。

② 吴彤：《“两种地方性知识”——兼评吉尔兹和劳斯的观点》，《自然辩证法研究》，2007(11): 87–94。

遍性的科学知识原本不过是在特定的知识生产场景中，由特定的人员使用特定的表述方式建构出来的地方性知识。劳斯受此启发，从实践优位而非理论优位的视角，对科学知识的地方性本质进行了阐述。他认为：理论优位的观点忽略了科学研究的介入性的、机会主义的特征。科学知识的普遍性是实验室研究的产物和工具标准化的结果①。将那些在特定的实验室情境中为完成特定任务而设计的工具标准化为更具普遍目的的设备之后，这种标准化操作不仅掩盖了该工具与特定的人、任务或情境之间所有内在的指涉关系，还引发了基于该标准化工具而生产的科学知识具有普遍性的错觉。这种标准化过程使得实验室里生产出来的知识被拓展到实验室之外，把处于地方性情境的实践适用到新的地方性情境中。劳斯指出，我们不能将科学知识从某一具体实验室向其他场合的转移理解为普遍性知识的例证化，而应该将其理解为是对某一地方性知识的改造，以促成另一种地方性知识，是我们从一种地方性知识走向另一种地方性知识，而不是从普遍理论走向其特定例证②。由此我们不难发现，所谓地方性知识的观念无非旨在强调科学知识生产与应用的语境性或情境依赖性。

后现代主义思潮对科学知识普遍性解构的影响是如此之大，以至于我们现在经常见到如是说法：科学在很大程度上是社会利益、协商与权力的故事；诉诸“证据”“事实”或“方法”等都不过是意识形态的谎言，从而掩盖了对这个或那个群体的压迫③。地方性知识的观念取消了科学原先在认识论和方法论上享有的优越性和权威性。这一变化有着极大的影响。首先，将科学塑造成为一种受社会利益驱使的建构性探究活动，从而为科学中的多元参与和民主政治开辟了道路。其次，对科学知

① [美]约瑟夫·劳斯：《知识与权力——走向科学的政治哲学》，盛晓明、邱慧、孟强译，北京：北京大学出版社，2004: 118。

② [美]约瑟夫·劳斯：《知识与权力——走向科学的政治哲学》，盛晓明、邱慧、孟强译，北京：北京大学出版社，2004: 77。

③ 蔡仲：《现代科学何以能普遍化？——科学实践哲学的思考》，《江苏社会科学》，2015(1): 112–118。

识及其生产的情境依赖性即地方性特征加以强调，进一步凸显了处于具体实践情境的科学知识生产者对普遍主义视域下的知识霸权的反抗。正如一些后殖民主义者所认为的那样，现代科学的普遍主义特征折射出了西方帝国主义的文化霸权，科学文化实际上充当了西方殖民主义扩张的文化先锋队。因此，后现代主义的科学认识论对科学知识普遍主义的解构可以被视为对西方文化霸权的一种反抗，是对全球日益高涨的民主化浪潮的积极回应。

三、科学知识的普遍性与地方性的辩证统一

科学知识的“普遍性”与“地方性”作为科学认识论中一对相互矛盾的范畴，实质上表现为自然与社会之间的矛盾。前者强调一套严格的逻辑规则支配下的认识主体对自然的客观反映，后者强调历史与社会维度中的认识主体在反映自然时所具有的能动性与情境依赖性。无论是逻辑经验主义者们支持的普遍性知识，还是后现代主义者们主张的地方性知识，其认识论原则都是建立在主客二分的机械唯物主义反映论的基础之上。机械唯物主义承认那些可以被看作物质现象的属性以及最后之“砖”的物质客体的存在。在这种情况下，唯物主义的理解便同物质客体的一定属性相一致，而它们之间的联系不是被设想为可以被自然科学加以补充或推翻的那种哲学原理，而是被抬高到普遍的哲学论点的地位①。当双方论战者站在普遍主义的立场上各自将普遍性知识或地方性知识当作一种具有普适意义的科学观时，他们实际上就陷入了一种表象主义的科学观之中。如果说科学知识的“普遍性”在逻辑主义的方法论规训下成为自然的傀儡，那么“地方性”则被后现代主义者们长期地囚禁在了社会文化情境的牢笼之中。其结果就是自然与社会，以及这两

① [民主德国]赫伯特·赫尔茨：《马克思主义哲学与自然科学》，愚生、振扬、林海译，上海：上海人民出版社，1986: 122–123。

者赋予科学知识的双重属性的长期分裂，进而导致科学与民主的相互排斥。

在当代科学认识论中，人们关于科学知识应该具有普遍性的理想迷失在逻辑经验主义的归纳困境中，因为逻辑经验主义者们对形而上学的拒斥态度使他们刻意地回避了普遍性科学知识得以成立的先验认识论前提。从休谟对经验主义的诘问来看，人们对普遍性科学知识何以可能的考察一旦局限于经验层面，那么我们不仅会丧失谈论其“普遍性”的权力，甚至连科学知识本身是否存在都会加以质疑。对于试图为科学知识普遍性作辩护的人来说，无论何种形式的经验主义都将是一场灾难，因为经验主义无力抵抗来自怀疑论的反复挑战[①]。这种基于经典“归纳问题”的“普遍性”困境已为人所熟知。然而，对科学知识应该具有普遍性的片面和极端地追求还将面临一个更为现实的矛盾，即科学知识的这种普遍性将在逻辑上限制人的认识能力，使人们对世界的认识有朝一日会陷入停滞。当我们说一项科学知识具有绝对的普遍性，即在说该项科学知识将不可能遭遇否证，因而具有绝对的真理性。更进一步来说，这种具有绝对真理性的科学知识意味着人们对世界的认识已近终结。这样的逻辑结论显然与科学历史不一致。

与科学知识的普遍性论证面临的困境一样，在对科学知识的地方性论证中，后现代主义者们同样没有给予科学知识何以可能的先验主义说明应有的重视，而只是在科学实践中寻求对科学知识的规范性说明。无论是建构主义者还是科学实践哲学倡导者们，其对实验室中科学知识生产者的实践考察都是建立在观察经验的基础之上。当缺乏某种作为可靠的认识基础的先验主义起点的支持时，其由观察所产生的一切绝对论断都将陷入相对主义的困境之中。呈现在他们面前的最直接和最显著的逻辑矛盾就是：当地方性知识的阐述者宣称“一切知识都是地方性知识”

① 陈强强、李霞：《如何理解科学知识的“地方性”与“普遍性”？》，《科学学研究》，2019(3): 399–405。

的时候，这一全称命题就成为一条长期存在的、对自身的驳斥性说明。如果一切知识都是地方性知识，那么关于地方性知识的这一原则性全称命题本身是不是地方性的呢？如果该全称命题自身也是一种地方性知识，那就意味着这一全称命题并没有囊括所有类型的知识，除了地方性知识之外必定还存在某种普遍性知识。如果该全称命题是一条具有普遍约束力的真命题，那就意味着该全称命题同时也是一条自我驳斥的伪命题，因为这一命题本身就是一种具有普遍性的知识。抛开地方性知识所面临的这一无解的逻辑悖论，一些后殖民主义者们将现代科学的全球性传播斥责为一种对局部地区的外来文化侵略。他们对地方性知识的这一文化工具主义的应用，在反对知识霸权和技治主义以及促进科学民主化等方面产生了一些积极意义，但也带来反智主义、科学的民族主义或种族主义等负面效应。

从认识论的发展史来看，可以说它是一部关于矛盾的两个方面从极端对立走向结合统一的历史，因为矛盾的两个方面的极端发展都将面临难以克服的困难。如古希腊时期关于一与多、变与不变、动与不动的争论最终在柏拉图的理念论中走向了统一，近代经验主义与近代理性主义的极端发展皆因遇上难以克服的休谟问题而在康德的先验主义认识论中走向统一。现代科学认识论中关于科学知识的普遍性和地方性的相互矛盾的论述本质上是一种片面的、静态的形而上学论证。产生于特定实验室的地方性知识与被拓展应用到实验室之外的普遍性知识都是科学实践的不同阶段的产物，两者作为科学认识发展的不同阶段而统一于科学知识这一整体之中。无论是地方性知识还是普遍性知识，其客观性均来自于物质性的实践活动，它们共享可检验性、合逻辑性、简单性等典型的科学知识的一般性特征。科学认识是在具体的情境中由具体的人而开展的认识实践活动，其目标是寻求对世界的一般性解释，并满足人类改造世界的目的。这决定了科学知识的逻辑起点是地方性知识，在不断地超越其地方性的过程中逐渐升华为普遍性知识之后，又在其地方性应用中而复归地方性知识。这一逻辑线索反映了人的认识在实践过程中由感性认识向理性认识的能动飞跃，以及“实践—认识—再实践—再认识”的辩证过程。与之相应，科学知识的民主过程始于实验室中的地方性知识生产，终于其实现对地方性的超越和向普遍性的飞跃，而后复始于其地方性应用以及由此触发的新一轮地方性知识生产。如此循环往复，以至无穷。

第四章

科学知识生产中的民主

近代以来的科学知识生产是一个基于实验基础之上的可视化过程，知识生产的直接目标被锁定在自然事实的描述方面。这种知识生产引入了科学实验和数理逻辑，证据采集取代静观思辨成为科学知识生产的过程，合作研究方式成为新的认知形式①，同行评议和实验的可重复性是知识合法性的保证，科学知识生产因此成为一个所有参与者民主决策的过程。20世纪中叶以来，后学院科学时代来临，科学知识对公共决策、社会发展和国家建设的作用日益显著，科学知识生产中的公众参与和科研选题的民主决策成为科学知识生产中的突出现象②。

第一节　科学共同体的内部民主

近现代人类认识世界的思考方式起源于柏拉图哲学③，它认为知识

---

① Dear P., "Totius in Verba: Rhetoric and Authority in the Early Royal Society", *Isis*, 1985, Vol.76, No.282, pp.145-161.

② Ziman J., *Real Science: What it is, and What it Means*, Cambridge: Cambridge University Press, 2000, pp.67-82.

③ 吴奇：《知识观的演变》，中国社会科学院研究生院博士学位论文，2003: 12。

是“鲜明的事物的原型”和“事物的理想实在”①，知识生产过程是对可以感受的现象世界进行静观和思辨，最终达到对永恒不变的理念世界的认识。只有经常专注于理性的哲学家才能生产出知识。他们生活在学院中，不关注现实世界和知识的实用性，为了满足好奇心而进行认识论意义上的知识生产，开创了知识生产的学院模式。近现代科学的建制化继承了这种学院模式，科学知识生产是科学共同体通过多重发现、同行评议和重复实验而完成的。这是一个典型的、科学共同体内部的民主决策过程。在这里，我们来深入分析科学共同体开展科学研究这一典型民主实践活动中的民主主体、民主参与模式和规范保障。

一、科学知识生产中的民主主体：科学家与科学共同体

民主主体是进行民主活动的人。民主并不是抽象的，而是存在于具体实践情景中，民主主体更不是抽象的人，而是受民主实践制约的个体或共同体。近现代科学与近现代民主几乎同时诞生，科学知识生产活动是近现代社会进步的重要动力，科学研究因其符合近现代民主精神而得到发展和促进。

近现代民主思想起源于文艺复兴时期，近现代工业资本主义社会的发展使得平等和团结的价值与个人自由和自治的价值之间开始出现竞争，平等的实现需要对自由进行约束，对自由和平等之间关系的深入思考逐步形成了近现代自由民主思想②。关于民主的理论和实践虽然有众多的观点和争论，有的重点强调减少政府的干预和保护公民的自由，有的重点强调政府应该通过积极干预从而达到平等，但是，自由与平等的

① [古希腊]柏拉图：《柏拉图全集》（第二卷），王晓朝译，北京：人民出版社，2003：473。

② Sørensen G., *Democracy and Democratization: Processes and Prospects in a Changing World* (3rd ed.), Philadelphia: Westview Press, 2008, p.5.

关系一直是民主发展中的关键问题，“自由是民主的前提”[①②]，“平等是民主的核心价值”[③④]，民主在自由与平等的张力之中发展。追求自由和平等的领域都是民主可以而且应该发挥作用的领域。民主的思想与实践从政治领域逐步扩张到经济领域、社会领域，出现了政治民主、经济民主与社会民主。近20年来，民主思想与实践进入到知识领域，出现知识民主。文艺复兴以后，近现代社会逐步形成，民主登上了历史舞台。与此同时，近现代科学和科学共同体形成并且迅速发展。作为最早的近现代科学共同体典范，英国皇家学会的会员享有平等的权利和义务，具有研究和出版的自由[⑤]。在此后的发展中，自由和平等一直被认为是科学精神和科学共同体的根本组成要素，民主成为科学共同体的基本属性。

在科学研究实践中，自由和平等往往会出现冲突。研究资金、实验设备和出版物都是稀缺资源，对它们的自由使用和平等使用之间必然形成冲突，与此相关的则是新创造的科学知识的自由表达和平等表达的冲突。新创造的知识如果仅仅是个人的，它没有任何意义，只有被纳入知识网络当中，成为公共知识的一部分，才真正成为科学知识[⑥]。科学家为了把自己生产出的个人知识融入知识网络，都试图运用更多的研究资金、更好的实验设备和更著名的出版物来表达自己的观点，尽可能形成

---

① 万斌、吴坚：《论自由、民主、法治的内在关系》，《浙江大学学报》（人文社会科学版），2011(5): 35–42。

② 李良栋：《自由主义旗帜下两种不同民主理论的分野——当代西方主要民主理论评述》，《政治学研究》，2011(2): 29–35。

③ 寇鸿顺：《试论民主政治的伦理意蕴与道德追求》，《道德与文明》，2011(1): 146–150。

④ 郭渐强、刘菲：《民主行政的价值诉求与行政程序的制度构建》，《山东社会科学》2009(8): 122–12, 141。

⑤ 姚远：《近代早期英国皇家学会社团法人的兴起（1660—1669）》，吉林大学硕士学位论文，2008: 40。

⑥ Collins H. M., *Changing Order: Replication and Induction in Scientific Practice*, London: Sage Publications, 1985, pp.148-149.

学术权威，同时批判其他观点，使得其他观点尽可能少地争取到研究资金、实验设备和出版物。为了尽可能多地创造知识和保证新知识的正确性，科学共同体反对盲从[①]、提倡怀疑[②]，允许科学家进行平等的研究和表达。科学共同体一直在自由和平等之间进行研究工作。如何使它们之间保持有效的平衡，是需要认真考虑的问题。因此，科学共同体具备了实施民主的前提条件。

在近现代民主的发展历程中，民主首先是作为一种政治制度而出现，它“缘起于中世纪英国的议会制度，……17世纪末英国进入了资本主义时代，以议会制为核心的资本主义民主制度初步形成”[③]。我们很容易看到从专制制度到民主制度的这种转换，但是，我们也需要看到，民主政治制度是与社会生活方式和精神文化相互交织在一起的，“民主不仅仅是一种政体，而且主要是一种相互联系的生活模式和共同的经验交流模式”[④]，是一种社会意识和时代精神，是以参与者在决策基本阶段平等参与为特点的一种群体决策过程[⑤]。因此，民主可以从政治制度、生活精神和决策过程三个层面来理解。科学共同体是科学家的组织，他们享有相同的精神气质和社会规范[⑥]、相同的认知信念和思维方式[⑦]，具备民主的精神，实行民主的决策过程。

科学家在科学实践活动中获得民主主体地位和身份。科学知识生产

---

① The Royal Society, *The Story of the Royal Society is the Story of Modern Science*, [2016-04-14], https://royalsociety.org/about-us/history/.

② [美]R. K. 默顿：《科学社会学：理论与经验研究》（上册），鲁旭东、林聚任译，北京：商务印书馆，2003: 375–376。

③ 房宁、冯钺：《西方民主的起源及相关问题》，《政治学研究》，2006(4): 11–17。

④ Dewey, J., *Democracy and Education: An Introduction to the Philosophy of Education*, Delhi: Aakar Books, 2004, p.93.

⑤ Christiano T. “Democracy”, *Stanford Encyclopedia of Philosophy*, (2006-07-27)[2015-05-08], http://plato.stanford.edu/entries/democracy/.

⑥ [美]R. K. 默顿：《科学社会学：理论与经验研究》（上册），鲁旭东、林聚任译，北京：商务印书馆，2003: 363–365。

⑦ [美]托马斯·库恩：《科学革命的结构》，金吾伦、胡新和译，北京：北京大学出版社，2003: 4–6。

过程作为主体性的展现，在遵循科学研究对象的自然属性的基础上，反映着主体之间的关系。科学实践活动中的主体间关系表达为一种民主实践模式。

二、科学共同体内的民主参与模式：多重发现、同行评议与重复实验

“科学的基本原则是，研究的成果必须成为公有的。无论科学家们私下里想什么或说什么，直到他们的发现被报告于世并载入永久的记录，才能看作属于科学知识。”[①] 因此，对于科学家来说，通过民主磋商，说服同行承认其研究成果，是科学知识生产的重要环节。这种同行磋商体现着科学共同体中的民主参与，其模式主要有以下三种。

（一）科学的多重发现

科学共同体积极参与科学研究的典型表现是多重发现（multiple discoveries），也叫同时发明（simultaneous invention）。它指相同或相似的科学发现或技术发明在几乎相同的时间被不同的科学家独立研究出来[②]。多重发现是科学史上比较频繁出现的事情[③]，牛顿（Isaac Newton）和莱布尼茨分别独立发明了微积分，斯旺（Joseph Wilson Swann）和爱迪生（Thomas Edison）分别独立发明了电灯泡，费尔马（Pierre de Fermat）和笛卡尔分别独立创立了解析几何，亚当斯（John Couch Adams）和勒维烈（Urbain Jean Joseph Le Verrier）分别独立推算

---

① [英]约翰·齐曼：《元科学导论》，刘珺珺、张平、孟建伟译，长沙：湖南人民出版社，1988: 87。

② Lubowitz J. H., Brand J. C., Rossi M. J., “Two of a Kind: Multiple Discovery AKA Simultaneous Invention is the Rule”, *Arthroscopy: The Journal of Arthroscopic and Related Surgery*, Vol.34, No.8, 2018, pp.2257-2258.

③ Merton R. K., *The Sociology of Science: Theoretical and Empirical Investigations*, Chicago: The University of Chicago Press, 1973, pp.286-289.

出海王星的位置，罗巴切夫斯基（Nikolas lvanovich Lobachevsky）、波尔约（Janos Bolyai）、高斯（Karl Friedrich Gauss）、黎曼（George Friedrich Bernhard Riemann）分别独立发现了非欧几何，朗（Crawford Long）、威尔士（Horace Wells）、莫顿（William Thomas Green Morton）、杰克逊（Charles Jackson）等人都宣称自己发明了乙醚麻醉，等等[①]。科学研究中多重发现的频繁出现表明它不是由于个人原因造成，而需要从科学共同体规范中探讨原因。

多重发现的直接原因是很多科学家都致力于对未知事物的探索，它与近现代科学发展的动力机制密切相关。近现代科学起源于古希腊对真理的追求，它要求不迷信权威，追求真理，遵循无私利性规范，即“科学家进行研究和提供成果，除了促进知识以外，不应该有其他动机”[②]。科学家虽然不能从其研究中获取私利，但是科学共同体必须设置一套奖励机制，给获得研究成果的科学家以奖励，以激励科学家开展更多的研究，并吸引更多的知识分子参与到科学研究中来。历史也表明，科学是近现代以累积形式进步最快的学术研究，这说明科学家都积极参与这种无私利性的研究活动。那么，科学家研究的动力是什么呢？这就是对科学知识独创性的承认[③]！它被科学共同体和全社会认为是科学家最高价值的体现。多重发现成为一种制度性安排的结果。在科学制度的安排下，个体科学家参与科学研究的热情很高，为了获得科学发现的优先权而积极工作，从而导致多重发现。

与多重发现密切相关的是优先权之争。与前述中频繁的多重发现一样，也出现了频繁的优先权之争。事实上，科学发现优先权之争表达的是如何看待个体和共同体在科学发现中的作用和地位的问题。科学发现

---

① Lone A, “Multiple Discovery”, in Runco M. A., Pritzker S. R. (eds.), *Encyclopedia of Creativity* (2nd ed.), London: Academic Press, 2011, pp.153-160.

② [英]约翰·齐曼：《元科学导论》，刘珺珺、张平、孟建伟译，长沙：湖南人民出版社，1988: 124。

③ Merton R. K., *The Sociology of Science: Theoretical and Empirical Investigations*, Chicago: The University of Chicago Press, 1973, p.294.

能否以及在何种程度上可以归功于某一个或几个科学家？这是一个科学发现的评价标准问题。科学发现往往不是由当事人评价的，或者说当事人本人的评价并不会得到科学共同体的承认。相反，而是由同行进行评价的，是在特定学术传统中科学共同体对某项工作的承认。相同的学术传统是科学发现得到承认的前提。在相同学术传统中，科学共同体成员之间通过私人信件、期刊论文、学术专著、学术会议等进行交流，知识在科学共同体成员之间获得传播和积累。科学正是在这种制度中获得了快速进步。正是这种制度安排，使得知识积累到一定程度，便会在几个路径上同时寻求突破（即所谓的时代精神），导致多重发现[①]。因此，多重发现是科学共同体成员共同、平等参与的产物，多重发现正是科学知识生产过程中的民主模式之一。

（二）科学共同体的同行评议

科学共同体通过同行评议，对科学假说进行审议，通过交流和磋商来承认科学知识。一个合理的评价体系是科学进步的重要保证之一，是科学共同体和社会成员在科学实践中形成的一种共识。古代科学研究附属于生存需求、政治统治需求和哲学传统[②]，其评价体系遵从于生活评价、政治评价和哲学评价。近现代科学诞生之后，科学共同体逐渐成为独立的社会建制。英国皇家学会于1662年获得了国王的特许状而成为独立自治的社会团体。此后，欧洲诸国科学共同体都逐渐成为自治共同体。科学共同体与社会之间达成一种契约，科学知识生产活动由科学共同体自我管理。英国皇家学会于1665年3月创办的《哲学汇刊》是最早的同行评议科学期刊。在1664—1665年理事会批准它创刊时就说道，《哲学汇刊》上发表的文章首先由同行进行评议（being first reviewed

---

① Lone A, “Multiple Discovery”, in Runco M. A., Pritzker S. R. (eds.), *Encyclopedia of Creativity* (2nd ed.), London: Academic Press, 2011, pp.153-160.

② 田甲乐：《科学共同体的知识生产与社会秩序共生》，中国科学院大学博士学位论文，2017: 17–22。

by some of the members of the same）。在《哲学汇刊》的编辑和相关人士的共同努力下，通过记录收到论文的日期以保证优先权以及向论文作者保证对论文进行评议的同行会保密其研究成果等措施之下，科学家开始愿意并积极发表自己的成果[①]。同行评议制度逐渐成为科学期刊中的流行做法，个体科学家的研究工作只有获得同行接受，才被认为是科学知识，才能得到发表和传播。它是近现代科学建制化过程中，处理个体和共同体之间关系的一种应对措施。同行评议在科学发展中具有重要意义，它确立了科学评价的规范和科学知识生产中个体、科学共同体和外部力量之间的平衡。个体科学家是科学研究活动的直接从事者，控制着研究的实施，共同体决定着对研究结果的承认与否，外部力量则影响着社会对科学共同体的认知形象。

同行评议是科学共同体中一种磋商机制和民主模式。一项研究只有被科学共同体接受才被认为是科学发现。科学共同体遵循相同的认知规范，以逻辑和经验为标准，从事追寻客观真理的活动，往往被“看成是一个整体”[②]。但是，在实际的科学知识生产中，科学家之间并不是经常意见一致，而是常常充满了分歧[③]，科学家之间的彼此说服是科学知识生产的重要环节。为了在同行评议过程中获得他人的赞同，科学家在撰写研究论文时，往往有意无意地采取修辞策略，论文文本充满着对数据的修饰和表达的转换。在知识的理解和生产的整个过程中，修辞学发挥了使知识具体化的作用，以达到说服同行的目的[④]。“从实验室笔

① Merton R. K., *The Sociology of Science: Theoretical and Empirical Investigations*, Chicago: The University of Chicago Press, 1973, pp.462-465.

② [美]黛安娜・克兰：《无形学院——知识在科学共同体的扩散》，刘珺珺、顾昕、王德禄译，北京：华夏出版社，1988: 10。

③ Bucchi M., *Beyond Technocracy: Science, Politics and Citizens,* trans. Belton A., New York: Springer, 2009, p.11.

④ Hyde M. J., Craig S., “Hermeneutics and Rhetoric: A Seen but Unobserved Relationship”, *Quarterly Journal of Speech*, Vol.65 No.4, 1979, pp.347-363.

记到发表的论文的途径是复杂而有趣的”[①]，论文作者一方面不会报道错误的实验，另一方面也不会采用所有的实验数据，而是忽略掉对自己不利的数据，只选择对自己有利的数据进行采纳。即使三分之二的数据是错误的，论文作者仍然可以得出实验结果支持自己的理论的结论[②]。论文中的实验数据因而成为经过处理的、符合逻辑的和具有说服力的数据。而且，论文作者往往以标准化、符合现有知识背景的方式去论述，以使其能够方便快捷地融入当下的知识体系并被同行所接受。为了达到这种目的，引证与所研究主题相关的重要文献成为一种常常使用的手段，“一篇论文可能被不同的研究者因完全不同的原因，且完全背离论文原来意思的情况下被引用”[③]，引用文献成为一种说服同行审议通过的策略。从这一点上来说，同行评议成为个体科学家和科学共同体成员之间互相说服和达成共识的一种方式，它作为科学知识生产中的一种民主模式而存在。

（三）重复实验

科学共同体通过重复实验，对实验过程和方法、实验结果进行质疑和检验，从而确立科学知识。近代之前，科学或者从属于哲学家传统，或者从属于工匠传统[④]。前者主要是指古希腊科学，起源于满足人们的好奇心和求知欲，在当时被称为自然哲学，试图通过理性思辨探求自然事物的本质，“带领我们穿越可感世界的虚幻流变而抵达那纯粹的本质世界”[⑤]。后者普遍存在于古代中国、古印度、古埃及等文明古国，是

① [英]巴里·巴恩斯、大卫·布鲁尔、约翰·亨利：《科学知识：一种社会学的分析》，邢冬梅、蔡仲等译，南京：南京大学出版社，2004: 26。

② Collins H. M., *Changing Order: Replication and Induction in Scientific Practice*, London: Sage Publications, 1985, pp.41-42.

③ Latour B., *Science in Action: How to Follow Scientists and Engineers Through Society*, Cambridge: Harvard University Press, 1987, p.40.

④ [英]梅森：《自然科学史》，周煦良等译，上海：上海译文出版社，1980: 5。

⑤ 吴奇：《知识观的演变》，中国社会科学院研究生院博士学位论文，2003: 1。

带有实用色彩的科学。到中古晚期和近代初期，这两种传统结合形成一种新的传统，近现代科学开始出现。它把古代社会中对普遍的必然真理的追求转为对局部现象规律的可重复性验证，把对日常经验的观察和思考转向对实验的观察和见证，实验在科学知识生产中发挥着关键作用①。科学知识生产通过实验成为对一个已经发生事件的研究性实践活动，观察者是该活动的一部分，实验中所观察到的现象的呈现与具体的人、时间和地点有关，实验的具体性和逼真性使得对过去事件的描述获得了权威地位②。英国皇家学会的格言体现了这一点："不要把别人的话照单全收"③。不相信任何权威，必须通过实验来确证陈述。近现代科学对古代科学的胜利，是实验方法对思辨方法的胜利。科学实验成为近现代科学研究的基本方法，也成为近现代科学的标志。

与科学研究方法的转变相伴随的，是价值观念和认知方式的转变。近现代科学在英格兰诞生的时候，清教伦理是社会中占主导地位的价值观。清教徒中很大一部分是社会地位正在崛起的资产阶级和商人，他们对近现代科学持肯定的态度，相信进步，认为科学会增强自己的地位和势力④。在经典的玻意耳和霍布斯关于真空的争论中，霍布斯代表传统科学知识生产方式，从先验的公理和逻辑起点出发，经过无可辩驳的思辨推理，得出可靠的结论。在这个过程中，感官经验是容易出错和不可靠的，集体的见证是不可信的，只有先验公理和思辨推理是可靠的。玻意耳代表新的实验科学知识生产方式，依赖感官经验的可靠性和集体见证的可信性，通过观察和实验、归纳、推理，得到知识。在这种科学知

① Hacking I., *The Emergence of Probability: A Philosophical Study of Early Ideas About Probability, Induction and Statistical Inference* (2nd ed.), Cambridge: Cambridge University Press, 2006, p.20.

② Dear P., "Totius in Verba: Rhetoric and Authority in the Early Royal Society", *Isis*, Vol.76, No.2, 1985, pp.145-161.

③ The Royal Society, *The Story of the Royal Society is the Story of Modern Science*, [2016-04-14], https://royalsociety.org/about-us/history/.

④ Merton R. K., *The Sociology of Science: Theoretical and Empirical Investigations*, Chicago: The University of Chicago Press, 1973, pp.228-229.

识的生产方式中，只有通过集体可见证的和可重复的实验生产出的知识才是可靠的，强调每个人都具有平等的观察和推理能力，强调集体共识的重要性。英国皇家学会的早期宣传者强调，在皇家学会内部，成员之间可以自由讨论而不产生争执、诽谤或内斗，学会致力于和平，没有专制，并宣称已经找到了建立和维持共识的有效方法[①]。从这点上来说，科学实验方法也是近现代资产阶级价值观念的体现，与资产阶级民主是一致的。

实验记录是科学实验中的重要环节，它把物质材料之间的抽象关系转换为可操作和可检验的书面记录，以便进行重复实验。其目的在于让科学共同体成员相信实验的真实性、合理性和正确性，从而说服他们承认实验结果。科学共同体成员通过重复实验，接受实验结果或提出质疑。科学共同体通过实验对知识达成共识，实验在判决对立的科学理论中发挥着关键作用，即所谓判决性实验。判决性实验到底是一种对自然过程的绝对客观呈现？还是一种磋商？这一点可以通过牛顿和胡克的光学理论争论中的判决实验来加以分析。在这场争论中，牛顿的三棱镜实验是一个经典的判决性实验。在对实验的描述中，“牛顿声言是排除过程指引其到达了最后的判决性实验，然而这是不合逻辑的，除非牛顿脑海中业已存在某些特殊的形而上学配置”，“此外，牛顿只在其论文中不甚关键的地方提及胡克，其他地方则使用诸如‘人们通常认为’之类的说法。”[②] 判决性实验是科学共同体成员和后人给出的，而不应当是当事者给出的。但是，在这个事例中，牛顿本人评价了其实验是判决性实验，而对立者的观点只在不关键的地方被提及且被明确指出是对立者的个人观点。牛顿把自己观点表述为人们通常认为的普遍观点，充满了说服策略。从这点来看，这一判决性实验是一个磋商的过程，实验过程

① Shapin S., Schaffer S., *Leviathan and the Air-Pump: Hobbes, Boyle, and the Experimental Life*, Princeton: Princeton University Press, 2011, p.341.

② 樊小龙、袁江洋：《牛顿“判决性实验”判决了什么？》，《自然辩证法通讯》，2016(2): 61–66。

和实验记录只有在理论的预设下才有意义，实验争论是理论磋商过程。

随着科学实验范围的拓展和复杂程度的提高，重复实验的磋商性质越来越明显。20世纪60年代以后，生态学实验成为科学实验的重要组成部分，但是生态系统与物理系统有很大差别，生态系统和生态学实验场所（比如野外实验）会造成传统的实验的可重复性的失败。生态学实验在追求有效性、准确性、精确性和真实性的基础上，对可重复性原则进行了相应调整，更多地体现为通过磋商促使科学共同体接受实验结果①。重复实验是科学共同体内部对研究对象、研究过程、研究方法和研究结果的说服、质疑、调整、磋商的过程，是科学知识生产中的民主模式之一。

三、科学知识生产中的民主保障：科学规范

科学实践作为一种社会活动，“是一种特殊的思想和行为，在不同历史时期的社会中，人们实现这种思想和行为的方式和程度也不同”②。一方面，它同政治、经济、宗教、文化、艺术等其他社会活动一样，既影响着社会秩序和社会文化，又被它们所影响；另一方面，作为一种独立的、自治的社会建制，必须遵循特定的规范，以便能够满足科学的目的。科学的目的就在于：生产出社会认可的知识，与其他社会建制相区别，形成自己的独特性、合理性和不可或缺性。科学规范是那些受到社会认可的、符合特定时代发展的科学共同体对自然环境和社会秩序的一种特殊的应对方式，是社会建构的产物。

默顿发现，近现代科学共同体在日常习惯和行为中、在无数的讨论科学精神的著作中表现出了道德共识。当科学共同体中某一成员违反

---

① 肖显静：《生态学实验实在论：如何获得真实的实验结果》，北京：科学出版社，2018: 60–76, 112–126。

② [美]伯纳德·巴伯：《科学与社会秩序》，顾昕、郑斌祥、赵雷进译，北京：生活·读书·新知三联书店，1991: 2。

这些共识时，其他成员表现出愤慨，并给予惩戒。这些道德共识可以被称为科学共同体的精神特质，即科学制度上的规范，具体表现为普遍主义、公有主义、无私利性、有条理的怀疑精神等等①。近现代科学规范的形成与科学的组织方式及其社会形象密切相关。近现代科学继承了古希腊的自然哲学传统和学院传统。柏拉图哲学奠定了后来学者们对世界的思考方式，认为知识是“鲜明的事物的原型”和“事物的理想实在”，知识生产过程是对可以感知的现象世界进行静观和思辨，最终达到对永恒不变的理念世界的认识，只有经常专注于理性的哲学家才能生产出知识。哲学家生活在学院中，为了满足好奇心而进行认识论意义上的知识生产，开创了知识生产的学院模式，不关注现实世界和知识的实用性。在这种观念下，建构起了一种知识的真理性和绝对客观性的形象。受这一知识传统的影响，近现代科学知识的发展也追求其真理性和客观性。库恩对科学史的研究发现：科学规范是在科学活动中形成的。一个成熟的科学共同体是一个封闭的共同体，他们与外行人和日常生活的需求是隔离的。虽然这种隔离从来不是完全的，但是“没有其他专业共同体像科学共同体那样，个人的创造性只向这一专业的其他成员提出，也只有他们来评价。即使是最艰涩的诗人、最抽象的神学家，也远比科学家更关心外行人对他的创造性工作的赞许”②。科学共同体成员通过遵循相同规范而开展科学研究活动，来保证科学知识的真理性和客观性。

进入20世纪，尤其是在第一次世界大战和第二次世界大战之中，科学在战争中表现出强大的力量，工业领导人和政治家在历史上第一次认识到科学在战争、工业生产、行政管理方面的巨大价值③。科学与工业

---

① Merton R. K., *The Sociology of Science: Theoretical and Empirical Investigations*, Chicago: The University of Chicago Press, 1973, pp.269–270.

② [美]托马斯 · 库恩：《科学革命的结构》，金吾伦、胡新和译，北京：北京大学出版社，2003：147–148。

③ Millikan R. A., “The New Opportunity in Science”, *Science*, Vol.50, No.1291, 1919, pp.285-297.

和政府之间的关系因此而变得日益密切。科学知识生产模式逐步地从传统的模式1走向模式2，科学知识开始在跨学科之间，以及与社会、经济和政治相联系的情境中生产出来。这些影响科学知识生产的因素是异质的、易变的。知识的质量控制往往与社会、经济和政治因素结合起来，个体科学家的贡献成为科学知识生产过程及其实践的一部分，科学知识的创造性更多地表现在集体层面①。在此基础上进一步出现了模式3，它是一个多层的、多模式的、多节点的和多边的科学知识生产和应用系统，既利用政府、大学和产业的政策与实践等从上到下的知识生产，也利用公民社会和草根系统从下向上的知识生产，通过多层次的互动达到更有效的科学知识生产和应用。在这种情况下，政府、企业、以媒体和文化为基础的公众和公民社会、服务于科学知识生产和创新系统的社会和经济因素以及自然因素都参与到科学知识生产中来②。此时的科学知识生产已走出学院，进入到广阔的社会领域之中，此时的科学因此被称为后学院科学。后学院科学时期，科学研究的组织方式、管理方式和实践方式经历了彻底的、不可逆的转变。这种转变不仅发生在科学知识生产方式和科学共同体的认知结构中，而且，发生于整个生产和应用科学知识的社会之中。这是一种"文化革命"，导致了科学规范的转变，使得后学院科学呈现出集体化、极限化、效用化、政策化、产业化和官僚化的特征③。后学院科学规范是适应多元主体参与到科学知识生产的新情景而出现的，"规范的重塑实际上是一个实现科学共同体与政府、产业界、社会公众互动的过程，确切说，是一个'治理'的过程"④，以保证科学适应社会的发展。

---

① Gibbons M., Limoges C., Nowotny H. et al., *The New Production of Knowledge: The Dynamics of Science and Research in Contemporary Societies*, London: Sage Publications, 1994, pp.1-16.

② Carayannis E. G., Campbell D. F. J., *Mode 3 Knowledge Production in Quadruple Helix Innovation Systems*, New York: Springer, 2012, pp.1-27.

③ Ziman J., *Real Science: What it is, and What it Means*, Cambridge: Cambridge University Press, 2000, pp.67-82.

④ 盛晓明：《后学院科学及其规范性问题》，《自然辩证法通讯》，2014(4): 1–6。

在科学规范的约束和引导之下，科学家之间平等地开展讨论与思想交流，在此基础上形成共同承认的科学事实与科学知识。这是一种民主的精神与民主的决策方式。基彻尔用生物学演化机制对科学共同体的活动进行类比，把科学家想象成生物学实体，考察他们在复杂的社会网络中是如何进行认知劳动分工和达成共识的。每个科学家都进行个体实践，科学家们共享的部分则形成了共识实践。随着科学的发展，个体科学家会修改自己的个体实践，随着个体实践的变化，会产生信任度和权威的改变，最终则导致共识实践的改变①。

第二节 科学知识的公共性与公众参与

公共性源于个体生产实践的非自足性和差异性。在个体彼此之间的交往中，主体间性得到确立，公共性凸显出来。在知识生产领域中，近现代科学的诞生使得知识生产成为一个基于实验基础之上的可视化过程，科学实验取代了静观和思辨，集体见证取代了个人沉思。由此，科学知识成为一种公共产品，具有了公共属性。20世纪中叶以来，随着科学知识生产和应用范围的持续扩展，科学知识在人们公共生活和公共交往中发挥的作用也出现了变化，科学知识的公共性程度在与社会环境互动过程中持续增高，公众越来越多地参与到科学知识的生产和应用中来，科学知识的民主化程度不断增强。

一、科学知识的公共化

古希腊时期，知识生产是学院模式的，哲学家们对可以感受的现象世界进行静观和思辨，最终达到对永恒不变的理念世界的认识。中世

① Kitcher P., *The Advancement of Science: Science Without Legend, Objectivity Without Illusions*, New York: Oxford University Press, 1993, pp.58-61.

纪，基督教思想统治了欧洲，基督教学者成为知识生产的主体。他们继承了古希腊的知识生产的学院模式，强调个体知识生产者的贡献，知识生产过程具有个体性和非公共性。但是，古希腊和中世纪的知识生产注重知识生产者之间的理性辩论和知识的传播与共享，通过彼此之间的讨论和磋商修改自己的观点，最终形成知识。知识由此也具有了公有共享性的特征。这主要体现在：知识生产者关注的是对公共问题的探讨，强调知识生产结果要通过辩论和修订获得知识共同体和公众的认可。

近代科学革命改变了知识生产者在知识生产中的地位。在古希腊的知识生产传统中，理性是知识可靠性的保证，知识生产者的个体属性不影响知识的生产。但是，在科学革命开创的知识生产方式中，科学实验过程的具体性和逼真性是知识可靠性的保证，科学实验正确性的保证与特定的人、时间和地点有关，知识生产者成为知识生产过程的一部分[①]。科学事实的诞生依赖于物质技术、语言文字的交流技术和社会技术。17世纪围绕真空观念的争论中，玻意耳对霍布斯的胜利说明了这一点。英国皇家学会对实验这一科学研究方法的确定，说明：共同体成员集体看见是知识正确性的判断依据[②]。可视化的客观性要比逻辑上的纯粹推理更为重要；科学家的实验记录是事实存在的证据；实验室同事之间和课题组成员之间的交流和见证，使得实验过程和结果有了见证人，更容易得到人们的信任。具体的科学知识生产是在特定语境中，以案例的形式进行的，通过归纳推理得到一般性的结论，具有可操作性、易表达性和传递性的特点。科学知识的生产是一个对自然事物进行搜集、分类和秩序化的过程。这一过程的可视化和可见证性特征使得个体知识生产者的沉思转化为集体对个体知识生产者进行实验见证的过程[③]。在科

① Dear P., "Totius in Verba: Rhetoric and Authority in the Early Royal Society", *Isis*, Vol.76, No.2, 1985, pp.145-161.

② Shapin S. & Schaffer S., *Leviathan and the Air-Pump: Hobbes, Boyle, and the Experimental Life*, Princeton: Princeton University Press, 2011, pp.76-79.

③ Stewart L., "The Element Publicum", in Porter J. M., Phillips P. B., *Public Science in Liberal Democracy*, Toronto: University of Toronto Press, 2007, p.24.

学知识生产实践中，科学家之间逐步形成共同的形式化语言、逻辑规则、磋商机制。在这一过程中，科学知识也具备了公共性。

17世纪到18世纪，大量的新事物被发现。这是一堆无序的自然现象，科学知识生产过程重新分类了自然事物，拓展了认知空间，有序排列了信息，建构了一种新的社会文化和空间秩序。19世纪末起，“科学技术的进步变成了一种独立的剩余价值来源”[①]，科学知识生产开始服务于社会经济发展和公众日常生活需要。科学知识生产方式的选择受到价值观和政治组织方式的影响[②]，并与国家财富的积累和权力的拓展密切相关[③]。科学实验和数学传统相结合的知识生产方式满足了社会对知识实用性的要求，科学知识生产成为一种与经济发展、意识形态和国家安全共同演进的公共性事件。科学知识生产空间从科学家的个体空间扩展到知识共同体空间，进而扩展到社会公共空间，科学知识生产成为一种公共性的生产活动。

20世纪中叶以来，科学发展进入后学院科学时期，科学知识的公共性凸显出来。

首先是科学问题提出的公共性。人们对自然的认识是通过镶嵌于语言中的概念网络这个“透镜”来进行的。所有类型的问题都是在一个特定探索背景中提出来的，探索背景限定了人们期望和疑问的内容[④]。在古希腊和科学革命时期，科学研究并不是一个谋生的职业，科学问题的提出主要源于个体知识生产者的兴趣。然而，到20世纪后半叶，个体科学家无法孤立地实践自己的天职。“在制度的框架当中，他必得占有

---

① [德]尤尔根·哈贝马斯：《作为“意识形态”的技术与科学》，李黎、郭官义译，上海：学林出版社，1999: 62。

② Shapin S. & Schaffer S., *Leviathan and the Air-Pump: Hobbes, Boyle, and the Experimental Life*, Princeton: Princeton University Press, 2011, p.341.

③ 李猛：《帝国博物学的空间性及其自然观基础》，《自然辩证法研究》，2017(2): 88–92。

④ Laudan L., *Progress and Its Problem: Toward a Theory of Scientific Growth*, Berkeley: University of California Press, 1977, p.15.

一个确定的地位。化学家会成为化学专家团体的一员；动物学家、数学家、心理学家——他们每个人，都属于专业化了的科学家之特定的集团。”[①] 科学知识自身发展的逻辑结构取代个体科学知识者自身的兴趣成为科学问题的主要来源，科学共同体取代个体科学家成为科学问题的提出者。科学在第二次世界大战中发挥出巨大威力，使得科学研究从“纯研究”转化为“基础研究”，看似是不同词语的同义转化，但是事实上暗含着科学知识能够应用于实际，并能够促进诸多社会福祉的增加[②]。此外，还出现了“任务定向基础研究”[③]和“应用基础研究”[④]，科学知识生产明确承担了服务于经济发展和国家建设的使命。科学知识生产者通常所承担的研究具有浓厚的应用色彩，与政府、公众和企业联系日益紧密。科学问题的提出不再仅仅由科学知识自身发展的逻辑结构和科学共同体所决定，相反，受到知识、政治、经济等多种元素制约。这个时代的科研选题往往由科学共同体、政治家、企业家和公众等不同行动者之间的磋商所决定。

其次是科学问题解决的公共性，即科学知识承认的公共性。“科学”一词的含义具有历史性和情境性。科学术语的含义、科学概念之间关系，以及其中蕴含的意义和价值，是由科学知识的逻辑结构、社会因素和政治因素共同决定的。17世纪科学革命时期，近现代科学因符合当时社会中占主导地位的清教伦理精神而战胜了古代科学。近现代科学知识生产方式因符合资产阶级对新生活方式建构的需要而获得了自治权。人们对科学知识生产者充满了期待和信任，科学问题的解决在科学共同

---

① [英]迈克尔·博兰尼：《自由的逻辑》，冯银江、李雪茹译，长春：吉林人民出版社，2002: 57。

② 龚旭：《政府与科学——说不尽的布什报告》，《科学与社会》，2015(4): 82–101。

③ Wang Z. Y., *In Sputnik's Shadow: The President's Science Advisory Committee and Cold War America*, New Brunswick: Rutgers University Press, 2008, p.56.

④ Wang Z. Y., “The Chinese Developmental State during the Cold War: The Making of the 1956 Twelve-year Science and Technology Plan”, *History and Technology*, Vol.31, No.3, 2015, pp.180-205.

体内部完成之后，人们基于对科学体制的信任而承认科学知识。科学知识不负众望，在推动生产力发展、促进经济进步、提高社会福祉等方面发挥了巨大作用。到第二次世界大战时，“官员、军人和政治家，在行使他们的社会职责时，按照严格的科学建议来办事”①。科学知识在经济、文化、政治等社会各领域中获得了空前重要地位，得到了人们极大的赞誉。科学共同体解决科学问题的权力也得到了日益巩固。然而，科学知识在社会各领域的扩张也为自己埋下了危机。科学知识表达在实验室特定条件中生产出来的变量之间的数理关系，当这些关系转换空间应用到真实自然和社会空间时，增加了许多实验室所排除掉的不重要的变量。这些变量在某些情况下使得科学知识应用于具体的生产与生活之中的时候，出现不确定性，有时会带来严重的负面影响。20世纪中叶以后出现的日益严重的全球环境污染、在欧洲持续发酵但没有得到解决的疯牛病危机、旷日持久的转基因食品安全争议、全球气候变化问题、始终无法杜绝的核电站事故等，都是科学知识不确定性的突出表现。这些情况使得公众对科学知识和科学共同体失去了信任，科学自治受到了质疑。越来越多的情况是政府、企业、媒体与公众参与到科学问题的解决中来。日益增多的科学问题成为政治问题和社会问题，科学知识生产成为社会中心话题，科学知识的承认成为公共性问题。

与该问题密切相关的是科学知识生产进程的公共性。随着科学知识在人类生产和生活中的应用增多，科学与各学科的交叉也日益广泛，科学与人文的边界、科学与政治的边界变得模糊起来，科学知识生产进程受到其他学科知识和政治因素的制约。科学知识生产作为一种社会实践，与实践情景紧密联系，不可避免地在思维方式、资源运用、社会权利等方面与各学科知识以及政治形成交织和纠缠。近现代科学诞生之后，以拥有“客观性”知识的姿态，先后与古代科学、宗教、人文学者

① [德]尤尔根·哈贝马斯：《作为“意识形态”的技术与科学》，李黎、郭官义译，上海：学林出版社，1999: 97。

发生了冲突并获得了胜利，争取到了政府和公众的支持，拥有了自治权。然而，20世纪中期，人们发现原子弹爆炸的杀伤力远远超出倡议制造者想象，纳粹战犯医生对集中营的受害者进行惨无人道的人体实验，DDT及各种化学物品造成的环境污染威胁着人类生活的自然环境和身体健康。这三大事件“使许多科学家感到如此震惊，使他们经历了良心危机，觉得有必要对他们自己的活动进行反思”[①]。人文学者、公众和政府开始反思和规范科学知识生产活动。当科学知识跨出实验室，渗透到社会的方方面面时，科学知识成为一种公共知识。单一的科学方法也无法承担反思科学的社会应用后果之任务。人们逐渐发现，科学知识生产不是对自然的镜像式表征，而是进行特定的介入，知识生产过程蕴含着社会秩序建构。它嵌入了人们身份界定、社会规范和习俗、话语表达方式、生产工具、社会体制[②]，重新界定着专利的含义和可申请专利的范围、生命和非生命的界限、发明之物和自然产品的界限以及分配方式[③]。此时，科学知识生产的进程实际上不能由科学家独自掌控，而是由政治家、人文学者、企业、媒体、公众等异质行动者共同决定的。他们的磋商与共识达成，确保了科学知识与其他知识的协调发展和公共利益的实现。

二、国家科学及其民主诉求

进入20世纪后半叶，科学知识公共性更明显地体现在国家科学的形成和发展之中。科学知识可以满足经济社会发展的需要，至20世纪70年代人类社会跨入知识经济与知识社会，科学知识成为经济社会发展的

---

① 邱仁宗：《科学技术伦理学的若干概念问题》，《自然辩证法研究》：1991(11): 14–22。

② Jasanoff S., “The Idiom of Co-production”, in Jasanoff S. (eds.), *States of Knowledge: The Co-production of Science and Social Order*, London: Routledge, 2004, p.6.

③ Jasanoff S., *The Ethics of Invention: Technology and the Human Future*, New York: W. W. Norton & Company Inc., 2016, pp.182-196.

基本动力。国家政府作为公共事务的管理者，极力发展科学技术并以之提升国家综合实力。以政府为组织者而发展的国家科学登上历史舞台。“科学作为子系统整合于国家机器之中并形成科学-技术-经济-军事-文化的综合体的进程”①。其实，近现代科学诞生不久，政府就意识到科学知识对于国家安全的重要性，“伽利略和雷奥纳多都自称会改良大炮和筑城术，因此获得了政府职务”②。在17和18世纪，欧洲各国纷纷建立国家科研机构，国家开始参与科学知识生产。到19世纪后半叶，国家成为科学知识生产的组织单位和主要领域，标志着科学知识生产国家化的完成③。20世纪中叶以来，科学知识成为政府公共决策和国际竞争的关键要素，科学知识生产的国家化特征显著增强，主要表现在以下三个方面。

（一）政府制定科技评价制度，对科学知识生产的计划、过程和结果进行约束

科技评价制度随着科学知识在社会中的广泛应用而不断演进。最初对科学知识生产进行评价的主体是科学共同体，评价的内容是新生产的科学知识对学科及整个科学的贡献，评价的目的是承认科学发现优先权和提高科学知识质量，在制度上表现为科技奖励制度。20世纪初，美国国会服务部成立多个专家委员会，进行“与科技有关的研究、分析和评价”，开启了国家对科学知识生产进行评价的先河。20世纪中期许多科技大国开始探索本国的科技评价制度④。1976 年美国国会通过《国家科技政策、组织和重点法》，“最早以明确的法律形式确定了科技评价的

① 高洁、袁江洋：《科学无国界：欧盟科技体系研究》，北京：科学出版社，2015: iv。

② [英]罗素：《西方哲学史》（下卷），马元德译，北京：商务印书馆，1976: 5。

③ Crawford E., Shinn T., Sőrlin S., “The Nationalization and Denationalization of the Sciences: An Introductory Essay”, in Crawford E., Shinn T., Sőrlin S. (eds.), *Denationalizing Science: The Contexts of International Scientific Practice*, Dordrecht: Springer, 1993, pp.9-10.

④ 贺建军：《我国科技评估制度的经济学分析》，福州大学硕士学位论文，2005: 6。

作用、功能、权力和责任”[①]。此后，世界主要国家相继制定与科技评价相关的法律法规。

对科学知识生产的评价从科学共同体内部评价扩展到政府公共管理领域，从以科学知识质量为中心的评价转向以科技服务经济社会发展之绩效为中心的评价。科技评价也从单纯的知识成果评价扩展到科学知识的生产计划、生产过程和生产结果等多个环节。科学知识生产之前，需要以项目申报形式说明其潜在的公共利益应该与国家建设和社会发展需求相一致。科学知识生产过程和结果需要说明研究内容完成情况所产生的经济价值、社会效益。研究资源应该得到合理利用，产生符合项目计划中预期公共利益的绩效。科技评价的国家化和规范化是科学知识公共性的需要，一方面，政府能够约束科学知识生产，使之符合国家需要；另一方面，通过国家组织的科技评价，科学知识生产可以得到不同部门和不同利益者的协作支持。

（二）政府建设国家重大科技基础设施，服务并引导科学知识生产

20世纪中叶以来，“科学研究不断向宏观拓展、微观深入，学科分化与交叉融合不断加快，研究目标日益综合”[②]。于是出现了由大量独立的关联设备系统集成、支撑广大研究群体共同研究的大型科技设施。在我国则将其称为“国家重大科技基础设施”。重大科技基础设施起源于“二战”中的曼哈顿工程。美国为了尽快战胜德国，把大批理论物理学家和实验物理学家聚居到新墨西哥州的洛斯阿拉莫斯等地，在奥本海默的统一指挥下合作研究，很快制造出了威力超出想象的原子弹。曼哈顿工程开启了一种新的科学知识生产模式，使科学知识生产从小科学时代走向大科学时代，科学知识发展和科研经费支出以指数型速率增

---

① 申丹娜：《美国科技评估的国家决策及实践研究》，《自然辩证法研究》，2017(4): 52。

② 中华人民共和国国家发展与改革委员会、教育部、科技部等：《国家重大科技基础设施建设“十三五”规划》，[2017-12-11]，http://www.ndrc.gov.cn/zcfb/zcfbtz/201701/t20170111_834846.html。

长[1]，需要政府进行支持和整合资源。另一方面，曼哈顿工程也使政府充分认识到科学知识生产平台对科技进步、国家安全和社会发展的重要作用。世界强国纷纷效仿美国，建设重大科技基础设施和国家实验室。随着该类设施的增多，国家引导它们向体系化方向发展并提升系统能力[2]。国家重大科技基础设施也因此成为大科学时代国家科技实力和综合国力的象征。它在孕育阶段即被纳入政府视野，具有国家长期发展计划性、明确的长期目标和阶段性目标，符合统治阶级意识形态，保障国家重大战略需要和科学知识生产的前沿性。进入21世纪，中国步入科技大国行列，国家发展改革委员会、教育部、科技部、财政部、中国科学院、中国工程院、国家自然科学基金委员会、国防科工局和中央军委装备发展部联合编制了《国家重大科技基础设施建设中长期规划（2012—2030年）》《国家重大科技基础设施建设“十三五”规划》，要求“深入贯彻习近平总书记系列重要讲话精神，认真落实党中央、国务院决策部署”，“必须顺应世界科技发展趋势、围绕国家重大战略需求”，“掌握国家战略必争领域的关键核心技术，抢占科技创新的战略制高点”，“推动设施运行有效解决经济和产业发展亟需的科技问题”。通过国家重大科技基础设施，政府集中人力、资金、仪器等各种资源，开展特定方向的科学研究，协调不同研究领域和不同学科之间的关系，把各种研究活动整合到围绕国家目标进行的科学知识生产之中。在科学知识生产领域，以个体科学家和科学共同体为核心的传统知识生产方式，在小范围内仍然存在。但是，在更大的范围内，以政府为核心指导、以国家科技重大基础设施为平台的知识生产方式，已经成为知识生产的主要模式。

---

① Price D. S., *Little Science, Big Science*, New York: Columbia University Press, 1963, p.13-16.

② 中华人民共和国国家发展和改革委员会、教育部、科技部等：《国家重大科技基础设施建设“十三五”规划》，[2017-12-11]，http://www.ndrc.gov.cn/zcfb/zcfbtz/201701/t20170111_834846.html。

（三）政府协调建设国家创新系统，对科学知识生产网络进行重构

国家创新系统是政府部门为了促进经济发展而建构起来的制度体系，把互动学习的动态过程融入经济增长和发展的分析框架之中①。国家创新系统强调科学知识生产部门、政府部门、产业部门等国家系统诸要素之间的互动，认为知识创造、知识传播、知识应用三者是互相促进的。这在两个方面重构了科学知识生产网络。第一，凸显知识溢出效应，促进异质行动者之间的有效合作。所谓“知识溢出”即知识在不同部门之间的交流，不是一个等价值传递的过程，而是一个增值过程，它产生的社会效益大于个别部门收益②。通过国家创新系统，可以实现政府、企业、科研部门、大学、中介服务机构等不同部门之间的合作，促使它们共同进行科学知识生产。第二，重视科学知识生产中达成共识的规则。在小科学时代，科学研究主要是一种个体业余爱好，科学知识表现为个体的智慧产物。科学研究成果为科学共同体认可并进而为全社会承认，是科学家期望的结果，但需要多久可以在社会生产和生活中加以应用，并不为社会各方面所关注。然而，在大科学时代和知识社会，科学知识生产需要公共资金的资助，科学知识本身也成为社会生产的一项关键的公共资源。科学知识得到科学共同体认可并为全社会承认，成为公共事务的一项重要议程。就科学知识达成共识的规则制定应该遵循公共政策规则制定的过程。国家创新系统通过政策制定，协调科学知识生产不同主体之间的利益分歧，促进他们达成共识，推动更多的行动者参与到科学知识生产中，并进行有效合作。

国家科学是科学知识公共性在组织方式上的体现，科学要按照公共领域的规范进行生产活动，需要重视和协调公众和不同社会主体的意见。但是，科学知识的专门化也同时要求科学知识的生产必须以科学家

---

① Lundvall B., “National Innovation Systems-Analytical Concept and Development Tool”, *Industry and Innovation*, Vol.14, No.1, 2007, pp.95-119.

② Griliches Z., *R&D and Productivity: The Econometric Evidence*, Chicago: University of Chicago Press, 1998, p.25.

和科学共同体为核心展开。17世纪科学革命以后，随着欧洲大学中设立科学教席和科学共同体的建立，科学知识生产日益走向职业化，科学家逐步进入社会阶层和权力序列之中。20世纪中叶以来，作为职业的知识生产者，科学家成为政治家依赖和合作的伙伴，跨入社会精英阶层，并被纳入社会权力序列。在这一过程中，科学家与政治精英的合谋使知识生产在一定程度上要符合政治需要。科学研究的思维方式和研究结果的表述方式在有意无意间产生符合精英阶层的偏向。与此同时，科学知识生产需要巨大的经济支持，科学家在获得知识生产所需要的经济资源的过程中，被迫遵循市场经济规律，迎合掌握经济资源的精英阶层的偏好，从而使得科学知识生产蕴含着价值偏好。在上述两方面的影响下，科学知识生产过程裹入价值和利益因素，可能偏离公共性[①]。在现代国家公共管理领域中，避免价值和利益偏好的有效措施就是弘扬民主精神、实践民主决策。为了保证科学知识的公共性和服务于社会公众的需要，科学知识生产和应用过程中的民主诉求被提上日程。在政治民主、经济民主和社会民主日益高涨的同时，知识民主轰然而至。

科学的发展伴随着与宗教、人文学科之间的冲突与交流。正是在与其他学科的冲突和互动中，科学形成并不断重塑着自己的边界、认知规范和社会规范。科学共同体不断与其他不同行动者进行着斗争和磋商，来维护知识生产者的职业地位。科学知识生产者拥有知识生产权力的合法性和公共性，镶嵌在科学知识生产过程和合理性当中，它不仅是一个理论问题，而且是一个实践问题。在当代具有异质性、情境性以及社会应用风险难以完全确定的环境中，科学知识生产中问题的提出和解决、知识的承认等等，都建立在政府、科学共同体、企业、媒体、公众等不同行动者的积极参与和协商对话的基础之上。引入协商民主，从而减少科学知识生产中的价值倾向和不确定性，做出负责任的决策，保障科学

---

① 李海波：《新闻的公共性、专业性与有机性——以“民主之春”、延安时期新闻实践为例》，《新闻大学》，2017(4): 8–17。

知识生产的合法性、合理性和公共性，是必要的。

三、科学研究中的公众参与

公共事务中的公众参与有着悠久的历史。在古希腊的民主政治中，公民[①]有权利在政治活动中表达自己的观点、参与讨论和决策。在此后的历史发展中，公众参与政治活动一直是历史发展的主流。但是，在科学知识领域，公众一直被认为是“无知”的，被排除在外，没有发言权。20世纪中叶起，随着科技风险的出现、社会运动的发展和媒体的变革，公众开始参与到科学知识生产中。

文艺复兴之后，科学革命与资本主义同时爆发，科学活动组织模式与社会组织模式同构，科学精神符合主流社会价值观念，科学被纳入到社会秩序之中。在随后的发展中，科学实现了它给予社会的承诺，满足社会对它的期望，满足了人们对确定性的需求，科学与社会秩序协调，快速发展起来。但是，科学知识的确定性是相对的。在科学研究中为探求自然规律，科学家对研究对象所存在的边界条件进行纯化和优化，这大大简化了自然对象的存在状况。所谓科学知识的确定性是相对这种纯化和优化了存在条件的对象而言的。当把在这种纯化和优化条件下所发现的科学规律即科学知识应用于生产实践之时，因存在条件的差异，就会出现误差。科学知识应用得越广泛，这种误差的出现就会越频繁。在某些特定的情况下，甚至会造成重大事故，而这种事故的出现却是科学家和工程师们根据已有的科学知识无法预料的。在整个资本主义发展的过程中，科学知识扮演了创新发展基本动力的角色，至20世纪后期知识

① 公众与公民是有区别的，前者是与私人相对应的概念，指个体的集合，后者更加强调政治权利。相应地，公众参与突出一定的个人集合起来参与公共事务，公民参与更多指基于个人政治权利而进行的政治参与活动。在本文中，公众参与和公民参与是两个大致等同的概念。关于公众和公民、公众参与和公民参与的异同，参见：武小川，武汉大学博士学位论文（2014年），《论公众参与社会治理的法治化》，第42–45页。

经济形成，科学知识广泛应用于生产，其背后隐藏的巨大风险也就暴露出来了。

另一方面，近现代科学诞生之后，作为一种独立的社会建制，实行科学共同体自治。科学问题、研究方法、成果共识都是由科学共同体依据知识发展的内在规律来决定的。在与其他共同体隔离的封闭环境中，科学共同体提出问题、解决问题；科学在研究广度和深度两个层面遵循认知逻辑而发展。当科学知识被广泛应用于经济与社会领域之时，其不确定性日益突出，科学共同体就不得不与社会各领域就科学知识生产进行交流，以尽可能减少潜在风险。在这一过程中，地方性知识和基于日常经验的知识，被用来弥补科学知识的不足。在这一过程中，也常常修正科学知识、发展科学知识。20世纪60年代末以来，这种做法渐成规模，形成了一种新的社会运动，即“公众参与科学”。这一运动提倡增加公众在科技知识生产中的发言权和决策参与权，其结果形成并发展了开放科学。

在这场公众参与科学的运动中，最典型的代表当数环境保护运动。“绿色和平”等非政府组织的发展给新社会运动提供一种成员招募途径和重要的活动组织形式[①]。与此同时，新媒介的发展不仅使得公众可以直接发出自己的声音，而且科学技术专家和科学共同体也可以不经过政府而直接发出自己的声音。传统上，科学共同体往往被“看成是一个整体”[②]，但是，20世纪下半叶以来，在有争议的问题上，科学共同体往往并不能达成一致意见，在疯牛病、转基因食品、气候变化、核废料处理等很多问题上，持续存在争论。这导致公众质疑科学知识和科技决策，要求科学家和政府做出说明。公众为了保障自己的利益，也日益要

① Bucchi M., *Beyond Technocracy: Science, Politics and Citizens,* trans. Belton A., New York: Springer, 2009, p.53.

② [美]黛安娜·克兰：《无形学院——知识在科学共同体的扩散》，刘珺珺、顾昕、王德禄译，北京：华夏出版社，1988: 10。

求参与到科学知识生产当中来[①]。

20世纪后期以来，公众参与科学知识生产的现象是客观存在的。它赋予公众以获得相关科学信息以及在科学研究中发言的权利，在科学家、媒介和公众之间架起桥梁，使公众与科学相连接，激发公众对科学的热情，产出更好的科学知识[②]。如下三个典型案例充分说明了公众参与科学的积极意义。

1986年苏联切尔诺贝利核反应堆爆炸后，放射性同位素对英国坎布里亚牧羊农民的生活和健康产生影响。当时负责调查的科学家告诉农民不会有较大影响，但事实并非如此。科学家分析模型中对土壤的预设并不符合当地土壤条件，而且研究只关注辐射物质对人的影响，而没有考察对动物和食物链的影响。农民最初听任科学家，对自己的想法保持沉默。但是，随着科学家的承诺一再不能兑现，他们根据自身积累的相关证据，指出了此项科学研究中的错误，告知科学家当地土地是碱性而非酸性，研究中使用的分析模型是错误的，其次，辐射的影响通过动物和食物链影响到人。在这个案例中，农民对科学的反思是建立在日常经验基础之上的，具体而非抽象的地方性知识对生产出有效的知识发挥了重要作用[③]。

美国和智利艾滋病治疗研究是公众参与知识生产的另一个显著案例。美国艾滋病研究的一个显著方面是，包括艾滋病患者、大众媒体、不同学科专家、制药企业等多元行动者参与到了可信知识的建构中。艾滋病行动主义者是科学知识建构的真正参与者，他们不仅仅是简单地通过政治活动对相关科学研究施压，而且在一定程度上建构了科学研究中新的社会关系和身份、新的制度、事实和信念，找到使自己呈现为可信任专家的方式，有效改变了科学研究中可信任证据的含义、生物医学研

① Bucchi M., *Beyond Technocracy: Science, Politics and Citizens*, trans. Belton A., New York: Springer, 2009, p.11.

② Davies S. R., "Constituting Public Engagement: Meanings and Genealogies of PEST in Two U.K. Studies", *Science Communication*, Vol.35, No.6, 2013, pp.687-707.

③ Wynne B., "Misunderstood Misunderstanding: Social Identities and Public Uptake of Science", *Public Understanding of Science*, Vol.1, No.3, 1992, pp.281-304.

究的认识论实践和医疗服务技术。具体而言，政府最初主要关注艾滋病病源研究，艾滋病行动主义者推动研究更关注艾滋病治疗研究，认为食品与药品监督管理局的行政管理规定剥夺了患者甘愿承担风险而接受实验性治疗的权利。他们通过学习医学术语和文化来建立自身的知识可信性身份，从国外或企业研究中获取相关科学信息，并与一些临床医生、药品公司建立合作关系，参与到研究中来。他们还改变了临床试验对象的选取方法。之前临床试验对象是中产阶级男性白人，他们认为应该包括药物使用者的所有人群，比如妇女、少数民族、同性恋者，从而改变了艾滋病研究的认识论和伦理规范①②。智利的艾滋病毒感染者/艾滋病患者组成的“积极地生活”组织，也生产出了自己的知识。他们通过自己的网站、文件和声明，经常发布以经验为依据的知识，重新定义相关医学话语，最终改变了传统生物话语、研究范式和文化③。

另一个案例是美国马萨诸塞州沃本市居民对白血病的认识。他们发现当地孩子患白血病的比率远高于其他地区。他们通过自己的努力，发现饮用水中含有能够致癌的工业有毒污染物，于是他们积极参与到污染物致病机理和污染物治理研究中。患者家庭通过搜集信息，发现致病原因在于水中的某些物质，因此，请求官方检测水中物质，但是遭到官方拒绝。他们通过联系科学家和媒体，获得市议会的支持，建立共同视角，带来了自己的专家。他们发现有毒污染物对健康的影响不仅呈现在身体疾病上，而且包含情感问题。他们扩展了有毒污染物影响的知识和

① Epstein S., “The Construction of Lay Expertise: AIDS Activism and the Forging of Credibility in the Reform of Clinical Trials”, *Science, Technology & Human Values*, Vol.20, No.4, 1995, pp.408-437.

② 彭小花：《科学公信力的危机与重建——以美国艾滋治疗行动主义者运动为例》，《自然辩证法通讯》，2008(1): 55-62。

③ [智]赫尔南·奎瓦斯·巴伦苏埃拉、伊莎贝尔·佩雷斯·查莫拉：《智利艾滋病治理：权力/知识、患者——用户组织及生物公民的形成》，《国际社会科学杂志》（中文版），2013(3): 53-66。

人们对疾病和创伤带来的心理影响的理解。[①②]

以上三个案例表明，公众具有与科学家不同的认知方式和思维方式，对知识生产中的前提预设有更强的反思意识，日常经验知识比科学家的抽象知识更能够全面地联系现实情景。公众参与科学研究有利于打破知识生产中的身份壁垒、固有的观察和研究方法，引入新的视角。到目前为止，虽然公众参与科学研究仍然是有限的，但是公众已经参与进来，并在“开放科学”（openscience）的旗帜下，声势日盛。毫无疑问，它已经从不同的角度汇聚成现在和未来发展的潮流。

第三节　科研选题的多元因素

第二次世界大战之后，小科学走向大科学，科研资金来源开始多元化，科研选题从依靠科学家个人兴趣转向多元主体磋商，利益考量和公正问题成为科研选题和资源分配中的重要参考因素。这也是科学知识生产过程中的民主体现之一。

一、科研资金来源的多元化

第二次世界大战对科学研究产生了重要影响，一方面，原子弹的爆炸让人们看到了科学的威力，政府、企业、基金会等非学术机构开始大力支持科学研究，科学从个体承担的事业转向集体支持的事业；另一方面，科学家改变了过去对政治敬而远之的态度，积极说服政治领导人支持科学研究，如研制原子弹。在这一过程中，科学家主动参与到政治、

① Brown P., “Popular Epidemiology: Community Response to Toxic Waste-Induced Disease in Woburn, Massachusetts”, *Science, Technology & Human Values*, Vol.12, No.3, 1987, pp.78-85.

② Brown P., “Popular Epidemiology and Toxic Waste Contamination: Lay and Professional Ways of Knowing”, *Journal of Health and Social Behavior*, Vol.33, No.3, 1992, pp.267-281.

军事和国家建设之中，接受科学系统外部资金的大力资助。

（一）政府资助

当科学知识在20世纪下半叶成为国际竞争和社会发展中日益重要的因素时，政府对科学知识的重视程度前所未有地提高。“二战”结束时，在政府是否应干预学术研究自由这一问题上，美国各界存在争议。但是，争论双方都认为政府应该为科学研究提供资源。随着科学对经济和社会发展的重要性日益显著，各国政府都大力资助科学研究，政府对胚胎干细胞研究的资助即是典型例子。美国联邦政府1995年因伦理原因“限制联邦政府经费用于为研究目的而创造、毁损、丢弃和伤害人类胚胎等”。但是，随着干细胞研究显示出的巨大价值，1999年政策改为干细胞研究可以使用“已分离出来的人类胚胎干细胞”。随着干细胞研究的发展，“为了巩固美国在干细胞研究中的领先地位，加强其在该领域的创新能力，美国正逐渐放松其严格的控制”[①]。欧盟、英国、加拿大、澳大利亚、新加坡、韩国等也大力支持胚胎干细胞研究[②]。日本把干细胞研究视为“赶超美欧生物技术的绝好机遇”，给予重点经费支持[③]。中国自20世纪90年代，在国家重点基础研究发展计划（973计划）、国家高技术研究发展计划（863计划）中资助与干细胞相关的研究，资助经费呈逐渐递增趋势[④]。政府对科学的资助，既是大科学时代科学研究的需要，同时也是引导科学研究方向的举措。科学研究的社会化和组织化程度提高后，政府作为公共事务组织者、管理者和服务者，

① 傅俊英、赵蕴华：《美国干细胞领域的相关政策及研发和投入分析》，《中国组织工程研究与临床康复》，2011(45): 8537–8541。

② 李重锡：《各国政府对干细胞研究的支持力度及其相关论文发表和专利申请》，《中国组织工程研究与临床康复》，2007(15): 2913–2918。

③ 江洪波、陈大明、于建荣：《世界各国干细胞治疗相关政策与规划分析》，《生物产业技术》，2009(1): 11–18。

④ 傅俊英、赵蕴华：《中国在干细胞领域的相关政策、资助情况及成果产出分析》，《中国组织工程研究与临床康复》，2011(49): 9256–9261。

能够而且应该在科学知识生产中发挥积极作用，这使得科学发展体现出国家意志、服务国家目标。

（二）企业资助

企业对科学研究的资助日益增加。企业是社会系统，尤其是市场经济中的主要参与者。在科学知识取代资本，成为经济发展的最大动力的转变过程中，企业逐渐成为科学活动的主要资助者之一。在后学院科学中，科学研究活动至少在三个地方发生，即在大学中进行的学院科学、在政府资助的国家实验室中进行的政府科学、在企业中进行的产业科学①。由于高校在科学研究传统与科研人才和科研场所等方面的优势，企业更愿意选择对高校中的相关科学研究活动进行资助。干细胞研究作为一种具有巨大潜力的科研，受到国内外企业的热情而巨大的资助。美国英特尔公司、商业新闻社等企业捐助加州大学旧金山分校、斯坦福大学等进行干细胞研究②。药业公司之所以这样做，一方面是为了获取干细胞研究的巨大潜在利益，另一方面是为了在研发经费日益增长的情况下减少自己的投入，同时避免新药效果不显著所带来的损失。在这一过程中，大学“与干细胞研究企业结成战略伙伴关系而极大地促进了干细胞研究的投入”③。中国干细胞产业建立了较为完整的链条，“年复合增长率将达50%以上”，多家生物公司，比如达安基因、华大基因、金卫医疗、北科生物等生物公司都进入了干细胞产业领域，建立了多家干细胞产业化基地。影响力较大的有青岛干细胞产业化基地、国家干细胞产业化天津基地、国家干细胞产业化华东基地、西安干细胞人工皮肤产

---

① Bridgstock M., Burch D., Forge J. et al., *Science, Technology and Society: An Introduction*, Cambridge: Cambridge University Press, 1998, p.17.

② 江洪波、陈大明、于建荣：《世界各国干细胞治疗相关政策与规划分析》，《生物产业技术》，2009(1): 11–18。

③ 傅俊英：《干细胞领域研究、开发及市场的全球态势分析》，《中国生物工程杂志》，2011(9): 132–139。

品产业化基地、无锡国际干细胞联合研究中心等[①]。企业对科研活动的资助是科研活动和市场经济活动联系日益紧密、互相适应的结果；反过来，也促进二者的发展。

（三）基金会资助

各种基金会对科研活动的支持也日益增加。以科学基金制度进行科研活动资助是“二战”之后全球普遍采用的科研资助形式之一，包括政府设立的科学基金会和民间科学基金会。前者比如美国国家科学基金会，它于1950年5月10日作为美国行政分支的一个独立机构而成立，“资助全国的基础研究和教育，学科范围覆盖了除医学以外的所有领域”[②]。中国国家自然科学基金委员会也是如此，它成立于1986年2月14日，是国务院直属事业单位，在2018年国家机构改革中改为由科学技术部管理。其宗旨是“面向科学前沿和国家需求，聚焦重大基础科学问题，推动学科交叉融合，推动领域、行业或区域的自主创新能力提升”[③]。这类科学基金会是政府对科研活动资助的具体管理方式，是为了更有效地提高科学资金使用效率。民间科学基金会是“利用捐赠及其他合法收入，支持不以营利为目的的科学研究、技术创新、科学教育和科学传播的非政府组织”[④]。德国洪堡基金会是该类基金会最著名的代表之一。1860年，为纪念著名的博物学家、地理学家亚历山大·冯·洪堡先生，德国在柏林成立了亚历山大·冯·洪堡基金会，1923年和1945年被迫中断，1953年重建之后稳定运营至今，有力地促进了国际学术交

---

① 黄珍霞：《基于产业链边界的干细胞与再生医学产业发展战略研究》，《决策咨询》，2019(2): 79–82，86。

② 李宁、赵兰香：《从〈科学：无止境的前沿〉到美国科学基金会——美国科技政策过程的一个经典案例》，《科学学研究》，2017(6): 824–833。

③ 国家自然科学基金委员会网站首页，[2019–06–09]，http://www.nsfc.gov.cn/。

④ 杨辉：《民间科学基金会的分类与功能》，《自然辩证法研究》，2018(9): 104–110。

流和德国的学术复兴[①]。美国洛克菲勒基金会、英国惠康基金会，以及中国李四光地质科学奖基金会、陈嘉庚科学奖基金会、何梁何利基金会等都属于民间基金会，它们在全社会科研资助中虽然占的比例很低，但是在拓展科研经费来源、增加科学的开放性和多样性、创新科研管理模式、培育科学文化、推动科技治理等方面发挥了重要作用[②]。干细胞作为当今生物医学科学最前沿方向之一，也是民间科学基金会资助的重要方向，美国纽约干细胞基金会、中国健康促进基金会干细胞与再生医学产业发展专项基金管理委员会都以资助干细胞研究及其产业化和相关人才培养为其重点工作。

（四）科学系统自身的资助

科学系统自身对科研活动的资助一般体现在两个方面，一方面是科学研究机构把自身通过研发产品获取的利润用于资助科学研究，另一方面是科研机构和个体科研人员把从政府、企业、基金会获得的经费进行再次分配，资助其他人员进行科学研究。

随着科学研究和经济发展结合的日益紧密，科学基础研究和应用研究之间的界线也变得越来越模糊，多主体参与科学知识生产已成为现实。大学、政府、企业共同合作的三螺旋模式是典型模式，随着科学研究和社会的进一步融合，研究机构、用户和资本部门也成为科学知识生产中的典型要素，形成政产学研用资模式[③]。资本已成为一个突出因素，不同科学研究资助部门需要进行协调，加强协同效果，推动科学研究。此外，科研活动呈现出日益增多的跨机构合作、跨国合作、跨学科合作，在这些合作中，科研资金具有更加多元和复杂的来源，需要更有

---

① 刘颖勃、柯资能：《在科学与文化之间：德国洪堡基金会简史》，《科技管理研究》，2007(5): 26–29。

② 杨辉：《民间科学基金会的分类与功能》，《自然辩证法研究》，2018(9): 104–110。

③ 吴卫红、陈高翔、张爱美：《“政产学研用资”多元主体协同创新三三螺旋模式及机理》，《中国科技论坛》，2018(5): 1–10。

效的协调和合作。

二、科研选题中的利益考量

随着科学研究所需经费的日益增多、基础研究与应用研究界限的模糊、科研人员职业化的发展，科研选题中的利益考量变得突出。首先，科研选题意味着经费投入。随着科研内容在宏观和微观上的拓展，需要经费资助的项目大大增加。与此同时，科学研究的复杂程度提升，要求大规模使用科研仪器设备，单项研究花费也日益增多。在这一情况下，科研活动所需总经费成为天文数字。虽然科研活动的资助方在增多，资助经费额度也在提升，但是仍然无法满足所有科研选题的需要。在一定时期开展哪些课题的研究，就成为必须选择的重大事项了。其次，“二战”之后，基础研究与应用研究的界限日益模糊，出现了基础应用研究和应用基础研究。科学知识生产与科学知识应用之间的联系日益紧密，科学知识与社会秩序的相互塑造效应日益明显。科研选题往往意味着科研结果的实际应用，同时暗含着利益分配和社会规则的塑造。比如，美国联邦政府在干细胞研究中做出的艰难态度，“为处理好右翼的正统派基督教与中左翼商业和科学界的利益关系，布什做出了相当不易的承诺。联邦资金将不用于研制新的胚胎干细胞，但将用于资助已有的细胞谱系的研究”①。这样一来，美国宗教人士的感情得到了一定程度的维护，但是，显然没有争夺过资本和政府的利益。企业通过干细胞研究和产业化赚取更多的利益，政府希望借此使美国占据该领域中的领先地位。再次，具体科研机构和人员是利益争夺的主要参与方，他们为了追求自己的科研理想、顺利开展研究，而争取经费支持。同时，科学研究也是他们赖以为生的职业，对于一些纯粹科研机构中的人员来说，如果

① [美]希拉·贾萨诺夫：《自然的设计：欧美的科学与民主》，尚智丛、李斌等译，上海：上海交通大学出版社，2011: 5。

争取不到科研资助，就意味着失业或者被其他课题组兼并。

在微观层面，科研选题的利益考量体现在学科间的争论、学科内部发展方向的争论和公共话语权的争论上。对不同学科的经费资助，在很大程度上意味着学科发展程度的差别。加拿大自然科学和工程研究委员会（Natural Sciences and Engineering Research Council of Canada, NSERC）从1992年开始在其所资助的全部领域中，每4年开展一次经费再分配工作，即对各个学科的年度预算进行重新分配，确定其经费额度①。中国国家自然科学基金委员会、国家高技术研究发展计划（863计划）、国家重点基础研究发展计划（973计划）在申报指南中，对不同学科的资助范围和力度都有规定，促使科学研究服务于社会应用，比如，国家自然科学基金委员会在改革目标中写到形成“源于知识体系逻辑结构、促进知识和应用融合的学科布局”②。在当代知识社会中，“科学发展最终要体现国家目标”③。在同一研究机构中，也存在着学科之争。在同一学科中，也存在着发展方向之争，比如在物理学科中，2016年就中国是否应该建造大型粒子对撞机问题，双方学者进行了激烈的辩论。在这背后，是学科知识带来的应用效果，它关乎社会公共话语权之争。再比如，中国在独生子女政策制定过程中，不同学派分别代表着自然科学话语体系、社会科学话语体系、农民话语体系在公共政策中的竞争。在二孩政策制定过程中，不同学派对人口生育率的理解和计算有很大差距，出现了数据罗生门现象，分别认为数据应该基于人口普查数据、在人口普查数据基础上进行适当上调、根据小学入学人口回推等观点，从而，出现了继续坚持独生子女政策、逐步放开二孩政策、直接放开二孩政策等不同的主张，分表代表着不同的研究视角，表达着话语

① 刘作仪、韩宇、赵学文：《NSERC重新调整学科间的经费分配（之一）》，[2019-06-07]，http://www.nsfc.gov.cn/publish/portal0/tab110/info18656.htm。

② 国家自然科学基金委员会网站“概况”，[2019-06-09]，http://www.nsfc.gov.cn/publish/portal0/jgsz/01/。

③ 尚智丛、卢庆华：《科学的“计划”与“自由”发展：争论及其影响》，《自然辩证法研究》，2007(4): 64-66。

权威的建构和竞争[①]。

干细胞转化研究是能够反映上述多因素竞争的一个案例。它包括实验室、仪器设备、干细胞、小鼠、科学家、医生、企业、赞助商、病人、律师、政府、管理者、伦理学家等多种行动者，他（它）们共同构成一个行动者网络。这个网络“不仅牵涉到科学内部的问题，还包括科学以外的要素”，科学与社会因素和政治因素交织在一起[②]。科学家基于科学想法和经费与实验装备设计科学实验、制造实验室环境、选择实验对象等。实验环境、实验仪器和实验对象有自己的运行轨迹，对科学家的预设目的和实验步骤产生着阻抗，科学家提前无法知道实验能否成功，他在实验过程中与实验环境、仪器和对象进行冲撞，调整目的和步骤，产生最终的实验结果[③]。干细胞转化研究中，科学家首先需要受到良好的科研训练，具有一定的生物医学相关知识，能够基于已有研究提出猜想，但是他的工作远远不止如此，还需要找到实验室和临床试验医院，需要在与环境、实验小鼠、患者的互动冲撞中提出新的想法，需要根据对方的阻抗进行调试。患者的主要目的在于治疗疾病、恢复健康，他们更关注的不是病理学实验和实验审批程序，而是干细胞研究的转化速度和治疗。此外，患者还会影响到研究者获得相应的论文发表权、专利申请权等相关收益。干细胞捐赠者在干细胞转化研究中所具有的权利也参与到行动者网络内部的冲撞调试过程。比如，捐赠者在捐赠之后是否以及在何种程度上拥有干细胞的所有权？当干细胞从一个科研人员或科研机构向其他科研人员或科研机构转移时，捐赠者是否具有相关的权利？当干细胞研究产业化获取利益之后，捐赠者是否能够获得经济利益？在上述权利上捐赠者的后代是否拥有相关权利？这些问题的解答是

① 田喜腾：《知识与社会秩序共生：基于中国生育政策的研究》，中国科学院大学博士学位论文，2019: 53–114。

② 陈海丹：《干细胞转化研究的治理——一种基于案例研究的分析》，浙江大学博士学位论文，2009: 22。

③ Pickering A., *The Mangle of Practice: Time, Agency, and Science*, Chicago: The University of Chicago Press, 1995, pp.50-54.

不确定的，随着干细胞研究成果转化的不断进行，患者和捐赠者的利益在冲撞中不断形成和变化。

企业往往既是干细胞转化研究的投资者，又是干细胞治疗产品的生产者和获益者。企业主要关注研究的潜在商业价值、研究的投入和产出比率、产品的标准化和规模生产、产品的媒体宣传和推广。企业是干细胞转化研究的重要参与者和推动力量，推动干细胞转化研究以患者和市场的视角进行实验设计和产品开发。企业也更加关注干细胞产品的客户体验（即患者评价），把客户的反馈融入干细胞产品的下一步研究中，企业在实验室研究和用户之间架起了桥梁。干细胞转化研究作为当今最具有发展潜力的科技领域之一，政府能够通过对其支持获得执政合法性。比如，中国支持干细胞转化研究为人民服务，获得人民支持，而资本主义国家支持干细胞研究满足资本利益集团的需要。政府对于干细胞转化的态度和角色受制于本国政治文化和传统文化，需要符合公众的认知，比如在中国和东亚国家，由于没有来自宗教的对干细胞来源和堕胎的激烈反对，在胚胎干细胞的来源上具有相对宽松的政策。由于基督教势力的反对，美国政府一直试图在资本利益和宗教人士之间寻找平衡。政府通过制定相关政策，参与到干细胞转化研究中来，比如临床试验管理办法或指南、伦理规范等，通过项目审批、经费投入、项目评价进行引导和质量监控，通过人才培养和引进，比如中国实施的海外高层次人才引进计划（简称“千人计划”）、国家高层次人才特殊支持计划（简称“万人计划”）等。政府的利益是通过宏观指导实现的，也是干细胞转化研究中最有力的行动者。人文社会科学学者是干细胞转化研究中的另一类行动者，他们是哲学、社会学、经济学等人文社会科学研究领域中的专家。与生物医学专家不同，后者更多地专注于自然科学发展规律，而他们对人性和社会发展有着长期的理论研究和实证研究，形成了不同的思维方式，他们更加关注干细胞转化研究产生的风险和不确定性。通过对相关实验研究的质疑，他们使得研究程序更加安全、公平、公正。

三、科研资源分配中的公正问题

在科研资金有限、科研选题涉及利益等背景之下，科研资源分配存在着激烈的竞争。竞争并不是一件坏事，它可以把有限的资源运用到最需要的地方。但是在竞争中，不同主体都是特定的利益集团，都认为自己的观点是正确的，应该得到资助和支持，于是，科研资源分配的公正和研究遵循伦理规范就变成了一件需要认真考虑并加以明确落实的事情。

（一）国家公共科研经费的分配公正

国家公共科研经费分配是政府调控科研活动的重要工具，对科研经费使用方式、科研产出和效率、科研人员工作状况等方面，产生着重要影响。20世纪中叶以来，一方面公共科研经费逐步增大，另一方面科研欺诈等学术不端现象屡见报端，国家公共科研经费作为公共财政资助，公正必须作为其分配原则。与一般公共经费不同，公共科研经费还需要遵循科研活动的特点和规律，以便于促进科研产出。如此一来，科研活动是否需要公共监督和国家审计？科研活动所需经费的评价标准如何确定？这些问题就必须加以回答。然而，在实践中，关于这些问题的解答却引来了激烈的争议。在“二战”之前，科学共同体是自治的，不需要公共监督。然而，“二战”之后，虽然政府和公众对科研经费分配和管理的公共监督日益增多，科学共同体仍然在努力维持自治权。

科研经费的公共监督是一个渗透价值判断的过程，不同利益群体从各自角度出发，常常出现评价争议。例如，在经费评价指标中，美国国家卫生研究院长期以来“以疾病负担作为公共医学研究经费分配指标，认为疾病负担的评价是客观的”，但是，“人们发现，疾病负担的评价方法是多样的，其计算过程也不可避免地会渗入主观的价值判断”[①]，经费分配公正与所需经费评价公正交织起来。

① 周箐、张芳喜：《公共研究经费分配中的价值判断——以NIH公共医学研究经费的分配为例》，《自然辩证法研究》，2019(2): 64–70。

（二）科研伦理规范的要求

科研活动遵循伦理规范、避免学术不端，是科学共同体、政府、产业界、公众等各类行动者普遍承认的科研准则。在干细胞研究等涉及人体实验和动物实验的研究中，尊重人的尊严和动物权利也是科研伦理的重要内容。违反科研伦理规范的行为遭到科学共同体以及全社会的谴责。例如，2018年11月26日，贺建奎发布“基因编辑婴儿诞生”的消息，其科研工作中进行了“以生殖为目的的基因编辑”，违背科研伦理，遭到中国和世界科学家和公众的广泛谴责。中国国务院2019年政府工作报告中写道“加强科研伦理和学风建设，惩戒学术不端，力戒浮躁之风”。2022年3月中共中央办公厅与国务院办公厅印发《关于加强科技伦理治理的意见》。科研伦理治理将成为中国近几年科研治理中的一个主要内容。

（三）科学研究数据公开与保密之间的张力

默顿把近现代科学的精神气质归结为普遍主义、公有主义、无私利性、有条理的怀疑精神。科学的公有主义意味着科学上的重大发现都是社会合作的产物，要求公开和充分的交流，与保密性相对立[①]。这是科学获得发展的重要基础，但是，科学发展的动力机制在于科学家获得发现优先权，这与知识交流存在着冲突。20世纪后期，科学知识带来的商业利润极为可观，信息网络技术的发展又使得知识交流能够快速且充分开展，研究数据公开与保密的张力前所未有地凸显出来。例如，2017年《实验心理学杂志：学习、记忆和认知》（*Journal of Experimental Psychology: Learning, Memory, and Cognition*）的顾问编辑斯托姆（Gert Storms）拒绝评审那些作者不愿意公布原始数据、也不解释其原因的论

① Merton R. K., *The Sociology of Science: Theoretical and Empirical Investigations*, Chicago: The University of Chicago Press, 1973, pp.273-274.

文，向科研数据保密发起挑战①。另一个案例更加说明了这种张力的影响。美国克利夫兰的凯斯西储大学（Case Western Reserve University）药理学家莱特（Jackson Wright）团队接受美国国家卫生研究院（NIH）资助的一项研究。NIH为了加快研究，公布了研究数据并邀请科研人员进行竞赛研究，这使莱特团队原计划发表的60篇论文中有三分之一可能被其他科研人员抢先发表。莱特认为这种情况会降低科研人员的积极性，但也有些人赞成NIH公开数据的做法，认为这有利于加快分析步伐，推动研究进展②。

2019年6月，中国中共中央办公厅、国务院办公厅印发了《关于进一步弘扬科学家精神加强作风和学风建设的意见》，要求“科研成果发表后一个月内，要将所涉及的实验记录、实验数据等原始数据资料交所在单位统一管理、留存备查”，“打破相互封锁、彼此封闭的门户倾向”，从而实现“科技创新生态不断优化”③。科学研究中的不同行动者，通过民主协商，在公有共享性和保密性之间、在科学研究数据公开与保密之间达到有效平衡，是促进科学发展的条件之一。

（四）科研活动在地区间的合理布局

科研能力是当今经济社会持续发展的基础支撑，科研活动在地区间的合理布局是国家实现全面发展和提高创新能力的根本保障。以科研经费为典型代表的科研资源，是一种公共资源，必须服务于全社会，在社会主义国家尤其如此。科研要服务于区域协调发展。20世纪60年代中期，中国中央政府提出了三线建设计划，在四川（含重庆）、贵州、云南、陕西、甘肃、宁夏、青海等地区进行大规模国防、科技、工业和交

---

① Naik G., “Peer-review Activists Push Psychology Journals Towards Open Data”, *Nature*, Vol.543, 2017, p.161.

② Ledford H., “Open-data Contest Unearths Scientific Gems—And Controversy”, *Nature*, Vol.543, 2017, p.299.

③ 中办国办印发《意见》进一步弘扬科学家精神加强作风和学风建设，[2019-06-19]，http://cpc.people.com.cn/n1/2019/0612/c419242-31131632.html。

通基本设施建设。在中央政府提出三线建设后一个月，中国科学院调整科研机构布局，向西南、西北地区转移，新建研究机构，为三线建设提供科技支撑。在三线建设提出之前，中国科学院也考虑过在西南、西北地区设立研究机构的计划，结合地区条件，形成各自重点和特色，服务地区发展[①]。在中国西部大开发战略中，国家自然科学基金委员会采取"加强对西部地区科研工作及研究解决西部发展问题的支持""地区基金的专项倾斜经费加强对西部地区科研工作的支持""加强西部高水平人才和队伍的培养"等措施[②]，促使科研活动在地区间形成合理布局，促进科研资源的公正分配。中国政府在新时代完善国家科技创新体系过程中，要求"发达地区不得片面通过高薪酬、高待遇，竞价抢挖人才，特别是从中西部地区、东北地区挖人才"[③]，形成良好的科技创新生态。科研活动在地区间的合理布局，是科研资源分配公正和国家区域协调发展的重要环节。

科学知识生产是一种智力活动，它依赖于实验设计、对象选取、情景建构；但它同时也是一项人类的实践活动，镶嵌于人类社会秩序中，又塑造着社会秩序。科学知识生产需要在科学共同体内部和科学共同体与社会各类人群之间进行民主协商，才能更好地为社会发展服务。

---

① 刘洋、张藜：《备战压力下的科研机构布局——以中国科学院对三线建设的早期应对为例》，《中国科技史杂志》，2012(4): 433–447。

② 陈钟：《国家自然科学基金加强对西部科研工作的支持》，[2019-06-20]，http://www.nsfc.gov.cn/publish/portal0/tab110/info18663.htm。

③ 中办国办印发《意见》进一步弘扬科学家精神加强作风和学风建设，[2019-06-19]，http://cpc.people.com.cn/n1/2019/0612/c419242-31131632.html。

第五章

科学知识应用中的民主

第一节　公共决策与科技咨询

第二节　科技政策中的公众参与

第三节　公众参与科技政策的主体与模式

自17世纪科学革命以来，科学知识越来越多地被应用于生产和生活。19世纪以后更显频繁，工业生产离不开科学技术，日常生活所需要的物品更是来于科学技术的创造，生活方式与社会秩序在被科学所塑造。个体的人依照其个人意愿利用科学知识，在私人领域中，谈不上科学知识应用的民主问题，但是，一旦进入到公共领域，为了保障公共议题所涉及的每个人的利益，照顾到每个人的意愿，就不得不考虑民主问题。我们在这里所说的科学知识应用的民主就是指公共领域中科学知识应用时多元主体的平等和自由参与。现代国家中，科学知识的公共应用通过公共决策与科技咨询而进行。

第一节　公共决策与科技咨询

政府是社会公共事务的主要管理者，通过制定行之有效的公共政策，来调节社会生产与社会生活。这一过程被称为公共决策。当代的科学技术几乎应用于社会生产和生活的各个方面，影响大多数人的利益。政府通过公共政策的制定和实施来发展、控制和使用科学技术。科学在政府的公共决策中扮演了越来越重要的角色，特别是关于人民健康、安全、动植物和环境保护等敏感问题。科技政策的制定和涉及科技事务的决策逐渐成为政府公共决策的重要组成部分，科技咨询也成为公共决策中的重要内容。

一、科技政策及其制定原则与程序

公共决策的结果以公共政策表达出来。当代社会中，科技政策已占据公共政策相当大的部分。“二战”以前，各国政府对科学发展的干预相对较少。“二战”之中，美、英、德、日、苏联等国利用科学家及科学知识发展武器与国防力量，使得国家干预科学发展变成了有组织的、制度化的形式。政府通过政策制定来发展和利用科学。科技政策最早主要是科学政策。后来，由于作为科学应用的技术成果日渐发展，对社会和经济生活领域以及一国政治、外交事务的影响愈发显著，科学政策的内涵由“为科学的政策”（policy for science）扩展到“利用科学的政策”（science for policy）。1963年OECD高层科技政策顾问组完成的《科学和政府的政策》的报告明确阐述了科技政策的这两重含义。

近年来，伴随着信息科学技术、生物科学技术、空间科学技术、新材料和新能源科学技术等新兴科学技术的快速发展，科学技术对社会和经济生活的影响越来越大。科技政策的功能不仅是为了鼓励科学技术研究的发展，更重要的是能够利用科学技术研究成果实现所期望的一般的社会、经济、军事和政治目标。由此，包括国防、经济、社会、环境、健康、全球化等领域的议题都被纳入到科技政策之中。今天各国的科技政策更多的是“利用科技的政策”，诸如科技环境政策、科技教育政策、科技经济政策、科技军事政策，等等。

国家是现代社会的重要构成单位，国家的公共政策具有系统性与相对独立的特点。尽管各级政府均可制定科技政策，但国家层面的科技政策最具代表性，也最有影响力，上可以协调各国，形成国际公约，下可以指导各地方政府政策的制定。因此，通常研究的焦点也放在国家层面的科技政策上。按照其所关注的公共事务的涉及范围，科技政策可以分为三个层次：一是战略层次的，主要是根据国家的长远目标和需要解决的问题而制定的、促进本国的科技进步以及为社会经济发展服务的整体战略和规划；二是计划层次的，主要是制度化的科学技术资助体系和特定的研究计划或任务，包括资助领域和学科布局等；三是实施层次的，主要是为了落实战略和计划，由科技主管部门或相关部门作出的实施措施和细则等等。

现代国家科技政策的制定遵循一般的原则，主要是如下三条①：即宏观层次上的公平原则、中观层次上的协调原则与微观层次上的效率原则。所谓宏观层次上的公平原则，就是指政策从制定之初就要考虑到所有相关者的利益公平。政策是制度的产品，一项缺乏对于公平与正义理念认同的政策，会被政策受众所拒绝或抵制，而公众的这种不认同感会被扩散到对制度本身的质疑，从而造成制度公信力的损失。正如柏拉图在《理想国》中所指出的那样：一个城邦的最大美德就是正义，而正义在操作层面上的体现就是公平。原则虽然如此，但实施起来并非容易。许多科技政策甚至一般公共政策在制定之初，即被各种利益集团或群体严重影响，甚至操纵，就有可能牺牲了政策最不可缺失的公平原则。

所谓中观层面的协调原则，就是处理好社会活动中的集中与分权问题。协调原则是所有政策结构中最富有技术性的部分。毕竟任何政策在运行中都要在政策的强制力、准确性与灵活性之间形成一种必要的张力。在政策运行的协调阶段存在这样的困境：如要保证政策的准确性与强制性，那么政策的灵活性就难以实现。在实际操作中，政策工具的选择与潜在的政策收益分配相关。灵活的政策允诺政策收益为广大政策受众所共享，政策实施的效率就比较高，相反，强制性政策所允诺的政策收益共享面狭窄，遭遇的反对或抵制相对就多，政策效率就低。用好协调原则的关键在于以自愿性政策工具取代强制性政策工具。

① 李侠、曹聪：《科技政策制定的三个原则》，《中国科学报》，2013-08-06(6)。

所谓微观层面的效率原则，就是在科研评价体系中贯彻机会公平原则，本着能力优先的理念，通过提供激励机制，使科技资源流向效率最高的一方，从而推动了科技领域内有序竞争与合作，使得资源配置达到最优化。效率原则保障每个参与个体的尊严和荣誉，最大程度上遏制政策制定过程中的寻租与设租的可能空间。

遵循上述原则，科技政策制定和执行的一般程序是：政策规划、咨询审议、决断后的审查和政策执行。政策规划即将待决事项纳入政策议程；咨询审议就是形成可供选择的政策草案；决断后的审查就是法定监控组织审查政策的合理性与合法性；政策执行就是将政策付诸实施。在许多情况下，政策会根据具体情况进行调整，特别是在执行过程中，出现之前未预料到的情况时，就必须调整。所以，在上述四个阶段上都存在反馈，根据反馈意见，进行必要的调整，从而提高政策的正确性和可行性。法治建设完善的国家普遍重视抽象行政行为和重大具体政策制定程序的法治化。程序合法是依法行政的基本要求。政策制定程序的法治化并不是将政策制定程序的每一个方面都以法律规范的形式确定下来，而是将那些最重要的、最必要的程序加以确定，通常通过《行政程序法》及相关法律，或是通过政府首脑的有关政令来实现。

尽管科技政策的制定和实施由政府主导，但参与者并非只有政府，通常参与者可分为三大类，即政府、科技专家和公众。政府官员发起政策议题、主持咨询审议和政策制定工作，并最终执行政策；科技专家提供政策所需求的科学技术专门知识，公众作为政策的受众，反馈政策执行的效果与问题，并以经验性知识和地方性知识弥补专家知识的不足，就政策造成的伦理、法律及社会影响，提出切身感受。政府官员、专家、公众三方经过多轮磋商，甚至冲突和博弈，提升政策的可行性、切实性与执行效率。贯彻公平原则，就必须坚持民主。科技政策制定和执行的每一个阶段中都体现着科学知识民主，当然，最突出的是咨询审议阶段，在这个阶段形成了政策方案。

二、科技咨询制度

科技咨询有时被狭隘地理解为公共政策制定过程中的科技知识咨询，但实质上应当是科技政策制定过程中的广泛咨询，不只是科学技术知识，还包括法律、伦理、政治、经济、哲学及意识形态等方面的各种知识，以及参与者个人的经验知识。政策最终要作用到公众身上，公众感受好，广泛支持，政策才能执行得下去，否则，就会出现政策难以落实并频繁调整的状况。

科技政策的制定既涉及专门的科学技术知识，专家咨询为各个层面的公共决策所需求，也通过各种形式进入决策者的视野。科学家作为拥有科学知识最多的群体，逐渐在科技政策的制定中起到越来越重要的作用。一个突出的表现就是，以科学家为主体提供的科技咨询意见已成为主要国家科技政策制定的重要依据。科学家和政府都将科技咨询的目标设置为：为公共决策提供充分且可信赖的知识供给和专业意见。所以，从决策的科学化角度来看，科技政策的制定过程中，专家与科学技术专门知识不可或缺。但是，任何一项公共政策的制定过程，实质上都是利益的重新分配和调整的过程。随着科技日益渗透到人民的生活之中，科技政策的制定——无论是事关科技自身发展的规划、计划，还是科技影响经济社会发展的规章制度，同样也是利益分配和调整的过程。不仅需要从决策者、专家的视角认识政策制定的过程，而且更需要从政策的利益相关方视角，来分析决策过程中如何体现利益相关方的利益诉求。利益相关方参与科技政策制定，提供了政策导致利益变化的更多信息，不仅能提高政策质量，也是公民权利和社会公平正义的保障。公众是最普遍意义上的利益相关者。所以，从决策的民主化角度来看，科技政策的制定过程是一个民主协商与民主决策的过程。

在实践中，为保证决策的科学化与民主化，发达国家在20世纪后期都建立起了相对完整的科技咨询制度。其特点可概括如下：

（1）有基本的法律或制度保证。例如，1998年6月1日，法国通过

“关于加强公共健康监管和人身相关产品安全监控”的法案，对科技咨询机构的创设及运作细节，如成员的构成、人数、选取的方法，咨询机构的职能，权力的分配等都做了相应的规范。疯牛病事件之后，英国加强了科技咨询的制度建设，科技咨询的作用、职能及运作等方面通过由科学与创新办公室（OSI）发布的“指南”和“法规”[①]而规范化。美国依据《联邦咨询委员会法案》（Federal Advisory Committee Act，FACA）建立和运行咨询委员会，并接受联邦总务署（GSA）监督。为保证咨询过程的公开和透明，科技咨询遵循《政府阳光法案》（Government in the Sunshine Act）和《信息自由法》（Freedom of Information Act）。

（2）咨询系统与政治系统高度契合。在行政、立法等涉及重要科技事务决策的部门，都有对应的常设或临时咨询机构；在行政系统的各层面，比如首相（总统）、各部和中央（联邦）政府、地方（州）政府等都有对应的咨询机构。与行政系统相比，立法系统的科技咨询机构较为简单，具有相当的灵活性。议会内部机构主要由议员或者雇员组成类似的科技委员会或研究支撑部门，如法国的科技评估办公室（OPECST）、英国两院的科学技术特别委员会（HCSCST/HLCST）、美国的国会研究服务局（CRS）、德国议会的科技服务部门，等等。内部机构主要为相关立法决策提供支持。另外，议会还会根据需要，寻求外部咨询，主要是通过听证、组建调查委员会或工作组等方式，召集外部专家就某一问题进行调查。比如，德国的特别调查委员会（Enquete Commissions）、美国国会的听证等。行政系统的咨询体系比较复杂。中央政府系统的咨询机构相应地呈现等级型并注重协同性。等级型是指最高层咨询机构和各部门咨询机构并存的状态。最高层的咨询机构有1～2个，负责一般的科技事务。第二层次是一些跨部门机构，处理部门

① 2006年4月科学与技术办公室（OST）改称为科学与创新办公室（OSI），OSI发布的两个关于咨询的重要纲领性文件是“Guidelines on Scientific Advice on Policy Making”（简称《指南》）和“Code of Practice for Scientific Advisory Committees”（简称《法规》）。

间交叉政策领域。第三层次也是最主要的，各部门或者通过内部专家组，或者通过其他承担咨询的机构，获得科技咨询意见。这个行政部门对应的咨询系统可能是永久性的委员会，也可能是临时性的小组。一般在政府最高层都设有为首相（总统）服务的科技咨询部门，如英国的科学技术委员会（CST）和首席科学顾问（CSA）；美国最高层的咨询机构是科技政策办公室（OSTP），主任是总统科学顾问（PSA）。科技政策办公室之下有两个重要机构，分别是国家科技委员会（NCST）和总统科技顾问委员会（PCAST）。德国联邦政府设有科学审议会（Wissenschaftsrat），作为官方的最高科技政策咨询机构。它由科学委员会和管理委员会组成，科学委员会是联邦政府内最重要的决策咨询机构。政府各部则设有各自的咨询机构，这类咨询机构通常可以是部属的研究机构，也可能是独立的咨询机构，特别是在法国，各部与其关联的咨询机构之间的关系是非常独立的。即使咨询由部属的研究机构来承担，咨询的过程也是独立、公开和透明的。协同性是指就某些特别的事务，因为涉及多个部门，通常用临时委员会的组织形式，囊括多部门推荐的咨询专家，协同工作，提出咨询意见。

（3）咨询系统的开放性与透明度逐渐增强，包括向公众开放相关的会议、论坛，公开议程、会议备忘，出版咨询意见的最终结果。整个咨询和决策环节保持透明（除机密事务外），包括人员选取、咨询运作、咨询意见对决策的影响等。咨询过程的开放和透明可以让公众确切地了解相关的科学争论和决策的意义，基于公众了解的决策具有更高的社会稳定性，并且能够提高政府和专家的可信度。

（4）咨询过程具有动态性特征。一方面咨询过程不是简单地以决策为终点，而是基于科学的发展保持动态更新，这是内部的动态性；另一方面咨询者、决策者、利益相关者与公众之间在咨询中的互动越来越积极，可称为外部动态性。发达国家对于新发生议题的咨询通常采用创设临时性咨询委员会的方式，寻求咨询意见，这类委员会一般在给定期限内运作。部分（学术性）常设机构，如英国皇家学会、法兰西学院等就在委员会撤销后承担了咨询意见的更新职能，对科学的发展予以跟踪。

（5）咨询者及咨询意见的来源是多元的。一方面，科技只是政策决策的一个因素，还要考虑政治、经济、意识形态、伦理等多个维度，因此专家意见的构成越来越有多元化的趋势。咨询机构的成员构成包括了多学科的专家，学术知识的来源呈多元化。另一方面，因为科技知识的不确定性，决策者越来越多地要考虑所有利益相关者的选择，因此发展了公众参与等形式来承担可能的结果，咨询意见的来源多元，不仅包括了学术知识，还包括来自利益相关者的经验知识和个人知识。

总结现代国家的实践经验，可以发现科技咨询遵循如下原则：

（1）独立原则，即咨询中所需要的科技知识尽可能无相关利益和价值干扰。从决策科学化角度出发，必须降低咨询中提出的每条科学知识的不确定性、主观性和社会建构性。虽然，不可能要求科技专家完全没有利益和价值关联，但在实践中可采用关联明示的方法，利用相关利益者回避的方式来尽可能地排除相关利益和价值干扰。

（2）公开原则，即公开所有咨询建议和意见及咨询过程，特别是咨询的科学技术知识。这是对独立性的保证，也是降低主观性，保障有效的同行评议的基本要求。科学技术专家是主要的咨询意见提供者，因其主观性和科学知识的不确定性无法避免，咨询过程中必须充分发挥同行评议的作用，发现并剔除主观性和不确定性。将他们的意见和咨询过程予以公开，更容易受到同行评议的监督，从而保证专业意见的质量。

（3）民主原则，也就是让政策所涉及的利益相关者平等地参与到咨询过程中来，充分表达自己的利益诉求，通过博弈达到各方妥协的结果。就科技政策制定过程来说，公众因为缺少相关的科技专门知识，可能被实质性地排除在决策过程之外，从而违背决策的民主化之要求。为此，首先必须让公众了解政策所涉及的科学知识及其争论，明晰政策的利弊和后果，保障公众的知情权。另外，政策出台必将对现有利益结构产生冲击，部分群体利益受损，部分群体得益。咨询过程中，应允许多方利益的博弈，经过充分的磋商，形成具有社会稳定性的知识。

科技咨询的程序，主要包括如下几个阶段：

（1）确定议题，发起咨询。多数咨询由政府首脑、立法机构和各行政部门委托发起，通过常设或临时性委员会（机构）完成咨询。通常政府各部内设有常设机构以提供咨询意见，而议会在寻求咨询的时候多通过临时机构或听证方式。但国家之间也有差别，比如法国的咨询机构都是法定机构，而美国的法定咨询机构却很少。通常法定或常设机构能够提供的咨询面较宽，包括了一个或几个领域的若干问题，而临时机构仅是对特定问题的回应，其设置和撤销具有很大的灵活性。有时，公共研究机构主动发起咨询，作为对政府委托咨询的一个回应或者补充，如英国皇家学会于2007年就胚胎干细胞问题发起的咨询。

（2）选取咨询成员。选取的方式包括提名和文献分析。提名制多通过委托咨询的部门任命，文献分析则通过相关领域的文献计量得到一个专家名单。法国的成员选取多使用文献计量方法，英国多使用提名制，不过一般的情况是两个方法混合使用。无论哪种提名方式，都需要经过公示，将名单、选取标准和资格向外界予以公布，同时被选取的成员须言明潜在的利益关系。咨询成员的范围视具体情况而定，各国差异较大。有的机构在咨询中不进行外部咨询，仅依靠自身成员进行风险评估及政策建议；有些通过访谈及听证特定专家接受外部意见；有些接纳部分利益相关者参与咨询。法国的咨询机构一般比较封闭，德国的咨询机构更乐于接受利益相关者的参与，美国的咨询中大量使用听证方法。总的来说，咨询成员的范围有扩大化的趋势。

（3）审议咨询意见。一般来说，咨询机构注重对现有科学研究成果的分析和应用。因为科学研究的周期比较长，而政策需求比较紧迫，所以多数咨询机构不直接承担科学研究任务，但也会指出未来需要研究的方向或者问题，有的也基于这些问题委托其他研究机构进行进一步研究。在实践中，各国对审议咨询意见的过程进行不同程度的公开，其公开程度随咨询事务的不同而变化，包括：公开备忘录议程及其他信息、通过公开会议部分公开咨询过程、通过因特网公开整个咨询审议过程，等等。目前，公开化和透明化的趋势在逐渐增强。

（4）完成咨询报告。具体承担咨询审议任务的常设或临时性委员会（机构），综合各种咨询意见和建议，完成咨询报告，上报咨询的发起部门。根据咨询事务的不同，咨询报告的公开范围有所差异，有些向全体民众公开，有些部分公开，有些则不公开。

（5）问责咨询人员。科技咨询是公共决策的重要环节，直接决定着决策的内容，影响执行效率。因此，咨询人员需对最终被采用的咨询意见、咨询报告以及依之制定的科技政策和政策执行后果承担相应的责任。问责是行政管理的必要环节，科技咨询同样需要问责。然而，在实践中，很难区分咨询意见造成的后果与政策执行造成的后果，这导致难以落实科技咨询的问责。

三、科技政策与咨询中的民主

在相当长的一段历史时期中，科技咨询被狭隘地理解为公共决策过程中对科学技术专家进行咨询，以获得相关科学技术专门知识，优化决策。这一理解源于如下认识：科学知识分布不均衡，专家与决策者之间存在信息不对称性，因此，在科技政策制定过程中，决策者要尽可能地获得决策所需要的专业知识。优化决策的关键在于获得正确而充分的专业知识。为做到这一点，科技咨询在制度设计上努力做好如下两点：①保证专业知识的来源权威且正确。通过选取恰当的专家，来做到这一点。②保证知识表述得正确与充分。决策者和咨询者之间可能存在利益的不一致，在这种情况下，咨询者的意见表述可能不是真实的知识集，而存在一些夸大、隐瞒等失真的知识表述。这就需要通过合理的制度设计获得真实、正确而充分的专业知识。这一理想的科技咨询模型如图5-1所示：

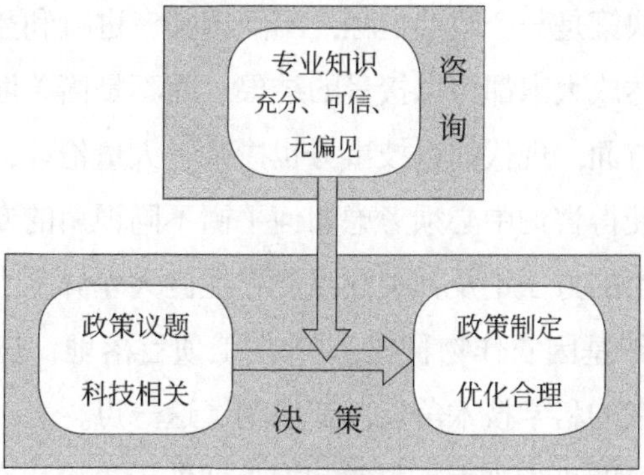

图5–1　理想咨询模型

之所以称这一咨询模型为理想的模型，是因为它建立在如下两个假设之上。首先，科学技术专家的专业知识在这个模型中被视为政策制定的充分条件，也就是科学技术知识的“真”与政策制定的“最优化”具有因果关系。获得正确而充分的科学技术知识就自然形成优化决策。这个假设源于人类对自己认知能力及科学的盲信，认为科学知识是对自然规律的客观、真实的反映，依据真实而正确的科学知识以及依此发展出来的技术，必然可以达到对相关事务的“正确决策”。科技专家被期望能够提供充分的（robust）、可信的（reliable）、无偏见的（impartial）知识与建议。在20世纪的相当长的一段时间里，世界主要国家出现的技术统治论就是由此而形成的。事实上，这是一条不现实也不合理的假设。正如第二、第三、第四章的分析，关于科学知识客观性存在多种理解，科学知识有其社会属性和建构性，不存在绝对充分、可信、无偏见的科学知识。实践中，科学技术专家也只能提供相对充分、可信和无偏见的知识与建议。此外，决策者对专家意见会进行评判，二者之间存在认知差异，并不会照单全收。在实践中，决策者与专家之间要进行磋商、达成共识。

其次，这个模型假设科学知识是政策制定的唯一决定性判据。这一假设同样不现实也不合理。政策制定要考虑到多方面的因素。从其本质而言，公共决策是一个政治过程，不同相关者进行利益博弈，讨价还价，经过妥协达成大家都可以接受的结果，而不是简单地遵循科学知识的指引。另一方面，现代的科技事务也掺杂了大量伦理、法律、经济、社会因素。这使得咨询中必须考虑如何平衡不同视角的专业知识。不同的专家群体采用的方法论及其关注点都存在巨大差异。当代社会中核电厂选址建设、转基因农作物种植、PX化工项目落地、应对气候变化等公共决策中存在的科学技术争议，都说明了这一点。

从科学自身的进步来看，科学知识长期处于争论状态，正是在相互矛盾的学说不断的争论中才获得发展。另一方面，科学知识只反映了世界的一部分，更多的部分还处于未知。对这些问题来说，科学知识具有很大的不确定性。最后，科学知识一般都遵循严格的、优化和简化的前提条件的设定，而现实问题却更加复杂，远远超过科学中的简化设定。科学知识自身的增长路径与公共政策导向之间可能存在相当大的距离，这也为科学知识在决策中能起到的作用埋下潜在的障碍。因此，我们需要重新审视在政策制定过程中科学知识的“真实和有效”。如果科学知识具有不确定性，不是终极的“真理”，那么上述的理想模型就不适用。仅靠科学知识本身不足以为公共决策提供更高层次的合理性依据。

既然如此，那么，科技专家和科学知识在科技咨询中到底能发挥什么作用？富托维茨（Silvio O. Funtowicz）和拉维茨（Jerome R. Ravetz）认为：即使不确定性很高，科学对于决策还是有着正面的影响，可以通过获得尽可能多的科学知识来降低风险，提高决策的效率；同时，应该将咨询中的科技争议放到更广泛的背景中进行①。

科学知识的“不完美”状态使得科技咨询的各种角色的作用发生了微妙的变化。

首先，决策者加强了对于咨询过程及结果的控制力。由于科技专

① Funtowicz S. O., Jerome R. R., “Science for the Post-normal Age”, *Futures*, Vol.25, No.7, 1993, pp.739-755.

家可能在某些问题上仍有争议，所以，决策者可以通过选择有一定知识倾向的咨询专家，从而得到自己想要的结果。由于科学知识存在不确定性，科技专家对于相关事务的认知能力就存在不足，这样决策者可以通过设定咨询的功能，让专家承担风险评估或是风险管理的责任。由于科技专家的研究一般不是政策导向的，所以，决策者可以设定咨询任务，或者是对已有科学知识做出综述，或者是对特定问题加以研究，并通过资助关系影响咨询意见的表述。由于科学知识并不是政策的唯一判据，决策者可以通过设定咨询问题，以问题的不同表述来改变不同专家的咨询意见的权重。科学知识、科技专家与决策者三者之间如此微妙的关系如图5-2所示。

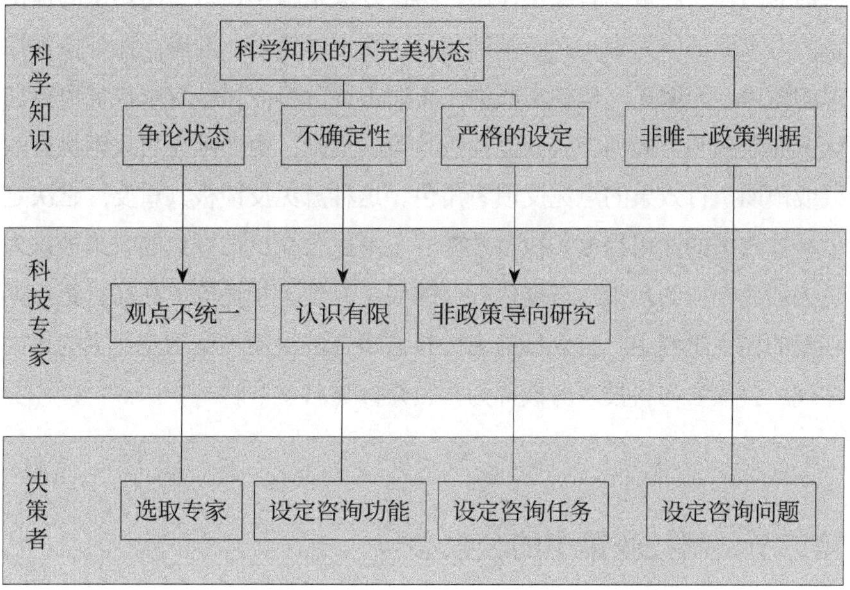

图5-2　科学知识、科技专家与决策者三者之间的关系

其次，科技知识的“不完美”状况使得科技专家在政策制定中的咨询作用被弱化，而公众的话语权则得以彰显。公共决策是利益相关者的博弈过程，从民主原则出发，所有利益相关者或其代表都必须进入咨询审议阶段。因此，对科技咨询不能只是狭隘地理解，真正的科技咨询需要决策者、科技专家之外的利益相关者参与。这些人被笼统地称为公众，其中存在多个类别。在不同的政策议题中，公众的类别构成不同。

决策者、科技专家与公众的平等参与、知识竞争、交流与磋商及共识达成，充分体现了科技政策与科技咨询中的民主。这三者成为科学知识应用中的民主主体。三者的角色和作用不同，决策者由政府官员扮演，是咨询的发起者和组织者，对咨询意见和建议进行整理。从原则上来说，决策者要全面反映所有咨询意见和建议，但在实践中，决策者总是从自身的理解和需求进行整理。这是人的认识能力的局限所导致的，无论从事实认识还是伦理认识两方面来说，都是如此。因此，决策者对咨询的内容和质量具有决定作用。科技专家是科学技术专门知识的提供者，力求保证作为事实判断基础的科学知识的客观、准确，保证技术知识的适用、无偏见。但在实践中，正如上述分析，科技专家也难免存在认识局限和利益倾向。公众是科技政策的受众，更多地充当政策执行效果或预期执行效果的意见反馈者角色。这种意见反馈极其重要，它决定了科技政策的适用程度和执行效率。不考虑公众反馈意见的政策被认为是独裁或专权的政策，与现代社会的民主潮流不相适应。在20世纪后期兴起的民主进程中，公众参与有关科技事务的决策被认为是民主的集中体现。公众参与科技事务被称为“公众参与科学”。

第二节　科技政策中的公众参与

20世纪90年代，在科技发达国家率先兴起公众参与科学的潮流，而今已成为世界潮流。公众参与科学可以被宽泛地界定为多样化的情境和活动，它是自然发生的、有组织的和结构化的。借此，普通公众融入并参与到与科学相关的议程设置、咨询审议、政策形成和知识生产、政策执行与监督等过程中。公众参与科学既可是上游参与，又可指下游参与。其中上游参与被视作激进的科学民主化策略，是指公众应该深度介入到科学知识的生产过程中去，参与科研资源的分配、研究方向选择和具体科学研究项目进程。这一内容，本书第五章曾加以论述。在实践中，通过政策制定，公众参与到科研资源的分配和研究方向选择，但真正深入科学项目的研究进程还较少，只是以参与研究的方式在一定程度上参与进来。下游参与就是公众在科学知识应用环节的参与，即公众参与科技政策[①]。目前，各国在理论和实践中所讨论和进行的主要是公众参与科技政策。本节所讲的公众参与科学也指下游参与。由于科技政策中的公众参与仍然处于形成阶段，无论在理论研究还是在实践形式上，都还没有明确的统一特征，还很难对它做出一个准确的定义，因此，科技政策中公众参与可以被大致定义为：在科技政策的议程设置、咨询审议、政策形成和知识生产、政策执行与监督等环节中，公众表达自己的主张和参与协商的行为和过程。

一、公众参与科技政策的社会背景

公众参与是一种历史悠久的政治活动，在古希腊的民主政治中，就有公民参与政治活动之制度。在此后的历史发展中，公众参与政治活动一直是历史发展的主流。但是，在科学和科技政策领域，公众一直被认为是“无知”的，被排除在决策之外，没有发言权。直到20世纪中叶，科学共同体和科技决策者才开始关注公众与科学之间的关系问题，到20世纪80年代，开始关注科技政策和科技咨询中的公众参与问题[②]。这种变化可以从科技的变化、社会运动的发展和媒体的变革中找到原因。

---

① Bucchi M., Neresini F., “Science and Public Participation”, in Edward J. H., Amsterdamska O., Lynch M. et al. (eds.), *The Handbook of Science and Technology Studies* (3th ed.), Cambridge: MIT Press, 2008, pp.449-472.

② 孙文彬：《科学传播的新模式——不确定性时代的科学反思和公众参与》，中国科学技术大学博士学位论文，2013: 74。

（一）科学知识不确定性的突显

公众是科学知识应用效果的直接感受者，公众对科学的感知和评价是科技政策制定中是否让公众参与的重要前提。科学和技术都有很悠久的历史，技术自人类诞生起，就在人类劳动中出现和发展，科学至少也可以追溯到古希腊时期，在人类漫长的历史发展中，科学和技术各自独立发展，相互交集并不明显。近代科学诞生之后，技术发展逐步建立在科学知识基础之上。直到那时，科技一直给人的印象是理性、客观、有益于社会进步的，科学专家和技术专家受人尊敬。“随着科学在人类认识自然和改造自然的实践中发挥着愈来愈重要的作用，科学在整个人类意识形态体系中的权威地位日益得以巩固。”① 人们普遍认为，科学具有确定性，科学就是真理，社会问题的解决都必须以科学和技术为依据。人们普遍认为，科学的社会功能就是“普遍造福于人类”②。然而，20世纪发生了人类历史上仅有的两次原子弹爆炸、波及全球的环境污染、美国和苏联的核电站事故等一系列事件，人类逐渐意识到，科技在给人类文明带来巨大进步的同时，也对人类的伦理观念产生了挑战、对人类的生存环境造成了破坏，科学知识不具有完全的确定性，仅仅依靠科学知识不再能够解决很多社会问题，人类进入了风险社会，需要寻找新的解决问题的方法。

第二次世界大战前夕，利奥·西拉德（Leo Szilard）敏锐地意识到德国可能正在研制原子弹，并把这件事情告诉了爱因斯坦。为了制止纳粹德国的法西斯行为，爱因斯坦和西拉德通过罗斯福总统的科学顾问亚历山大·萨克斯（Alexander Sachs），成功说服罗斯福下令美国研制原子弹。然而，1945年原子弹在广岛和长崎爆炸，杀伤力远远超出了倡议制造者的想象，造成了数十万人的死亡，而且引起的基因突变会代际遗传下去。同年，在德国纽伦堡审判的纳粹战犯中竟然有本应救死扶伤的

---

① 金俊岐、胡杨：《科学中的权威与权威的科学——默顿传统科学社会学中的科学权威问题述评》，《河南师范大学学报》（哲学社会科学版），2000，27(4): 33。

② [英]J. D. 贝尔纳：《科学的社会功能》，陈体芳译，北京：商务印书馆，1982: 33。

医生。他们对集中营的受害者进行惨无人道的人体实验，并且在实验前根本没有取得受试者的知情同意。1962年美国学者蕾切尔·卡森出版了《寂静的春天》一书，人们突然发现，原本鸟语花香的春天，变得一片寂静。这是DDT及各种化学物品对环境危害的结果，环境污染威胁着人类的健康及我们生活的自然环境。然而，科技并没有因此而停止或者减慢步伐，科技进步对传统伦理观念冲击巨大，带给人类的困惑越来越多。人类辅助生殖技术给不孕不育者带来了希望，也把婚姻与生育割裂了开来；生命维持技术在挽救病人的生命的同时，也对死亡标准产生了挑战；基因修饰技术将极大地延长人类生命和提高生活质量，但是也可能对隐私权和平等权造成冲击；行为控制技术在治疗某些疾病和矫正异常行为方面发挥关键作用，但也造成对人的自主和尊严的疑惑。

除了对人类社会秩序造成挑战外，科技的应用还使人类进入风险社会。1979年，美国三里岛核电站发生事故，两小时后大量放射性物质逸出，约二十万人撤出这一地区。这成为美国历史上最严重的核电站事故。佩罗对美国三里岛核泄漏事故进行调查之后，认为某些高技术由于太复杂而难以预测和计算，具有造成事故与灾难的潜在特性，社会中将会不可避免地出现“正常事故”①。1984年印度博帕尔毒气泄漏事件、1986年美国挑战者号爆炸、1986年苏联切尔诺贝利核电站事故、持续的艾滋病感染和疯牛病危机、2011年福岛核电站事故等等，进一步验证了佩罗的预言。贝克指出，我们进入了一个不是基于无知和鲁莽而出现的风险社会中，而是进入了一个基于理性判断和推理但仍然无法避免的风险社会之中。我们必须考虑如何面对和规避风险。科技不再具有确定性和权威性，不再必然会造福于人类，“我们需要把更综合和复杂的注意力（more comprehensive and sophisticated attention）不仅投入到有用知

① Perrow C., *Normal Accidents: Living with High-Risk Technologies*, New York: Basic Books, 1984, pp.4-5.

识的供给上，而且需要投入到知识如何使用上”[①]。科学知识的不确定性带来技术风险。公众不得不承受如此风险，而公众的经验性知识和地方性知识又有助于对风险的判断和防范，因此，在科技咨询过程需要公众参与。

（二）新社会运动的发展

社会运动是由个人组成的一种集体运动，既受个人观念的影响，也影响着个人的观念。通过对社会运动的研究，可以发现公众参与科技咨询的意愿和原因。“在20世纪60年代末之前，西方学者对于社会运动发生的原因主要持两种观点：历史决定论和怨愤论”[②]。前者认为社会结构决定社会意识、经济基础决定上层建筑，社会运动是由社会结构尤其是经济结构所造成的、必然发生的事件。后者基于人是非理性的假设，从心理学视角解释社会运动的发生，认为当个体对社会的怨愤达到一定程度时，会参与和形成社会运动，而且个人行为之间存在感染性和模仿性，这会进一步加强社会运动的形成和发展。根据这种观点，公众参与社会运动和科技政策是由于对社会现象和科技政策的不满和怨愤所造成的，而且，公众很容易受情感的影响而被煽动起来，而不是基于理性考虑再采取行动。

自20世纪70年代起，社会运动的非理性假设遭到质疑，人们开始用理性假设来解释社会运动，主要包括资源动员理论、框架分析理论和政治过程理论[③]。首先，资源动员理论通过分析社会运动需要和能够调

① Mulgan G., “Experts and Experimental Government”, in Doubleday R., Wilsdon J. (eds.), *Future Directions for Scientific Advice in Whitehall*, London: Alliance for Useful Evidence & Cambridge Centre for Science and Policy, 2013, p.37.

② 杨悦：《“占领华尔街”运动与茶党运动的对比分析——政治过程理论视角》，《美国研究》，2014(3): 59。

③ Hess D., Breyman S., Campbell N. et al., “Science, Technology, and Social Movements”, in Hackett E. J., Amsterdamska O., Lynch M. et al. (eds.), *The Handbook of Science and Technology Studies* (3rd ed.), Cambridge: MIT Press, 2008, p.474.

动的资源、对外部支持的依赖程度、官方的态度和策略，从社会支持和约束的角度研究社会运动[①]。根据这种观点，公众参与社会运动不是由于或者不完全是由于社会矛盾的增加和人们对社会的怨愤感的增强，而是公众对能使用的社会资源理性计算的结果。其次是框架分析理论，主要关注社会运动的议题选择、意义和使用的话语，认为“人们对事物的理解和分析大多是从脑中已有的一些既定模型出发的”[②]，社会运动的发起者往往选择那些在社会中有广泛吸引力的议题，使用公众易于接受的表达方式和话语进行宣传和动员，议题的选择和话语的使用在一定程度上决定了社会运动的形成与发展。根据这种观点，公众参与运动主要是由于受到运动发起者对议题和运动的意义阐释的影响。再次是政治过程理论，主要关注社会运动的结构，认为扩张的政治机会（expanding political opportunities）、内生组织强度（indigenous organizational strength）和认知解放（cognitive liberation）这三个因素共同解释了社会运动的兴起。其中扩张的政治机会和内生组织强度可以共同解释认知解放[③]。因此，可以说政治过程决定了社会运动的形成和发展。根据这种观点，公众参与运动主要是由政治环境所导致的。

20世纪80年代起，一些学者把20世纪60年代末以来的社会运动和之前的社会运动进行了对比，发现它们之间存在着很大差别。传统社会运动往往是在某个国家开展的、有明确的经济利益和政治利益诉求的工人阶级争取权利和权力的运动。而20世纪60年代末以来的社会运动跨越了国家和阶级的界线，往往是全球性的、不同阶级联合发起的运动，主要的诉求不再是经济利益，而是在生活方式和文化上争取权利的运动。这种运动被称为新社会运动。生态运动、女权运动、同性恋运动、艾滋病

---

① McCarthy J. D., Zald M. N., “Resource Mobilization and Social Movements: A Partial Theory”, *The American Journal of Sociology*, Vol.82, No.6, 1977, p.1213.

② 赵鼎新：《社会与政治运动讲义》，北京：社会科学文献出版社，2006: 212。

③ 杨灵：《社会运动的政治过程——评〈美国黑人运动的政治过程和发展（1930—1970）〉》，《社会学研究》，2009，24(1): 233。

患者运动、和平运动等都属于这类运动。公众主要根据身份认同和文化认同来决定是否参与运动。这类运动往往对科技持一种反对态度，认为应该提倡地方性知识和基于日常经验的知识，增加公众在科技知识生产中的发言权和决策参与权。比如，生态运动认为科技造成了环境污染，一些与医学相关的公众参与运动反对接种疫苗、提倡补充和替代医学的发展，等等。

在新社会运动发展的同时，出现了一种非常重要的社会组成部分，即非政府组织。新社会运动与非政府组织二者相互补充，新社会运动使非政府组织获得了知名度并提高了其在决策中的地位，非政府组织为新社会运动提供成员招募途径和重要的活动组织形式①。这两者的相互结合，一方面都把科技当作共同的敌人，认为科技是当今社会发展负面作用的主要原因，另一方面提高了公众的参与意识，公众认为自身是公共决策后果的承受者，希望能够参与公共决策。这两个方面共同促进了公众参与科技政策。

（三）新媒介的出现与迅速发展

任何一种媒介都会给社会事务引入一种新的尺度，从而对个人和社会产生影响②。信息技术和新媒介的发展不仅仅是技术的进步，更重要的是人类表达、交流和获取信息渠道的改变，以及感知方式和生活方式的改变。在传统媒介中，政府和利益集团牢牢控制着媒介，掌握着信息的发布时间和发布内容，公众只能被迫接收信息。在这种情况下，公众可以不接受、批判和反对媒介发布的信息，但是无法表达自己的信息，而且社会关注事件只能由媒介来选择③。20世纪末由信息技术发展创造

① Bucchi M., *Beyond Technocracy: Science, Politics and Citizens*, trans. Belton A., New York: Springer, 2009, p.53.

② McLuhan M., *Understanding Media: The Extensions of Man*, Cambridge: MIT Press, 1994, p.7.

③ [美]马克斯韦尔·麦库姆斯：《议程设置：大众媒介与舆论》，郭镇之、徐培喜译，北京：北京大学出版社，2008: 3。

的微博、微信、推特、YouTube等形式的新媒介改变了上述状态，公众可以通过这种自媒体表达自己的看法和思想，可以在论坛上交流观点和组织讨论活动，个体的、零散的思想可以汇集而形成系统的观点，个体的行为可以聚集起来成为群体行为，话语权正在经历着再分配的过程。

公众声音的出现使得政府和科学共同体之间的关系由“黑箱”走向“舞台”。近现代科学技术产生之后，就不断被应用到社会生产和生活之中，“到了第一次世界大战时期，科学家和工程师已经成为现代工业国家形成过程中的关键行动者”[①]。此后，政府和科学共同体之间的关系越来越密切。第二次世界大战中，原子弹的研制成功进一步展示了科学在国家竞争中的重要作用。政府也由此开始大规模资助科学研究，政府决策依赖科学共同体的建议，科技专家开始在政府中任职。然而，在社会中越来越多的领域走向民主治理的时候，政府与科学共同体的上述“联姻”中忽略了公众参与，政府和科学共同体只是运用传统媒介告诉公众科技有好处，可以给人类和社会带来利益，而忽视了公众的真实想法。在这种情况下，媒介告诉给公众的可能是真实的信息，但往往是经过政府和科学共同体筛选过的不完全的信息。信息技术的发展，使得公众获取信息的渠道增多，开始能够获得更多的信息，也能够表达自己的疑问。政府资助哪些科技研究？信赖哪些科技专家？决策依赖哪些科技信息？这些内容都必须向公众说明。科技共同体的研究经费来源、研究内容、研究结论也都需要经过公众质询。

新媒介的发展，不仅使得公众可以直接发出自己的声音，而且科技专家和科学共同体也可以不经过政府而直接发出自己的声音。传统上，科学共同体往往被“看成是一个整体”，但是，20世纪下半叶以来，在有争议的问题上，科技共同体往往并不能达成一致意见，在疯牛病、转基因食品、气候变化、核废料处理等很多问题上持续争论。科技专家，

① Elzinga A., Jamison A., “Changing Policy Agendas in Science and Technology”, in Jasanoff S., Markle G. E., Petersen J. C. et al. (eds.), *Handbook of Science and Technology Studies* (Rev. ed.), London: Sage Publications, 1995, p.580.

尤其是那些其观点并未得到政府科技咨询采纳的科技专家，可以通过自媒体、网络论坛等方式向公众传达自己的观点和科学证据，公众与科学共同体的距离不再需要政府做中介，可以直接交流。这促使了公众对政府科技咨询及科技政策的怀疑，要求政府和相关科技专家做出说明。随着此类事件的增多，公众认为无论政府选择什么样的科技专家，都有可能在科技政策的制定和执行过程中，有意或无意地仅仅代表了他们自己的利益，而没有代表公众的利益。为了保障自己的利益，公众日益要求参与到科技咨询与科技政策当中。

二、公众理解科学之反思

在相当长的历史时期中，科学知识被认为是客观知识，是绝对无误的。依据科学知识制定的公共政策是绝对合理的，因此，也是天然合法的。公众不支持由政府和科学技术专家所制定的政策，是因为公众在科学上的无知所导致的。时至今日，这种观念仍然为相当数量的人所坚持。为此，政府与科学家和科学共同体在很长的时期内致力于科学知识的普及，希望由此推行科技政策。当然，科学普及是有益的，但假设公众无知则是荒唐的。20世纪90年代以后，在反思公众理解科学的基础上，兴起了公众参与科学。

1985年，由著名遗传学家、英国皇家学会会士鲍默爵士（Sir Walter F. Bodmer）领衔的皇家学会理事会特别小组，发表了名为《公众理解科学》（Public Understanding of Science）的研究报告。该报告认为科学渗透于社会的方方面面，它不仅影响到国家决策和社会发展，还影响到个人的日常生活。报告同时指出：提升公众理解科学的水平是对未来的投资，将促进国家繁荣，提高公共决策和个人决策的质量，丰富个人的生活。推动公众理解科学也是科学家和科学共同体的共同职业责任。科学家必须接纳公众，并学会同公众和媒体交流，用清晰简明、准确且易懂的语言传播科学，讲述他们的研究。科学共同体亦需主动与媒体沟通，了解大众媒体的本质及其在科学传播中的局限性。报告强调对科学的充分理解，它“不仅仅包括对一些科学事实的了解，还包括对科学活动及科学探索之本性的领会”。对科学的理解很大程度上依赖于公众是否具备基本的文字素养和数学能力，建议对公众获取科学信息的渠道及程度进行深入调查。这样，英国的公众理解科学运动就自然而然地与美国已广泛开展的科学素养（scientific literacy）调查联系起来。后者是一项评估公众对科学和技术的态度的调查。

美国对于公众的科学素养调查由来已久，最早可追溯至1957年由国家科学作家协会（National Association of Science Writers）与洛克菲勒基金会联合开展的针对科学著作的需求的调查，其中相关题目已涉及公众对于科学的态度①。1972年起，随着美国科学委员会（National Science Board）启动向总统提交两年一度的“科学指标”（Science Indicators）报告，此类调查逐步制度化。不过这里需要指出，20世纪60至70年代美国开展的相关调查重点关注的是公众对于科学的态度，而非公众对于科学的理解程度。此时的调查反映了当时的调查组织者美国科学委员会的兴趣——公众作为纳税人是否仍然重视科学研究，是否愿意继续支持国家持续投入开展科学研究。在冷战背景下，为与苏联进行全方位竞争，尤其是在苏联率先成功发射卫星Sputnik，赢得科技竞争先手后，对于科学研究更大规模的资金投入需要赢得公众的广泛赞同。“二战”结束后，美国政府和科学界推动的公民科学素养调查活动，实际的追求目标是实现公众“欣赏”科学、支持科学②。米勒（J. D. Miller）是推动科学素养调查规范化的重要代表。他认为科学素养的内涵主要包括理解科学的准则和方法、科学的主要术语和观点、科学对社会的影响三部分，需要基于以上维度，设计指标与测试题目对本国民众进行调查。相

① Miller J. D., “Toward a Scientific Understanding of the Public Understanding of Science and Technology”, *Public Understanding of Science*, Vol.1, No.1, 1992, pp.23-26.

② Bruce V. L., “The Meaning of ‘Public Understanding of Science’ in the United States After World WarⅡ”, *Public Understanding of Science*, Vol.1, No.1, 1992, pp.45-68.

关问题诸如“番茄里究竟有没有基因”“原子和分子究竟谁大谁小”等[①]。米勒等人开发的这套指标体系也成为全世界范围通行的测试公民科学素养的标准。

鲍默报告的主要成果之一是推动英国皇家学会、英国科学促进会（British Association for the Advancement of Science，BAAS）和皇家研究院（Royal Institution）三方联合成立了“公众理解科学委员会”（Committee on Public Understanding of Science，COPUS）。这是一个旨在推动英国科学家提升科普意识和科普能力，开展科普活动，进而促进公众理解科学的三方组织。该组织成立后，为推动公众理解科学开展了一系列计划，包括设立专项研究基金、进行年度流行科学书籍奖评选等。此后，在英国经济和社会研究理事会（Economic and Social Research Council，ESRC）的大力支持下，声势浩大的公众理解科学运动在英国如火如荼地开展。英国的这些活动也激起了世界范围内对公众理解科学的广泛兴趣，推动成立了包括*Public Understanding of Science*在内的一大批拥有世界影响、专注于有关公众理解科学理论研究的期刊。

然而，情况并没有像政策设计者预想的那样，即便经过科学普及，英国公众的科学素养也并没有相应提高。与1988年首次调查相比，1996年进行的调查结果显示，英国公众的科学素养状况并没有明显改变，相反对于科学持怀疑态度的人数在不断增多。这可能与20世纪90年代英国出现疯牛病和转基因食品等系列科技争议有关。尤其是疯牛病的暴发极大地影响了英国民众对科学和科学家的信任。这促使英国政府不得不重新审视科学与社会之间的关系，反思催生了调查报告《科学与社会》。英国上议院的这份报告坦称：公众理解科学范式已过时并潜藏着危险，需要转向一个公众参与科学以及科学家与公众之间平等对

① Miller J. D., “Scientific Literacy: A Conceptual and Empirical Review”, *Daedalus*, Vol.112, No.2, 1983, pp.29-48.

话的新模式。简而言之，现在需要倡导对话、讨论与辩论（dialogue, discussion, and debate）[①]。

事实上，早在英国政府推动公众理解科学成为政策实践后不久，学术界即开始反思：公众对于科学失去信任了么？公众理解科学是否真的能够提高公众对科学的接纳？这种反思实际上是在质疑公众理解科学的必要性与可行性，探讨新的、更有效的推进科学与社会良性互动的工具。学者们逐渐认识到，以往长期进行的科学传播和应用基于这样一种假设：无知是造成公众对于科学和技术议题缺乏社会性支持并在具体争议性事例中持消极态度或不信任的根本原因。可以通过科学知识的普及教育有效地改变这一状况，也就是，科学家按照他们认为正确的方式向公众灌输正确的知识。这就是所谓的科学传播的知识“缺失模型”（deficit model），它将公众的无知定位为问题，并提出了一个单一且直接的解决方案，即通过教育，一种单向的、自上而下的交流模式去消除无知。“缺失模型”概念由英国科学社会学家齐曼（John Ziman）提出。这一术语精准地锁定了公众理解科学的潜藏要义，赢得了学术界的广泛认同和主动运用，成为描述相关问题的标准词汇。

20世纪90年代以来，学术界就公众的知识水平与科学态度之间的关系进行了系列研究。大量的实证研究表明，知识水平与积极态度之间只有弱相关性，有时候更多的知识可能带来更多的质疑[②]。如2010年开展的欧洲晴雨表调查（Eurobarometer）发现，公众对于转基因作物的知识了解越多，其越有可能持有怀疑态度[③]。这些研究显示公众对科学的支持是一个比以前认为的更复杂的问题，实际上进行的科学的公共传播也

① [英]英国上议院科学技术特别委员会：《科学与社会》，张卜天、张东林译，北京：北京理工大学出版社，2004。

② Evans G., Durant J., “The Relationship Between Knowledge and Attitudes in the Public Understanding of Science in Britain”, *Public Understanding of Science*, Vol.4, No.1, 1995, pp.57-74.

③ European Union, *Europeans and Biotechnology in 2010: Winds of Change?*, A Report to the European Commission’s Directorate-General for Research, 2010.

比知识缺失模型预想的更加复杂，单纯提高人们的知识并不能减轻对诸如转基因生物或其他有争议科学技术议题的质疑。这些研究表明公众对于科学议题的态度反映了特定的利益和个人价值观念，除去受知识掌握程度的影响，人们对科学技术的理解还受到文化思维方式、决策体制、公众对政府的信任程度等多重因素影响。

反观"缺失模型"，它假定公众对科学一无所知，对科学技术持消极态度，认为无知是这些消极态度的根源，可以通过从科学家到公众的单向科学交流来弥补。这反映了一些政策设计者和科学家的傲慢与骄傲自大①。尽管学者们的批判已说明缺失模型指导下公众理解科学活动存有重大缺陷，遗憾的是它至今仍有重要影响。这可能与科学家缺乏公共传播方面的正规训练，大多数科学家仍将公众视为各种"他者"，缺失模型更适用于政策设计等因素有关②。

缺失模型的失败并不意味着无知公众不存在，科学普及不重要。相反，它启示我们推动公众理解科学必须区分对现代科学技术的总体态度和对具体科学发展或技术创新的态度，认识具体情境中的科学；开展科普活动不能抱怨公众的无知和媒体的低效，而应该更多采用对话、讨论和辩论的方法。

实际上，公众是多元的，由异质性的个体组成。他们从来就不是一个统一的整体，他们对科学可能存在多种理解；科学技术知识并非在任何时间和地点，对任何人都是客观、纯粹、明确的知识；公众对科学技术的反应存在跨文化多样性。正如贾萨诺夫所言，"公众理解科学框架削弱了公众的权利，消除了历史，忽视了文化，将人们对于事实本身的了解特权化，凌驾于人们对于更为复杂的含义的框架把握之上……。它

① Ahteensuu M., "Assumptions of the Deficit Model Type of Thinking: Ignorance, Attitudes, and Science Communication in the Debate on Genetic Engineering in Agriculture", *Journal of Agricultural & Environmental Ethics*, Vol.25, No.3, 2012, pp.295-313.

② Simis M., Madden H., Cacciatore M. A. et al., "The Lure of Rationality: Why Does the Deficit Model Persist in Science Communication?", *Public Understanding of Science*, Vol.25, No.4, 2016, pp.400-414.

迫使我们去分析处于吸收科学技术过程中的、有知识的公众，而不是去分析扎根在文化和社会中的科学和技术。”[①]

三、知识权利与科技公民身份

公众之所以能够参与科学，一方面是由于教育普及，公民具备了一定的知识及发展知识的能力，另一方面，从政治和法律的角度来说，是因为公民拥有知识方面的权利，即知识权利[②]。20世纪末，学者们提出了一个新的概念来表达公民的知识权利及由此形成的政治与法律地位，即科技公民身份。

公民身份是政治学中非常重要的概念，现代公民身份理论源于著名政治社会学家马歇尔（T. H. Marshall）的演讲《公民身份与社会阶级》。他运用工业社会公民身份（industrial citizenship）一词来形容工业革命发生后，工业社会中的公民身份及相关的权利与义务。他认为，公民身份赋予一个共同体内的成员一种地位（status），所有拥有这种地位的人就这种地位所授予的权利和义务而言是平等的。在马歇尔看来，公民身份主要由公民的要素、政治的要素和社会的要素三大类要素所组成。与之相对应的是18世纪以来公民的权利扩展，从公民权利到政治权利，再到社会权利。公民身份的概念回答了以下问题：谁属于一个政体，这个政体的成员该被如何一般性地对待？他们如何运用自身权力，享有何种权利和义务？

到了20世纪后期，公民身份进一步超越马歇尔所界定的三种要素而延伸至新的领域，为公民身份的概念家族增添了新的成员。科技公民身

---

① Jasanoff S., *Designs on Nature: Science and Democracy in Europe and the United States*, Princeton: Princeton University Press, 2005, p.270.

② 在目前流行的法律用法中，“知识权利”常常被用来表达“知识产权”，即公民对其所提出的知识的占有权。本文在此处所使用的“知识权利”泛指公民所具有的与知识相关的全部权利，包括获得知识、发展知识、拥有知识和使用知识的权利。

份即是扩展到科技领域的公民身份要素。科技公民身份强调了公民在科技发达的知识社会中享有的权利和义务，旨在使一般公民更好地参与到科技决策之中，增加公民在这个日益复杂的知识社会中的自主性和责任意识[①]。那么，科技公民身份究竟指的是什么呢，它对于科学技术的治理，特别是那些产生社会争议的科学技术的治理意味着什么？

长期以来，学者们关注科学技术发展进步对于实现公民身份的影响，却忽视了科学技术发展带来的公民身份概念本身的变化，也忽视了公众在科学治理中的作用。一系列经典的STS研究使学者们意识到公众带给科学技术治理的改变。布赖恩·温（Brian Wynne）关于切尔诺贝利核事故带来的英国坎布里亚地区辐射影响的研究发现，牧羊人拥有的地方性知识能够有效挑战政府派遣来的科学家关于核泄漏废料影响的调查结论[②]。夏平和谢弗从知识生产的技术条件和社会情境出发，“打开”了科学史上著名的玻意耳–霍布斯之争的历史黑箱，重新考察了公众在近现代实验科学诞生中的重要作用[③]。爱泼斯坦（S. Epstein）考察了美国艾滋病行动主义者参与艾滋病研究议程设置的情况，展示了艾滋病病毒感染者及其支持者如何通过自身的努力，获取公信力，赢得科学共同体的认可和重视，并改变科研实践和规则[④]。在某种程度上，我们可以认为科技公民身份理论的提出，正是对于公众在科学技术的社会争议中所起作用的“重新发现”。人们逐渐认识到科学知识特别是政府规制中所使用的科学知识的建构本质。公共决策中的科学知识是政府机构为了政策的便利性与科学家合谋建构、磋商的产物。政府已成为社会行

---

① 郭忠华：《当代公民身份的理论轮廓——新范式的探索》，《公共行政评论》，2008，1(6): 52–73。

② Wynne B., “Misunderstood Misunderstanding: Social Identities and Public Uptake of Science”, *Public Understanding of Science*, Vol.1, No.3, 1992, pp.281-304.

③ Shapin S. & Schaffer S., *Leviathan and the Air-Pump: Hobbes, Boyle, and the Experimental Life*, Princeton: Princeton University Press, 2011.

④ Epstein S., *Impure Science: AIDS, Activism, and the Politics of Knowledge*, California: University of California Press, 1996.

动者参与科学知识的塑造、解释和应用的核心中介机构。这种认识转变使得人们坚信与科技相关的公共政策，特别是那些有着科技争议的公共政策不能仅留给政府和科学家来裁决，它们涉及利益与价值判断。在科学与民主政治的关系中，以下三种方式彰显了公民的作用：在社会身份的建构过程中，公民作为科学知识的生产者和消费者；消费活动与公民身份的合一，公民用手里的钞票来说话，用消费选择来表达偏好；在与政治相关的公共知识的生产过程中，公民作为专家知识的补充者，起到了不可或缺的作用[①]。这种有公众参与的、与决策密切相关的科学，被称为公共科学（public science）。

弗兰肯费尔德（P. J. Frankenfeld ）将科技公民身份界定为个人在受科技影响的领域或政府所治理的科技领域中的平等地位，这一地位拥有由国家机构所保障和约束的权利与义务。它的主要目标是保障公民的自主权和尊严，尊重他们的内在价值与自主决策能力，减少不受限制的科技发展可能带给人类的利益损害或潜在的伤害[②]。科技公民身份赋予了普通公民一种特定的能力，即质疑由政府和专家做出的政策主张的知识基础和行动的正确性。以科技的风险治理为例，科技公民身份将治理所关注的焦点由“危险物到底该如何规制才是安全的”以及“在何种程度上才是安全的”，转移到“由谁来掌控”以及“依赖什么样的权利来控制”等问题上来。

弗兰肯费尔德主张科技公民身份必须为公民提供平等的权利，以获得多种的政治资源，从而促进公民的平等地位。概括起来，这些权利主要有：获得知识或信息的权利（rights to knowledge or information）、参与的权利（rights to participation）、被充分告知而同意的权利（rights to guarantees of informed consent）、集体与个人遭受危害的总量限制

① Jasanoff S., “Science and Citizenship: A New Synergy”, *Science & Public Policy*, Vol.31, No.2, 2004, pp.90-94.

② Frankenfeld P. J., “Technological Citizenship: A Normative Framework for Risk Studies”, *Science, Technology & Human Values*, Vol.17, No.4, 1992, pp.459-484.

的权利（rights to the limitation on the total amount of endangerment of collectivities and individuals）等四类。这些权利使得那些在科技影响范围内的公民有权从政府那里获得影响他们的、具体的、可理解的知识或信息，拥有表达同意或否决的渠道，可以通过自主选择代表参与到科技治理中去。在风险承担上，公民具有自主性和选择权。风险管控或者新技术的采纳将建立在科学共同体内多数及受影响公众对其潜在危害的充分理解和建议支持的基础上。对科技产品的应用或者科研活动的开展，需要限制其潜在的、对集体与个人的危害总量。危害总量包括危害等级、危害发生概率、危害的不确定性、力量集中度等内容，这种总量累积既包括可感知到的危害，也包括仅仅只是猜测的危害。

权利与义务相伴而生，弗兰肯费尔德还提出了三类科技公民的义务，分别是学习并使用知识的义务（Obligations to learn and use knowledge），参与的义务（Obligations to participate），运用科学技术方面的公民知识、公民美德与判断的义务（Obligations to exercise technological civic literacy，civic virtue，and judgment）。这些义务使得公民有义务学习政府提供的知识，了解危害及其产生机制与后果。公民有责任积极参与到科技风险治理中去，特别是政府组织的科技风险治理。科技公民需要将人类生活的世界视作一个技术系统，考虑个人行动的后果、人与人之间的相互依赖关系、科技所具有的潜在影响，以及由此产生的避免伤害的道德责任[①]。

埃尔文（A. Irwin）同样也认为科技公民身份是对公民身份的建构，这种建构认为公众作为公民在科技治理过程中拥有正当合理权利，公众对科学技术研究的负责任性具有合理诉求[②]。在一个愈加依赖科学技术的知识社会中，对科学技术的民主治理需采用规范形式。里奇

① 范玫芳：《科技、民主与公民身份：安坑灰渣掩埋场设置争议之个案研究》，《台湾政治学刊》，2008(12): 185-228。

② Irwin A., “Constructing the Scientific Citizen: Science and Democracy in the Biosciences”, *Public Understanding of Science*, Vol.10, No.1, 2001, pp.1-18.

（M. Leach）和斯库恩斯（I. Scoones）认为科技争议事件的出现并不意味着公众对于发展科技或者应用科技的必然反对，相反，公众所要求的只不过是他们拥有的知识形式能够与科学技术知识共存，并能够影响到他们生活中的公共决策。里奇和斯库恩斯将公众的这种知识诉求称为“知识权利”（knowledge rights），并认为这种权利可与公民身份中的政治权利、社会权利和经济权利等一样，是公民身份的经典要素①。里奇和斯库恩斯强调，公众拥有经验知识和个人知识。这些知识应当与科学技术知识共同使用。贾萨诺夫认为在科学技术知识的治理中，公众同样具有发言权。公众并非无知、非理性和无胜任力，相反，这一群体异质性强、差异性大，不可一概而论。其中，有一些公众具备丰富知识、能够质疑政府部门的技术性专业论证，并提供反驳观点和对抗性专门知识，挑战那些看起来无事实根据的、不可靠的或者有政治驱动力的公共论证②。因此，公众享有知识权利。

知识权利是建构科技公民身份的核心因素。

首先，它肯定了公众所拥有知识的异质性、多样性和复杂性。除去接受系统的科学文化知识教育外，公众还通过民族文化传承获得传统知识，长期居住在某地而占有地方性知识，在日常生活中积累经验性知识。这些知识为公众提供了新的认识视角，推动了特定群体间的沟通交流，在人们的实际生活中补充着科学技术知识的不足，丰富和点缀日常生活。它们可与科学技术知识并存。在里奇和斯库恩斯看来，这种传统知识、地方性知识和经验知识赋予公众的权利还包括以下内容：拥有追求特定的生活方式、知识、认知视角和实践的权利；拥有以此种方式与他人合作并建立一致性的权利；在与科学技术议题有关的决策中，拥有认知表达的权利。因此，知识权利强调对不同种类知识的尊重和保护。

① Leach M., Scoones I., “Science and Citizenship in a Global Context”, *Seminar Research in Action*, 2003.

② Jasanoff S., “The Politics of Public Reason”, in Rubio F. D., Baert P. (eds.), *The Politics of Knowledge*, London: Routledge, 2012, pp.1-32.

地方性知识具有特定认识视角，而且，可能有着与科学知识完全不同的真伪和风险评判标准。这些不同会影响公众对特定事实及问题重要性的认识和判断，并由此生发摩擦和矛盾，产生争议。在近年来的中医存废争论中，争执双方的焦点就在于什么样的知识是理性的？中医是否科学？反对中医的人认为中医药的传承依赖个体经验的累积，而非现代科学所引以为傲的科学实验、精确测量与同行评议，因而不可重复、不科学，应当为现代医药科学所取代。很明显，该争议的产生正是那些中医废除论者忽视了中医拥趸们所具有的知识权利，以现代西方科学为透镜来评判中国的传统医药文化。

其次，知识权利强调公民在涉及科技议题决策中的作用。在公共决策场域中，存在多种类型的知识，包括专家（科学）知识、官僚（行政）知识，同样也包括知识利益相关者所拥有的常人知识、实践知识、非科学的或非专业的知识。知识权利一方面意味着公民有权利获得公共决策中用到的、影响他们的知识，即公众拥有知情权（Right to Know），有权要求政府部门对公共决策的合理性做出解释和说明；另一方面，公民还有权利对获得的知识进行解读、评论，并有渠道、正当合理地提供那些通过他们自身所拥有的知识和经验而形成的判断，对政府采纳的知识主张进行质疑。这也就意味着知识权利赋予并保护公民挑战官方知识的有效性、可信性与合理性的权利。如此一来，如果不能保障公民的这种知识权利，争议就有可能发生。

事实上，在当代政体下，各国的法律和政治制度也在不同程度上承认公民拥有知识权利。这些知识权利为各个国家不断完善的法律体系，尤其是那些强调公民知情权的行政法律法规及其实践所保障。与此同时，当代社会中也出现了相当数量的、具有渊博知识的知识行动者。他们以自身所理解的科学技术知识为行动基础，积极投身公共领域，参与到公共决策过程中，试图影响或改变决策。这些行动者不再栖息于传统的学术领域，而是积极走向社会，成为意见领袖，表达自身对公共事务的观点，对社会发展趋向做出判断。这些行动者不再盲目反对政府决策，而是以个人知识积累为基础，审慎与挑剔地看待政府决策，验证官方证据的有效性和合理性，并采取正当、合法的方式挑战不合理的官方叙述，重估社会与国家的关系。公众知道什么？或者公众认为他们自身知道什么？这些都不可避免地影响了他们对国家治理的评价，以及对自治参与的能力和意愿的判断。如若政府不能认识到或者忽视了公民知识的丰富性和复杂性，则可能由此带来严重的公信缺失风险。

第三节　公众参与科技政策的主体与模式

公众参与政策的思想形成于20世纪70年代。1970年，美国在《国家环境政策法》中明确提出公众参与的要求。1978年联合国环境规划署（UNEP）在其环境影响评价基本程序中明确提出了“公众参与”这个概念①。但是，在这个时期，对公众参与的理解中仍然认为公众是无知的，政府、科学共同体、相关的基金会、媒体等需要不断向公众宣传科学知识，试图让公众理解科学，以此提升公众对政策的支持程度。在这一时期的政策制定和执行过程中，公众仅仅是受众而非主体。直到20世纪90年代初期，认为公众是无知的思想开始遭到激烈批判。经过十来年的公众理解科学实践，人们逐渐认识到公众和专家的知识区别不能简化为信息的差距，它们之间的区别不是信息量的不同，而是知识体系的不同。科学知识仅仅是公众知识的元素之一，它与价值判断、公众对科学机构的信任程度、公众对使用科学知识的人的能力的判断等，共同构成了公众知识②。科学和政治一样，如果要想得到公众的支持，尤其那些

---

① 李天威、李新民、王暖春、于连升：《环境影响评价中的公众参与机制和方法探讨》，《环境科学研究》，1999(2): 39。

② Bucchi M., Neresini F., “Science and Public Participation”, in Edward J. H., Amsterdamska O., Lynch M. et al.(eds.), *The Handbook of Science and Technology Studies*(3rd ed.), Cambridge: MIT Press, 2008, pp.466-467.

靠科学支持的重要的集体决策，必须与惯常的公众认知方式相一致。这是一种与公众所在的文化、历史和政治背景密切相连的认知方式[①]。科技政策不再是由政府和专家制定后向公众宣传，而是在制定的过程中就需要考虑公众的认知；公众不再是科技政策制定中被忽略的对象，而是积极参与到科技政策当中。单向度的公众理解科学被双向度的公众参与科学所代替。此时，公众才真正成为科技政策制定中的参与主体。

一、公众参与科技政策的主体

从词语含义的角度上讲，公众是与私人相对立的概念，但是，在公众参与科学的实践和理论研究中，公众并不一定是指多数人的集合。在《沈阳市公众参与环境保护办法》（2005年）和《山西省环境保护公众参与办法》（2009年）中，公众均被定义为“具有完全行为能力的自然人、法人和其他组织”。在《广州市规章制定公众参与办法》（2010年）中，公众是指“自然人、法人和其他组织”。在《甘肃省公众参与制定地方性法规办法》（2013年）中，公众则被定义为“公民、法人或者其他组织”[②]。因此，科技政策中的公众并不是与私人相对的概念，而是与专家和决策者相对的概念，是广泛的社会行动者，包括非政府组织、地方社区、利益团体、草根运动的代表、普通公民与消费者等等[③]。

专家是一个相对的概念，转基因食品领域中的专家，在气候变化领域中是公众；气候变化领域中的专家，在转基因食品领域中是公众。因此，专家不是指普通意义上的、掌握科学技术专门知识的专家，而是

① Jasanoff S., *Designs on Nature: Science and Democracy in Europe and the United States*, Princeton: Princeton University Press, 2005, p.247.

② 武小川：《论公众参与社会治理的法治化》，武汉大学博士学位论文，2014。

③ Joss S., “Public Participation in Science and Technology Policy and Decision Making: Ephemeral Phenomenon or Lasting Change?”, *Science and Public Policy*, Vol.26, No.5, 1999, p.290.

指掌握政策议题相关专门知识的专家。在这种意义上，其他领域中的专家就变成了公众，这些公众应该积极发挥他们在公众参与中的作用。他们受过良好的科学训练，具有科学知识和科研能力。一方面，他们应该从科技发展规律的角度，从公众的立场，去审查和质疑科技政策的科学性；另一方面，他们应该向公众介绍科学方法、科学知识，引导公众从科学方法的角度审查科技政策。与此同时，由于这些专家也是专家，只不过是其他领域中的专家，他们与决策者有着某种联系，甚至可以直接和决策者进行沟通和互动，在正在进行的科技决策中，他们应该收集公众的意见，代表公众参与科技咨询。

人文社会科学学者是公众中的另一特殊组成部分，他们是哲学、历史学、社会学、经济学、法学、政治学等人文社会科学研究领域中的专家，与科学家更多地专注于科学技术发展不同，他们对人性和社会发展有着长期的理论研究和实证研究，形成了与科学家不同的思维方式。科学家往往根据现有的科学技术发展的程度进行科学技术研究的风险评估。比如，在转基因科学技术领域，“转基因科学家无疑都受到过严格的分子生物学训练，形成了对生命过程的特定认知。在他们看来，生命主要由基因决定，而人们可以通过对基因的操控来产生新的性状。这一过程是可控的，转基因作物的基因成分及其产生的蛋白都可以被人体消化，并不会直接变成为人体的一部分。现代生命科学完善的知识体系、对同行评议的信心、转基因作物的巨大成功，也使得他们对科学本身及转基因科学共同体充满信任。由此他们对转基因作物安全性决策议题的集体认知是：转基因食品在上市前经过严格的食用安全评估，并不比传统育种的农产品不安全；转基因作物可以减少农药使用，对保护环境比传统作物更加有利；转基因作物在中国的推广和运用，将更利于保障而非损害中国的粮食安全”[①]。

---

① 杨辉：《知识与秩序的共生：中国转基因作物安全评价决策中的公共知识生产》，中国科学院大学博士学位论文，2015: 85。

而人文社会科学学者认为，转基因技术育种与传统技术育种不同，实验条件下的安全不等于自然条件下的安全，而且在自然条件下的不确定性会通过“蝴蝶效应”得到不断扩大①，因此，对人类的健康发展是不安全的。同时，一些学者认为，“推广转基因作物并非理性论证的结果”，“大多数转基因种质的商业化都由孟山都等跨国公司主导，追逐利益是其难以改变的本性。对于研发者及其商业化公司而言，转基因作物技术创新的战略意图未必是造福人类社会，而是通过知识产权和技术手段控制全球的种子产业、农资市场乃至全球的农业和食品产业。中国目前对许多转基因技术都不拥有核心技术专利，一旦将其大范围商业化推广，很可能被索要高昂的专利费，导致我国农业对跨国公司的依赖，这相当于为我国的粮食主权埋下了‘定时炸弹’”②。从这点上来说，转基因科学技术对国家发展是不安全的。从以上对比可以看出，人文社会科学学者更易于从预防原则对科学发展进行评价。这种评价是对科学技术专家评价的一种重要补充，可以避免科技乐观主义潜在的危害。

个人的集合是最直接意义上的公众。在个人的层面讲，主要是代表公众意见的准专家与热心公共事务的知识分子。准专家是指公众中掌握一定科技知识和信息的人，他们因懂得科技知识而往往受到专家的邀请，争取把他们拉入到专家的队伍中。同时，他们因宣称代表公众的利益而受到公众的推崇和信任，因此，这部分人容易成为公众运动中的领袖。他们一方面厘清、总结公众的意见，代表公众与专家和决策者沟通，另一方面，也应该纠正公众中的错误意见，介绍科技知识，引导公众正确认识科技问题，作为专家与公众沟通的桥梁，积极发挥作用。在科技政策的公众参与中，那些思想独立、抛弃个人利益、不屈服于外界压力、代表公共利益、获得社会关注、具有一定知识、敢于表达自我观点的知识分子们，也发挥了积极作用。公众相信他们会揭示专家背后隐

---

① 欧庭高、王也：《关于转基因技术安全争论的深层思考——兼论现代技术的不确定性与风险》，《自然辩证法研究》，2015(1): 49–50。

② 齐文涛：《转基因农业为何闯至人前？》，《科学文化评论》，2015(6): 45–46。

藏的利益、会站在客观的立场上代表公众的利益，因此，他们在公众中具有很高的信任度，其影响力远远超过了普通个人的影响力，能够成为舆论领袖[①]。也正是因为如此，知识分子应该承担更多的责任，真正为社会发展、为公众利益、为弱势群体代言。

普通的个体虽然可以发出自己的声音，但是很难在科技咨询和政策制定中产生影响，因此，个体的声音需要更多地在组织层面上表现出来，其主要表现形式是非政府组织（Non-Governmental Organization，简称NGO）。非政府组织有时也称为非营利组织（Non-Profitable Organization，简称NPO）或第三部门（Third Sector），是指“那些具有组织性、非政党性、民间性、非营利性、志愿性、自治性的致力于公益事业的社会中介组织，是介于政府组织与经济组织之外的非政治组织形态”[②]。非政府组织在科技政策的公众参与中具有重要作用，具体表现在两个方面。第一，非政府组织具有极高的活动组织能力，同时由于宣称既不谋求特定的政治利益，也不谋求特定的经济利益，而是专注于公益，在公众中具有很高的权威，能够有效地把公众组织起来进行意见表达。第二，非政府组织“在资源汇集、专业与组织运转效率等方面都具有不同于政府的特殊优势，使其与政府之间形成了一定的资源互补”[③]。在社会治理尤其是公共危机治理中，非政府组织在与政府沟通中具有一定的话语权。因此，非政府组织应该发挥自己的组织优势和话语权优势，收集和厘清公众意见，在科技咨询和政策制定中积极行动，使公众的利益得以表达和讨论。需要注意的是，非政府组织不能沦为政府的管理工具，需要保持自己的“第三部门”的独立性，只有这样才能真正代表公众利益。

---

① 李欣：《公共性、知识生产与中国知识分子的“媒介化在场”》，《暨南学报》（哲学社会科学版），2015(2): 29。

② 何云峰、马凯：《当前我国非政府组织发展面临的主要问题》，《上海师范大学学报》（哲学社会科学版），2004(2): 1。

③ 陈晓春、刘青雅：《公共危机治理中政府与非政府组织的互动关系研究》，《湘潭大学学报》（哲学社会科学版），2009，33(4): 32。

个体还通过社区运动、草根运动、抗议游行等方式表达自己的立场，参与科技咨询和政策制定。公众并不是一个抽象的概念，而是在具体的情境中具有不同的利益和期望的异质性群体，无论是有组织的还是自发的公众参与，都应该以适当的方式和主体身份参与，才能充分表达自己的利益，交流意见。需要注意的是，公众要尽量避免非理性参与，公众需要明白自己仅仅是科技咨询和政策制定中的一类主体，要倾听科学技术专家和决策者等其他主体的意见，理性地思考和表达自己的声音，形成良性互动。

二、公众参与科技政策的模式

自20世纪80年代起，西方国家大力推进科学教育普及运动，但未能解决科技政策的社会争议，相反公众有关科技政策的争议越来越多。对此，学者们开始从沟通视角重新理解公众对于科学技术知识的反应，揭示其中的复杂性。他们认为单向的公众理解科学活动片面强调公众对科学的理解，忽视了沟通过程中公众与科学家的平等互动，以及对公众需求的认识。20世纪90年代之后，公众参与科技政策渐成潮流。

学者们之所以支持公众参与科学，主要源于以下认知：①作为利益相关者，公众参与公共决策符合民主政治的审议理念，有助于表达不同的利益关切。同时，进行利益的公共协商、达成共识可以增强政府决策的正当性。②作为地方性知识拥有者，公众能以自身具有的传统知识、经验知识和地方性知识，弥补专家知识的不足，保障公共决策的质量，提高公共决策的效率。③面对风险社会的到来，公众参与科技决策有助于应对不确定性风险，实现风险共治。④公众参与科学是科学知识生产从模式Ⅰ到模式Ⅱ转变的必然要求。模式Ⅱ下的知识生产重视生产情境，生产主体多元化，从单学科、多学科到跨学科转变，有着新颖的质量控制形式。知识生产应当回应社会的期望与需要，科学家生产出来的知识不仅应当是可信赖的，而且应当是在社会中强韧有效的。为了使知识具有正当性，新的知识生产必须超越原有的精英主义和同行评议原则，走向民主和社会检验。

在实践中，先后发展出一些公众参与科技政策的模式。相对成熟且有影响力的有如下几种。

（一）共识会议（consensus conference）

共识会议这一术语起源于美国。20世纪70年代末，美国国家卫生院举行了医学共识会议，组织医学专家和其他领域专家进行对话，促进对新医学技术的评价。丹麦议会下属的丹麦技术委员会（The Danish Board of Technology，Teknologinaevnet）将其引入到科学技术评估领域，并改变了美国仅限专业人士参与的规则，让普通公众参与其中，直接就相关专业问题与科技专家对话，创造出了公众参与科学技术评估的新工具。公众小组成为共识会议的主要行动者，公众就有争议的科技议题询问专家，评价专家的回答，达成共识，在新闻发布会上报道最终结论。这种模式在丹麦的转基因农作物、食品辐射、人类基因组制图（human genome mapping）、空气污染、转基因动物等领域得到了应用，并扩展到其他国家。1993年荷兰举行了转基因动物共识会议，1994年英国组织了植物生物技术共识会议①。此后，共识会议的影响力不断扩大。

共识会议的组织结构主要有执行委员会、公众小组和专家小组。机构人员构成的规模和数量要适当，既要有代表性、又要注意效率，同时需要保证他们有时间参加会议。执行委员会负责会议组织工作，保证各项工作的公正、民主进行；公众小组代表公众对专家意见进行质询；专家小组向公众小组提供专业知识，回答公众小组的提问。

以丹麦的做法为例，共识会议的运作程序是：①选定一个社会和议

① Joss S., Durant J., “The UK National Consensus Conference on Plant Biotechnology”, *Public Understanding of Science*, Vol.4, No.4, 1995, p.196.

会共同关注的会议主题；组建会议指导委员会，工作人员充当协调员。②征集并选出15名志愿者组成公众小组参加会议。③公众小组召开第一次预备会议，熟悉讨论主题，并提出关注问题。④会议组织方组建专家小组。⑤公众小组召开第二次预备会议，深度表述问题，专家小组就相关问题进行讨论，协商如何使用易懂的表述进行答复。⑥召开为期四天的正式会议，第一天专家小组答疑，第二天交互式问答，第三天公众小组讨论并撰写共识报告，第四天专家小组讨论并修改共识报告。这种修改只更正报告中表述错误的部分。之后，公众小组举行新闻发布会，公布共识报告。⑦会议结束后，丹麦技术委员会组织宣传，扩大政策影响[①]。尽管各国政治制度不同、会议主题和内容有所差异，但共识会议遵循一些基本的组织原则：第一，公众小组通过学习，了解会议主题内容及相关利弊；第二，公众小组讨论，并就感兴趣问题形成问题清单，要求回复；第三，专家小组公开回复公众小组的问题；第四，形成共识报告，公开发布。

共识会议促进了公众和专家之间的相互了解。一方面，在共识会议中，公众小组是主角，负责提出问题，撰写共识报告，在新闻发布会上公布结果，从而促进了社会公众对相关议题的认知和理解，增加了对专家的信任；另一方面，专家和决策者了解了公众对该议题的看法，较系统地了解了公众的声音，补充了公众日常知识对相关议题的贡献。共识会议不仅在不同国家、不同专业领域持续扩展，而且在国际组织中得到了应用，表明了其显著的优势和强大的生命力。但是，共识会议还存在一些问题，对科技议题的选择往往是由决策者或者会议资助机构决定，这限制了公众讨论的范围。而且，由于资金、时间的限制，能够参与的公众只是少数公众。公众小组在多大程度上能够代表全体公众？这还有待研究。此外，公众小组只是短期参与，不但对相关的议题和相关知识

① 刘锦春：《公众理解科学的新模式：欧洲共识会议的起源及研究》，《自然辩证法研究》，2007(2): 84–88。

了解有限，而且，没有参与最终的决策。

2012年丹麦议会调查发现丹麦民众对丹麦技术委员会的关注度低，没有达到预想的效果，决定停止对该委员会的资助。共识会议的实践在一定程度上受到影响。

（二）公民陪审团（citizens juries）

公民陪审团脱胎于司法审判领域的陪审团制度，起源于20世纪70年代的德国和美国，也是当前西方国家比较流行的推动公众参与科学的模式。公民陪审团可审议的议题多元，欧美各国已围绕环境治理、废弃物管理、湿地开发、疾病诊断中的基因测试应用等议题，开展多次审议。

作为法律概念，陪审团表达如下含义：每一个人都有权利被他所在共同体的成员所组成的陪审团审判，而不是被统治者审判；公民只要知道了证据，就能够代表共同体做出公平的审议。公民陪审团表达了类似的思想，认为陪审团只要了解了相关科技知识，就能够在相关政策中进行审议，并且代表公众做出合理的决策①。美国杰佛逊中心（Jefferson Center）将公民陪审团作为一种新的民主过程，持续推进，至20世纪80年代得到了更多的应用，方法逐渐成熟，在90年代引起了人们大量关注②。

与共识会议类似，公民陪审团也期望通过小范围公众就存在争议的科技议题贡献地方性知识和经验知识，进行理性协商，达成可推广的共识。公民陪审团的工作流程如下：①一般由立法机构或政府部门及其关联机构通过随机抽选方式，产生一定数量并在统计学意义上具有代表性的公民陪审员；在结构化的论坛上，公民陪审员审议专家证人提供的相关资料，并询问专家证人，通过小组会议和全体会议的形式讨论、审

---

① Wakeford T., "Citizens Juries: A Radical Alternative for Social Research", (2005-11-26)[2016-07-02], http://sru.soc.surrey.ac.uk/SRU37.pdf.

② Crosby N., Hottinger J. C., "The Citizens Jury Process", (2011-07-01)[2016-07-02], http://knowledgecenter.csg.org/kc/content/citizens-jury-process.

议和协商，最终对审议事项形成书面意见[①]。陪审团由一定数量的成员组成，一般为12～24人[②]。成员选取通常有两种做法，一是通过特定的人口选项来进行配额选取，比如根据不同的性别比例、年龄阶段或者是教育程度为配额标准；二是直接简单地通过选区名册随机选取，但是必须具有广泛的代表性。1997年，英国威尔士举行针对基因测试应用的公民陪审，由当地政府委托卡迪夫一家独立的市场调研公司公开招募陪审员[③]。爱丁堡市议会组建城市空气污染控制公民陪审团，则从当地前期调查感兴趣的选民中，依据性别、年龄、职业等标准抽选。②组建陪审团的同时，也挑选专家，组成来源广泛的专家证人小组。专家小组预先向公民陪审员介绍审议事项的基本情况和科学技术背景，并接受公民陪审员面对面的询问。③陪审团审理过程，大概持续4～5天，陪审团成员进行提问和讨论，证人回答相关问题。在这个过程中，陪审团可以分成几个小组进行讨论，最后，在大会上讨论。他们运用其所有的感官去有效获取关联信息，包括对审议对象的观察、实地走访和体验、听取专家介绍、小组讨论、倾听他人发言，等等。如果经过协商后，陪审团达成共识，则提交最终书面报告；如不能达成，则根据多数人意见出具最终意见。④举行报告发布大会，主管机构接受最终意见书，并说明将如何使用该建议。⑤主管机构就审议质量对公民陪审员进行问卷调查，接受反馈，并向社会广泛传播和推广陪审团报告。

公民陪审团是陪审团思想从法律领域向科技领域的延伸，法庭陪审团上的优点和缺陷也往往表现在公民陪审团中。议题的选择往往是地方

---

① 陈幸欢：《英国环境决策公民陪审团制度及镜鉴》，《中国科技论坛》，2016(3): 156–160。

② Wakeford T., “Citizens Juries: A Radical Alternative for Social Research”, (2005-11-26)[2016-07-02], http://sru.soc.surrey.ac.uk/SRU37.pdf.

③ Iredale R., Longley M., “Public Involvement in Policy-making: The Case of a Citizens’ Jury on Genetic Testing for Common Disorders”, *Journal of Consumer Studies and Home Economics*, Vol.23, No.1, 1999, pp.3-10.

性的，有些情况下也有全国性的[①]。陪审团成员之间具有更多的价值共识，在对议题的审理上更易达成共识。这能够促进地方共同体公众与科技专家的对话，加强相互之间的理解和信任，达成共识。但是，这也限制了议题的选择范围，使得公众和专家往往从地方角度和视阈思考和看待问题。一些在全国范围内充满争论的议题，可能在地方陪审团审理之后，反而加剧了全国性的争议，甚至在有些情况下阻碍了该议题在全国范围内形成共识。陪审团是一种在世界范围内使用的、历史悠久的民主审议实践，把审议的议题从政治领域拓展到科技领域，是一种很有意义的实践。在当今时代，科技的影响日益超出地区范围，扩展到全国甚至全球范围的过程中，陪审团成员的选择和审议实践需要超越地区思维，从更广的层面进行反思和实践。

（三）愿景讨论会（scenario workshop）

愿景讨论会源于丹麦1991—1993年关于城市生态的技术政治的决议，是针对未来可能出现的、存在争议的某一主题，制定出不同的愿景，相关的人群代表——决策者、专家和公众——通过协商讨论，经过一系列的全体会议和小组会议讨论，寻找争议的解决途径，这种途径可以是技术层面的，也可以是规则、组织或者管理层面的[②]。由于效果明显，愿景讨论会在整个欧洲和联合国都得到了广泛的应用[③]。

在愿景讨论会开始之前，需要准备几种与要解决的争议主题相关的愿景描述，即问题解决途径，既可以是技术上的，也可以是组织管理上的。在讨论过程中，所有参与者都可以对提前准备的愿景进行评论、批评和修改。愿景讨论会一般召开2～3天，举办几次全体会议和小组会

---

① Crosby N., Hottinger J. C., “The Citizens Jury Process”, (2011-07-01)[2016-07-02], http://knowledgecenter. csg.org/kc/content/citizens-jury-process.

② Andersen I. E., Jæger B., “Scenario Workshops and Consensus Conferences: Towards More Democratic Decision-making”, *Science and Public Policy*, Vol.26, No.5, 1999, p.332.

③ Smith S., “Scenario Workshop”, (2013-02-26)[2016-07-04], http://participedia.net/en/methods/scenario-workshop.

议。首先是全体会议，向参与者介绍会议具体安排和分发材料；其次是小组会议，根据讨论会开始前准备的几种愿景，参与者分成几个不同的小组，进行分别讨论，最后确定一名成员代表本小组参与接下来的全体会议。全体会议中，各小组代表陈述其所在小组的立场，发掘各小组之间的共同立场和区别，最终确定与之前小组数相同的主题，继续分组讨论；再下来是重复前面的小组会议和全体会议的程序，最终形成统一的方案。

共识会议和公民陪审团主要聚焦于公众和专家之间寻求科技应用的共识，更注重在认知上达成一致。与此二者不同，愿景讨论会主要是寻求问题的解决方法，不仅仅限于在认识上达成共识，而是扩张到更广的层面，运用角色扮演法、头脑风暴法，寻找不同愿景之间的优势和劣势、机遇和挑战，形成切实可行的解决方案，比如，基于共同信仰、共同的利益等因素而达成了共同的规则等。愿景讨论会在解决很多地方性问题上，发挥了良好的作用，但是也存在着问题。一方面，与公民陪审团一样，解决的问题主要限于地方性问题层面。在全国范围内，公众内部、甚至专家内部和决策者内部，由于利益不同、背景不同，本身就很难形成一致意见。在这种情况下，各类人群之间要达成一致意见，就更加困难。如何把愿景讨论会推广到更广泛的层面，是需要研究的问题。另一方面，由于愿景讨论会的主要目标是寻求解决方案。不同人群彼此之间可能由于眼前利益一致，而形成一种妥协方案，但实质上可能在认识层面不一致，这就可能造成方案的有效性并不持久。如何在参与者之间达成深层共识，是需要认真思考的问题。

（四）21世纪城镇会议（21st Century Town Meeting）

媒介的发展不仅改变了信息传播的方式，而且改变了人们的生活方式和行为方式。信息技术的发展使信息传播更便捷和自由，也产生了新的公众参与模式。美国之声（AmericaSpeaks）是一个致力于通过信息通信技术的应用，促进公众参与公共政策的非营利组织。21世纪城镇会议是其开发的公众参与模式的典型代表，它起源于新英格兰地区，后来扩展到美国的50个州和华盛顿哥伦比亚特区[①]。

21世纪城镇会议利用联网的计算机、键盘、大屏幕，把数千人联结在一起进行讨论。每10～12人为一小组，针对不同的议题进行讨论，每一个小组都有一个训练有素的协调者主持，以便于讨论能够集中在主题上且所有参与者都能够参与讨论[②]。计算机对每一个小组的观点进行记录并通过互联网传输给中心计算机，专家把这些观点编辑成不同主题，每个人通过键盘对这些主题进行投票。2003年11月，通过电话、传单、电子邮件、电视广告等方式，共联系了华盛顿哥伦比亚特区的约2800名居民，举办21世纪城镇会议。该会议被称为公民峰会Ⅲ（Citizen Summit Ⅲ）。参与者讨论了特区所面临的三个重要挑战：提供高质量的教育、使邻居更安全、为居民提供更多的参与机会[③]。

21世纪城镇会议扩大了公众参与的人数，提高了公众参与的积极性，对于公众参与的发展起到了重要的推动作用。但是，其讨论的问题主要集中于对科技知识需求比较低的公共政策领域，在那些含有较高的科技知识的科技政策中，如何通过信息通信技术，组织公众和专家进行对话，参与科技政策的讨论和制定，是需要进一步思考的问题。

在当代社会中，科技政策无疑是政治的一部分，政治应当是民主的，而民主的实现应当有公众的参与。表面上看来，这一推理逻辑自洽，然而却也面临困境。诸如，公众应当如何参与？何时参与？参与的限度在哪里？参与代表如何遴选？这些问题实质上意味着专家知识与公众知识的界限需要重新划定，或者说清除界限[④]。事实上，虽然学者们

---

① AmericaSpeaks, (2015-09-10)[2016-07-04], https://en.wikipedia.org/wiki/AmericaSpeaks.

② 美国之声“培训5000多名熟练的主持人”。王伟：《协商民主的实践形式分析——以美国公民陪审团和21世纪城镇会议为例》，《南都学坛》（人文社会科学学报），2014, 34(6): 123。

③ D’Agostino M. J. et al., “Enhancing the Prospect for Deliberative Democracy: The AmericaSpeaks Model”, *The Innovation Journal: The Public Sector Innovation Journal*, Vol.11, No.1, 2006, pp.8-9.

④ Moore A., “Public Bioethics and Deliberative Democracy”, *Political Studies*, Vol.58, No.4, 2010, pp.715-730.

对于科技决策中的公众参与呼声和期望很高，但公众却并不热情，甚至有时还很消极。如沃伦（M. E. Warren）所言，“公众需要的是安全的食品和飞机，而非参与肉品监测和空中交通控制的机会”[①]。

三、中国的实践

科技政策中公众参与的兴起，部分原因是科技在社会中应用的不确定性，但是，更重要的原因在于民主的发展。各国民主进程不同，针对科技政策的公众参与方面的要求也就有所差异，比如朝鲜和古巴，并没有出现公众对科技的社会应用不确定性后果的担忧和参与科技政策的要求[②]。科技政策的公众参与离不开具体的政治实践。在西方国家，政党代表的是资产阶级的利益，不同的政党代表不同资产阶级集团的利益，政党之间通过选举争当执政党，选举形式表现为代议制民主。近几十年来，代议制民主出现了种种缺陷，比如，决策者权力的去中心化、国会议员在决策中角色的弱化、政党代表性的降低和公众的选举冷漠等等，协商民主的提出就是为了弥补代议制民主的缺陷。在中国，执政党中国共产党代表“中国最广大人民的根本利益”，在工作中实行“一切为了群众，一切依靠群众，从群众中来，到群众中去，把党的正确主张变为群众的自觉行动”，公众参与是党的群众路线在具体实践中的与时俱进和时代要求。1986年，万里在中国第一次软科学研究座谈会上发表了题为“决策民主化和科学化是政治体制改革的一个重要课题”的讲话，明确提出了推进决策的民主化和科学化进程。此后，党的十三届六中全会和之后的历届全国代表大会都指出了决策民主化和科学化的重要性。民主是历史的、具体的、发展的。在实践中，中国科技政策中的公众参与

① Warren M. E., “Deliberative Democracy and Authority”, *American Political Science Review*, Vol.90, No.1, 1996, pp.46-60.

② Bucchi M., *Beyond Technocracy: Science, Politics and Citizens*, trans. Belton A., New York: Springer, 2009, p.93.

正在逐步形成、发展着。

在学习科技发达国家的公众参与科技政策的模式过程中，出现了一些积极的案例。例如，2008年11月至12月，以共识会议为模板，举行了主题为“转基因食品”的“科学在社区”活动。该活动源于中国科学院科技伦理研究中心（以下简称“研究中心”）关于科技与伦理之间进行对话的探索。2008年3月，研究中心确定了举行活动的社区（北京市西城区德胜街道）和活动名称（“科学在社区”）；5月份与街道办事处洽谈对话活动事宜；10月份招募志愿者，最终选定了20名志愿者，并对每一位志愿者进行了拜访，了解其对转基因食品的认知和态度、参与该活动的原因，签署明确双方责任和义务的《协议书》；11月15日至16日进行了预备会议，对志愿者安排了阅读材料、专家授课和互动；随后研究中心对志愿者提出的问题进行整理和汇总、选择正式会议的相关专家；11月29日至30日是正式会议，围绕健康、环境、伦理、规制四个专题，进行了专家报告、专家与志愿者的互动、以志愿者为主导的公开讨论等三个环节的活动；随后研究中心起草了《结论报告》；12月6日继续正式会议，向志愿者讲解相关内容，志愿者讨论《结论报告》并最终认可了《结论报告》。最后，请每位志愿者填写调查问卷，希望能够了解其对转基因食品的认知和态度的变化①。

在科技政策的公众参与中，中国在实践中也形成了一些独特的做法。国家科技发展规划的制定是一个典型案例。国家科技发展规划是国家层面的科技政策，无论是其内容还是制定过程都备受各界关注，具有示范作用，因此，国家科技发展规划制定过程中的公众参与应该得到关注。2003年6月6日，国务院办公厅发布关于成立国家中长期科学和技术发展规划领导小组的通知，时任国务院总理温家宝任组长，时任国务委员陈至立任副组长，时任中科院院长路甬祥、时任社科院院

① 李真真：《“科学在社区”活动——从思想到行动》，载于江晓原、刘兵主编，《伦理能不能管科学》，上海：华东师范大学，2009: 180–193。

长陈奎元、时任工程院院长徐匡迪等24位部级领导任成员[①]。温家宝总理特别指示“本次规划要‘发扬民主、鼓励争鸣、集思广益、科学决策’”，“首次明确提出了要实施公众参与机制，鼓励社会公众以多种形式参与”[②]。领导小组“利用网络等现代化手段，通过开辟网上专题论坛等方式，广泛吸纳社会各界对此次规划制定工作的意见和建议”，与公众互动；还“采用公众调查、召开座谈会和专家访谈等方式，全面开展公众调查工作”[③]。这些做法为我国科技政策制定中的公众参与起到良好的示范作用，其经验在《国家“十二五”科学和技术发展规划》《“十三五”国家科技创新规划》和《“十四五”国家科技创新规划》制定过程中得到充分吸收和借鉴。这表明了中国政府高度重视公众参与，赋予公众表达意见和参与决策的权利。当然，还需进一步提高公众参与的广泛性，并增强对公众意见的反馈。

另一种公众参与模式是听证会。“圆明园整治工程影响听证会”是广受公众和媒体关注、产生一定社会影响的一次重要的公众参与活动。事件主要进程为：2005年3月28日“《人民日报》发表题为‘保护还是破坏’的记者署名文章，披露圆明园整治工程的环境风险”；3月30日“北京市环保局有关人士表示，该项目并没有向北京市环保局和海淀区环保局申请环境影响的评价”；4月5日“国家环保总局发出公告，决定4月13日召开该工程环境影响的听证会，并要求志愿者于4月11日前向环保总局提出参与申请”；4月13日上午9点召开听证会，有公民个人代表47人、社会团体代表13人参加，会议持续4个小时；7月7日“国家环保总局要求圆明园湖底防渗工程全面整改”。此事件还促使原国家环保总

① 《国务院办公厅关于成立国家中长期科学和技术发展规划领导小组的通知》，[2016-11-19]，http://www.gov.cn/zwgk/2005-08/12/content_22217.htm。

② 胡春艳：《初探科技决策中的公众参与》，《科学技术与辩证法》，2005，22(3)：110-111。

③ 崔永华：《当代中国重大科技规划制定与实施研究》，南京农业大学博士学位论文，2008：157-158。

局出台了《环境影响评价公众参与暂行办法》[①]。该事件一方面表明，对于正确决策而言，公众参与具有较大的影响，应该积极发挥其作用；另一方面，在时间准备、公众选取的透明性、会议持续的时间等方面都还有待完善。

第三种典型的公众参与模式是恳谈会。这主要出现在PX（para-xylene，中文名为“对二甲苯”）化工项目选址的公众参与事件之中。2006年，厦门PX化工项目开始征地建设，2007年3月在全国两会上，时任全国政协委员的中国科学院院士、厦门大学教授赵玉芬，联名其他104名政协委员，提交了《关于建议厦门沧海PX项目迁址的提案》，引起了媒体的关注，在厦门公众中引起了持续反应。6月1日至2日，厦门公众以“散步”的形式举行了游行抗议，6月1日12时46分左右厦门市政府发布新闻，宣布暂缓PX项目建设。12月5日厦门市政府宣布启动公众参与程序，12月9日12点开始报名，12月11日20点通过随机抽号的方式抽取了100名公众参加，12月13日至14日举行了公众座谈会[②]。这次事件最终使得厦门PX项目迁址到漳州，厦门市政府面对PX项目的批评意见，认清形势，积极邀请公众参与，协商决策，反映了中国公众参与科技决策的重大进步，具有标志性意义，也为后来的PX事件的解决积累了经验。在2013年昆明PX事件中，市长和副市长亲自到公众“散步”的现场进行沟通，而且，在5月13日和22日分别与40位和23位公众举行了两次恳谈会[③]。这表明了公众参与在良好发展。但是，无论上述的厦门和昆明PX事件，还是成都、广州茂名PX事件，公众仅仅是表达了反对的意见，没有为最终的决策提供有效的知识。如何让公众的知识有效地参与到问题解决的建设性方案中，是需要进一步思考的问题。

---

① 毛宝铭：《科技政策的公众参与研究》，吉林大学博士学位论文，2006: 134–136。

② 黄月琴：《反石化运动的话语政治：2007—2009年国内系列反PX事件的媒介建构》，武汉大学博士学位论文，2010: 26–34。

③ 伍玲：《新媒体时代环境群体性事件公众参与研究——以“云南PX事件”为例》，西南大学硕士学位论文，2014: 11。

科技政策是公共政策的一种，科技政策中的公众参与模式，与所在政治制度下其他领域的公共政策的公众参与模式存在很多共通之处。比如，在上述PX事件中，公众参与的一个重要事件是决策者与反对PX项目的网络意见领袖和小部分公众进行推心置腹的谈话，交流沟通意见，希望能够支持政府决策。这种做法在公共决策的公众参与中已经成为较成熟的中国特色公众参与模式，即恳谈协商。恳谈协商最早起源于浙江省温岭市的实践，具体包括“松门镇2004年渔需物资市场建设民主恳谈会”“泽国镇2008年城镇建设预选项目民主恳谈会”“新河镇2008年预算民主恳谈会”等等。恳谈会的主要程序是主持人介绍主题和备选方案、参与者进行讨论、形成共识等三个阶段。讨论阶段可以根据情况决定是否进行小组讨论[①]。恳谈协商涉及的主题众多，已取得不少成功经验，可以在适当的时候尝试在科技政策领域广泛推广。

在当代各国的实践探索中，科技政策中的公众参与正在逐步完善起来。在宏观层面上，它已从不同的角度汇聚成未来发展的潮流。从对话参与主体看，最初是决策者之间、科学家之间进行对话，“二战”前后发展成为决策者与科学家之间的对话。20世纪80年代以来，公众进入到对话的范围之中，共识会议是这种发展路线的代表。从公众参与的内容来看，从政治领域的参与发展到经济领域，再发展到社会领域。20世纪80年代公众参与扩展到科技领域，公民陪审团是这种发展路线的代表。从公众参与范围看，既有地方性的，也有整个国家范围的，还有全球范围的。从参与的层次上，既有认识论层次的，也有方法论层次的。前者主要聚焦于在认识上形成共识，比如共识会议和公民陪审团；后者主要聚焦于提出解决方案，比如愿景讨论会、21世纪城镇会议、听证会、恳谈会等等。从公众参与的国家环境看，既有资本主义制度也有社会主义制度，既有发达国家也有发展中国家。

① 付建军：《政社协商而非公民协商：恳谈协商的模式内核——基于温岭个案的比较分析》，《社会主义研究》，2015(1): 85–87。

在微观层面上，科技政策中的公众参与涉及知识输入和决策参与两个维度[①]。上述两个维度可以交叉形成四种情况，如图5-3所示。第Ⅰ种是公众的知识输入度和决策参与度都很高，比如公民陪审团和愿景讨论会在一定程度上都符合这种模式。这种模式是科技政策中公众参与发展的趋势。第Ⅱ种情况是公众在科技政策中知识输入度高，但是决策参与度低，比如共识会议和恳谈协商。这种模式是当今科技政策中公众参与的主要模式，公众的知识日益被广泛承认，被用来与专家知识进行互补，使决策更加合理。第Ⅲ种情况是公众在科技政策中的知识输入程度和决策参与程度都较低，比如问卷调查和民意测验，在这种模式下公众作为一种被研究对象参与了进来。在公众参与提出之前的科技政策制定就是如此情况。第Ⅳ种是公众的知识输入度低，但是决策参与度高，比如表决会议，这种模式在当今的科技政策中的公众参与中也很重要，但是主要形式仍然是传统的投票形式或其变种。

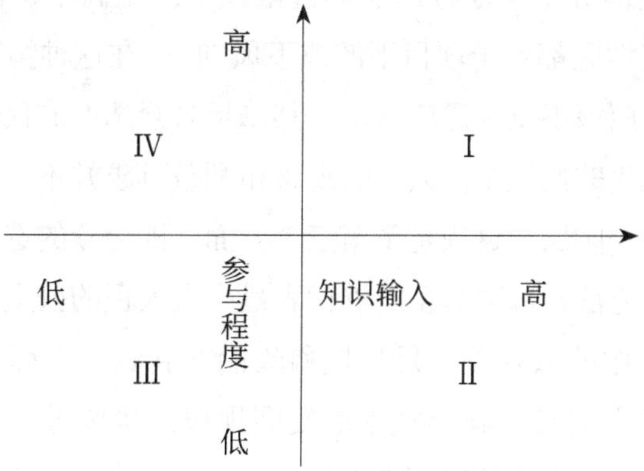

图5-3　公众参与科技政策的四种情形

科技政策中公众参与的议题、目的、时间、地点、公众的选择都

① Bunders J. G. et al., “How Can Transdisciplinary Research Contribute to Knowledge Democracy?”, in In’t Veld R. J. (eds.), *Knowledge Democracy: Consequences for Science, Politics, and Media*, Berlin: Springer, 2010, p.134.

很重要。议题应该是在公众与专家之间有较大分歧、具有社会影响的、与科技有关的问题。会议举办的目的要明确，是为了增加相互了解和共识，还是为了达成问题的解决方案。这两者之间有很强的关联性，前者往往是后者的基础，但是，前者侧重于各方充分展示自己的观点、对话和沟通，后者侧重于各方妥协、运用展示和说服技巧以使自己的利益最大化。目的不同决定了参与模式选择的不同。会议举办的时间和地点也很重要，由于科技政策中的公众参与旨在发挥社会影响力和政治影响力，因此，时间应该选取比较敏感的时间点，地址应该选择在容易产生社会影响的地点①。公众的选取必须进行认真考虑，这包括三个方面，其一是公众选取的范围，即什么范围的公众应该参加？是本地区的、本省的、区域的，或全国的？到目前为止，一般的做法是本地区的或全国的公众参加。但是，有些时候事情似乎更加复杂，比如，在中国广州南沙石化项目中，项目地址距广州市中心68公里，但是距离深圳市中心、香港元朗、澳门等不少地方都在40公里以下，距离中山甚至只有23公里，而且这些地区都处于项目下游或下风向②。在这种情况下，公众选取的范围显然应该不仅仅是广州市。其二是公众选取的代表性问题。在社会日益多元化的情境中，公众的观念和利益诉求并不一致。选取的公众应该涵盖各个阶层，这决定了第三个方面，即公众的选取方法。应该用科学合理的方法，选取真正能够代表最广大人民的公众代表参加。

科技政策中的公众参与是科技和政治发展到一定程度后，两者汇合的产物，它既要遵从科学技术的发展规律，也要遵从政治的发展规律。前者是指参与者必须以理性对话为前提，这里的理性不是指科学理性，而是指公共理性。“一种相互探讨、相互沟通，以求得共识的理智的方式”，不同态度、观点的人寻求共识的“一种理性的态度与沟通方

① Joss S., Durant J., “The UK National Consensus Conference on Plant Biotechnology”, *Public Understanding of Science*, Vol.4, No.4, 1995, p.199.

② 黄月琴：《反石化运动的话语政治：2007—2009年国内系列反PX事件的媒介建构》，武汉大学博士学位论文，2010: 48。

式”①。换句话说，参与者的意见表达不能是非理性的、情绪化的，而应该是遵循事实和规则的、有依据的。后者是指参与应该是参与者之间的一种平等、民主协商的过程。决策者、科技专家和公众各方未必从公共利益出发，可以从自己的方法和利益出发，但是不能固执地坚称只有自己的方法是对的，比如，科技专家要求决策者和公众一切以科技发展为中心，决策者要求一切围绕政治利益，公众要求科技必须做到零风险等；各方必须是开放的、包容的，必须认真倾听和努力理解对方的意见和观点，以公共利益为最终目标。

科技政策中的公众参与是解决科技专家与公众之间的信任问题、决策者与公众之间的信任问题的重要途径，是科技发展、社会发展和政治发展的时代需要，是化解社会矛盾和构建和谐社会的内在要求。科技政策中的公众参与起源于西方，积累了丰富的经验，中国科技政策中的公众参与应该借鉴国外的经验，但是必须立足于中国的实践，从中国全过程人民民主、党群关系和中国特色社会主义制度出发，建构起中国特色的公众参与科技政策的模式，为中国科技发展、政治进步和中华民族的伟大复兴做出应有的贡献。

限于人力、时间、花销等，当前世界范围内的公众参与科技决策大多规模比较小，始终面临一个根本的合法性难题，也即参与过程只对那些融入其中的人而言，具有合法性。如何择定公众代表？怎样实现公众真正参与？如何调和公众参与所体现的平等诉求与科学精英对知识的天然垄断之间的矛盾？这些问题目前仍没有很好地解决。无论怎样，公众参与科学的进程已经开启，由此诞生了公共事务中必需的公共科学。与科学家个体或科学共同体所有的科学知识不同，一种新型的科学知识登上历史舞台，即公共科学知识。

① 陈嘉明：《个体理性与公共理性》，《哲学研究》，2008(6): 77。

第六章

公共科学知识生产

第一节　从公共知识到公共科学知识

第二节　公共科学知识的生产体系

第三节　公共科学知识生产中的行动者逻辑

通过上述几章的分析，我们知道当代科学知识生产中存在多元主体参与，这使得当代科学知识具有公共属性。首先，当代科学知识生产难以由个体科学家完成，需要科学共同体的共同参与。其次，大科学发展模式下，科学知识生产在选题确定、研究资助、成果确认以及知识来源等方面受到政府、企业、媒体与公众的深刻影响，体现出一种广泛的公共性。通过政府的公共政策制定来广泛应用科学知识，是科学知识的再生产过程，再生产的知识被称为公共科学知识（public science）。公共科学知识深刻地体现了多元、异质参与者的知识主张冲突、磋商与共识达成。本章重点分析体现在公共政策制定中的公共科学知识生产过程。

第一节　从公共知识到公共科学知识

公共知识（public knowledge）是一个由“公共”（public）和“知识”（knowledge）组成的复合概念。“public”至少有“公众的、公共的、公开的、政府的、人人知道的、知名的”等多重含义，而“知识”这一概念从古至今都是学者关注的热点，其定义可谓汗牛充栋，这也就造成了公共知识这一概念的多重含义。本小节将先简略考察不同学科对这一概念的解读，再定义本书所理解的公共知识以及公共科学知识。

一、不同学科视角下的“公共知识”

“公共知识”最基本的属性是其公共性，从这个意义上说，“公共知识”是与“个人知识”作为一对对立范畴出现的。知识的公共性引发学术界的关注，也正是起源于迈克尔·波兰尼（Michael Polanyi）对“个人知识”（personal knowledge）的研究。其1958年出版的《个人知识：迈向后批判哲学》是西方学术界最早对个人知识进行系统分析的著作。波兰尼的“个人知识”旨在探讨知识的隐性和默会性，强调个人的知识、判断及兴趣在知识形成过程中的作用。他将知识分为可以言传的显性（explicit）知识和只能意会的隐性（tacit）知识两类。前者是那些编码型知识（codified knowledge），可以用语言文字、图表或数学公式表达出来，具有确定的含义和内容；后者指那些存在于个人头脑中的难以言传、难以清晰表达或直接传递的知识，其发现具有偶然性，且不能和个人、地域及社会背景轻易分离[①]。波兰尼提出隐性知识的目的在于强调认识活动中“无法避免的个人参与”，即个体特征在认识过程中的决定性作用以及（个体）认识主体对认识对象身心合一的整体理解[②]。波兰尼本人并未对公共知识进行系统研究，但他对个人知识的研究激发了学术界对于知识的非个人性或公共性的兴趣。在他之后，出现了一批明确以“公共知识”为主题的研究。

（一）科学哲学与科学社会学视野中的公共知识

英国著名理论物理学家和科学技术论学者约翰·齐曼在其《公共

① Polanyi M., *Personal Knowledge: Towards a Post-Critical Philosophy* (Rev. ed.), New York: Harper & Row Publishers, 1964.

② 余文森：《个体知识与公共知识——课程变革的知识基础研究》，西南大学博士论文，2007: 27。

知识——科学的社会维度》一书中，将科学等同于“公共知识”。他认为科学实在性（scientific reality）是通过公开的实验构建出来的，这种实验为知识与经验提供了基础。齐曼声称：“我们都完全适应于把对事物的公共看法（public view of things）当成真正的和绝对的东西来接受，而公众的看法是可以和他人分享的”。对于那个“对事物的公共看法”，齐曼和许多同时代的人都认定，“我们很自然地求助于科学——这个现代社会存储绝对知识的地方”[①]。

与齐曼一样，默顿也将科学知识视为公共知识的范本，“科学是公共的知识而不是私人的知识”[②]。在默顿看来，科学知识一经创造便自动成为公共知识。其理由在于：首先，科学知识是经受住有组织地怀疑产生的，符合逻辑和理性。其次，公有共享性是科学的主要精神气质之一，科学知识在产权上具有公有共享性或共享性。对此，他有一段明确的阐述：“科学上的重大发现都是社会协作的产物，因此它们属于社会所有。它们构成了共同的遗产，发现者个人对这类遗产的权利是极其有限的。科学伦理的基本原则把科学中的产权削减到了最低程度。科学家对‘他自己的’知识‘产权’的要求，仅限于要求对这种产权的承认和尊重。”[③]默顿意义上的“公共知识”还指科学知识的产生及传播和应用过程也充满社会性。随着人类认识的深入，认识手段愈加复杂，专业分工愈加精细，任何科学知识必须经由社会化合作才得以产生，并被社会化交流系统所吸纳[④]。

默顿规范在后学院科学时代遭遇严重挑战。公有主义将知识视为公

---

① Ziman J., *Public Knowledge. An Essay Concerning the Social Dimension of Science*, Cambridge: Cambridge University Press, 1968, p.33.

② [美]R. K. 默顿：《科学社会学：理论与经验研究》（上册），鲁旭东、林聚任译，北京：商务印书馆，2003: xxxiii。

③ [美]R. K. 默顿：《科学社会学：理论与经验研究》（上册），鲁旭东、林聚任译，北京：商务印书馆，2003: 369–370。

④ 张文辉、罗云平：《论默顿的公共知识观以及科学论文制度在中国的异化》，《甘肃高师学报》，2010(1): 135。

共产品，要求在科学共同体内部交流和分享，其回报是荣誉性的社会承认和学术地位。而在后学院科学时代，知识成为重要的经济资源，研发活动（R&D）变成知识生产的主要方式，由此所产生的大量的专有知识和隐含知识很难在知识共同体内部交流而成为公共知识[①]。

“公共知识”这一主题也得到了国内科学哲学学者的关注。吴建国将人类知识分为私人知识和公共知识两个系统。前者是人们将自己的亲身经验和他人经验系统化、逻辑化、简捷化所形成，其内容和获得方法都无唯一标准，只要自己满意就行；后者则是由社会全体成员的知识贡献而形成的知识集，能被全体社会成员学习和共享。就科学知识、私人知识和公共知识三者的关系而言：“个人知识系统中能通过‘科学化之筛’的部分，称为科学化建构的知识（科学知识）。科学知识并不必然是公共知识，它还必须通过‘社会化之筛’的筛选（共约竞争）。公共知识系统还含有非科学知识，私人知识系统中的科学知识亦未全部进入公共知识系统。”[②]

王维国和杨鹏亮认为科学知识的“公共性”重在认知维度的“社会化的可重复性”，即“某一经验不仅能被某一个观察者本人可重复，而且社会上其他任何合格的观察者只要实现相同的条件也可以重复。它是相对于只能由某观察者本人所重复的个人经验而言的”[③]。只有那些具有社会化可重复性的经验事实才能被称为科学事实或客观事实，构成了科学知识的直接基础。正是社会化可重复性使得知识可传达，使得认识主体的主体间性成为可能，进而保证知识的客观有效性。

安维复和郭荣茂从科学知识的地方性和普遍性的辨证视角看待科学知识的公共性。他们认为，将科学知识视为具有普遍意义的命题系统的传统观点与将其视为地方性知识（实践与文化）的后现代哲学观点

---

① 林慧岳、孙广华：《后学院科学时代：知识活动的实现方式及规范体系》，《自然辩证法研究》，2005(3): 34。

② 吴建国：《从私人知识到公共知识的建构》，《自然辩证法研究》，2004(12): 65。

③ 王维国、杨鹏亮：《论科学知识的公共性维度》，《商丘师范学院学报》，2004(1): 21。

并非不可调和。“地方性知识和普遍性知识实际上是同一种知识的两个环节，因其具有可检验性、解题能力和可接受性等共享因素。知识的公共性（普遍性）体现在较多的可检验性、较强的解题能力和较广的可接受性。科学知识是地方性知识和普遍知识（公共知识）的对立统一”①。

科学哲学学者的讨论基本上都是围绕“科学知识是否是公共知识”这一问题展开的，对非科学知识的关注较少。他们关于公共知识的公共性内涵，可以总结为：在知识形式上是编码型的显性知识；其标准由集体约定；可以在社会成员间传达；通过集体认可的方法获得和检验；认识主体的复合性；产权的公有共享性或共享性；较多的可检验性、较强的解题能力和较广的可接受性。学者们基本上放弃了知识的绝对真理观，因此，公共知识也只是相对而言，视公共性的相对强弱而定。

（二）教育学视野中的公共知识

传播知识是教育的基本使命，“公共知识”也受到了教育学学者的关注。在其博士论文《个体知识与公共知识——课程变革的知识基础研究》中，余文森将公共知识作为与个体知识对立的范畴，梳理了波兰尼、罗素和波普尔的知识理论，如表6-1所示。他系统论述了公共知识的内涵、性质、价值、增长方式及其相互关系。他认为公共知识主要是“指社会大众公有共享的客观知识，是可以用书面文字、图表或数学公式加以表述的明确知识”②。他还从认识主体构成、主体间的关系结构、基本向度、认知方式、知识来源、实际内容、基本性质、知识信念等八个方面比较了个体知识与公共知识的特征，如表

① 安维复、郭荣茂：《科学知识的合理重建：在地方性知识和普遍知识之间》，《社会科学》，2010(9): 107。

② 余文森：《个体知识与公共知识——课程变革的知识基础研究》，西南大学博士学位论文，2007: 28, 注1。

6-2所示。

表6-1　个体知识与公共知识概念谱系表①

	个体知识（individual knowledge）	公共知识（public knowledge）
波兰尼	Tacit（inarticulate）knowledge 隐性知识、内隐知识、缄默知识、默会知识、意会知识	explicit（articulate）knowledge 显性知识、外显知识、明确知识、明言知识、言传知识
罗素	个人经验、私人知识、单个人的知识	科学知识、社会的知识、普遍知识、超越经验的知识
波普尔	主观知识、主观精神世界、世界2、意识经验世界	客观知识、客观精神世界、世界3、文字符号世界

表6-2 个体知识与公共知识特征对照表②

	个体知识	公共知识
知识主体构成	单一主体性	复合主体性
知识的向度	理解-个性化	认识-公共性
知识主体的关系结构	个人性、独立性	社会性、交往性
认识论	生活认识论（注重生成、建构）	科学认识论（注重发现、继承）
知识的来源	直接经验	间接经验
知识的内容	心理、精神、意义、价值	本质、科学、规律、真理
知识的性质	主观性、差异性、不确定性	客观性、普遍性、确定性
知识信念	后现代主义知识观	现代主义知识观

（三）图书情报学视域下的公共知识

图书情报学领域的学者们认为图书馆作为人类社会保存、传播与利用知识的机构，其本质是公共知识管理中心。例如，龚蛟腾认为：公

① 资料来源：余文森，《个体知识与公共知识——课程变革的知识基础研究》第34页。
② 资料来源：余文森，《个体知识与公共知识——课程变革的知识基础研究》第34–35页。

共知识的“公共”含义是指“属于社会的，公众公有公用的”[①]。陈则谦对公共知识的概念、特征和功能进行了归纳。在概念方面，他认为知识的公共属性与私人属性此消彼长，构成了一个连续体。公共知识和私人知识位于连续体的两端。公共属性方向上的知识表现出公开、公有、共享、公用的特性，私人属性方向上的知识表现出专有、专享、专用的特性[②]。在特征方面，公共知识具有内容的共识性、形式的编码化、获取途径的公开性和使用的较少限制等特征，可概括为：公益、公开、共享[③]。公共知识的社会价值主要体现在：“它是社会的整体知识存量，是社会成员社会化的前提，是实现知识创新的基础，是实现社会交流、维系社会存续的纽带”[④]。

（四）政治文化视域下的公共知识

上述三种学科视角讨论的是在所有公共领域内具有普遍意义的公共知识。著名的科学技术论（STS）学者贾萨诺夫则从公共知识的政治合法性维度，以“公民认识论”作为概念框架，分析特定文化中是如何获取公共知识的[⑤]。

这一视角首先强调公共知识的社会建构性。公共知识是特定社会中的行动者就集体选择议题提出知识主张（knowledge claims），经过论证、争论和确认等社会过程后达成的共识。公共知识是被生产出来的。任何知识主张（不论是科学家还是决策者提出的），要成为公共知识，

---

① 龚蛟腾：《知识管理学：图书馆学之上位学科》，《中国图书馆学报》（双月刊），2006(5): 81。

② 陈则谦：《探析“公共知识”——概念、特征与社会价值》，《图书馆学研究》，2013(5): 3。

③ 陈则谦：《探析“公共知识”——概念、特征与社会价值》，《图书馆学研究》，2013(5): 4。

④ 陈则谦：《探析“公共知识”——概念、特征与社会价值》，《图书馆学研究》，2013(5): 2。

⑤ Jasanoff S., *Designs on Nature: Science and Democracy in Europe and the United States*, Princeton: Princeton University Press, 2005.

都必须经历这一生产过程。其次，公民认识论强调公共知识标准以及生产方式的文化差异性，这是与其社会建构性相关联的。贾萨诺夫认为，不同国家拥有不同的政治文化和科学文化以及与此相适应的政治制度，这导致各个国家拥有公共知识的不同标准及生产方式。

（五）“公共知识”的一般概念及其公共性

科学哲学、科学社会学、教育学、图书馆学和政治文化学等不同学科的学者对公共知识的概念和内涵存在理解上的差异。其根源在于对知识“公共性”的不同认识。这种公共性体现在经济、认知和政治三个维度。上述各学科的研究往往强调其中的某个维度。概括起来，公共知识可以被一般界定为具有公共性的知识，其公共性可以从经济、认知和政治等三个维度来理解（表6-3）。

表6-3　公共知识的公共性维度

经济维度	1. 所有权共有 2. 使用权非竞争与非排他性
认知维度	1. 生产主体的集体性 2. 知识规范的共约性 3. 知识形式的编码化和显性化 4. 知识内容的共识性
政治维度	政治合法性

从经济维度看，公共知识作为一种典型的公共物品，具有公有共享性。在所有权方面，公共知识应该能够被全部社会成员所共享，具有公有、公用的含义。在使用权方面，公共知识具有获取的公开性和使用的非竞争性和非排他性。“能够在多大范围（集体、群体、组织、地方、区域或社会）内被自由获取，也体现了知识的公共性程度。可以公开获取的、在公共领域中较少使用限制的知识属于公共知识的范畴。”[①] 公

① 陈则谦：《探析“公共知识”——概念、特征与社会价值》，《图书馆学研究》，2013(5): 3。

共知识的经济属性是将知识作为一种最终产品的角度来描述的。

从知识的认知本性及其生产过程来看，公共知识具有鲜明的社会建构性，集中表现在：①生产主体的集体性。公共知识的认识主体不是个人，而是集体。集体的范围可小至一个社区或某一特定群体（如科学共同体），大到一个国家甚至整个人类社会。认知集体的范围越大，所获得知识的公共性就越强。②知识规范的共约性。公共知识的标准及生产程序、知识主张的验证方法、认识主体的行为规范等都是由一定范围内的认识主体共同约定的。这些约定既具有某些普遍性，也会因社会文化和制度的差异而具有某些地方性。③知识形式的编码化和显性化。公共知识是借助工具和符号将个人知识编码化的结果。与个人知识的隐性化和不确定性相比，公共知识是被外化、被表征、被载体了的知识。④知识内容的共识性。认识主体在共同的知识规范制约下，以编码化的知识形式提出自己的公共知识主张，各种主张经过辩论、磋商和公共方法的验证，不同社会成员之间对于某一事物的认识最终达成了共识。

从知识的政治维度来看，公共知识还需通过政治合法性的检验。当今知识社会，知识与社会秩序共生，知识逐步成为一种重要的政治资源，“政治行为和政治行动的很多方面都将围绕着知识的产生、争议和使用方式所展开”[①]。因此，公共知识与其他的政治产物一样，必须具备政治合法性。知识合法性的检验标准和方式与特定社会的政治文化紧密相关。在民主国家，判定知识是否合法要以公民的普遍接受为标准，即所谓“知识的民主化”。其检验有可能由公民直接决断，如通过游行、全民公投等方式表达他们对某一种公共知识主张的接受或反对[②]。直接检验用得较少，最常见的还是代理检验，即由公民所信赖的代表

---

① Jasanoff S., *Designs on Nature: Science and Democracy in Europe and the United States*, Princeton: Princeton University Press, 2005, pp.9-10.

② 例如，在切尔诺贝利核电站事故后，由于意大利公众强烈担忧核电站的安全性，意大利于1987年举行了一次全民公投，投票结果决定停止一切核电站建设。

（例如议员、科学家、公共媒体、NGO等）代为考察。在一些存在复杂性的公共议题中，普通公众几乎不可能真正掌握议题的相关知识，因此，他们会授权其所信赖的知识代理人，代替他们检验相关知识主张的政治合法性。如果被信赖的代理人认可相关知识主张，该主张就可能视为具有政治合法性。从这个意义上说，公共知识并不意味着它必须为全体社会成员所共同理解，而只要求其通过政治合法性检验。作为决策基础的公共知识不一定全能被公众理解。对于复杂的决策议题，无论参与程度如何，都不能保证公众与政府官员和专家在知识的本质理解上达成一致。在这个情况下，知识的公共性主要体现在其政治合法性，即该主张经过了公众或其信赖的知识代理人的认可。

需要强调的是，公共知识是一个相对性的概念，处在普遍知识和地方性知识之间，“它的真理性是一个实践问题，遵循真理的共识论思想，即在实践中将被大多数同类型的认识主体共同接受的知识为真理”①。经济、认知和政治三个维度中的前两者是公共知识性质的基本维度，所有的公共知识都具有这两个维度的性质，大部分公共知识并不需要通过政治合法性的检验。这种检验往往涉及公共决策情境中的公共知识。

二、公共决策情境中的“公共知识”

公共知识可以根据公共领域的公共性强弱，分为一般性公共知识和集体决策情境中的公共知识。大多数公共知识都是人们普遍共有和共享的常识性知识，运用于日常生活中。例如，太阳东升西落、水从高处流到低处等等，都属于公共知识的范畴，通常与公共决策无关。此外，基础科学研究领域获得的知识，通常也远离公众，与公共决策无关，但仍然是公共知识，诸如，物理学关于物质构成基础的“夸克模型”，等

① 周小兵：《真理的共识论与文化共识》，《社会科学辑刊》，2003(2): 22。

等。所谓集体决策情境中的公共知识，是指那些作为集体选择基础的知识，它们是人们关于决策议题的共同理解，是决策者赖以做出决策议题相关事实判断的理论、数据和方法。从来源看，它可以是科学技术知识、人文社会科学知识和社会常识。这种关于公共决策议题的可靠的、客观的，并最终为决策者所吸收和运用的知识，即所谓公共决策中的“公共知识”。

公共知识是确保决策科学化和民主化的重要因素，它决定着公共政策的理性程度，也是其重要的合法性来源，决定着公共决策在认知方面的合法性。通常所说的决策共识主要是强调决策利益相关者在利益分配上的共识，然而，决策共识实际应同时包括政策相关者在决策议题的认知上的一致和利益分配上的一致。而公共知识更强调其认知上的一致性。作为一种特殊的公共知识，公共决策情境的公共知识能够拓展对集体选择议题的理解，增强集体对某项政策主张的支持，同时公共知识生产过程中的公民参与还有助于培育公民和公民社会。公共决策相关的公共知识必须同时满足认知、经济和政治三个维度的公共性。其中，政治合法性是其最为突出的特性。认知维度的真理性与政治维度的合法性并不总是能够相互推导的，公共决策相关公共知识常常同时承受着两种性质的张力。

三、公共科学知识及其公共性

当今知识经济与知识社会中，有效的公共决策离不开科学知识的支撑。然而，在实际的公共决策过程中，基于不同的知识背景、认知方式以及价值偏好，人们围绕同样的决策议题的相关事实，往往会提出多种科学知识主张。这些主张既可能相互补充也可能相互冲突。在核电站建设、转基因食品安全、全球气候变暖等广受争议的与科学相关的公共决策议题上，科学知识的这种特征显得更为突出。以转基因食品安全评价为例，伦理学者关于转基因食品对人类伦理造成的冲击，经济学者对转基因食品经济效益的分析，分子生物学家对转基因技术科学机制的分析，食品安全学者对其营养成分的研究和生态学家对其生态影响的评估，都是对“转基因食品安全性”这一复杂事实的多角度理解。它们相互补充，不可相互替代。它们之间也存在冲突，既发生在学科与学科之间，也发生在学科内部。前者如，分子生物学家大多认为转基因食品是安全的，而生态学家大多认为其存在潜在的生态风险。后者如，法国科学家塞拉利尼的“食用转基因玉米导致小鼠致癌实验”引起了食品安全学者内部的争论。

这种现象根源于公共决策中的科学事实判断的复杂本质。首先，科学事实本身具有多重维度。公共决策中的事实至少涵盖自然事实和社会事实两个维度。前者是对自然世界运作方式的客观陈述，通常以科学技术知识的形式呈现；后者是科学技术的应用对人类社会影响的客观评估，涉及政治、经济、伦理等多重社会维度。即便人们对决策相关的自然规律很清楚（掌握了自然事实），当这种规律应用到人类社会时，其影响可能也是不确定的。更困难的是，许多科技决策议题的自然原理本身尚不清晰，其社会应用将可能造成社会事实的双重不确定。其次，事实判断与价值判断并非截然可分，决策过程中的事实判断是一个与价值关涉的过程。人们的兴趣出发点，以及对于什么是重要或是不重要的观念，深刻影响到主题的选定、问题性质的界定、事实的截取。对于具有不同价值倾向的人来说，事实本身也呈现出不同的形态[①]。最后，正因为事实的多重维度以及价值和利益立场的差异，科技决策相关的事实判断，并非简单地经由科技决策咨询形成，而是具有特定认知方式和利益倾向的多元行动者博弈和磋商的结果。理性的公共决策不能完全依赖于某一特定的事实维度、学科或行动者的知识主张，而应当建立在对决策相关事实的多维度的共识性理解之上。这种共识性理解就是公共决策中

① 王锡锌、章永乐：《专家、大众与知识的运用——行政规则制定过程的一个分析框架》，《中国社会科学》，2003(3): 117。

的公共科学知识（简称“公共科学知识”）。

公共科学知识具有典型的“公共属性”，主要体现在三个方面。

（1）认知维度的科学合理性。公共科学知识应当符合逻辑，与经验现象一致，可以经由公共认可的方法验证。同时，科学合理性还必然要求知识形式的显性化。“个人知识依存于人的大脑，是未经编码化的知识，公共知识是借助工具和符号将个人知识编码化的结果。知识只有具备公共性的形式才能够被传达，知识编码化使得知识获得了公共性的样态。与个人知识的隐性化和不确定性相比，公共知识是被外化、被表征、被载体了的知识。”[①] 科学合理性是对公共科学知识在知识本性上的基本要求，缺少科学合理性很可能造成灾难性的决策后果。例如，基于“亩产万斤”这一与经验严重不符的事实判断而发动的冒进，造成了严重的困难。

（2）经济维度的公有共享性。公共科学知识可以被视为一种典型的公共物品。从其所有权来看，应该能够被全部社会成员所共享，但又不为任何社会成员所占有或控制，具有公有、公用的含义。在使用权方面，应当具有获取的公开性和使用的非竞争性和非排他性。对公有共享性的要求是为了保障公共利益免受少数知识垄断者操控。它意味着在决策相关事实判断中，信息公开程度较高，公众可以较为便捷地获取必要知识和信息。

（3）政治维度的合法性。公共科学知识是一种进入政治场域的特殊知识。作为公共决策议题相关事实判断的依据，它与价值判断一样要接受政治合法性的检验，即决策议题的相关知识主张必须经过公众的普遍认可。马克思·韦伯认为，政治合法性有三种来源类型，即传统型、法理型和个人魅力型。三种类型都是理想类型，历史上的合法性形式都

① 陈则谦：《探析“公共知识”——概念、特征与社会价值》，《图书馆学研究》，2013(5): 4。

是这三种类型不同程度的混合[①]。公共科学知识的合法性也同样来源于这三种类型的混合，其具体内涵和检验方式因历史时期和社会文化背景不同而存在差异。在当代社会里，政治合法性主要以法理型的形式存在。某项公共科学知识主张是否合法，主要取决于它是否严格遵照特定的规则，由制度规定的个人或组织按照既定的程序和形式提供，但传统观念、领袖人物对知识主张合法性的赋予也起到很大作用。

这三种公共属性是公共科学知识不可或缺的。缺少科学合理性可能造成灾难性的决策后果；缺少公有共享性，决策可能被少数知识集团用于谋取特殊利益；而缺少政治合法性，决策得不到公众的支持，决策将难以做出，或者即便做出也难以执行。就三者的相互关系而言，科学合理性与经济公有共享性之间具有较强的相互独立性。一般情况下，这两者都可以增强政治合法性，但并不必然意味着政治合法性。特殊情况下，政治合法性也可以独立于科学合理性与经济公有共享性而存在。例如农业“大跃进”决策所依据的知识“亩产万斤”，就明显违背经验常识，缺少科学合理性，决策过程也严重不透明，缺少公有共享性，但在当时却具有很强的政治合法性。

第二节　公共科学知识的生产体系

不同群体或个人对于涉及科学的公共决策议题相关事实的陈述只是一种公共科学知识主张，要成为公共科学知识必须经受“公共性”检验。在这一过程中，多种知识主张经过提出、辩论、整合与合法化，成为社会认可的公共知识，即人们就事实判断达成的共识。这一检验过程即为“公共科学知识生产”。它涉及通过何种程序、采用何种标准、采

① [德]马克思·韦伯：《经济与社会》（上卷），林荣远译，北京：商务印书馆，1997：239–241。

纳谁的知识主张，本身就是公共决策的重要组成部分，贯穿于决策过程的所有阶段。“生产”这一概念着重于把握公共决策相关事实判断的动力学机制，强调决策过程中的知识吸纳和运用并非简单地由专家传递给决策者的单向过程，而是一个多元博弈主体基于特定利益诉求和认知倾向的复杂的社会互动过程。与决策议题相关的、各种来源的已有知识，在进入决策/政治系统后，都要经过一个社会化的再生产过程。这些知识在这一过程中相互竞争、整合，结果有些被排除出决策系统，有些经过修正后保留，有些情况下会产生新知识。个人知识被转化为组织知识，隐形认识被转化为显性知识，最终形成一种关于决策议题的、多维度的共识性理解。

公共科学知识生产能够拓展和加深对集体选择议题的认识，增强集体对决策方案的支持力度，是决策科学化和民主化的必然要求。为了获得公共科学知识，各个社会里都存在复杂而精致的公共科学知识生产体系。一般而言，它由行动者、生产空间、生产过程、生产组织形式、质量控制、公共问责和生产制度等七个构件组成。

一、行动者（Actors）

公共科学知识的生产者并不局限于自然科学家和社会科学家以及技术专家，人文学者、企业、媒体、政府乃至普通公众等利益相关者都可能成为行动者，扮演着各种角色。其中，政府处于核心地位。它是公共科学知识的主要需求者、生产活动的组织者、合法性的仲裁者。其他行动者参与公共科学知识生产的最终目标都旨在影响政府决策。

（1）政府[①]。政府是公共科学知识生产最为核心的行动者。这种核心地位体现在：首先，政府是公共科学知识最主要的生产者，拥有最

① “政府”这一概念既可以仅指公共行政机构，即狭义上的政府，也可以指包括行政、立法和司法机构在内的广义上的公共机构。本书的“政府”范畴是指后者。

为庞大的生产体系。政府通过下属的科研机构和统计部门直接获取和存贮海量与公共议题相关的知识，用于公共管理和决策。此外，政府还通过合作、委托等方式，雇用企业、社会组织、外部专家以及专家机构等获取公共科学知识。其次，政府是公共科学知识合法性的仲裁者。一般情况下，政府具有裁决某种公共议题的相关知识主张是否合法和合理的权威。最后，政府是公共科学知识的最终使用者。其他行动者参与公共科学知识生产的最终目标都指向影响政府决策。政府系统的行动者，可以简单分为政府内部技术官僚和决策者，前者是政府内部知识的生产、加工和存储体系，由政府专门机构和政府专业人士组成，负责向决策者提供决策支持。理想中的政府应该是利益中性的，即政府本身不为自身谋取特殊利益。

（2）专家。由于现代公共事务的复杂性，公共管理和决策也越来越需要各类专家提供专业知识的支持。专家决策咨询作为一种现代公共决策机制，在大多数国家和大多数公共领域建立，并被制度化。专家是指掌握了专业知识和专门技能的人，具有认知权威性；他们来自于大学、学会、协会、企业、研究机构或智库，从政府外部向政府决策者提供智识支持。专家决策咨询活动所普遍采用的形式包括：专家书面咨询意见、组织专门研讨会或论坛、课题招标或委托研究、专家服务团活动、听证会等①。在公共知识生产过程中，专家及专家团体应当尽可能地保持客观和利益中立。但由于不同的学科背景以及本身的特殊利益，专家的知识主张也可能偏离利益中立原则。

（3）公众。通常认为公众参与公共科学知识生产会引入非理性因素，降低决策的科学性。在公共科技决策中，公众常常被以议题复杂、缺少相关专门训练为由排除决策在外。在非民主国家，公共决策往往为政府和专家所垄断，公众往往没有参与意识和参与渠道；即使在很多民主国家，公众也被认为只在价值判断上具有合理性，而事实判断应该交

① 朱旭峰：《专家决策咨询在中国地方政府中的实践：对天津市政府344名局处级领导干部的问卷分析》，《中国科技论坛》，2008(10): 21。

由政府和专家。然而，公众的参与对于公共科学知识生产至关重要。首先，这是民主的应有之义，公众作为公共决策的作用对象和决策后果的最终承担者，有权介入到公共科学知识生产之中；其次，从公共科学知识的合理性角度看，来自公众的知识，也能弥补政府和专家知识的盲点，扩大决策制定的知识基础，提高公共科学知识本身的理性程度。再次，公众参与可以抑制专家统治和政治家独断的负面效应。“公众知识可以帮助科学实现其自身的语境化、具体化，从而指导知识远离专门意见带有偏向性的利益。”[①]最后，有利于形成共识。公众参与能提高决策的可接受性，减少决策出台和执行的阻力，“有助于促进一个更开放、更具回应性的公共官员体系形成”[②]。从实际情况看，公众参与已经成为无法阻挡的潮流。在参与能力方面，个体的、理性的和拥有信息的决策者数量显著增加。结果，专门知识的高度分散化、个体化形式超越了等级制的和集权式的形式，而后者正是现代性的特点所在。现在，我们都是专家。在参与意愿方面，人们对于私人竞技场和公共竞技场之间不能彼此契合的不满增加了：“人们越是期望公开的专门知识可以反映个体的私有经验和个体化专门知识，对此就会越失望。个体参与和个体选择已经破坏并替代了现代性的庞大决策结构。结果，西方自由民主对不断协商共识的依赖已然显现，甚至是在那些原来认为不可能彼此妥协的领域中。”[③]

公众以集体行动的方式参与到公共知识生产中，但多数情况下是其中的积极分子（activist）或公民社会组织起到了代表作用。公众参与也存在一些问题，例如：公民参与的不完整性，有组织的利益群体更积极；与管理绩效相抵触，时间成本高；缺少专门知识导致不必要的质

① [瑞士]萨拜因·马森、[德]彼德·魏因加编：《专业知识的民主化？》，姜江、马晓琨、秦兰珺译，上海：上海交通大学出版社，2010: 21。

② [美]约翰·克莱顿·托马斯：《公共决策中的公民参与》，孙柏瑛等译，北京：中国人民大学出版社，2010: 22。

③ [瑞士]海尔格·诺沃特尼、[英]彼得·斯科特、[英]迈克尔·吉本斯：《反思科学：不确定性时代的知识与公众》，冷民等译，上海：上海交通大学出版社，2011: 247–248。

疑、增加管理成本、阻滞改革与创新；追逐特殊利益，导致更广泛的公共利益缺失，等等[①]。为应对这些问题需要选择恰当的公众参与的介入程度、介入阶段、参与目的和参与方式等。

（4）企业。当今市场经济中，市场成为包括知识在内的各种资源配置的主要方式。作为市场主体的企业，具有强大的知识生产能力和博弈能力。与此同时，当今社会进入知识经济时代，知识超越资本，成为最为重要的经济资源。企业作为一种特殊利益者，其知识主张与其特殊利益密不可分。其特殊利益可以超越社会甚至国家。企业也在通过运用自身的实力，不断地生产和应用知识，并积极向政府游说，试图让政府采纳对自己有利的知识主张。因此，企业也是公共知识生产体系中的重要行动者。

（5）大众媒体。媒体是特殊的行动者。大众传媒在知识日益公共化这一变化过程中起到了关键的作用，它将知识传播给公众，对其进行选择、强调，并在它自己的权力范围内对其进行修整[②]。“我们看不到世界本身，看到的是被大众媒体选择和解释过的世界。”[③] 媒体无疑是公众感知风险的最重要途径，可通过对公共话题报道力度的控制来制造或改变公众关注的焦点。“在转基因议题建构过程中，媒介按照自己的框架综合文字、图像以及其他各种符号，将原始信息加以包装。其对议题信息来源的选取则直接影响公众对于议题的认识。”[④] 原则上，媒体的社会责任在于将各方观点呈现出来，但媒体本身也可能有自身利益，也可能被特殊利益集团所赎买。另外，大众媒体由具体的媒体人运作，而媒体人有其特定的认识和立场，可能偏向于传播某个群体和某种知识主张。

随着社会交往的加深，不同群体之间的交流也更为紧密，出现了一

① [美]约翰·克莱顿·托马斯：《公共决策中的公民参与》，孙柏瑛等译，北京：中国人民大学出版社，2010: 17–19。

② [瑞士]萨拜因·马森、[德]彼德·魏因加编：《专业知识的民主化？》，姜江、马晓琨、秦兰珺译，上海：上海交通大学出版社，2010: 11。

③ 徐洁、蒋旭峰：《媒介权力简论》，《学海》，2003(5): 89。

④ 杨莹：《转基因议题建构过程中的“去科学化”现象——基于对报纸媒体的实证分析》，《新闻爱好者》，2012(2): 5。

批联系不同群体的特定中介组织，也被称为边界组织。它们跨越政治、企业、公众、媒体和科学等社会领域的边界，起到连接和沟通作用，但并不隶属于某一特定领域。其中包括科学与政治的边界组织——各类决策咨询委员会，以及科学与媒体间的边界组织——各种科学技术媒体，如科学松鼠会等。

二、生产空间（Space）

一般认为科学知识生产发生在科学共同体内部，而公共科学知识生产，则超出了科学共同体的范围，在更广阔的公共领域中进行[①]。这些公共领域既包括正式的政治系统所提供的空间，例如议会、法院和行政机构，也包括政府平台之外的广场、街道、公民论坛等公民自发公开表达知识主张的平台和场所。大众媒体也是极为重要的公共平台，能够把知识主张传递给多数社会成员。除了上述有形的机构和场所外，随着互联网的兴起和广泛运用，虚拟网络这种新型的公共领域在公共生活中日益发挥重要作用，特别是在那些现实公共空间受到严格限制的社会里，更成为公众表达和讨论最为重要的公共空间。

三、生产过程（Procedures）

公共知识生产是一种制度性活动，遵循一定的程序。一般包括如下四个基本阶段：提出知识需求、表达知识主张、交流与辩论、合法化。公共知识的生产过程与公共决策过程紧密交织在一起。

① 狭义的公共科学知识生产，仅指由政府组织在其管辖的公共领域内开展的、正式的制度性生产活动。这也是各国占主导地位的公共知识生产活动。然而，实际上，仍然有许多公共领域，例如传统上自治的公民组织以及新兴的互联网，未被列入政府管辖范围。广义公共科学知识生产则泛指在所有公共领域内，对作为集体选择之基础的科学知识主张予以检验、评估和合法化的所有集体行动。我们可据此将公共科学知识生产体系划分为政府和民间两大部分。

提出知识需求往往发生在公共决策的议程设置阶段。决策议题限定了应当研究什么问题，即确定了公共知识生产的对象。议题往往有很多面向，受时间和资源的约束，决策不可能关切所有面向，只能关注那些重要问题。然而，究竟什么问题是重要的？行动者往往各有其倾向，争夺“生产对象”界定权也就不可避免。

表达知识主张发生在决策方案制订阶段。方案提出者通过表达知识主张论证其方案的合理性。不同群体的表达形式、风格和渠道往往有较大差异，例如，专家知识多为专业性的研究报告，表达风格严谨，充满了专业术语，多用数字证明其客观性。企业的知识主张多以广告形式呈现，通过实物展示，证明其产品的可靠性。普通公众的知识主张多为经验知识，特别是亲身体验，具有很强的主观性。知识主张通过不同的渠道被传递给决策者，例如，专家既可能通过决策咨询等方式直接将关于特定决策议题的理解直接传达到决策者，也有可能通过媒体报道、撰书写文等方式，公开表达自己的知识主张。公众的知识表达方式也是多样的，既可以通过听证会等正式的政治管道将主张直接传达给决策机构，也可以通过媒体报道的方式、公共集会的方式将主张间接传达。公共知识主张以何种形式被呈现以及以何种渠道被呈现最可信，在不同的社会里和不同政策领域都是有所差别的①。

交流与辩论发生在决策方案选择阶段，行动者就其知识主张与其他

① 为什么展示方式很重要？因为数据、信息和知识的不同之处在于：信息是被整理和编辑过的数据，而知识则是被理解并纳入到信念系统的信息。夏平在《利维坦与空气泵：霍布斯、玻意耳与实验生活》一书中就这样写道：“在实验操作中，保证见证者增衍的方式之一，就是在社会空间中执行实验。实验室与炼金术士的密室相反，正在于前者是公共的空间，而后者是私密的空间。气泵实验惯常是在皇家学会一般的集会室中执行，机器会特别为此场合而搬到该处。玻意耳在报告其实验成果时，通常会特别标明许多实验执行时有精明人士在场，或者说他是在一群卓越而专精之士（亦即实验的观众）面前做的那些实验。与玻意耳合作的胡克，将皇家学会标准实验记录的程序编集成典，登记册中必有实验时在场者一定数量的签名，而见证所有提及之程序者，皆以签名表示其证词不容置疑”。参看，[美]史蒂文·夏平、西蒙·谢弗：《利维坦与空气泵：霍布斯、玻意耳与实验生活》，蔡佩君译，上海：上海人民出版社，2008。

行动者互动，交流各自观点，反驳对立主张，辩护自身主张。理想情况是不同的知识主张经过交流和辩论后被整合而成关于决策议题较为全面和客观的认识，大多数行动者就事实判断达成了某种程度的共识，但也可能行动者在交流后对事实判断仍然存在很大分歧。无论哪种情况，最后都需要公共权威裁决到底何种知识主张被作为决策的知识基础，这一裁决过程即为公共知识主张的合法化。

合法化在决策颁布阶段进行，决策者在此阶段确定最终决策方案，并通过法律、行政命令等形式予以合法化，支持该方案的公共知识主张也随之被合法化。需要强调的是，如同产品经过质量检验后并不一定就是合格的产品一样，经过合法化过程确认的公共知识主张并非就一定具有强公共性，因为裁决机构和程序本身的权威性不足有可能削弱人们对它的认可程度。

四、生产组织形式（Organization）

科学活动的社会性的本质特征在于它是一种社会组织。这种组织对行动者具有结构性的影响，科学家就是在这些由组织设定的框架中进行日常的知识生产的[①]。公共科学知识生产无疑也是一种有组织的社会行为，受到组织形式的结构性制约。对其组织形式的考察至少应该涉及：①参与生产的组织及其组织化程度。政府、大学、科研机构、企业组织、公民社会组织和大众媒体是公共知识生产中的主要的组织类型。在不同的社会中，同类组织的组织化程度、资源组织能力和行动能力往往有很大不同。②组织之间的分工与协作关系。通常政府在公共科学知识生产中处于核心地位，应该着重考察其他知识生产机构与政府的关系。③政府内部的相关组织体系。考察政府机构内部围绕公共科学知识生产

① 赵万里、薛晓斌：《科学的智力组织和社会组织——惠特利的科学组织社会学述评》，《科学技术与辩证法》，2001(6): 43。

形成的分工情况，包括权力的集中与分散程度（是由单个部门主导还是多部门协调）、行政分层特征（机构金字塔结构或扁平结构）等。

五、质量控制（Qualify Control）

如同其他形式的社会生产一样，公共科学知识生产也需要对产品的质量进行控制。这涉及质量标准和控制机制两个方面。

在质量标准方面，衡量科学知识生产的产品是否合格的主要标准是科学合理性（可重复性、客观性、逻辑一致性等），而鉴别公共科学知识生产产品的优劣，要看其公共性程度，即对科学合理性、经济公有共享性和政治合法性的符合程度。质量优劣取决于这三个维度的复合表现。在特定社会文化中，三种公共性被赋予的权重可能不同，人们可能相对更看重某个维度而相对忽略另一个维度。此外，对三种具体性质的测度标准可能也因社会文化而异。哈佛大学的贾萨诺夫教授曾对此作过经验比较研究，她发现：以科学合理性中的客观性为例，美国人看重知识主张的量化程度，而英国人主要看重具有良好公共服务记录的社会精英个体之间的协商一致程度，而德国人看重代表性机构之间的协商一致程度[①]。

在质量控制机制方面，科学知识的核心质量标准是科学合理性，其基本控制机制是科学共同体自主进行的同行评议。公共科学知识的科学合理性也仍然由专家同行评议来实现，但与科学界同行评议不同，其知识来源的代表性将大为扩展，参与评议的不仅有科技专家，还包括社会科学家、行政管理专家、实践专家和相关人文学者。此外，评议过程与行政过程紧密结合，这也是公共科学知识生产的典型特征。“当市场扩大并开始依赖于外部资金，通常是国家资金时，这种正式的同行评议过

① Jasanoff S., *Designs on Nature: Science and Democracy in Europe and the United States*, Princeton: Princeton University Press, 2005, pp.264-267.

程不是被取代，而是被通过委员会以及各种其他程序的更加官僚化的质量控制形式所补充。”[①] 公共科学知识的经济公有共享性通过合理的知识产权制度和信息公开机制实现。前者要求知识所有权的垄断程度在保护创新者的积极性与保障公共利益之间维持平衡。后者意味着公众对公共科学知识生产拥有知情权，他们可以便捷地获取决策议题相关知识，同时，生产过程保持较高的透明度。至于政治合法性的控制机制，现代社会中政治合法性主要为法理型，它意味着公共科学知识生产的规则必须经过公众的同意和授权，并且这种规则得到严格执行。实现这两者的关键都在于有效的公众参与。到目前为止，各国在此方面的做法差异较大，也发展出多种形式的公众参与，但真正能够做到让公众满意的参与却极为少见。围绕全球气候变暖、转基因生物技术应用、核电发展与PX项目建设，在多国出现持续争议，而且争议持续扩张。这暴露出当代社会中的知识民主要求的持续高涨，以及现实中决策科学化与民主相背离的困境。

六、公共问责（Public Accountability）

公共问责制起源于共和民主国家的政治管理，最初专指行政问责制，是特定的问责主体针对各级政府及其公务员承担的职责和义务的履行情况而实施的，并要求其承担否定性结果的一种规范[②]。问责的逻辑基础是权力与责任对等。只要在权力范围内出现某种事故，必须有人为此承担责任。公共科学知识生产是一种政治活动，当因事实判断出错导致科技决策失误时，掌握了公共权力的行动者也必须承担相应的责任。与行政问责制类似，对公共科学知识生产体系的公共问责制的理解也应

---

① [英]迈克尔·吉本斯等：《知识生产的新模式：当代社会科学与研究的动力学》，陈洪捷、沈文钦等译，北京：北京大学出版社，2011: 56–57。

② 王忠国：《完善行政问责制需实现三个突破》，中国改革报网站，（2010–04–26）[2020–02–22]，http://www.crd.net.cn/2010-04/26/content_5144845.htm。

当从问责主体、问责客体、问责范围、问责过程和问责结果等几个主要方面来把握。

各类行动者中，政府是公共权力的主要行使者，因此毫无疑问它必须承担相应的责任，包括道德责任、政治责任、行政责任和法律责任等。除政府外，其他行动者，特别是掌握知识权力的专家应当承担何种责任？是否以及如何对其问责？目前社会各界对此仍有较大争议，有待深入探讨。例如，2009年意大利拉奎拉地震夺去超过300人的生命。震后，6名地震专家因涉嫌对地震风险的不当评估误导民众而被告上法庭。这场诉讼引起了世界广泛关注。许多公众和媒体人主张参与决策的科学家应当对决策失败承担刑事责任，而科学家群体对此强烈反对。他们认为：科学知识本身存在不确定性，不可能保证知识不出错，只要不是主观故意，科学家就不应当被问责；另外，科学家的责任不能由某个个体承担，他（她）只是代表了所在学术共同体的专业判断，要承担责任也应当是集体责任。

七、生产制度（Institutions）

在特定的社会里，为规范公共科学知识生产，国家以法律、法规、指导方针与政策等形式对以上六个方面作出具体安排。这就是公共科学知识的生产制度，例如，前文提到的美国《联邦咨询委员会法案》，以及英国政府科技办公室于1997年发表的《政策制定过程中的科学咨询》、欧盟委员会于2000年发布的文件草案——《预防原则》等等。它们为公共科学知识生产过程中的社会行动提供了制度舞台。在生产实践中，由于制度本身的完善程度和可执行性等因素，行动者可能偏离制度规定，或是遵照一套与国家明文法规不一致的非制度性规则。这种情况在转型社会中较为普遍。生产制度一旦形成便具有一定的刚性，短期内难以改变，即便变迁也具有很强的路径依赖性。

第三节　公共科学知识生产中的行动者逻辑

公共科学知识生产是具有特定的议题认知和利益诉求的行动者，在生产制度的约束下，依托其资源网络，采取多种行动策略的博弈过程。其中，生产制度为行动者提供了行动舞台，对行动者的行为产生外在的结构性约束；议题认知、利益诉求和政治参与意识综合作用，构成了行动者介入公共知识生产的动机；而资源禀赋则奠定了行动者行为选择的基础，也对行动者的行为选择构成内部约束。行动动机、资源禀赋和行动策略组成了“为什么”“凭什么”和“怎么做”的行动逻辑，如图6-1所示。

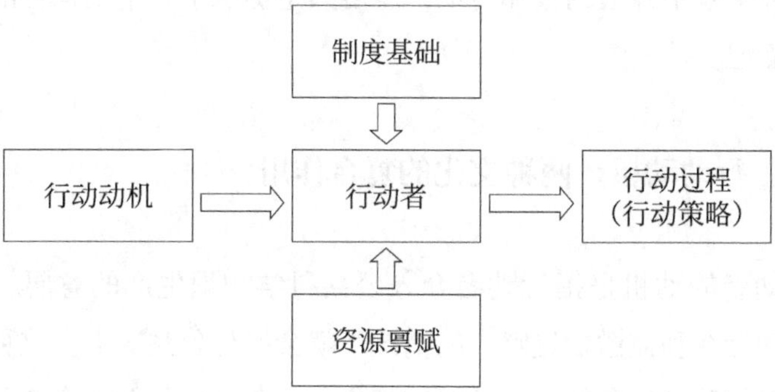

图6-1　公共科学知识生产中的行动者逻辑

一、行动舞台：制度结构

制度为公共科学知识生产提供了行动舞台，限定了合法的公共科学知识生产的范围。与公共科学知识生产相关的制度结构包括四个层次：最高层次的政治制度、宏观层面的国家科技决策体制[①]、中观层面的特定科技领域决策机制以及微观层面的具体领域的知识生产制度。四个层

① 国家科技决策体制是科技决策权力分配的制度和决策程序、规则、方式等的总称。

次结构之间是嵌套关系，当低层次的制度无法容纳或规范行动者的行为时，行动者会自动受到上一层次制度的制约。有时行动者会主动突破低层次制度的限制，在更高层次的制度平台上开展行动，以推广其公共知识主张。最底层的生产制度本身往往是行动者在更上一层次制度博弈的产物。例如，在中国转基因作物安全评价决策中，公共科学知识生产相关行动者首先直接受到我国农业转基因科技决策制度的制约，如国务院出台的《农业转基因生物安全管理条例》及其配套法规；其次，他们还要受到我国农业科技决策体制的制约；最后，他们还必须在我国的科技决策体制和政治制度框架内开展行动。需要强调的是，实际的公共科学知识生产并不一定严格按照制度规定进行，而是具有主观能动性的行动者在具体情境中开展的集体行动，制度只是提供了一个结构性的外部约束框架而已。

二、行动动机：两种文化的复合作用

行动者的动机是指行动者介入公共科学知识生产的意愿。通常认为，行动者在利益激励足够大的情况下就会参与公共决策。这种观点实际上是对行动者复杂的行动动机的简化，未考虑到其他两个重要的文化因素。第一、行动者的政治参与意识。即便是行动者认为决策与自己的利益切身相关，如果行动者没有参与政治的意识，行动者也不会采取行动。这种政治参与意识是在行动者所信奉的政治文化中培育起来的。第二、行动者对决策议题的认知。行动者对决策后果利益影响的判断建立在其对议题的认知基础之上；而行动者的认知方式及其所掌握的知识在其议题认知中起到了极其重要的作用。在公共科技决策中，行动者对决策议题的认知受到其所信奉的科学文化的支配。因此，行动者的行动动机的产生可以被视为科学文化与政治文化复合作用的结果。其具体的产生机制如图6–2所示。

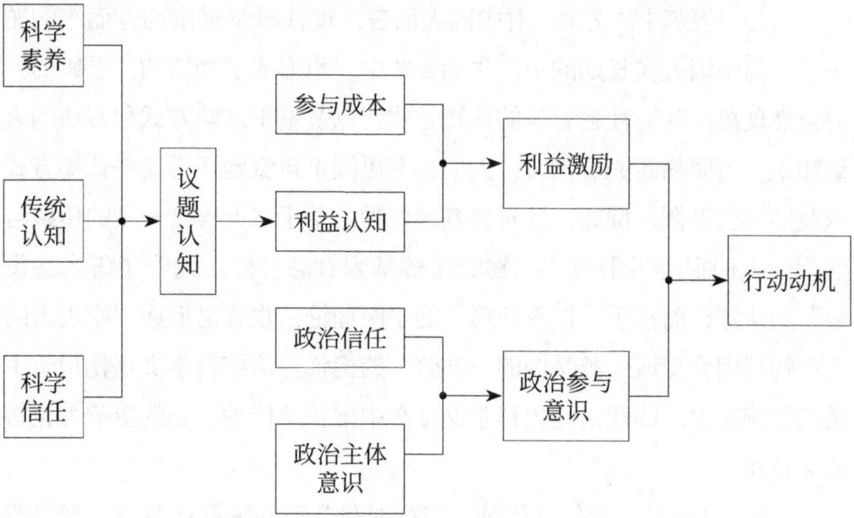

图6-2　行动者的行动动机产生机制

（一）议题认知

议题认知是指行动者所掌握的、关于决策议题事实上如何的知识。例如，在转基因作物安全评价决策中，转基因技术的科学原理、评价所采用的技术手段以及转基因作物产业化可能产生的风险等都属于议题认知范围。人们对科技决策议题的认知是科学文化的产物，具体而言，是由科学文化中的三个主要要素共同塑造。

（1）现代科学素养。一般认为，科学素养由相互关联的三部分组成：科学知识、科学方法和科学对社会的作用。具体而言，指拥有“足够的能力理解一定的科学技术概念；对科学的研究过程和方法达到基本的了解程度，具备科学的思维方式，能在日常生活中判断某种说法在什么条件下才有可能成立；能够正确理解科学技术对社会和个人所产生的影响，对个人生活及社会生活中出现的科技问题能做出合理反应”[1]。

① 蔡铁权：《公众科学素养与STS教育》，《全球教育展望》，2002(4): 25。

（2）传统科学文化。对中国人而言，现代科学是由西方而来的舶来品，但中国人在长期的生产生活实践中，也形成了独特的、系统的、对自然现象及其对社会影响的认知方式，以及基于这些方式和方法的大量知识。当面临新的事物时，人们也有可能不自觉地运用这些认知方式以及知识去把握。例如，针对转基因作物，基于“天人合一”的传统自然观，人们很容易形成“动物吃了转基因食品会死，人吃了怎么会没事”的认知；而基于“以形补形”的中医理论，也容易形成“吃进去的动植物基因会变成人类基因的一部分”的担忧。传统科学文化扎根于中国的传统文化，即便是现代科学文化在中国快速传播，它的影响力也将长期存在。

（3）对科学家的信任程度。包括对科学家的解释和改造自然界的能力的信任程度以及对其德行的信任程度。后者在中国更为重要，因为中国人传统的认识论可以概括为德性认识论，试图用道德的规范性说明知识的规范性[①]；知识的真理性与主张者的道德品质不可分离，只有那些道德高尚的人才能获得真谛。基于此逻辑一旦科学家的道德品行受到怀疑，他们提出的各种知识观点也就被认为是错误的。

在中国，现代科学文化和传统科学文化并存，行动者对决策议题的认知同时受到两种文化的影响。在现代社会，科学知识无疑具有最高的权威性；在与新科学技术有关的公共决策过程中，当行动者对决策议题缺乏了解时，他会首先求助于现代科学，听从科学家对此问题的看法。但当公众对科学家持怀疑态度时，公众会运用基于传统科学文化产生的经验知识理解决策议题。

（二）利益激励：利益认知与参与成本

利益激励是指行动者对于参与公共科学知识生产的预期收益大小。

---

① 江怡：《知识与价值：对德性认识论的初步回答》，《北京师范大学学报》（社会科学版），2012(4): 88。

利益激励越大，行动者越有可能介入公共科学知识生产。利益不仅包含物质性利益，还包括诸如权力、声望、社会地位、影响力等价值性利益，所有这些构成了利益的广义范畴，成为社会个体和群体竞相追求的目标[①]。一般而言，绝大多数行动者会在物质性利益的驱动下采取行动，影响公共知识生产；然而，也有少数行动者的行动目标不是为了追逐物质性利益，而是为了实现组织存在的理念和信仰等价值性利益。例如，许多公益组织和环保组织就属此类。

利益激励由利益认知和参与成本共同塑造。利益认知指行动者对决策是否与自己利益相关以及利益得失大小的判断，它以行动者的议题认知为基础。利益认知是行动者产生利益激励的前提。如果行动者判定决策与自身利益无关或较小，理性的行动者一般不会介入决策过程；只有判断利益相关（利益获得较大或利益损失较大时），才有可能介入。

参与成本是影响利益激励的另一关键变量。介入公共决策需要投入一定的时间、物力和财力等成本，行动者的利益激励等于其预期收益与预期成本的差值；差值越大，行动者参与的动机越强。

（三）政治参与意识：政治主体意识和政治信任

即便是产生了足够大的利益激励，行动者也不一定会参与，行动者的参与动机还与其政治参与意识有关。政治参与意识由政治主体意识和政治信任共同塑造。政治主体意识是人们对于自身影响政治系统的能力的认知；政治信任是人们对于政治系统行为正确、恰当并符合公益的信心[②]。政治参与意识产生的逻辑如下表6–4所示。

一般情况下，政治参与意识越强，行动者越有可能参与行动。在政治信任与政治主体意识的四种组合中，对政治系统不信任同时具有较

---

① 陈水生：《当代中国公共政策过程中利益集团的行动逻辑》，复旦大学博士学位论文2012: 107–108。

② 刘伟伟：《80后的政治意识和政治参与》，思想库，[2015–3–10]，http://think.sifl.org/?p=2243。

强政治主体意识的行动者具有最强的参与动机；而相信政府可以维护自身利益同时缺少政治主体意识的行动者最不可能参与。政治参与意识属于政治文化范畴，与议题认知、利益激励等影响行动动机的其他变量具有相对的独立性；三者共同作用决定行动者是否会参与公共科学知识生产。

表6-4 行动者政治参与意识的形成逻辑

政治信任 / 政治主体意识	程度高	程度低
强	政治参与意识较强	政治参与意识强
弱	政治参与意识弱	政治参与意识较弱

三、行动能力：资源网络

陈水生曾将利益集团的资源网络总结为5种类型：经济、政治、组织、信息（知识）资源和关系[①]。借鉴此分类方式，可以将公共科学知识生产相关行动者拥有的资源按上述类型划分。不同类型的资源在特定情形下可以相互转换，从而形成多重复合的资源网络，最终塑造行动者的行动能力。

（1）经济资源。财力是行动者最为重要的基础性资源。行动者自身发展及行动都离不开资金支持。财力雄厚的行动者在政治过程中往往受到优待，经济资源还有助于发展其他资源。例如，在转基因作物安全评价决策中，经济资源最雄厚的莫过于转基因农业技术企业。它们可以雇用知识精英为其知识主张代言，也经常与广告和媒体结盟，塑造有利于其自身的舆论。在特殊情况下，他们也可以运用经济资源俘获政治精

① 陈水生：《当代中国公共政策过程中利益集团的行动逻辑》，复旦大学博士学位论文，2012: 127–132。

英，直接影响公共科学知识生产。

（2）政治资源。政治资源是指行动者“在政治场域中所拥有的政治资本、政治影响力和政治关系网络以及本身所具备的政治技巧和经验”[①]。在中国社会，政治资源首先体现在行动者与官僚精英的政治关系。其次，行动者及其代言人的政治地位和身份也是一种重要资源。

（3）知识资源。政策制定是一个信息高度密集型的过程，拥有信息（特别是其他人得不到或很少得到的信息）的人通常会扮演重要角色[②]。在政策制定过程中，知识和信息是重要的博弈工具，可以运用其提出更有说服力和吸引力的政策方案，也是攻击竞争对手的利器；在政策执行过程中，官僚集团同样需要相关知识推进政策顺利执行。因此，拥有知识和信息优势的行动者在公共决策，特别是在技术复杂性公共决策中具有突出优势。例如，在转基因作物安全评价决策中，转基因科学家和转基因技术企业掌握着最为重要的信息资源。

（4）组织资源。行动者的组织资源主要指行动者的组织化程度、成员规模、领导技巧以及专业能力等等[③]。

（5）关系资源。关系资源是指行动者与其他行动者的关系网络。关系资源能帮助行动者找到合作者，并瓦解竞争对手联盟。在生产过程中，不同行动者往往会根据具体情势选择与其他行动者竞争或合作。在某些具体情况下，非正式的社会关系网络会起到极其重要的作用。另外，行动者与政治体系特别是与官僚的关系决定行动者在生产过程中能否赢得更大的发言权。

总之，不同行动者的资源网络结构存在着一定差异。以上五种资源要素行动者可能都具备，但其优势可能各有不同。一般而言，具备以上

① 陈水生：《当代中国公共政策过程中利益集团的行动逻辑》，复旦大学博士学位论文，2012: 129。

② [加]迈克尔·豪利特、M. 拉米什：《公共政策研究：政策循环与政策子系统》，庞诗等译，北京：生活·读书·新知三联书店，2006: 99。

③ 陈水生：《当代中国公共政策过程中利益集团的行动逻辑》，复旦大学博士学位论文，2012: 130。

资源数目越多和强度更高，行动能力更强。但在具体决策过程中，则要具体分析他们的利益诉求强弱以及博弈对手。

四、生产过程：行动策略

行动策略是公共科学知识生产过程中，行动者为说服决策者接受其知识主张所采取的行动方式。受不同科学文化、政治文化以及政治制度的影响，不同国家的公共科学知识生产相关行动者会采取不同的行动策略。在公共科学知识生产的不同阶段，行动者会根据其行动资源网络，使用不同的策略及其组合。

（1）表达策略。表达策略涉及知识主张的表达渠道、表达形式和表达风格。其中，表达渠道往往决定了表达形式和表达风格。中国公共科学知识主张的表达渠道分为制度化表达渠道和非制度化表达渠道两种。制度化表达渠道主要包括政府、人大、政协、公共舆论和信访等；非制度化渠道主要包括非正式的个人接触、贿赂、雇用知识专家造势、召开新闻发布会等方式。

（2）争辩策略。争辩策略是指行动者如何驳斥竞争性观点，为自身知识主张辩护。争辩策略的运用与公共辩论平台直接相关。公共辩论平台通常包括科学共同体、政治系统和公共舆论三种类型。在中国，由于回避争议的科学文化以及特殊的政治体制，前两个平台很难发挥作用。公共科学知识的辩论主要在公共舆论中进行，行动者常用的辩护策略包括利用科学权威、诉诸文化传统、借助政治权威乃至伪造数据或事实、质疑对方动机和人身攻击等非理性方式。

（3）合法化策略。合法化策略是指行动者在最终决策阶段如何影响决策者的判断。为达到特定目标，行动者通常采取两类行动策略：第一、多重游说。游说的方式主要有：接近政治权威和决策核心；通过专家学者等知识代言人游说；通过施压性行动如上书、公开信等集体行动；通过主管部门及领导或人大、政协提案等。第二、俘获官僚。其典型表现是行动者与官僚精英结成利益联盟，从而让官僚为特定行动者集团服务。而科学、权力与资本的结盟在当今中国也显著存在。

除上述针对特定阶段的行动策略外，“合作联盟”和“形塑舆论”这两种策略往往贯穿于整个生产过程。其中，合作联盟是行动者之间基于各自利益考量，为更有效地影响决策而建立的行动联合体；而形塑舆论指行动者通过新闻媒体或施压性集体行动塑造公共舆论，从而影响公共科学知识生产。对于缺少政治资源的行动者，运用相对自由且影响力巨大的互联网等新兴舆论工具成为其塑造舆论最重要的手段。

第七章

科学共同体内外的民主互动：以中国食盐加碘政策的制定为例

科学共同体是民主典范，也是推行知识民主的核心力量。通过第五章的分析，我们知道：依赖多重发现、同行评议与重复实验等方式，加以普遍主义、公有主义、无私利性、有条理的怀疑精神等科学规范的约束，科学共同体在知识生产过程中实施民主。通过第六、七章的分析，我们知道：现代社会中科学知识的大规模社会应用需要通过政府的政策制定与实施。这一过程本身要满足相关群体的利益诉求，否则，会出现政策难产或难以实施的情况。基于科学知识制定政策的过程是一个科学知识再生产过程，即公共科学知识的生产。在这一过程中，科学知识由科学共同体进入到公共领域。在政策变迁过程中，不同行动者采纳来源不同的科学知识为其观点辩护，围绕知识主张本身及其后果的合理性展开论争。在现代国家制度中出现了一类中介性组织——专家咨询委员会，承担知识转移与利益磋商的功能。本章以2009年前后引发社会热议的中国全民食盐加碘政策的制定为例，来分析科学共同体内外的民主互动。

第一节　中国的食盐加碘政策及其争议

自1979年中国政府颁布实施食盐加碘政策以来，针对“是否应在全国范围实施食盐加碘”一直存在争议。在政策制定之初，《食盐加碘消除碘缺乏危害管理条例》第十五条便明文规定，“除高碘地区外，逐步实施向全民供应碘盐”。“全民食盐加碘”由此成为官方的政策推动口号。1994年之后，在食盐专卖制度的管制下，绝大多数民众都只能选用中国盐业公司生产的加碘盐。无论在官方会议还是新闻媒体报道中，都称该政策为全民食盐加碘政策。

一、食盐加碘政策的起源：碘缺乏病防治

中国的食盐加碘政策起于碘缺乏病防治。碘缺乏病表现为甲状腺肿大，又称“瘿”“影袋”“影囊”“大脖子病”“粗脖根”“气颈”等，在中国有着长达3000年的漫长流行史①。长期以来，它被视为威胁我国绝大多数地区的地方病，又被称为地甲病（地方性甲状腺肿大）。中华人民共和国成立后，甲状腺肿（地甲病）防治工作得到政府部门的高度重视，被列入《1956年到1967年全国农业发展纲要》，作为中共中央地方病领导小组组织开展的地方病防治工作的重点之一。同时，在医学工作者的推动下，该疾病成为中国首个内分泌科研规划的研究重点②。

早在20世纪40年代，姚寻源、姚永政、张昌颖等专家就组织甲状腺肿流行病学调查，进行食盐加碘防治实验。这些尝试取得良好成效，为新中国成立后卫生行政部门开展食盐加碘防治地方性甲状腺肿试点奠

① 龚胜生：《2000年来中国地甲病的地理分布变迁》，《地理学报》，1999，54(4): 335–346。

② 于志恒、王厚厚、胡文媛：《碘盐中碘化物稳定剂的研究报告》，《河北医科大学学报》，1960(2): 141–145。

定了良好基础。朱宪彝、马泰、于志恒等人在河北承德进行了为期长达5年的地甲病临床和防治观察实验。这段研究证实了在我国山区大量存在的痴呆、听障、瘫痪病人确系碘缺乏所致，并可通过食用加碘盐补碘防治①②。1973年，中共中央北方防治地方病领导小组成立，并在北方病区全面推广碘盐。1979年，国务院批转了《食盐加碘防治地方性甲状腺肿暂行办法》。这是我国首个有关食盐加碘防治碘缺乏病的法规性文件。该文件确立了我国坚持以食盐加碘为主的碘缺乏病综合防治策略，明确提出了“病区供应，非病区不供应”的补碘原则。20世纪80年代初，领导小组还主持完成了全国范围内的碘缺乏病调查，划定了全国病区范围。

20世纪80年代以来，以澳大利亚巴兹尔·赫特泽（Basil Hetzel）教授为代表的一大批学者发现，甲状腺肿是人体对碘缺乏的一种代偿反应，碘缺乏对人体的损害不仅是甲状腺肿大，还包括脑组织损伤、智力迟滞、体格发育障碍等。长期以来，脖根粗大的甲状腺肿是民众特别是官员对于这一疾病的直观理解，严重影响了对疾病防治重要性的判断，没能对碘缺乏病防治工作给予足够重视。赫特泽等人提出用碘缺乏病（iodine deficiency disorder）代替过去的地方性甲状腺肿，认为碘缺乏病是胚胎到成人期由于碘摄入不足所引起的一系列病症③。此后，该概念逐步为学术界所接受，并在世界范围内广泛流传开来。赫特泽等人的工作改变了国际社会对于防治碘缺乏病的重要性的认识。

在世界卫生组织和国际控制碘缺乏病理事会（International Council for the Control of Iodine Deficiency Disorders，ICCIDD）等国际组织的推动下，食盐加碘成为世界通行的防治碘缺乏病的主要手段。1994年，为

---

① 卢倜章、张钧、马泰等：《承德地区地方性克汀病的临床观察》，《天津医药》，1965,(1): 1–8。

② 于志恒：《碘盐防治地方性甲状腺肿和克汀病的经验》，《赤脚医生杂志》，1979,(8): 4–6。

③ [澳]巴兹尔·赫特泽：《征服碘缺乏病：拯救亿万碘缺乏受害者》（第二版），陈祖培等译，天津：天津科技翻译出版公司，2000。

有效防治碘缺乏病，实现到2000年基本实现消除碘缺乏病的目标，中国政府颁布了《食盐加碘消除碘缺乏危害管理条例》，开始实施强制性的全民食盐加碘政策[①]。

二、碘缺乏病防治中的国家智囊及其运作机制

在推进碘缺乏病防治工作中，中国卫生行政部门逐步成立了三大国家级科技咨询机构，确立了比较完善的“监测—反馈—策略”运作机制。

首先是1987年成立了中国地方病防治研究中心和卫生部地方病专家咨询委员会。不久，因政府体制改革，地方病防治领导小组及其办事机构被撤销，改由卫生部成立地方病防治局承担原有防治任务。为做好地方病防治工作，卫生部撤销了原有的医学科学委员会，成立了中国地方病防治研究中心，2002年更名为中国疾病预防控制中心地方病控制中心。该中心的主要任务是根据卫生部提出的控制和消灭地方病的工作要求，负责提供技术咨询、科研成果的鉴定及推广使用的建议。该中心下属的碘缺乏病研究所是中国目前唯一专门从事碘缺乏病防治的研究机构，也是全国在该领域的科学研究牵头单位。该研究所的主要任务是：从事碘缺乏病的防治和研究，拟订与碘缺乏病防治相关的法律法规和技术标准，并为防治工作提供科学依据；协助国家卫生行政部门制定碘缺乏病防治策略和防治规划，协调全国碘缺乏病的流行病学调查、综合考察、技术攻关与协作，以及全国碘缺乏病防治人员业务培训、技术指导和信息交流。相应地，地方负责部门设在当地的疾病预防控制中心承担数据监测、技术传达等任务。

同时成立的卫生部地方病专家咨询委员会源于1979年6月在北方地

---

① 刘婷婷、滕卫平：《中国国民碘营养现状与甲状腺疾病》，《中华内科杂志》，2017, 56(1): 62–64。

方病科研工作会议上成立的中共中央北方地方病领导小组学术委员会。该学术委员会根据地方病的不同类型，下设有专题研究组，其中朱宪彝教授担任学术委员会副主任委员兼地甲病组长。小组名称后来进一步规范为卫生部地方病专家委员会碘缺乏病组，2010年后改为卫生部疾病预防控制专家委员会地方病防治分委会碘缺乏病组（下文中均简称为“卫生部碘缺乏病专家咨询小组”）。小组自1987年成立至2010年，先后有6届，30名专家，计62人次入选。2010年时任组长是来自天津医科大学的陈祖培教授，他从1993年起进入专家组，1996年后连续4届担任专家组组长。专家组成员主要来自地方病学界和一线地方病防治机构，2010年后，有来自公共卫生学界的专家成为专家组成员。

其次，卫生部还于1995年成立了隶属于中国疾病预防控制中心传染病预防控制所的卫生部消除碘缺乏病国际合作项目技术指导中心。该中心的主要职能被描述为：配合卫生和盐业管理部门与有关国际组织、有关国家政府和非政府机构建立联系，寻求和联络在社会动员、技术措施及经费上的支持；协调国内各有关技术部门在消除碘缺乏病的食盐加碘、健康教育、监督监测、社会动员等方面提供技术支持工作；检查合作项目的进展情况，针对存在的问题及时提出改进建议；组织力量对项目省提供技术指导和服务；协助卫生和盐业部门组织实施碘缺乏病项目的培训活动；与健康教育部门合作，制定并落实全国消除碘缺乏病的健康教育和传播策略；与碘缺乏病专业部门合作，管理、分析和运用监测数据，建立碘盐的监督监测系统。同属该所的国家碘缺乏病参照实验室则组织对各省、地（市）、县的尿碘、盐碘实验室进行实验室外部质量控制，培训相关工作人员。

为全面、系统掌握全国碘缺乏病防治现状，1994年以后中国卫生部门还逐步建立了一个从中央到地方、功能不断完善的碘缺乏病监测体系。这主要包括两年一次的碘缺乏病调查评估和每年一度的全国碘盐监测和高危地区监测。调查评估由卫生部指定中国疾病预防控制中心地方病控制中心下属的碘缺乏病防治研究所组织开展。该所对碘缺乏病监测技术进行指导，并对监测结果进行汇总分析。我国先后于1995年、1997年、1999年、2002年、2005年和2012年在全国范围内开展了6次大规模的监测活动[①]。碘盐监测是指各级疾病预防控制机构或地方病防治机构在各地卫生行政部门指导下，组织开展的旨在了解本区域内碘盐生产、销售和居民食用情况的监测活动。该项工作主要由卫生部消除碘缺乏病国际合作项目技术指导中心统筹负责。高危地区监测则是2006年在新疆发现新发克汀病后，卫生部在西部新发克汀病区增设的新项目。通过这套监测体系，国家卫生部门实现了对碘缺乏病情、人群碘营养状况和居民食用盐碘含量的监测。监测工作为中国可持续性消除碘缺乏病提供了包括调查儿童甲肿率（触诊和B超检查）、儿童尿碘测定（中位数）、食用盐碘含量、居民户使用碘盐的合格率以及儿童血清TSH浓度的测定等在内的各项基础数据。

在监测基础上，各组织单位在对所得结果进行项目分析及综合评估，并经卫生部碘缺乏病专家咨询小组讨论后向政府部门提出报告，对全民食盐加碘政策实施中出现的问题进行分析并提出建议，对部分政策进行调整。在每一轮的监测结束后，都会开展相应的问题反馈和策略调整工作。通过以上的步骤，由卫生部门负责的我国碘缺乏病防治工作形成了一套完整的“监测—反馈—策略”机制[②]。如1995年的监测结果发现有部分碘盐的碘浓度过高，对加碘水平实施了不得超过60 mg/kg的上限值的规定。1997年监测发现存在乱用加碘保健品和碘油丸的情况，根据结果采取政府行为，制止了向重点人群滥补碘的错误，提出科学补碘的原则和口号。1999年，中国学者根据监测与研究结果，特别是碘盐稳定性的研究成果，建议调整碘盐浓度，并在世界上首次提出把尿碘水平降至300 μg/L以下。中国学者认为该指标是可接受的碘营养水平，既能

① 郑庆斯、徐菁等：《中国碘缺乏病监测系统及其在碘缺乏病防治中的意义》，《中国地方病防治杂志》，2010(6): 428–451。

② 孙桂华：《我国实施全民食盐加碘防治碘缺乏病的现实和期望》，《国外医学内分泌学分册》，2003(3): 147–149。

向人群提供足够的碘，又把副作用的危险性降至最低水平。根据此建议，中国政府于2000年将加碘水平由50 mg/kg下调到35±15 mg/kg（加碘水平为35 mg/kg，±15 mg/kg是指碘在盐中允许的均匀度的范围）。

三、2009年以来的全民食盐加碘政策争议

实施食盐加碘政策以来，中国在防止碘缺乏病方面取得显著效果，2000年“在总体水平上基本实现了消除碘缺乏病的阶段性目标”。①然而，2009年《南都周刊》发表封面文章，把近些年甲状腺疾病频发与全民补碘联系起来，怀疑国人补碘过量、因碘致病，进而质疑一刀切的全民食盐加碘政策②。尽管卫生部随后公开否认了这种猜测③，但一时间舆论沸腾，由此引发了一场旷日持久的、关于是否应当继续坚持全民补碘政策的社会大讨论④。2010年7月，卫生部就最新编制的《食用盐碘含量》国家标准公开征求意见，新标准计划将加碘量从20 mg/kg～60 mg/kg修改为20 mg/kg～30 mg/kg。不少媒体将此解读为食盐含碘量将比原来调低一半甚至以上，认为这证明了之前社会所猜测的补碘过量、因碘致病等问题。究竟是否应当全民补碘？这一话题再次成为公共的热议焦点。卫生部援引国家食品安全风险评估专家委员会的评估报告，称我国居民的碘营养状况处于适宜和安全水平，此次加碘量

---

① 张文康：《齐心协力为持续消除碘缺乏病而努力奋斗——中国2000年实现消除碘缺乏病阶段目标总结暨再动员大会工作报告》，《中国地方病学杂志》，2001，20(1): 1–4。

② 陈鸣、许十文、单崇山：《碘盐致病疑云》，《南都周刊》，2009(338): 25–39。

③ 2013年，根据第十二届全国人民代表大会第一次会议批准的《国务院机构改革和职能转变方案》和《国务院关于机构设置的通知》（国发〔2013〕14号），改组卫生部，组建国家卫生和计划生育委员会。2018年3月，根据第十三届全国人民代表大会第一次会议批准的国务院机构改革方案，再次改组为中华人民共和国国家卫生健康委员会。由于本文讨论的食盐碘化决策主要发生在2013年之前，当时仍由卫生部主导相关决策，如无明确说明，下文仍称卫生部。

④ 白剑峰：《我国人群碘营养水平总体适宜（热点解读）》，《人民日报》，2009-08-13(6)。

标准调整是一次很正常的微调①。

尽管争议重重，卫生部还是于2011年9月15日发布了新的《食用盐碘含量》国家标准（GB 26878—2011），并于次年开始正式实施。然而，争议并没有因此而平息，相反，它带给公众更多的困惑。到底有没有补碘过量？碘过量是否致癌？个人是否还应继续食用加碘盐？关于这些问题的讨论与报道时不时地见诸报端，各类传闻充斥网络空间。一些人大代表、政协委员也持续发声，呼吁取消全民补碘政策，放开无碘盐市场，把选择权还给公众。

第二节 专家咨询小组与科学共同体的民主互动

卫生部碘缺乏病专家咨询小组是国家卫生部在碘缺乏病防治方面的专家咨询机构。在实践中，内分泌学与地方病学领域的学者在食盐加碘问题上一直存在不同的知识主张。专家组的组成及人员调整直接影响了不同知识主张在政策中的实现。专家咨询小组发挥着向政策制定提供科学知识的作用，其活动也体现了科学共同体与政策相关方的互动。

一、内分泌学界与地方病学界的学术争论

1996年实施全国范围内食盐加碘政策后，临床一线的内分泌专科医生很快就在实际工作中发现罹患甲状腺疾病人数不断增多。这引起了他们的注意和猜测。1998年，滕卫平就发文呼吁关注临床医生这一

① 参见：《中国食盐加碘和居民碘营养状况的风险评估》，2009；卫生部就乳品安全国标情况举行例行新闻发布会，(2010-07-13)[2012-08-30]，http://www.china.com.cn/zhibo/2010-07/13/content_20476283.htm?show=t。

发现[①][②]。几乎同时，来自地质、地理等学科的学者也发文呼吁科学补碘。他们认为：中国人口众多、地域辽阔、水文地质情况复杂，在如此大国补碘不应一刀切，应根据各地具体情况，实施食盐加碘政策。这样才能“在有效的预防和控制碘缺乏病的同时，又不至于引起高碘病增加的负面影响”[③][④]。但学科的差异使得这些来自地学相关专业的学者只能是呼吁科学补碘，而不能给出补碘过量的危害证据。

尽管来自全国各地内分泌专科医生都不断反映类似情况，但他们却并无来自“流行病学调查的确切数字”。这一状况在2000年后开始发生变化。这一方面是因为全面加碘几年后，临床医生有了一定的病例积累；另一方面，滕卫平等学者开始组建类似碘致甲状腺疾病这样的课题组，开展针对成人甲状腺疾病的流行病学调查和实验研究。相关学术成果很快就发表出来了。从2000年开始，滕卫平领导的中国医科大学碘致甲状腺疾病课题组的成果不断发表出来。他们对3个不同碘摄入量地区的大规模流行病学横断面对比研究，发现碘摄入量增加导致低碘地区甲亢发病率呈一过性增加[⑤][⑥]，过度补碘地区的甲减患病率显著增加[⑦]，还发现高碘地区甲状腺癌的发病率明显高于低碘和适碘地区[⑧]。同期，其他学者的研究也显示了类似状况，如黄勤等对上海某大型国营企业的调

① 滕卫平：《补充碘剂对自身免疫甲状腺病和甲状腺功能的影响》，《中华内分泌代谢杂志》，1998(3): 203–205。

② 滕卫平：《碘摄入量变化对甲状腺疾病的影响》，《中华内分泌代谢杂志》，1998(3): 145–146。

③ 侯泉林：《全民补碘的误区》，《地理知识》，1998，49(2): 7。

④ 侯泉林、侯小林等：《中国居民碘营养状况分析及对策探讨》，《环境科学》，1999(3): 82–84。

⑤ 关海霞、滕卫平、杨世明等：《不同碘摄入量地区甲状腺癌的流行病学研究》，《中华医学杂志》，2001，81(8): 457–458。

⑥ 单忠艳、滕卫平、李玉姝等：《碘致甲状腺功能减退症的流行病学对比研究》，《中华内分泌代谢杂志》，2001，17(2): 71–74。

⑦ 张弛：《碘化食盐与甲状腺功能亢进症》，《国际内分泌代谢杂志》，1999(4): 173–175。

⑧ 滕卫平：《碘摄入量增加对甲状腺疾病的影响》，《当代医学》，2001，7(2): 17–21。

查也发现全面加碘后甲亢发病率明显增高，并推断可能与碘摄入量增多有关①。

滕卫平等人的这些研究引起学界热议，也招致了学者们的批评。来自地方病学界的钱明、王栋以商榷口吻，发文质疑中国医科大学碘致甲状腺疾病课题组发表的系列论文的研究设计、统计方法，以及文章所得结论的严谨性②。对此，滕卫平撰文进行了回应，他一方面有针对性地反击了钱、王文提出的“研究缺乏科学性对比”“非随机抽样设计”“黄骅歧口乡的问题与USI无关”“IITD的结果”等批评，强调自身研究的科学严谨性与可信性；另一方面，批评政府部门在碘盐投放管理上存在的问题，指出碘摄入量过多可能导致问题的严重性，希望降低碘盐浓度，使得“碘摄入量在尽可能低的范围，即MUI100～200范围”③。在这篇文章中，滕卫平还明确指出内分泌学界和地方病学界之间关于碘摄入量增加对甲状腺疾病影响的争论持续不断，日趋激烈④。

在滕卫平看来，长期以来世界卫生组织、国际控制碘缺乏病理事会等国际组织在推进全民食盐加碘问题上存在错误导向，所制定的碘摄入量的安全范围过宽，“一个健康成年人每天摄入1000 mg以下的碘都是安全的”。这种错误导向使得各国在制定碘缺乏病防治策略时主张碘摄入量宁多勿少，忽视了碘过量可能带来的潜在危害⑤。他认为，国内一些专家对这些结论不加批判，全盘接受，影响了中国的补碘进程，不

---

① 黄勤、邹大进、金若红等：《食盐碘化对甲状腺功能亢进症发病率的影响》，《中华内分泌代谢杂志》，2001，17(2): 86。

② 钱明、王栋：《中国医科大学碘致甲状腺疾病课题组系列论文的商榷》，《中华内分泌代谢杂志》，2002，18(5): 417。

③ 滕卫平：《对钱明、王栋医师〈中国医科大学碘致甲状腺疾病课题组系列论文的商榷〉一文的答复》，《中华内分泌代谢杂志》，2002，18(5): 418。

④ 滕卫平：《再论碘摄入量增加对甲状腺疾病的影响》，《中华内分泌代谢杂志》，2001，17(2): 69–70。

⑤ 滕卫平：《防治碘缺乏病与碘过量》，《中华内分泌代谢杂志》，2002，18(3): 237–240。

过，滕卫平并没有因此否认全民食盐加碘的益处。他指出与防治碘缺乏病的意义相比，不能因为补碘引起甲亢的发病率增加而放弃USI的实施，这是国际上的普遍做法，权衡利弊，在碘缺乏地区应当继续坚持USI的方针。滕卫平也承认碘摄入量的增加不是甲状腺功能亢进症发病率上升的唯一原因，全面补碘不能导致甲亢和亚临床甲亢患病率的显著增加[①]。但他同时也指出，碘摄入量增加所引发的问题同样不可忽视，应当加强对人群碘摄入量的监测，组织前瞻性的研究，力争避免出现补碘过多或补碘不足的情况。它是由"在低碘地区过度补碘或在碘充足地区盲目补碘造成的"，"是完全能够避免的"[②]。因而，他期望调低加碘量，并向市场供应非碘盐，使全国居民的碘摄入量下调到世界卫生组织推荐的标准，减少碘摄入过量导致的副作用。

滕卫平在这些文章里，多次表达了希望内分泌专科医生、临床流行病与碘缺乏病防治专家能够相互增进了解、交流合作、携手工作，组织全国多中心、大样本、前瞻性研究，把碘致甲状腺功能亢进症（iodine-induced hyperthyroidism，IIH）的研究与我国的甲状腺疾病防治工作提高到新的水平[③]。

针对科学共同体内部对全民食盐加碘后果的关注和观点分歧，《国际内分泌代谢杂志》《中华内分泌代谢杂志》《中华医学杂志》等期刊于2002年起设立专栏，鼓励学者们投稿，就此展开学术讨论。

对于这些临床医生的担忧，卫生部专家援引国际控制碘缺乏病理事会的解释，认为碘缺乏地区在全面补碘后出现碘致甲亢发病率提高是正常的，在世界上其他补碘国家都出现过。同时，它也是一过性的，它通常出现在补碘后的2～4年，此后会逐步恢复到补碘前的水平，此时再继

① 杨帆、滕卫平、单忠艳等：《不同碘摄入量地区甲亢的对比流行病学研究》，《中华内分泌代谢杂志》，2001，17(4): 197–201。

② 滕卫平：《防治碘缺乏病与碘过量》，《中华内分泌代谢杂志》，2002，18(3): 237–240。

③ 滕卫平：《普遍食盐碘化与甲状腺功能亢进症》，《中华内分泌代谢杂志》，2000，16(3): 137–138。

续补碘，发病率便不再增加。在这次争论中，卫生部碘缺乏病防治专家组对这些反对意见的态度是：不否认高碘对人体的危害，但也不承认高碘以及甲状腺疾病高发与全民食盐加碘必然相关。他们指出体检增加、遗传基因和环境污染等都可能引发甲状腺病例增加，而且，近年来在世界范围内甲状腺疾病普遍呈现增多态势。同时，他们在学术期刊和新闻报道中更强调我国碘缺乏病防治工作中仍存在的问题，强调认识碘缺乏病防治工作的长期性和艰巨性。他们认为还有1.3亿人未食用合格碘盐，每年还有200万～300万儿童受到碘缺乏的威胁；强调对于那些已达到消除标准的地区，如果不坚持全民加碘政策和建立可持续消除机制会使碘缺乏病死灰复燃，前功尽弃。此外，他们还针对部分特需居民在市场上难以购买到不加碘食盐问题，建议政府部门加强执法，落实《食盐加碘消除碘缺乏危害管理条例》，在可确认的高碘病区和高碘地区尽快停供碘盐，在其他地区也要让那些因治疗需要而不宜食用碘盐的病人能方便买到不加碘食盐。

二、临床医生与内分泌学者的政治行动

在这样的背景下，时任全国人大代表的滕卫平受中华医学会内分泌分会委托，于2002年3月两会期间提交了一份名为《关于修改全民食盐加碘法》的议案，建议立即废止全国统一的食盐加碘政策，实行有区别的补碘政策[①]。滕卫平接受了新华社、《南方周末》《中国青年报》等媒体的采访，进一步阐述了废止全民食盐加碘政策的建议。此举引发社会热议。滕卫平的建议得到了国家的重视，卫生部也表态将积极办理，给予明确答复。不过，卫生行政部门并未支持滕卫平提出的废止全民食盐加碘政策的激进建议。卫生部组织一大批来自地方病学界的专家撰文

① 张晓翀：《加碘盐真会给我们带来健康吗？》，[2012-08-30]，http://www.china.com.cn/chinese/lianghui/118887.html。

强调全民食盐加碘的重要性。陈祖培于当年5月在《健康报》发表题为《该不该全民食盐加碘》的文章，公开对滕卫平的提案做出回应，强调应当继续坚持全民食盐加碘[①]。2002年8月，《人民政协报》还推出了“防治碘缺乏病专版”，通过卫生部官员、专家、国际组织代表之口，进一步对滕卫平的议案进行回复。此时，政府更倾向于在保持全民食盐加碘政策的前提下，探索如何更好地完善补碘工作，探讨在不同碘营养水平地区，推行实施不同浓度的碘盐，研究在城市实现加碘盐与无碘盐共存的可能性和可行性[②③]。

由于滕卫平的研究更多是一种相关性观察，缺乏历时性分析，其结论也充满可能性话语，再加上中国当时尚未实现彻底消除碘缺乏病的目标，仍需要坚持长期补碘，滕卫平的这次政策倡导并没有能改变政策导向。此后，在先前工作的基础上，滕卫平及其课题组进一步深入研究[④]。他们对原研究进行了为期5年的随访，其成果也于2006年发表在国际顶尖的《新英格兰医学杂志》上[⑤]，并获得2007年度国家科技进步二等奖。这篇文章也成了2009年以来反对全民食盐加碘政策的行动者的主要依据。

来自浙江省舟山市人民医院的临床医生张永奎和浙江大学医学院退休教授崔功浩等人是另外一类来自科学共同体内部的知识行动者的典

---

① 陈祖培：《该不该全民食盐加碘》，《健康报》，2002-05-21(2)。

② 马泰：《全民食盐加碘的国策应当坚持》，《中华内分泌代谢杂志》，2002，18(5): 339-341。

③ 陈祖培：《监测体系完备 预防“碘过量”》，《人民政协报》，2002-08-07。

④ 相关研究如：滕晓春、滕笛、单忠艳等，《碘摄入量增加对甲状腺疾病影响的五年前瞻性流行病学研究》，《中华内分泌代谢杂志》，2006，22(6): 512-517。杨帆、李佳、单忠艳等，《不同碘摄入量社区甲状腺功能亢进症的五年流行病学随访研究》，《中华内分泌代谢杂志》，2006，22(6): 523-527。戴红、单忠艳、滕晓春等，《不同碘摄入量社区甲状腺功能减退症的五年随访研究》，《中华内分泌代谢杂志》，2006，22(6): 528-531。李玉姝、赵冬、单忠艳等，《不同碘摄入量地区甲状腺自身抗体的流行病学五年随访研究》，《中华内分泌代谢杂志》，2006，22(6): 518-522。

⑤ Teng W., Shan Z., Teng X. et al., “Effect of Iodine Intake on Thyroid Diseases in China”, *New England Journal of Medicine*, Vol.354, No.26, 2006, pp.2783-2793.

型代表。多年的学习使得他们能够理解与其学科背景相关的公共政策之知识基础，并赋予了他们与官方知识权威交流、对话，甚至发起挑战的能力。他们同样接受了学术训练，并在一定程度上得到了学术共同体的认可。然而，与滕卫平等相比，同样愿意参与公共事务、表达个人看法的他们却欠缺在国家层面表达自身观点的政治资源，如个人的社会影响力、政治参与渠道等。不过，即便如此，这些热衷者仍能通过自身创造机会的方式积极投身公共事务，将自我认知转化为政治行动。以张永奎为例，针对门诊中发现的甲状腺疾病患者明显增多的状况，他大胆猜测可能与身处沿海地区，民众不缺碘却补碘过量有关。为此，他牵头组织对舟山海岛地区城镇居民甲状腺肿病发病率和碘营养状况进行了流行病学调查①。调查结果证实了张永奎的判断，"舟山海岛为碘充足地区，城镇居民碘营养过量，居民甲状腺癌累积患病率较高，结节性甲状腺肿呈高发状态。"②他接受记者采访，使用通俗语言向记者描述碘过量的危害，表达自己的观点，如"舟山每3人中就有1人存在甲状腺疾病"。他告诫病人不要吃碘盐，少吃海带与紫菜；并与多位临床医学专家联名给相关职能部门写信，呼吁修改1994年国家出台的《食盐加碘消除碘缺乏危害管理条例》，实行有区别的食盐加碘政策③。

以上内容展示了这些内分泌学家和临床医生作为个体存在，如何认知并就全民食盐加碘政策发声。除此之外，这些知识竞争者还以科学共同体的形式集体发声，表达他们对相关议题的关切。

中华医学会内分泌学分会是我国治疗甲状腺、糖尿病等内分泌代谢疾病的临床专业学会，承担着普及和推广内分泌学的基础知识和实验技术、临床诊断和治疗以及培养内分泌学人才等方面的任务。其会员主

① 竺王玉、胡晓斐、周世权等：《舟山海岛地区城镇居民甲状腺肿流行病学调查》，《浙江预防医学》，2009，21(4): 1–3。

② 竺王玉、刘晓光、胡晓斐等：《舟山群岛居民碘营养状况及甲状腺癌现患调查》，《卫生研究》，2012，41(1): 79–82。

③ 王蕊：《10专家吁修订加碘条例》，《钱江晚报》，2009–04–02(14)。

要来自临床一线的内分泌专科医师和研究人员。这些内分泌科医生在学会召开学术会议期间就碘过量问题进行了广泛交流，认为应当对此高度重视，并于2002年共同建议滕卫平向全国人大提交完善全民食盐加碘政策的建议。这之后，该学会于2007年4月组织编写了中国首部甲状腺疾病诊治指南，2009年在全国十城市开展社区居民甲状腺疾病流行病学调查，2012年又与中华医学会围产医学分会联合编撰了《妊娠与产后甲状腺疾病诊治指南》。正如一位编者说的那样，制定《指南》的目的是“规范和提高我国甲状腺疾病的临床诊治水平，保障国人的甲状腺健康”①。这套诊治指南提醒临床医生注意碘摄入过量对人体的危害。

2009年9月，针对社会对于全民食盐加碘政策的质疑和碘过量的担忧，中华医学会内分泌学分会面向媒体公开发表声明。在这份意见中，学会首先肯定了消除碘缺乏病工作的重要性，承认食盐加碘是目前国际上公认的最好的补碘方法，应当持久坚持，不能倒退。其次，建议国家修改现行补碘政策，实行科学补碘，分类指导。因地制宜，依据不多不少的补碘政策，向市场供应非加碘食盐。最后，建议发挥我国政治体制优势，加强对全国居民的碘营养状态监测，建立全面、规范、严格、准确、及时的监测体系，对包括尿碘浓度、碘盐内碘浓度、甲状腺肿的患病率和甲状腺疾病发病率的变化在内的多项内容进行监测，并根据监测结果及时调整政策②。

---

① 单忠艳：《用指南规范甲状腺疾病的诊治》，《中国全科医学》（医生读者版），2010(2): 12–13。

② 杨雪莲：《中华医学会内分泌学分会对食盐加碘的意见》，《中华医学信息导报》，2009，24(17): 3。

三、科学共同体内部的共识达成

2009年9月6日，针对社会出现的对于全民食盐加碘政策的争议，在中国政府最高层的直接干预下，卫生部邀请了包括世界卫生组织、持续消除碘缺乏病网络等有关国际组织代表在内的国内外内分泌学、流行病学、食品营养学、地方病学和卫生事业管理方面的专家60余人，召开了碘缺乏病防治策略研讨会。在此次会议上，通过专家研讨磋商，科学共同体内部（来自科学共同体内部的知识竞争者、挑战者与官方知识守护者）就中国未来的碘缺乏病防控策略，达成了共识。共识认为：中国的碘缺乏病防治工作取得举世瞩目成就，人群碘营养水平总体处于适宜状态；中国的碘缺乏病防治形势依然严峻，以食盐加碘为主的防治策略必须长期坚持；加快推进“因地制宜、分类指导、科学补碘”[①]。会后，根据此次会议上述结论形成的有关专报直接报送国务院。

知识共识的达成也意味着，通过官方协调，那些来自科学共同体内部，既能与卫生部聘用专家对话，又能通过政治体制对政府政策的合理性发起挑战的知识行动者，不再继续坚持质疑、抗争，转而开始与政府合作，支持政府部门的补碘工作。

此次会议的召开还意味着：在补碘问题上，一种知识磋商、达成共识的新常态已形成。由政府部门组织，召开包括地方病学、临床医学（内分泌、妇幼保健、肿瘤、外科等）、营养学等多学科专家参与，共同商讨碘缺乏病防治策略，“研究解决共同关心的问题”，追求共识。

此后，无论是2014年卫生行政部门组织召开的“中国碘缺乏病防治策略研讨会”，还是2016年“碘与甲状腺疾病大会”，以及国家食品安全风险评估专家委员会组织召开的“中国居民碘营养状况评审会”，都出现了来自临床医学学科的专家。正如2014年会议达成的“中国碘缺乏

① 碘缺乏病防治策略研讨会在北京召开，[2022-04-09]，http://www.zgcdc.com/jkdt/kx-View-56-4452.html。

病防治策略研讨会专家共识”指出的那样，对于防治工作中出现的急需解决的突出问题，要“组织协调好国内研究力量，做好顶层设计，加强地方病、营养和相关临床医学（内分泌、妇幼保健等）的沟通交流，加快科学研究和数据分析，为回应社会需求提供科学依据”[①]。这打破了以往以地方病学家为主的卫生部碘缺乏病专家组对于碘缺乏病防治策略的话语垄断，实现了以滕卫平为代表的临床医学专家长久以来的期望，即“国家卫生部成立由地方病学、内分泌学和盐业部门共同参与的监测体系，定期交流信息，及时修改加碘盐政策，从而发挥我国的政治体制优势，保证我国防治碘缺乏病事业的健康发展”[②]。

第三节　全民食盐加碘政策争议中的公众参与

一、全国人大代表与政协委员的政策动议及其回应

2009年以来，《南都周刊》封面文章《碘盐致病疑云》引发社会的热议，全民食盐加碘政策备受社会关注，这也引起了一些全国人大代表和政协委员对该问题的关注。在这样的背景下，他们纷纷提出议案，试图把修订《食盐加碘消除碘缺乏危害管理条例》、取消强制性的全民补碘政策，纳入政策议程。据不完全统计，2009年以来几乎每年都有人大代表或政协委员在全国两会提交涉及全民食盐加碘政策的议案或提案。通过新闻检索，表7-1总结了2009—2016年全国人大代表、政协委员提出的各类涉及全民食盐加碘政策的议案和提案。

① 中国碘缺乏病防治策略研讨会工作组：《中国碘缺乏病防治策略研讨会专家共识》，《中华地方病学杂志》，2015，34(9): 625-627。

② 杨雪莲：《中华医学会内分泌学分会对食盐加碘的意见》，《中华医学信息导报》，2009，24(17): 3。

表7-1　2009—2016年涉及全民食盐加碘政策的议案和提案①

提案时间	提案人职务、姓名	代表观点	建议
2009—2010	全国人大代表、民盟浙江省委副主委卢亦愚	日常碘摄入超过国际标准，碘过量有害身体健康；部分不缺碘沿海地区被强制补碘	修改完善《食盐加碘消除碘缺乏危害管理条例》；因地制宜补碘
2010	全国人大代表、富润集团董事长赵林中	碘过量有害身体健康；部分不缺碘沿海地区被强制补碘	开展“外环境碘缺乏”状况普查；修改完善《食盐加碘消除碘缺乏危害管理条例》；补碘要因地制宜，科学补碘
2010	全国政协委员、上海儿科医院郑珊	补碘已达到消除碘缺乏病目标；甲状腺病人快速增多；应有自由选择权	修改《食盐加碘消除碘缺乏危害管理条例》；沿海省份加碘盐与无碘盐共存

① 资料来源：报纸或网络新闻报道以及议案或提案提出者个人的博客等。参见：陈鸣、许十文、单崇山，《碘盐致病疑云》，《南都周刊》，2009(338): 25-39。柴燕菲：《两会代表：全国补碘已过时 科学补碘更科学》，搜狐健康，[2022-04-09]，https://health.sohu.com/20100308/n270649569.shtml。夏俊、张骏，《委员建议增加无碘盐与天然海盐供应，补碘不补碘交给居民选》，《新闻晨报》，2010-03-14。朱海兵、金毅，《杜卫委员：建议加碘盐不要“一刀切”》，《浙江日报》，2010-03-10。张孔生，《扬州人大代表建议引关注 下月起江苏食盐碘含量下调》，[2015-08-30]，http://jsnews2.jschina.com.cn/system/2012/02/19/012744722.shtml。何新，《关于取消全民食盐强制加碘制度的提案》，[2015-08-30]，http://blog.sina.com.cn/s/blog_4b712d2301017lbe.html。丘德亮等，《小盐勺大作为 范谊代表建议免费提供食盐量勺》，[2015-08-30]，http://www.gov.cn/2010lh/content_1547603.htm。席锋宇，《方新代表：修订消除碘缺乏危害管理条例》，《法制日报》，2015-03-11。王向荣、粘新，《2013年全国两会提案议案热点回放》，《中国食品报》，2014-02-28。包松娅，《柴米油“盐”总关情——全国政协“加快修订食用盐生产及使用标准”提案办理协商综述》，《人民政协报》，2016-09-05(8)。程三娟：《【委员关注】科学研判是否继续“全民补碘”》，《云南日报》，2016-03-13。

续表

提案时间	提案人职务、姓名	代表观点	建议
2010	全国政协委员、杭州师范大学校长杜卫	碘摄入过量有害身体健康，还百姓以知情权；一刀切忽视不同地区、不同个体食品结构的差异	宣传碘平衡的科学观念，不能一味宣传碘缺乏的危害；开设无碘盐供应柜台
2011	全国人大代表郭荣	碘摄入过量有害身体健康；市场没有无碘盐出售	制定公民营养保障法；放开无碘盐市场供应；强制加碘盐包装标识
2011	全国政协委员何新	买不到非碘盐；碘过量有害身体健康；可能是国际阴谋	修正强制加碘制度；制订因地、因人群需要而区别对待的供碘政策
2010—2012	全国人大代表、宁波大学图书馆馆长范谊	沿海地区甲状腺疾病高发；过度摄入碘盐对健康的危害已经被医学研究确认	组织有关医学专家调查研究，确定我国居民饮食摄入碘盐的日常标准；建议免费提供食盐量勺
2012—2015	全国人大代表、原中国科学院党组副书记方新	甲状腺病人快速增多；市面上很难买到非碘盐；非碘盐价格高；把选择权交给消费者	取消强制补碘；对民众进行碘营养评估；加大供应平价非碘盐；普及知识
2013	全国政协委员、农工党江西省主委、江西省政协副主席郑小燕	日常碘摄入超过国际标准，碘过量有害身体健康；大城市、沿海地区不缺碘；民众热盼无碘盐	修改《食盐加碘消除碘缺乏危害管理条例》；实行有区别的食盐加碘政策；增售无碘盐和低碘盐
2016	中华全国台湾同胞联谊会界别提案	碘过量有害身体健康，因补碘过量出现甲状腺结节	降低食盐碘含量；因地制宜科学补碘

续表

提案时间	提案人职务、姓名	代表观点	建议
2016	全国政协委员，云南红河州人民政府副州长谭萍	长期补碘已基本实现目标；医学证明长期食用有害健康；非碘盐难以购买；自由选择权	国家对是否继续补碘进行科学研判；将碘盐管理纳入药品监管范围；广泛供应非碘盐

相比政府部门对防治碘缺乏病的重要性的强调，这些代表或委员一方面认为全民加碘十多年来，已基本实现消除碘缺乏病的目标，继续保持加碘政策的必要性已消失了。凭借经验感知或临床医生提供的信息，他们认为民众的日常生活饮食已能提供满足人体需要的足够的碘。这一认识尤其得到来自沿海地区的人大代表和政协委员的认同。另一方面，他们更强调碘摄入过量对人体健康造成的“严重危害”，“沿海地区甲状腺疾病非常普遍”，认为普通人长期连续不断地补碘“完全没有必要”。例如，何新委员的描述：推行全民强制补碘政策以来，甲亢、甲状腺癌等已成为目前在“全国范围”“较普遍的常见病、多发病”、“严重”疾病，“危害中国国民公共健康”。因此，全国补碘已过时，新的公共卫生问题是碘摄入量过多，而非碘缺乏病。

这些代表、委员认为自己的观点是科学合理的，是有“医学证明”的，也是世界卫生组织等国际组织认可的。这些议案或提案在描述碘摄入过量所具危害的证据时，大量使用了“有关方面的调查研究”“国外有关研究”“近年医学界的研究表明”“一份研究报告”“国际上有报道”等表述。在这些议案或提案中，滕卫平的相关研究得到广泛引用和赞誉。其中，何新在其提案后还附录有对滕卫平相关研究的介绍。他认为滕卫平的研究发表在“很有权威性”的《新英格兰医学杂志》上，能有效证明碘摄入过量对人体的危害。他曾明确提出，“中国人目前最大的问题不是碘缺乏，而是碘过量”。然而，滕卫平在接受记者采访时表示，自己的研究从未证实碘过量与甲状腺癌之间存在因果关系，也不认为碘摄入过量的危害大于碘缺乏。

不过，这些议案和提案的确反映出了在市场上民众难以买到无碘食盐的情况。如谭萍在提案中指出，“市场上几乎找不到不加碘的食盐”。方新代表将北京的非碘盐售卖点与上海进行了比较，她认为相对北京市的庞大人口基数，“76个点也太少了”[①]。除去售卖点少、难以买到，这些代表还注意到了非碘盐的市场价格偏高的情况。如方新在北京走访调查后发现无碘盐价格是加碘盐的6倍。这些人大代表和政协委员对全民食盐加碘政策的关注主要来自自身对社会热点话题的感知或亲朋好友的建议。如谭萍委员的提案就来自医生，“在楚雄州从事医务工作的朋友找到我”，专门反映碘摄入过多引发的健康问题。

虽然这些代表和委员们认为公众对了解诸如“碘摄入过量同样对人体健康有害”这样的知识有着知情权，对于是否食用加碘盐拥有选择权，但无一例外，他们都不认为公众在政府决策过程中能起到重要作用。他们认为：这是一个关于科学问题（医学问题）的决策，需要“科学的标准和依据”；没有专业知识的公众不能在一个科学问题或医学问题上发言。为此，他们认为：国家应对是否继续补碘进行科学研判，加强对涉碘疾病的监测研究。同时，政府还应该向民众普及与碘有关的健康知识，并且这种普及不能只是宣传碘缺乏的危害，还要宣传碘平衡的科学观念。

无论是媒体报道，还是一些代表或委员主动将议案或提案通过网络平台公之于众，它们都呈现在公众面前。一些民众非常认可他们的说法，认为这些提案切实反映了市场难买非碘盐的状况。不过，也有民众对此也并不买账，如针对何新的提案，一些网友认为这是个科学问题，需要“科学的论证，而不是由我们的一些个别代表提出了就执行了或否决了”。有网友指出他并不专业，在这个问题上需要“参考一下相关专

① 张楠：《人大代表建议推广非碘盐 提3年未受重视》，《北京晚报》，2015-03-11。

业人士的各方意见，这一块您毕竟不是内行”[①]。

综合这些议案和提案，我们可以发现这些代表和委员们提出议案或提案的理由主要有以下几类：长期补碘已基本实现消除碘缺乏病的目标；民众尤其是沿海地区民众可从日常饮食中获取足量的碘，目前我国民众日常碘摄入量已超出世界卫生组织标准；医学研究证明补碘过量影响人体健康，且甲状腺病人难以购买到不加碘食盐；不加碘食盐价格昂贵；强制补碘政策影响公众自由选择权；等等。然而，这些理由在卫生行政部门看来都是不成立的，或者说都无损政策的合理性，都没有伤及坚持全民补碘的根本所在。在科学话语描述下，自然环境缺碘是引发碘缺乏病的根本原因，人类很难改变这一自然状况。虽然我国已基本实现消除碘缺乏病的目标，但补碘是为了持续性消除碘缺乏病。官方调研数据显示即便是生活在沿海地区，经常食用海带等海产品的民众也并不能从日常饮食中获取足量的碘。同样也没有明确的医学研究证明甲状腺疾病高发与碘摄入过量、补碘之间有着确切关系。无碘食盐售卖点少、价格高都是为了使民众在市场上同时存有加碘盐和无碘盐的情况下更多购买加碘盐。全面加碘还考虑到了政策的可执行性，这样，提案人得到的答复是：条件尚不成熟，“这些事可能现在做起来有困难”。

在这种逻辑指引下，卫生行政部门认为作为一项为全民服务的公共卫生政策，对个体选择自由在一定程度上进行限制是理所当然的。他们的工作是“继续组织好对居民碘盐的风险评估，对相关标准实施进行检测评估”[②]，最终实现政策的完善，做到科学补碘。

---

① 何新：《关于取消全民食盐强制加碘制度的提案》，[2015-08-30]，http://blog.sina.com.cn/s/blog_4b712d2301017lbe.html。

② 包松娅：《柴米油“盐”总关情——全国政协“加快修订食用盐生产及使用标准”提案办理协商综述》，《人民政协报》，2016-09-05(8)。

二、争议中的公众及其知识行动者

与其他涉及科技的公共决策一样，公众并没有参与到20世纪90年代的全民食盐加碘政策的制定过程中，“当时主要是疾控部门调查病情，专家进行调查研究，最终由上级来拍板”[①]。此时的公共决策体制没有赋予公众参与相关决策的权利。它假定公众是没有能力的，或者公众的知识是不值得重视的。但是，在2009年以后的争论中，公众逐渐走向政治舞台，成为争议中的关键行动者。导致这种变化主要原因来于两个方面。

一是中国公共决策体制不断开放，开始鼓励公众参与公共决策，保障公众的知情权。进入21世纪以来，中国党政机关不断转变执政理念，推动科学决策、民主决策和依法决策，鼓励公众参与，相继建立公示制度、听证制度等完善重大决策的规则和程序。特别是，2007年国务院颁布《中华人民共和国政府信息公开条例》（以下简称《条例》），首次以行政法规形式确认并保障公众对于政府信息享有的知情权。该《条例》明确信息公开是政府部门的法定义务，要求各级政府部门主动公开那些涉及公民、法人或者其他组织切身利益，需要社会公众广泛知晓或者参与的政府信息。同时，《条例》还指出，公民、法人或者其他组织可以根据自身生产、生活、科研等特殊需要，向国务院部门、地方各级人民政府及县级以上地方人民政府部门申请获取相关政府信息。

对于碘盐标准调整而言，2009年国家制定实施的《中华人民共和国食品安全法》也同样要求保障公众的知情权。该法第二十三条指出，制定食品安全国家标准，应当依据食品安全风险评估结果……并广泛听取食品生产经营者和消费者的意见。也正因为此，卫生部在2010年7月首次就最新编制的《食用盐碘含量》国家标准公开征求意见，并在《食用盐碘含量》（征求意见稿）编制说明中详细地介绍了《食用盐碘含量》

---

① 刘昕文：《“补碘”单向化操作政策检讨》，《南都周刊》，2009-08-24(6)。

国家标准调整的原因、内容、标准研制人等情况，让公众一窥政策调整“内幕”。不少媒体将新标准解读为加碘量将调低一半甚至以上，这似乎进一步证实了补碘过量。然而，卫生部却援引国家食品安全风险评估专家委员会的评估结果，称“这些食盐加碘量标准调整是一次很正常的微调，这样的调整并不意味着我国人群补碘过量”①。但是，近年来我国居民甲状腺疾病频发。民众对这样的解释并不买账，以慕盛学为代表的一些公众，在其博客中发表《〈中国食盐加碘和居民碘营养状况的风险评估〉里的10个魔术》等文章，公开质疑评估结论，认为风险评估专家委员会并不独立，专家多来自卫生部，且由其提供所有评估数据，无法保证结论的正确性和科学性。所有这一切都说明公众并非知识的被动接受者，当决策体制为他们提供参与的机会时，他们会以自身资源对政府决策所依赖的科学技术知识的可信性进行评估和质疑。显然，这种知识权利的赋予是不可逆的，它将对封闭、不透明、不开放的传统科技治理范式带来巨大的挑战。

变化出现的第二个原因是信息和通信技术的发展，特别是因特网的出现对民主政治、公众参与公共决策产生的深远影响。技术的进步一方面为公众提供了更多的信息，使得社会不同部门间的沟通交流更加广泛；另一方面它有效地保障了表达自由，使得个体有更多的机会交换和共享知识、观点，参与到社会政治生活中。

就本案而言，信息网络使得“究竟是否应当全民补碘”这一问题，成为公共空间中的热门议题。民众有机会了解不同专家对加碘合理与否的判断，并通过网络发帖、评论等形式参与互动。也正是在这些互动中，来自中国医科大学的内分泌学家滕卫平教授因在国内首次提出废止全民食盐加碘政策而备受关注。其有关碘过量有害身体健康的相关成果发表在国际顶尖学术刊物上，由其主持完成的《碘过量对甲状腺疾病影

① 卫生部就乳品安全国标情况举行例行新闻发布会，(2010-07-13)[2012-08-30]，http://www.china.com.cn/zhibo/2010-07/13/content_20476283.htm?show=t。

响的流行病学和实验研究》课题还曾获得国家科技进步二等奖。滕卫平的相关建议因媒体报道而得以广泛传播，他的相关学术成果被新闻媒体大量引用，为公众所熟知，赢得广泛赞誉。在很多公众眼中，滕卫平在相关问题上具有充分话语权和重要影响力。这些问题如：是否应当加碘？食盐加碘是否造成碘过量？然而，滕卫平本人并非标准研制专家，也非卫生部碘缺乏病专家咨询组成员，公众由此质疑专家组构成的合理性以及专家组结论的科学性。

但是，这一时期的公众参与多是“一过性”的，网络热潮一过就对话题不再关注。然而，这次争议也让我们看到社会上出现了一群持续反对、呼吁废除全民食盐加碘政策的积极行动者。这些行动者来自一般公众，却又与一般公众明显不同，他们尝试用科学技术知识或者说自身理解的科学技术知识为武器，质疑政府决策的合理性。正是这些很有力量的“科学证据”，使得他们赢得了众多网民的支持。慕盛学就是其中的典型代表。

慕盛学在女儿因补碘过量致病后，他就开始关注全民食盐加碘问题。2009年以来先后撰写了百余篇与全面食盐加碘政策有关的博文，表达自己反对强制补碘，希望科学补碘的心愿。为宣传自己这些见解，让更多人知道过量补碘对身体有害，他有意识地将这些文章系统发布在个人的多个博客上。此外，他还将文章发布在天涯论坛、丁香园、小木虫等多个知名网络论坛上。他的这些文章得到了网友的评论，一些人盛赞他，勇于揭示事实真相，“敬仰慕老敢说敢做，而且有理有据的作风”。当然也有网友批评他文章多盲目推测臆想、无实据。

慕盛学的文章还被多人转载转发，他也因此受到媒体记者关注，先后接受《中国科学报》[①]《中国质量报》[②]等多家报刊采访，畅谈自己对于补碘的看法。他还吸引到新华社的记者关注。在这些报道中，他

① 魏刚：《碘之惑：新国标实施后补碘科学性调查》，《中国科学报》，2012-11-24。

② 罗兵：《过量添加或致食品安全问题 强制全民补碘值得商榷》，《中国质量报》，2013-08-15。

被称为“知名学者”或“民间学者”。他的博客也为他带来了一些“盟友”。2012年，国家粮食局标准质量中心退休高级工程师谢华民在看到这些文章后，主动找到他，表示愿意合作，共同反对强制全民补碘。他们合作的一个重要成果就是，2016年初两人编著出版的《补碘过重有害健康论文摘要汇编》一书。该书汇总了他们收集整理到的国内外学者们在学术刊物、报刊和杂志上公开发表的谈及过量补碘有害身体健康的文章摘要。在这本书的作者介绍中，谢华民写道，自己“今后将致力于废止‘强制全民过量补碘’的政策”。

相比其他在网络上发文发帖呼吁取消全民补碘政策的人来说，慕盛学、谢华民等有着与众不同，值得关注的特点。他们特别注意建构自己（文章）的可信度。虽然没有接受过系统医学教育，但慕盛学认为自己发文有依有据，而非空口无凭。在一篇反驳他人对自己的批评文章中，他写道：“本人学过法律，知道证据是成败的关键，因此，本人的所有文章、所有论点都标注了证据的来源。来源于哪篇论文、哪本书、哪个网站，全部标注一清二楚。”[①]也正是这些看似数据都有出处、论证有依据的文章吸引了一些网友注意，提高了其可信度。在他的这些批评卫生部专家的文章中，有一些的确有根有据。如在一篇科普文章中，一位专家在介绍其他国家的食盐加碘政策时，误将国际控制碘缺乏病理事会视作世界卫生组织的下属组织。发现这样的低级事实性错误后，慕盛学立即撰写博文指出这一问题，怀疑该专家的专业水平和学术素养，进而怀疑其科研能力，及其所持知识主张的可信性。慕盛学还直接给中国台湾卫生行政部门打电话，询问当地的食盐加碘政策；并在随后的个人外出旅游过程，特地去往台湾，直接查验考察当地市场加碘盐品的售卖情况。

为进一步建构自身所持知识主张的可信性，慕盛学等还将全民食盐加碘政策与盐业垄断专营和阴谋论联系起来，我们可以将之视作他们所

① 慕盛学：《谁在妖魔化食盐加碘》，[2015-04-15]，http://blog.sina.com.cn/s/blog_544838700102ei6e.html。

讲述的两个故事。

一是盐业公司（中盐公司）为了继续保持对于食盐运营的垄断，以科学名义雇用专家欺骗政府。1996年，为推进碘缺乏病防治工作，政府颁布了《食盐专营办法》。根据中华人民共和国《盐业管理条例》和《食盐专营办法》规定：国家对食盐生产实行指令性计划管理，实行定点生产制度，非食盐定点生产企业不得生产食盐。国家对食盐的分配调拨实行计划管理，食盐价格也由国家规定。这些规定使得中国盐业总公司获得了在全国范围的食盐专营权，全国定点食盐生产企业的食盐也只能由中盐公司销售。这种垄断权使得中盐公司以极低的出厂价格从盐业生产企业获得食盐，并以产区批发价格的数倍出售给消费者。据毛晓飞等测算，中盐北京盐业公司的净利润高达67%，远超其他制盐企业4%的平均利润率。

食盐垄断专营与防治碘缺乏病密切相关。在中盐公司的人员看来，“他们在溺水的时候抓到了碘缺乏病这棵稻草”，由此得到国家的支持。其推理逻辑是为有效防治碘缺乏病，需全民加碘，食盐垄断专营可有效保障市场销售碘盐依法加碘，并打击非法售卖非碘盐行为。然而，在学者们看来，食盐专营对于防治碘缺乏病并非没有害处，如刘守军就认为新疆新发地方性克汀病与盐业专营有关①。新疆拜城原有碘盐加工厂，食盐专营后，不允许当地再进行碘盐加工，而长距离的碘盐运输费用使得碘盐价格上涨，导致部分当地民众买不起加碘食盐。帕力达·克立木对新疆和田地区的调查也证实了这一点，加碘盐价格是当地土盐价格的3～10倍②。

对于调低食盐加碘量的建议，中盐公司和中盐协会则一直保持沉默，并表示按照卫生部门的要求依法生产，并向市场供应食盐。中盐秘

① 崔燕、黄佳、王生玲：《新疆南疆地区地方性克汀病现患调查结果分析》，《中华地方病学杂志》，2016，35(8): 593–596。

② 帕力达·克立木、孙岩：《新疆和田地区新发地方性克汀病家庭加碘盐使用调查报告》，《新疆医学》，2008，38(5): 126–127。

书长宋占京在接受记者采访时称，“我们没有决定权让不让标准调整，这是卫生部的事情”。

慕盛学等人的这种猜测得到了新闻报道的证实，一方面盐业公司和中盐协会以加碘政策难以落实，危害人民健康为由反对盐业改革；另一方面“因盐业部门反对”，新标准晚十年才出台，且根据盐业公司和制盐企业的意见，标准放宽了碘含量的误差允许范围①。这个故事使得慕盛学等人坚定了废止全民食盐加碘政策的信心，也使一些消费者对于食用加碘盐忧心忡忡。

这些反对者讲述的第二个故事是将中国实施全民补碘视作美国人的阴谋，中国人充当了国际碘实验小白鼠。如在一篇博客文章中，慕盛学提出中国食盐加碘采用的碘剂（碘酸钾）有毒，对人体健康不利，“美国人用安全的碘化钾补碘，牲畜用有毒的碘酸钾补碘。但是在我国13亿人用有毒的碘酸钾补碘，对牲畜却用安全的碘化钾补碘”②。虽然这样的阴谋论说法漏洞百出，但也绝非无端猜测。滕卫平、刘守军等也都对欧美部分国家不经补碘，尿碘就下降至合理状态充满了疑惑，对全球性的补碘政策充满质疑。刘守军还多次提出，要重新思考到底是该使用碘化钾还是碘酸钾进行补碘。这样的文章出现在微博、微信中，使得许多不能辨别真假的公众对全民食盐加碘政策充满质疑。对此，一些学者在报纸上发文进行了批驳，但另一些人还是认为谨慎起见应少吃加碘食盐③。慕盛学坚持认为：对于全民食盐加碘政策，公众应该有知情权，能在一定程度上参与到决策过程之中。

为了能够最终实现废除强制性的全民补碘政策，慕盛学一直不间断地撰写博文，指出政府部门在推进全民食盐加碘政策过程中存在的疏

① 胡雅君：《“被绑架”的碘含量，“被绑架”的盐改：食盐碘含量标准因盐业公司反对难产10年》，《21世纪经济报道》，2010-08-04(8)。

② 慕盛学：《美国第一次慷慨援助中国的背后阴谋》，[2015-04-15]，http://blog.sina.com.cn/s/blog_544838700102ee3z.html。

③ 谷云有：《食盐加碘是阴谋？》，《北京青年报》，2016-03-17。

忽。2013年，他还草拟了一份《关于修改强制全民补碘政策的提案》发布在他的博客上。同时，他还与其合作者一道将这些材料邮寄给那些在他们看来关心这一问题的全国人大代表或政协委员，希望能引起其中一些人的重视。

持续多年的知识主张争议产生了积极的效果。2018年5月，中国国家卫生健康委员会公布了《食盐加碘消除碘缺乏危害管理条例（征求意见稿）》，首次增加了“消除碘缺乏危害遵循因地制宜、分类指导和差异化干预、科学与精准补碘的原则”。

三、专家决策咨询委员会在科学知识民主中作用

知识经济与知识社会中，科学技术在社会和政府治理活动中发挥着非常重要的作用。科学技术渗透到人类生活的每个侧面，与每个人都密切相关。同样，这种渗透还体现在政府决策上，世界各国公共政策的制定和实施中都大量地使用了科学技术知识，这些知识作为重要的政治资源已成为形塑社会秩序的因素。

长期以来，科学技术知识被视作是人类对真理的发现，是最权威的知识形式，能有效地使得政治权力工具化和去个人化，为制定合理的政策提供价值中立的事实。科学技术知识的这种权威地位也使得科学家制度化地融入公共决策过程，对于公共决策有着重要影响力。当代社会中，我们正生活在这样一个专家的世界里。科技、专家与知识系统贯穿我们每天的日常生活，其不但蕴生自主运作的机制与体系，也构成一套“抽象系统”，推动与旋转着现代社会这庞大复杂的机器。政府决策系统中存在大量诸如上文提及的专家决策咨询委员会，这使得国家治理中出现了政治的“科学化”。许多官员借此把自己的决策披上技术术语和科学研究的外衣。专家在决策中发挥关键作用，而外行人则被边缘化。

然而，近年来的科学技术论则强调知识生产的政治性和科学与政治关系间的可渗透边界。知识生产（knowledge-making）镶嵌于政府治理

活动中，反过来政府的治理实践也影响了知识的生产和使用。如此，那些被用作决策基础的科学技术知识也并不仅仅是自然的表征，也表达着相关者的利益磋商结果。人们以往假定的科学技术的价值中立属性需要被重新考虑。

在公共决策过程中，存在有专家（科学）知识、官僚（行政）知识、利益相关者的知识（普通人的经验知识、地方性知识、非科学的或非专业的知识）等多种知识类型。对于民主政治而言，无论是科学家，还是采纳这些知识的政府，都需要为他们所坚持的知识主张进行辩护。科学技术知识的正当性和可信性在当代政治生活中不再被视作理所当然，相反，它是需要被解释的对象。对于科学共同体而言，争论是不可避免的。在某种程度上来说，正是学者们围绕特定学术问题的争论推动了科学研究的发展和进步。然而，民主体制却缺乏对相互冲突的知识主张进行有效管理的机制。现代社会的公共空间中充斥着各种相互矛盾、相互竞争的知识主张。不管是否受到决策者欢迎，它们都进入政治领域，为各自所支持的决策主张进行辩护。这种知识论争成了决策中的不可回避的事情。只有通过不断地协商，才能达成共识，最终解决不同知识主张之间的争议。实践中，这是一个循序渐进的过程。

事实上，在我们所研究的食盐加碘政策制订过程中，中国政府部门和专家组最初并没有认识到上述这一点，更不用说在其工作设想与规划中为此做好准备。2010年，卫生部颁布出台了《疾病预防控制专家委员会管理办法》，首次就专家决策咨询委员会的组织机构、专家资质与遴选方法、纪律要求等做出明确要求。其中第二章“组织机构”第八条详细描述了专家委员会的主要职责：“了解、掌握和研究疾病预防控制领域科学技术发展动态，及时向卫生部提供信息和工作建议；参与研究和制订疾病预防控制事业发展战略、技术策略、发展规划、年度计划以及重大疾病预防控制项目的咨询、论证；参与重大疾病预防控制项目等的实施与技术指导；承担卫生部委托的其他工作。”据此，我们可以发现，专家组在碘缺乏病防治工作中主要扮演技术咨询、辅助提高决策水平的角色。至于其建议是不是被采纳，以及在何种程度上及如何被采纳，则完全取决于政府部门。对于这一点，专家组自身也认同。

专家组成员对自身的工作性质和工作内容的理解，可以从连续担任专家咨询组组长的陈祖培教授的讲话中概括出来。他在总结第二届至第六届专家组工作时，将专家组的职责概述为："专家组作为卫生部防治碘缺乏病的咨询和参谋组织，其主要任务是对我国防治碘缺乏病计划负责，对重大技术问题或带有技术性质的全局性战略和策略问题，向卫生部提供技术咨询、技术支持和技术保障，以便使我国在碘缺乏病的防治上不出现重大失误，并不断解决防治中出现的技术问题。"[①]专家组自成立以来，协助卫生部研究、制定碘缺乏病防治策略和措施；参与碘缺乏病防治规划、监测方案、重大防治项目安排等工作的咨询、论证；参与重大地方病防治项目实施的技术指导与支持；及时了解国际相关领域科学发展动态，为我国碘缺乏病防治工作提供建议[②]。

事实上，卫生行政部门对长期存在的、传统的官方决策咨询知识体系有着强烈的惯性依赖。当时我国并没有颁布与美国《联邦咨询委员会法案》等类似的法律法规，政府各部门以及各级政府在遴选咨询专家方面，自行制定规章制度，自由选择专家。政府部门掌控专家遴选。这些专家往往出自政府部门下属的科研单位、历史上有过归属关系的行业院校、合作密切的高校或者国家级学术单位。如本案中的卫生部碘缺乏病防治专家咨询组，其成员除来自碘缺乏病预防和治疗一线的中央和地方疾控中心系统外，还有两名专家来自拥有多年积累，历史上就是碘缺乏病研究重镇的天津医科大学。由于这种遴选是不透明的，使得专家组在构成上难以实现区域、人群等多方面代表性的平衡，其胜任力和公信力大打折扣。再加之，民众对这种平衡代表性和胜任力的评价与政府部门并不一致。在遇到争议需要这些专家进行解释说明时，民众会不由自

---

① 陈祖培主编：《中国控制碘缺乏病的对策：卫生部碘缺乏病专家咨询组工作概要（1993—2000）》，天津：天津科学技术出版社，2002。

② 本部分内容源自笔者申请卫生部信息公开，得到的卫政申复〔2012〕1008号文件。

主地对其产生质疑。专家常常被质疑：他是谁？为什么是他？他代表了谁？他是否能够做到客观中立？这些官方遴选出来的科学顾问在民众看来可能缺乏科学上的卓越性，难以得到广泛认可。虽然我们不能据此就对产生出来的知识的优劣做出评判，但是毫无疑问，这种与政策密切相关的公共科学知识生产体系和专家选拔方法不能很好地回应公众对于该问题的关注。

此外，政府组织和专家咨询委员会对于公众在科学决策中的重要性没有清醒认知，既没有看到公众的异质性，又没有认识到公众认知的复杂性。陈祖培、戴为信等专家组成员也多次受邀参加卫生行政部门组织的新闻发布会或接受电视台、报纸等媒体采访，就是否应继续坚持全民补碘政策、加碘量调整变化之科学依据等，进行技术性论证和诠释，向公众科普继续坚持食用加碘食盐的好处。在这一过程中，公众仍被假定为科学知识贫乏，需要接受科学知识，是科普教育的对象。然而，公众是由异质性个体组成的，他们从来就不是一个统一的整体。高等教育的扩张带来具有渊博知识的行动者（knowledgeable actors）数量的急剧攀升，这些行动者不再栖息于传统的学术领域，他们积极走向社会，成为意见领袖，表达自身对公共事务的观点，对社会应当如何发展做出判断。他们不再盲目反对政府决策，而是以个人知识积累为基础，审慎与挑剔地看待政府决策，验证官方证据的有效性和合理性，并采取正当合法方式挑战不合理的官方叙述。公众也由此获得了某种知识权利，这一方面意味着公民有权利获得公共决策中用到的、影响他们的知识，即公众拥有知情权（right to know），有权要求政府部门对公共决策的合理性做出解释说明。另一方面，公众还有权利对获得的知识进行解读、评论，并正当合理地依据那些他们所拥有的知识和经验，对政府知识主张进行质疑、补充①。知识权利赋予并保护公众挑战官方知识的有效性、

① 陈汝东：《理性社会建构的受众伦理视角》，《北京大学学报》（哲学社会科学版），2012(6): 121–130。

可信性与合理性的权利。事实上，在当代政体下，各国法律和政治制度也在不同程度上承认公民是知识行动者（epistemic actors），拥有知识权利。这些知识权利为各国不断完善的法律体系，尤其是那些强调公众知情权的行政法律法规及其实践所保障。哈佛大学贾萨诺夫教授曾总结归纳了西方行政法传统中，特别是美国的行政法律法规所保障的公民所拥有的知情权，包括：《信息自由法》保障的暴露于风险的知情权、《消费者权益保护法》保障的知情消费权、《行政诉讼法》保障的公平诉讼权（诉讼证据开示规则）和不利决策上诉权、《行政程序法》保障的决策参与权和要求论证权（right to demand reasons）、一些规制制度要求的在科学研究中保护病人与受试人的知情同意权，等等。这些法律法规为公众参与政府治理提供了法理基础和道德援助，保障公众获得影响他们生活的知识，有权挑战他们认为不合理的政府决策。如果不能保障公民的这种知识权利，争议就有可能发生，并引发政策僵局。

随着越来越多的民众接受高等教育，他们也愈加有能力发现专家话语中的错误，发掘隐藏在科学话语背后的价值判断与政府偏好，挑战官方叙述的合理性和有效性。这种知识赋能一方面使得公众愈加审慎，更加挑剔地看待政府决策；另一方面，也促使政府对其决策合理性做出解释，并不是“因为科技是好的，公众就应该支持”。公众知道应该支持什么，或者说公众认为他们自身知道应该支持什么。这都不可避免地影响了他们对政府的评价，以及对其自治参与的能力和意愿的判断。如若政府不能认识到或者忽视了公众知识的丰富性和复杂性，则可能由此带来严重的公信缺失风险。科技决策中的公众参与不是政府的“恩赐”，也不是应对法定决策程序要求的直觉反应，而是现代化政治所要求的政府部门的负责任性，是面向公众对公共决策的说服性阐释。它是政府和民众沟通观点、协商妥协、达成共识的重要契机，它有助于政府部门考察公众的态度，认识其偏好。而在这一过程中，专家咨询委员会应当充当中介环节。在近年发展协商民主与决策民主的进程中，专家咨询委员会沟通政府、科学共同体及公众之间交流的功能逐步增强。

综上所述，科技决策的合理性立足于科学技术知识或其意义宣称的基础之上。这也就意味着政策变迁必须建立在有能力挑战决策者所依赖的科学技术知识或其意义宣称的基础上。那些来自科学共同体内部的知识行动者（知识竞争者）在政策变迁过程中占据优势，因为他们往往拥有专门知识，可通过科学实验、临床研究等方式与政府聘用的专家对话，验证并挑战官方决策的合理性。科学知识民主既包括科学知识生产过程中的民主，也涵盖科学知识应用过程中的民主。对于科学知识应用过程中的民主而言，既要尊重来自于科学共同体内部的不同知识主张与质疑，也要尊重来于科学共同体外部的经验知识、非专业知识的主张与质疑。公共科学知识生产不仅需要满足科学和政治的合理性，而且知识生产系统的组织必须以这些给定的合理性为前提。为了使知识生产具有正当性，新的知识生产必须超越原有的精英主义和同行评议原则，走向社会的民主检验。在这方面，专家决策咨询委员会发挥着沟通科学共同体内外民主的作用。

第八章

科学知识民主的原则、程序与模式

科学知识民主解决的核心问题是科学知识生产与应用过程中的多元参与和权利分配。20世纪后期，就公共事务中的多元参与和权利分配问题，出现了协商民主的观念与理论探讨。近20多年来，西方协商民主研究热度持续高涨，且转向了实践探索，从“理论陈述”转入了“实际操作化阶段”。与此同时，中国的协商民主在理论与实践两个方面不断探索、深化，形成了积极的成果。2019年10月31日，党的十九届四中全会通过《中共中央关于坚持和完善中国特色社会主义制度　推进国家治理体系和治理能力现代化若干重大问题的决定》，明确提出：坚持社会主义协商民主的独特优势……构建程序合理、环节完整的协商民主体系。在这一阶段中，理论家们对协商民主制度进行了种种研究与构想，诸如市镇会议、工厂民主、公民陪审团、少数族群文化权利的虚拟对话协商构想，等等。在科学知识民主的理论和实践探讨方面，学者们也越来越多地借鉴协商民主理论。

第一节　协商民主的原则、程序与模式

1980年，美国克莱蒙特大学政治学教授约瑟夫·毕塞特（Joseph M.

Bessette）首次提出“协商民主”（deliberative democracy）概念，主张公民参与而反对精英主义的宪政解释。此后，伯纳德·曼宁（Bernard Manin）、乔舒亚·科恩（Joshua Cohen）、詹姆斯·博曼（James Bohman）、乔·埃尔斯特（Jon Elster）等对协商民主进行了多方面的理论探讨。20世纪后期重要的自由理论家和批判理论家哈贝马斯（Jürgen Habermas）与罗尔斯（John Bordley Rawls）对协商民主做了重头阐述。

一、协商民主的概念与宗旨

何谓协商民主？学界尚未达成一致。国内学者陈家刚归纳出三种解释：一是作为决策形式的协商民主；二是作为治理形式的协商民主；三是作为社团或政府形式的协商民主①。

西方资本主义传统存在自由主义与共和主义两种民主论。在批判自由主义民主和共和主义民主的基础上，西方学者们提出了协商民主。自由主义民主强调由投票选举的代表进行参政议政，而共和主义民主则强调人人直接参与政治，进行协商论辩。共和主义民主更接近民主的本意。自由主义民主通过平等选举、政党竞争、权力分立、多数裁定等宪政制度，由选民选举产生的议员和官员行使议会立法、行政决策、司法审判，保证权力合法转移、平衡社会各方利益。自由主义寻求政治国家与公民社会之间的平衡，认为现代社会是一个政治解放的、个人追逐私利和自由交换的市场社会，而政治国家的设置是为了保证个人的生命、自由、追求幸福的权利不受其他因素的侵犯。自由主义坚持公民拥有天赋的、神圣不可侵犯的个人权利。公民在法律允许的范围内自由地追求个人私利，政府的职责就是保护公民的权利。自由主义民主是随着现代民族国家的形成而产生的，以代议制民主为典型的现实形式。然而，由于代表和选民分离，代议制民主中的代表不可能完全反映选民的利益，

① 陈家刚：《协商民主：概念、要素与价值》，《中共天津市委党校学报》，2005(3): 54–60。

有些选民的利益甚至被有意或无意地忽略掉了。哈贝马斯认为，到资本主义晚期，由于大型组织和财团实力扩张，左右政治权力系统，影响议会立法、行政决策甚至司法审判，代议制民主的缺陷越来越明显。主要表现在两个方面：其一，由于社会权力分配的不平等，当选议员和官员不能公平地代表每个人的利益，常常沦为大财团利益的代表；其二，即使当选议员和官员不受社会财团的影响，但受其个人的施政方针、社会阅历、情感偏好的局限，他们在立法、决策中也未必会完全反映民众的心声。社会的公正因此不断地遭到社会权力和政治权力联合勾结的腐蚀。

1992年哈贝马斯在*Between Facts and Norms*（中译书名《在事实与规范之间——关于法律与民主法治国的商谈理论》）一书提出了“商议政治”（Deliberative Politics）概念。这一概念实质上表达了一种协商民主的模式，就是公民在公共生活领域中，以理性的道德规范进行自由对话、辩论、协商的一种民主过程。通过商议政治，可以实现生活世界合理化，并将内化了传统价值和规范的民主意志加以程序化和制度化。哈贝马斯的协商民主把共和主义民主强调的协商论辩因素注入自由主义民主中，让协商在正式的国家权力机关、非正式的政治公共领域中充分发挥作用。

哈贝马斯认为协商民主发生于“生活世界”。“生活世界”是一个包含了文化、社会、个性三方面的公共领域。“文化称之为知识储存，当交往参与者相互关于一个世界上的某种事物获得理解时，他们就按照知识储存来加以解释。社会称之为合法的秩序，交往参与者通过这些合法的秩序，把他们的成员调节为社会集团，从而巩固联合。个性理解为一个主体在语言能力和行动能力方面具有的权限，就是说，使一个主体能够参与理解的过程，并从而能论断自己的同一性。”[①]“生活世界”

① [德]尤尔根·哈贝马斯：《交往行动理论》（第二卷），洪佩郁等译，重庆：重庆出版社，1994: 89。

是每一个交往活动的参与者置身其中的场所。人在其中，文化才能发挥作用。这种文化维系着彼此社会交往或交往行为。个体在其中自由讨论、对话，形成一致的意见或建议，再输入到建制化的民主程序之中。

“生活世界”是哈贝马斯在其交往理论中提出的概念。哈贝马斯认为，19世纪以后资本的大量集中导致私人劳动领域和市场领域以及资产阶级公众自律生活受到政治权威的控制，资产阶级公共领域的根基遭到破坏，文化体系也史无前例地受到冲击和颠覆。这使得资产阶级公共领域远离了民主、法治以及议会和政党活动，经济上获得充足发展的资本主义在政治上面临着深层次的合法性危机，为此，必须重建公共领域。这就是“生活世界”。

哈贝马斯在批判资本主义社会合理性与合法性危机的基础上，提出协商民主，其宗旨在于：

（1）唤醒人的主体权利意识。作为一种主观权利，因人的自由意志，人权天然合法。但是，随着时代的发展，到系统功能主义那里，人权虽然在一定程度上是独立的，但受制于法律论证的制约。于是主观权利学说陷入了合法性的危机当中。哈贝马斯认为社会整合功能要发挥作用就必须依靠法律，法律是行为规范的制度性约束，是现代秩序合法性的基础。法律的合法性根据又必须与普遍主义和团体的道德原则、个体层次上的生活伦理原则相互协调。他提出人权与人民权利之分。人权是一个自由独立存在的个体所享有的基本权利，而人民权利则是具有一定身份认同者共同享有的伦理上的权利。在公共领域中，人的主体自由权利意识得到充分释放，每个人加入到协商之中，为利益协调而展开辩论。在这个过程中人的主体性得到体现，同时，也因他人的加入，而由法律的承受者变为法律的制定者。

（2）实现共识与合乎正义。共识是实现有效主张之正当性的必要条件，而正当性是公众共识成为政治和社会制度的基础。规范的有效性植根于交往共同体之中。在交往共同体中，每个成员通过理性的自由对话、协商，对相关话题或建议进行论证，以达成共识或一致意见。交往共同体的成员作为实践话语的参与者，对相关规范的有效性和合理性予以论证。一旦他们接受规范的有效性要求，他们就形成了一种信念：既定的环境中所提供的规范是“正确的”。达成共识的另一个目标是合法化，即实现正义。哈贝马斯认为正义的价值在于过程，实现正义的方式就是保证过程的平等、公开、透明。就程序民主而言，哈贝马斯认为过程正义远远重要于结果正义，只有实现了过程正义，才会有结果正义。因此，他认为合法性是一种正当性论证程序和合理性程序的结果，是接受普遍合法性的程序结果。合法性实现的理想条件就是：遵循特定的、理想的正当程序；遵循普遍利益的合理性。在这两个基本条件基础上，共同体的成员的基本利益才是公平的、合理的，才能满足社会的正义目标。

（3）重构法律的合法范式。在批判自然法、实证法和哲理法的法律范式的合法性基础之上，哈贝马斯构建程序性的法律范式。其特点是：法律范式具有一种面向世界、包容性的功能，将整个社会背景联系起来，并根据空白的原则进一步诠释基本权利；确保程序的合法化作为立法合法化的条件，将依法治国结构系统理解为诸多行动系统的子系统，促进建制化一致意见和意志的形成，使之在生活世界的情景之中起到社会整合作用；程序性法律范式在规范性考察和经验型考察之间建立其整合联系。“根据这种法律观，程序可以被理解为这样一个规范，通过这个规范，行动之中的承认结构从简单互动层面传递到有组织关系的抽象层面。”[①] 通过生活世界的法律交往，编织了一张巨型网络，将整个社会整合起来。行政部门始终同一种民主的意见形成和意志形成过程保持联系，而这种过程不仅要对政治权力行使进行事后监督，而且也要为行政权力的行使提供纲领。在这个前提下，行政权力才会受到一定的约束。公共领域中的交往结构则形成了伸入生活世界中普遍化的接收

① [德]尤尔根・哈贝马斯：《在事实与规范之间：关于法律与民主法治国的商谈理论》，童世骏译，北京：生活・读书・新知三联书店，2014: 538–539。

器，能够接受公民所讨论或关心的话题，并通过民主程序而形成交往权力的公共舆论，从而为行政权力的运用指明了方向①。

二、协商民主的原则与程序

哈贝马斯认为，民主必须建立在对那些符合规范的主张具有良好认知的基础之上。诉诸普遍性道德规范基础之上的协商，才能顺利地进行，同时，协商结果必须有效或合法，才能进入到立法阶段。因此，协商民主必须遵循道德普遍化原则与法律民主原则。②

（一）道德普遍化原则

协商是一类高度复杂、具有严格约束条件的话语实践。哈贝马斯认为："需要一种特定的论辩理论，这种理论能够确定哪些东西可以作为行动的道德理由，还能确定哪一类型的论辩导致了有效的回答。"③ 哈贝马斯把这普遍的要求称作协商的"理想化语用学预设"，也可简称为"协商规则"，用于规范参与协商实践的人的行为。协商规则符合如下几个方面的要求：

（1）符合基本逻辑和语义规则的无矛盾性和连贯性要求。参与者进入协商就必须允诺真诚，对自己说的话有充足的理由来加以论证，同时在协商过程中不能有自相矛盾的现象。只有遵守这些规则才能引导参与者达到理性共识这个目标。另外，话语规范需要言语规则——实际论证，就是解释（Erklarunng）和证明（Rechtfertigung）。在交往行为中所表达和使用的命题，必须在话语逻辑的架构中加以阐明。

（2）协商过程遵循真实性、真诚性、正当性原则。即每一个参与

① 占令：《哈贝马斯的协商民主思想研究》，华中师范大学硕士论文，2017: 23–25。

② 占令：《哈贝马斯的协商民主思想研究》，华东师范大学硕士论文，2017: 20–23。

③ Habemas J., *Moral Consciousness and Communicative Action*, trans. Lenhardt C., Nicholsen S. W., Cambridge: MIT Press, 1990, pp.56-57.

者必须心口如一，同意并要求证明其断言的依据，或不作论证但陈述理由。交往要求有效性主张的主体间认同有共识基础，这个基础通过具有真实性、正当性及真诚性主张的语言予以确认。参与者之间要建立信任的关系，而不论这些主张与客观事物、共享的社会世界、经验有无关系。规范的正当性主张与命题的真实性并非以相同的方式协调行动。真实性主张只存在于言语行为中，而规范性主张的力量却不依赖言语行为。因此，相比陈述性语言行为，规范性语言行为从规范中获得一种特殊的“客观性”，同时也促成了语言与社会世界的相互依赖。规范的有效性取决于通俗的道德原则。规范能够有效的前提就是：所有参与者都认同并遵守规范，并接受规范带来的可能影响。

（3）协商过程要免于胁迫、阻扰和不公平的规范。哈贝马斯说：“凡是有语言和行动能力的主体都能参与协商。每个人都有权提出、质疑任何论断，同时，表达自己的态度、愿望、要求。没有人会因为来自协商内外的胁迫而无法行使上述两条规则所赋予的权利。”① 在一个实践话语中，规范只有得到所有受影响的参与者在他们能力范围内的认可，才称得上有效，这种普遍性的道德规范确保了所有参与者的权利不受胁迫。

（二）法律民主原则

哈贝马斯说：“协商原则应该借助于法律形式的建制化而获得民主原则的内容，而民主原则进一步赋予立法过程以形成合法性的力量。”② 民主原则的前提是确保赋予个体的权利得到自由的发挥，同时也实现个体主体自主参与政治交往。民主原则是具有法律形式的一般意义上的行动自由的权利，是对协商的政治自主条件加以建制化，借助政治自主将抽象的个体自主在法律领域得到提升。法律民主原则的建立是

① [英]芬利森：《哈贝马斯》，邵志军译，南京：译林出版社，2010: 42。

② [德]尤尔根·哈贝马斯：《在事实与规范之间：关于法律与民主法治国的商谈理论》，童世骏译，北京：生活·读书·新知三联书店，2014: 148。

一个循环过程。在这个过程中，民主原则的法律规范和合法机制就被构建起来。

（1）公民要对其共同生活加以合法的调节，保障其遵照秩序而运转，就要使用权利。协商规则转换成法律规则的形式，就引入了权利范畴，包括：①产生于以政治自主方式阐明对尽可能多的平等的个人自由权利的那些基本权利；②产生于以政治自主方式阐明法律同伴的志愿团体的成员身份的那些基本权利；③直接产生于权利的可诉诸法律行动的性质和以政治自主方式阐明个人法律保护的那些基本权利。这些基本的权利保护法律主体的私人自主，个人据此能够提出权利的主张，并且要求对方予以兑现，这样就获得一种法律赋予的权利地位。

（2）民主原则进一步获得法律秩序的创制。民主原则在权利范畴内进入了法律领域，个体主体在法律规制框架下，机会均等地参与意见形成或意志形成过程。在这个过程中，公民行使其政治自主，制定合法的法律。形成意见和意志的过程不仅仅依靠普遍道德的规范化，也要依赖于法律规则的外在约束。

在哈贝马斯之外，罗尔斯也对协商民主进行了深入的探讨，但他们的协商民主理论的规范主张都是从理想的情境和条件中推导出来的。理想的协商情境是从一种正义的起点开始的：任何人都被包容进协商过程中；没有人受到不公正的制度和结构性关系的支配；人们有机会和能力，可以自由地发表观点和推理，等等。然而，现实的民主政治不可能如理想的协商民主所预想的那样公正。经济、社会、权力等方面的结构性差异都会塑造民主过程中的不平等。

在哈贝马斯、罗尔斯二者之后，科恩、帕金森（John Parkinson）等诸多学者从现实世界的协商情境中出发，进一步丰富了协商民主的原则，提出如下一些观点："第一，协商包容原则。由于现代社会中的人们持有不同的宗教、价值和哲学观念，并且这些观念通常是不可通约的，因此，公共协商中的理由应该以尊重这类合理多元主义事实为基础，包容差异。第二，公共利益原则。参与公共协商的主体不应仅仅考虑个体的善，还应该考虑公共的正义要求。而且，只要对协商过程中可允许的理由加以合理的限制，促进每个人利益的公共协商是完全可能的。第三，参与原则。这一原则与古典自由联系在一起，即它关注的是人们对公共权力的参与。按照这一原则，关于公共权力的协商必须最大限度地保障平等的参与权。在这三个实质性的要求中，第一个原则和第三个原则主要是塑造协商程序的合法性，第二个原则主要是塑造协商结果的合法性。"①

协商民主实质上更关注民主程序，力图解决自由主义和共和主义所采取的聚合式民主在程序上存在的不公平缺陷②。这些缺陷主要是：①聚合式民主程序没有关注那些进入程序的原初偏好，而更合理的做法应该是关注偏好的构成与质量。②简单地将政治平等视作平等权力方面的制度性要求，将权力看作唯一的价值而进行分配，并将权力分配看作政治平等的唯一要求。③聚合式民主的公平程序无法回避的"多数规则"，而"多数规则"本身并非不证自明。恰恰相反，通过聚合方式而生成的"多数"可能并不能反映真实的多数。④聚合式民主的投票程序由于其"独白式"的特征，在应对"多数人的暴政"方面无能为力。⑤聚合式民主中的行为主体在选择或决策的过程中，容易受到偏见、敌意等情绪的影响，而不能够平等地对待每位成员的利益。

在批判聚合式民主程序的基础上，协商民主理论家们提出了"公正协商程序"与"理性协商程序"两种民主程序。"公正协商程序"认为，公民在投票之前应该有平等、公正的机会在公共论坛中提出各自的主张与理由，但这种程序并不关注公共协商的认识论价值。在这种程序中，合法性仅仅依赖于人们给出理由和辩论的过程，而不关注理由的"真理性"或协商结果的合理性，程序本身也不需要诉诸特定的独立标准。由于缺少独立标准，依据"公正协商程序"进行的公共协商不仅不

① 刘明：《西方协商民主理论中的程序与实质》，《西南大学学报》（社会科学版），2019(1)，http://xbbjb.swu.edu.cn，DOI:10.13718/j.cnki.xdsk.2019.01.002。

② 同上。

能消解分歧，反而会加剧分裂，从而违背了公共协商的本意，只会与民主的实践渐行渐远。当存在多种意见时，“公正协商程序”最终难以避免应用“抛硬币”的随机选择机制。这种机制所具有的道德任意性恰恰削弱了这种程序的合法性。

“理性协商程序”不仅仅关注公平进入的机会和协商过程，还关注恰当的理由。哈贝马斯称之为“更佳理据”（better argument）。哈贝马斯提出了对协商程序的三个限制：①每一个有资质的人都应该有机会参与到辩论中。②协商程序必须确保一种“无主题的交往”，即对“主题”不施加任何方式的限制。任何的偏好主张、利益要求、意见以及理由都应该有机会进入到公共协商的论坛中。③协商参与者必须处于一种“无支配”的状态。如此一来，协商程序必须始终对各种论题保持中立，各种论题的走向必须仅仅依赖“更佳理据”的力量。除此之外，不存在任何独立的标准影响或决定论题的走向。“更佳理据”为协商民主预设了“真理性”标准。

哈贝马斯认为：在一种理想协商情境下，正义原则以及民主宪法的合法性植根于纯粹的协商程序当中。罗尔斯则认为：纯粹的协商程序并不足以确保正义原则的合法性，民主过程以及民主结果需要受到某些实质性要求的限制。主要是如下三个方面：①公共利益的价值诉求。在一个秩序良好的民主社会中，政治争论是围绕公共利益概念而组织的，法律和政策的公开解释和正当性应是根据共同善的概念得出的，而且公共协商的目标应该是总结出这些概念的细节，并将其应用于特殊的公共政策问题。②平等主义的程序诉求。民主秩序的理想具有平等主义的意义，这些意义必须以公民明白易见的方式得到满足。在一个正义的社会中，政治机会和权力必须独立于经济或社会地位，并且其独立的事实对于公民来说必须或多或少是容易理解的。③公民方面的实质诉求。公民应该具备两种道德能力，第一种道德能力是形成有效正义感的能力，即理解、应用和依照正义原则行事的能力；第二种道德能力是形成、修正和理性追求某种善的观念的能力。相应地，实现和行使这两种道德能力则被视为道德人的两种高阶利益。

哈贝马斯与罗尔斯的理论分析明确了协商民主的程序与实质要求，为现实中协商民主的推进提供了指导。

三、协商民主的模式

美国学者诺埃里·麦加菲（Noelle McAfee）在《民主审议的三种模式》一文中阐述了三种代表性的协商民主模式[①]：①以偏好为基础（preference-based）的协商民主模式，强调协商最终的结果仍需转化为某种社会排序。②理性程序主义（rational proceduralist）协商民主模式，要求参与者应该是理性的，协商的理由能为所有人接受。③综合的（integrative）协商民主模式，强调协商者要能够看到公共行动的可能框架，并将自己视为公共领域的一部分，通过协商来抓住各种公共问题，提出政策建议。在麦加菲看来，综合模式要求协商者在做出选择之前充分考虑他人的关切点，所做出的选择必须反映人们对议题深思熟虑的公共判断，协商的目标在本质上既合理也可行。这种模式不但克服了第一种模式的“投票终结论”，也避免了第二种模式的过于理想主义的局限性。

埃米·古特曼（Amy Gutmann）和丹尼斯·汤普森（Dennis Thompson）认为，协商民主强调的是公民及其代表需要对其决策之正当性进行证明。为此，首要陈述理由；其次，要保证在协商过程中提出的理由为所有参与者所理解；再次，协商过程要有一定的时间限制；最后，协商是一个动态过程。因此，他们将协商民主界定为一种治理形式：“自由而平等的公民（及其代表）通过相互陈述理由的过程来证明决策的正当性。这些理由必须是相互之间可以理解并被接受的。审议的

① [美]诺埃里·麦加菲：《民主审议的三种模式》，载于谈火生编，《审议民主》，南京：江苏人民出版社，2007: 48–61。

目标是做出决策。这些决策在当前对所有公民都具有约束力，但它又是开放的，随时准备迎接未来的挑战。”①

目前，关于第二种协商民主模式在理论上讨论较多，在实践上也有所尝试。哈贝马斯和罗尔斯在这方面也有较多的理论分析。在分析了规范性、经验型民主模式之后，哈贝马斯提出理性程序主义民主。该模式注重协商的过程性、程序性。由于突出程序优先性，这一模式又被称为“民主的程序正义”。哈贝马斯把程序作为构成民主过程的核心。理性程序主义的协商民主完全跳出了“国家中心论”的模式，强调如下三点：①交往和协商是构建商议政治的基础。交往和协商以理性共识为目标，在实际上无法达成共识的情况下也是如此。自由主义者认为，民主的过程及结果是以每个公民基本权利实现为前提的，也就是说民主过程表现为每个公民利益之间的相互妥协，所以必须通过公开、透明的选举或其他方式来为协调利益服务。与此相反的是，共和主义者认为商议是以共同体成员的共识文化氛围为基础，以共同的利益覆盖个体分歧的一种形式。协商民主吸收这两者的积极方面，通过一种理想的协商和决策程序把它们融合起来，以达到实用性的目的。在这个过程中，充分考虑各方的利益妥协以及背景性共识的基础，从而构建自我理解性协商和正义性协商的内在关联。同时，协商融入了日常生活的普遍推理和论证，发挥着调节现代化社会日常冲突、修复理性基础以达成共识并建立社会秩序的作用。②交往实现建制化和法治化。哈贝马斯认为，程序民主是植根于社会情境中的可调节程序，这个程序蕴含着共同体成员一致承认的合法性。在意见形成和意志形成过程中，协商民主沿着两条道路并行：一条是具有宪法建制的形式；一条是非正式的商谈形式。协商民主程序在建制法律上具有平等、包容、公共和非强制等特点，遵循普遍正义原则，排除商议过程中公民的政治偏见和个人偏好。③通过主体议

① [美]诺埃里·麦加菲：《民主审议的三种模式》，载于谈火生编，《审议民主》，南京：江苏人民出版社，2007: 4–7。

会、商议性团体或讨论社会有关问题的论坛，形成公共意见或立法的决定。这种交往将舆论影响和交往权力转译为行政权力，最终以立法的形式表现出来。

这种理性程序民主模式将“国家”和“社会”区分开来。由于交往行动并不能保证团结所有的社会整合力，于是需要一部分自主的公共领域，在宪法框架内能够通过法律媒介形成的建制化的民主意见和意志，这种民主意见和意志能够不受两种社会整合机制——货币和行政权力的干预而保持自身的独立性。个体进入市民社会公共领域中，个体特征消失，但并不是权利被剥离，而是通过广泛的公民参与、沟通交流，形成公共舆论，达成人民主体间性。在政治国家之中，议会等正式政治组织对公共舆论进行滤清并形成决策，通过将“交往的力量转变为行政的力量”来落实协商民主理想。

近年来，简·曼斯布里奇（Jane Mansbridge）、詹姆斯·博曼、约翰·帕金森、西蒙·钱伯斯（Simone Chambers）、安德烈·贝希蒂格（André Bächtiger）等倡导协商民主实践的“系统途径”（systematic approach），也就是：可供选择的多种形式的沟通交流发生在交往过程的早期阶段，以应对力量上的不平等以及长远的协商能力建设。在其后的阶段，这些输入将被整合进一个规范的讨论形式中，包括对各种不同反对意见和建议的系统权衡，以及特定视角与更普遍利益的连接。此外，还有实践中尝试的一些具体形式，包括：协商民意测验（deliberative polling）、公民会议（citizen conference）、21世纪城镇会议（21st century town meetings）、公民陪审团（citizen juries）、共识会议（consensus conferences）、寻找未来会议（future search conferences）、学习圈（study circles）、愿景讨论会（scenario workshop）、规划小屋（planning cells）、世界咖啡屋（world café）、国家议题论坛（national issue forum）、国家公民议会（national citizens' parliaments）、在线协商（online deliberation）等。这些具体方式实践了协商民主的思想主张，检验并丰富了协商民主理论①。

协商民主理论虽然提出于西方社会，但其民主价值的追求以及民主规范与经验的探索却有着普遍的意义。在20世纪70年代以来的全球化浪潮中，民主已成为全球化的产物，并随着全球化浪潮走向融合。作为社会制度，中国的民主制度与西方民主制度存在区别。中国的全过程人民民主承认并接受公共事务参与者的多元化。中国的全过程人民民主以及人民代表大会制度与人民政治协商制度在实质上更容易实施协商，以保证参与者的平等参与、交流磋商、达成共识。在实践上，中国基层政治实践中，就立法和决策举行的听证会、恳谈会、议事会等协商机制已经在不同区域成功地运作，并取得了相当的成效，并已经发展成为制度化安排。在借鉴西方协商民主的积极成果的基础上，作为一种政治制度的协商民主在中国政治制度建设中取得长足发展，作为一种决策形式和治理形式的协商民主在中国公共事务治理中也得到充分发展。

第二节 科学知识民主的原则和程序

本书论述科学知识民主，主要是从决策形式和治理形式来讲的。随着20世纪后期的后福特式生产体系和国家创新体系的形成以及大科学模式的建立，科学已成为公共事业。正如前几章所论述，在科学知识的生产和应用过程中，存在着多元主体的参与。在这一背景之下，知识权利成为参与者的关注焦点，在当代社会民主浪潮的推动下，追求知识民主就成为不可逆转的社会潮流。学者们对西方国家与中国实践中的科学知识民主的原则与程序进行了探讨，在此，作一分析与总结。

① 钱再见：《国外协商民主研究谱系与核心议题评析》，《文史哲》，2015(4): 151–162。

一、西方实践中的探讨

随着当代社会治理的发展，诸多政策的制定都依赖科学知识作为可靠的信息来源，尤其是公共政策的论证更是依赖科学知识作为可靠的信息来源。20世纪70年代以来，科学知识社会学领域的学者们提出科学知识的社会建构论，打破科学知识的绝对客观性，揭示出了科学知识生产和应用过程中人的主观性的作用，揭示了科学知识的建构性、情境性和偶然性。科学知识的生产和应用都是多人协作的结果。借鉴协商民主理论，分析科学知识的生产和应用过程中多元异质参与者的主张提出、交流磋商与共识达成，有着积极的意义。

知识生产和应用在什么阶段中需要引入民主的原则？这是科学知识民主讨论的第一个问题。基彻尔和贾萨诺夫认为，在研究的选题阶段，就需要进行民主讨论。他们的研究指出，资本主义医药企业的许多药物开发以利润为目标，药物仅为富人服务。由于穷人财力有限，开发治愈广大穷人疾病的药物无利可图，医药企业很少将之作为研发对象。有些疾病的患病人数远远少于那些普通的疾病，但却成为科学家的研究重点，因为这些特殊疾病的治疗手段一旦开发出来，就可以获得巨额利润，医药企业愿意给这些特殊疾病的研究以资金支持。自由市场的“隐形的手”为少数人的富有而伤害了大多数人的利益①。公共资金资助的研究项目应致力于大多数人的福利，而不是仅仅为富人服务。科研选题的确定就应当进行民主协商。当然，协商民主是针对议题所涉及的相关者而言的，知识民主也是如此。科学共同体本身就是开放的民主共同体，科学研究的议程主要由科学共同体的内部民主来确定，科学共同体之外的参与者通过科学共同体而发挥作用。但在科学知识应用阶段，知识民主就更加必要，多元参与者的广泛协商就成为必然。

---

① Oreskes N., Conway E. M., “Merchants of Doubt: How a Handful of Scientists Obscured the Truth on Issues from Tobacco Smoke to Global Warming”, *Nature*, Vol.466, 2010, pp.565-566.

为实现科学知识民主，基彻尔提出有关的原则建议：互动、真正平等、人人参与[①]。但是，他同时指出将科学重要性的问题完全置于民众的多数原则之下的民主，则是一种民粹主义，将决策权交给专家优胜于民粹主义产生的结果。他更倾向于小范围的专家协商民主。他提出"良序科学"（Well-ordered Science）的概念，指在互动的讨论中，审慎考虑给某些研究以优先权的决定，并呈现这种决策的依据[②]。

在《在科学政策制定中引入平衡、公开和尽职调查》一文中，麦基特里克（R. McKitrick）认为，当代社会中的公共决策与政策制定通常以科学研究结果为依据，这使得提供研究报告的个体科学家的知识主张和个人情感对政策影响过大，导致决策风险，不利于实现"良序科学"，造福社会。借鉴协商民主理论，他建议在公共决策中应用科学知识，应该引入三个原则，即平衡、公开和尽职调查[③]。

平衡的原则是基于法庭实践中原告和被告律师的相互辩论而提出的。在法庭辩论中，每一位律师都根据自己一方的立场来呈现案情，但法庭中程序的平衡会保证案情能够交叉诘问，通过对证据的详细探究和梳理问询，保证法官、陪审团等所有参与者有机会去搞清楚每个证据的确切意义，并据此做出裁决。平衡的原则强调的不是个体参与者的绝对客观和不偏不倚，而是允许个体的倾向性和主观建构性，通过程序的平衡来最大化地保证一个客观公正的结果，过程自身会修正和平衡个体参与者的偏见和主观建构。

公开原则是指如果政府要求公民信任公共政策，就需要给他们提供一些事实或技术信息作为判断基础，这些信息必须是全面的、真实的，而且是明白无误的。同时，要给出数据的确切原始来源以及所采取的计

① Kitcher P., *Science in a Democratic Society*, New York: Prometheus Books, 2011, p.50.

② Kitcher P., *Science in a Democratic Society*, New York: Prometheus Books, 2011, pp.113-114.

③ McKitrick R., "Bringing Balance, Disclosure and Due Diligence into Science-based Policy-making", in Porter J. M., Phillips P. B., *Public Science in Liberal Democracy*, Toronto: University of Toronto Press, 2007, pp.239-263.

算分析方式。

尽职调查原则是指信息传递者如果希望人们根据自己的信息采取行动，例如把某一知识作为公共政策的依据，就应该付出应有的努力，去证实信息的真实性，并以人格担保。

在使用新知识或有争议的知识作为决策依据时，知识民主的原则可以最大程度地消除研究中不可避免的建构性和部分主客观偏差或错误。应用这三个原则，需要采用如下的民主程序：首先，在提供研究报告中，应该由两组或两组以上知识主张对立的科学家分别进行研究，提出研究报告。其次，政府将报告结果公之于众。科学家不参与最终判断，而是由公众和政府一起投票决定采取哪一个研究结果作为决策依据。再次，对投票选出的结果还要进一步采取尽职调查原则，由独立的第三方进一步核验和计算该结果。最后，综合第三方调查的肯定结果，将某一种知识主张作为政策制定的依据。这种模式虽然比较耗时，但却能够保证所有参与者的平等参与、充分的交流磋商、相互理解对方的知识主张、达成一致意见，从而，有效地平息争议，避免政策结果公布后引发大的争议或政策的频繁变动。

二、中国实践中的探讨

基彻尔、贾萨诺夫以及麦基特里克等人关于科学知识民主的原则与程序的观点是以西方自由民主国家的一人一票制和排他主义民主模式为基本制度而提出的。其观点对中国的科学知识民主探讨具有参考价值。

中国共产党领导下的民主政治强调从实践中来到实践中去的原则。中国的民主政治制度从毛泽东时期的“大民主”过渡到邓小平提出的社会主义民主。社会主义民主更多的是听取意见和呼声，通过试验、实地视察、考察和代表会议等形式，推进社会民主。这种政治民主制度有别于西方的代议制民主以及自由主义的全民投票的民主形式。西方的自由民主致力于实现每个人的个体利益最大化。这种自由主义民主的思想与自由市场体系相互支撑，认为理论上每个人都有平等的机会为自己的利益发声，认为按照市场自由配置，实现每个人利益的最大化，就会得到整体利益的最大化。但是现代政治学的研究表明，每个人的个体利益最大化未必是整体利益的最大化。西方民主预设的是每个人要积极参与政治，才能保证个体利益的最大化，没有参与权就意味着对个体利益的剥夺。中国特色社会主义民主的预设则是，政党和政治参与者代表的是全体人民的利益，未参与者的利益也同样可以得到保障和考量，国家同人民整体利益的基本价值取向是一致的，党和国家是全心全意为人民服务的，其决策是代表人民利益的集体选择。在此基础上，中国实行的是人民代表大会制度和政治协商制度。当代中国的科学知识民主理论研究与实践探讨，都必须在中国民主政治的基本框架下进行。

1978年改革开放以来，中国快速发展科学技术，实现工业化，逐步缩小了与世界发达国家在科学技术与经济社会发展等方面的差距，已积极参与到全球化进程之中。全球发展中出现的科学知识民主问题，在21世纪中国的发展中也同样显露出来。近20年来，中国科学技术取得举世瞩目的成就，后福特式生产体系在工业化生产体系中也逐步形成，国家创新体系也建立起来，国家支持的大科学成为科学技术发展的主要方式。在此背景之下，科学知识生产和应用过程中的多元参与和利益差异也日显突出，知识权利已成为世人关注的对象。当然，中国是一个人口大国，14亿人口存在较大的知识差距，不可能所有人都参与到知识民主之中来。在现实条件的约束下，只能是公众代表的参与。

在当前中国现实条件下，知识民主的公众参与具有两层意义。首先，从民主的本质出发，公众参与知识探索的意义在于尊重人民的意愿、听取人民的意见、优先研究人民密切关注的问题、尊重和听取人民对知识研究中的伦理判断等等。在听取人民意见这一点上，我国的政府管理体系中已经建立了多种民主表达渠道，有比较完善的意见反馈机制。例如，在2010年以来的计划生育政策的制定过程中，政府也确实根据人口学数据调查和理论推测，结合人民的意见和愿望，逐步制定和实施可行政策。在单独二孩政策可能带来人口较大波动的担忧下，谨慎地放开了单独二孩；在证明二孩放开后人口秩序稳定的前提下，在一两年内迅速地制定和实施全面二孩政策。其次，公众参与知识研究是充分吸收和利用公众所拥有的地方性知识和经验知识，将之与科学技术知识综合用于特定领域或特定区域的政策之中，以便更好地解决问题。同科学知识和专门技术知识相比较，地方性知识和经验知识同样重要，甚至比单纯的科学研究更加能够综合把握局部地区的事实真相。总体而言，公众参与科学的主张是基于科学知识对地方性知识和经验性知识的功利性利用，是为了促进科学知识体系的发展和完善；同时，也是为了征求人民的同意，由全民共同承担知识风险并体现民主原则。

1980年以来中国人口学知识的发展与计划生育政策的制定是典型的科学知识民主案例。为控制人口增长，中国学者们发展了带有中国特色的人口控制论，政府在1980年制定和实施“一个家庭生育一个小孩”的计划生育政策。2010年以后，在人口老龄化背景下，反思人口控制论，在人口学知识方面更加注重人口质量与人口结构，并据此修订计划生育政策为“一个家庭生育两个小孩”。关于中国人口科学知识发展与计划生育政策制定的知识民主分析，在第十一章中将详细分析。结合中国人口学知识的发展与计划生育政策制定的实践情况，笔者认为，中国践行科学知识民主的原则是：平行对立的原则、检验公开的原则、实践检验的原则。

其一，平行对立的原则就是对有争议的知识，允许对立知识主张的双方或多方都有同等参与官方政策相关研究选题的机会，以避免研究者个人主观建构因素和理论预设对结果的影响。在调整计划生育政策的过程中，2013年5月中国国家计生部门开展平行对立的人口预测研究，分别委托翟振武和王广州两组团队研究单独二孩（夫妻双方有一方为独生子女的可生育两个小孩）政策的实施方案，并要求他们背对背开展平行研究，不能相互“看答案”，且要对外保密。同时，中国人口与发展研究中心展开数据大调查，以对比两个团队的预测结果。这一做法保证了更为客观的人口调查与预测数据，保证了据此制定的计划生育政策的可行性。

其二，检验公开的原则要求用于决策的研究结果需要重复计算和检验，以避免研究和计算过程中有所遗失和错漏的数据，最大程度地去除数据误差和偏差，保证结果的正确性，同时，也要向社会公开其决策所选取的知识依据，建立透明、公开、有效的决策机制。权威知识抉择型的公共决策会出现错误，主要是因为研究结果公开程度不足和时间的滞后，导致对立主张者无法及时有效进行学术批判和观点交流。为避免这一情况，需要坚持检验公开原则。2011年受国家计生部门委托，翟振武团队开始论证国家是否能在2012年全面放开二孩。他们的研究思路是城乡统筹、逐步放开，即先放开单独二孩，再全面放开二孩。该团队的研究指出，二孩政策覆盖的目标人群为1.5亿，每年至少出生3000万人，年度峰值高达4995万①。这样一个巨大的生育堆积将对医疗、教育等社会公共资源造成难以承受的巨大冲击。这一人口学论证被国家计生部门采纳，在决策上否定了直接放开全面二孩政策的可能性。但翟振武团队的研究报告于2014年7月10日才由原国家卫生和计划生育委员会（简称卫生计生委）在新闻发布会上作为决策的知识依据向媒体和社会公布。发布滞后2年左右，其他学者难以就其科学知识进行交流、磋商和评议。公布之后，其他学者才发现并纠正其数据计算和公式参数。

其三，实践检验的原则要求不断地根据实践的检验，来反思和弥补知识与政策制定中的不足之处。2011年中国政府逐步制定和实施单独二孩政策，随之引发较大争议。由于数据罗生门的出现，各方专家的预测数据前后差别很大。单独二孩政策普遍实施以后，政府通过密切关注民众的生育实践，对预测数据和相关参数不断进行调整和追踪调查，依据实践情况判断“低生育文化”已经在中国形成，为此，迅速调整为全面

① 翟振武、张现苓、靳永爱：《立即全面放开二胎政策的人口学后果分析》，《人口研究》，2014(2): 3–17。

二孩政策。面对知识争议，仅依赖学者们之间的相互争论和辩论，只会拖延决策时间，争论双方都认为真理在手，各不相让。为实现对事实和真理的掌握，还需要用实地调查获取基本数据和事实作为支撑，同时用公众的行为和意愿检验政策的适当性。实践检验的原则是解决知识争议问题的重要途径之一。这一原则结合前述两个原则，可以降低公共决策的风险、最大程度地消除决策的知识依据中的主观建构性，同时，避免旷日持久的知识争议和久议不决的政策所带来的危害。

中国的知识民主程序应该结合全过程人民民主的本质特征进行建构。知识磋商由科学共同体、利益相关人、人民代表以及机构决策者进行共同讨论，并在多元主义参与者内部小范围投票，决定某种知识主张的优胜。这一过程可以多次循环进行，以最大限度保证知识民主。马克思主义理论指导下的民主原则，最终的决策权不是投票，而是马克思主义真理观，也就是用实践来检验认识，因此马克思主义理论指导下的知识民主程序，应该反映出实践检验的要求。

在2010年以来计划生育政策的制定和实施过程中，也是以中国民众的实际生育实践对人口预测和政策决策不断做出调整。内部多元主义的民主磋商有利于对知识的最佳利用，并避免权力影响知识生产的结果。权力无疑会影响到知识的发展方向和研究问题的提出，比如，在二孩政策制定过程中，在政策变动成为可能之前，学者们只是从低生育率、老龄化、人口红利渐失等各种视角阐述政策调整的必要性，但是，对政策调整后的短时期人口波动、社会稳定性和安全性则缺乏关注，对放开二孩生育后的人口学后果缺乏精确的数据预测。当国家计生部门将问题提上议程之后，学者们开展相关方面的测算时，发现之前的普查数据缺乏关于家庭人口孩次结构的信息，于是2014年又进行了抽样调查，补充了研究所缺失的关键数据。政府决策机构的权力对研究方向和研究问题以及研究过程中重要数据的采集，都发挥了关键的引导和支持作用。

此外，有些科研选题涉及伦理，在伦理审查争议过大的情况下，也应该引入民主原则来讨论其是否能够成为符合伦理的研究项目。在中国，健全研究选题阶段的审查机制，是必要的。例如，2018年，贺建奎团队宣布首例基因编辑婴儿诞生，引起全球科学界以及各界人士的关注。人们质疑其伦理合法性。该项目研究前期的伦理审查手续缺乏权威认可，公然违背胚胎研究的相关伦理规定，且避开了监督。因此，在研究的选题阶段，应当引入知识民主，以保证研究符合伦理且具有公共性。在科学研究过程中，科学家享有选择和决定研究内容和研究方法的自由。但是，两个或多个课题组的研究结论截然相悖，出现不同的研究结果或就某一话题有争议时，就应该运用知识民主的原则和对应程序，来综合多种视角，终结知识争议。

根据以上分析，本文建议中国特色的科学知识民主程序是：第一步，在选题上要实行小范围的专家内部民主，保证选题的公共性且符合伦理。同时，用于公共决策的科学研究选题应该委托给至少两个持有不同主张和预设的专家团队，运用平衡的原则，尽力消除专家预设对知识研究的建构性风险。在研究内容和研究方法上赋予研究人员充分的学术自由，不干涉其研究结果。第二步，对应用于决策的知识要尽职调查，检验其结果和研究中的误差和纰漏。第三步，确认研究结果后，采取平等沟通的策略，举行有官员、专家和公众代表等多元参与的小范围民主讨论会，进行决策。第四步，决策后的征求意见稿中，既要公开对立专家的知识主张和研究结果，也要公开内部的决策讨论和决策依据。第五步，公开后，根据公众的意见反馈，进行磋商与修订，最终确定并执行公共政策。第六步，根据马克思主义实践观来检验政策的适宜性和执行情况。

在这一知识民主程序中，对民主形式采取的并不是由全民投票来选取依赖何种知识作为政策的依据，而是依据民主的本质“尽量争取更多人的同意”，来体现民主。首先，民主具体体现在程序一之中。在知识争议中不仅仅依靠权威的专家知识，而且，运用平行公正的原则，允许不同知识主张和多元知识观点的交流，以便能够澄清知识争议，最大程度地降低知识的建构性风险，让不同观点的专家具有影响政策制定的同等机会。在选题论证中，由小范围的内部专家投票来作决定。民主还体现在程序二之中，选题确定后，将官方选题委托给至少两组以上的对立专家，给予对立知识主张平等的参与权，保证多元观点的平等交流。民主还体现在程序三中，选取何种知识作为政策依据，则依靠小范围内的内部多元主义民主，民主的特征体现在多元参与和讨论上，允许公众代表、专家、官员和利益相关者进行充分的磋商，并投票选择以何种知识主张作为政策依据。民主还体现在程序四和程序五中。决策之后，要将决策的讨论过程和知识依据向公众公开，接受公众监督；同时建立公众意见的反馈机制，及时了解民意，同公众进行沟通，尽量争取更多的人同意，说服公众或接受公众的批评和合理建议。这一知识民主程序对知识的利用体现在：在选择知识作为依据时，强调对立观点的充分交流和磋商，同时在公众代表参与的内部民主决策和民意反馈的环节上，则允许公众的地方性知识和经验知识有发声的机会；最大化地实现科学技术专门知识和地方性知识、经验知识的多元交流，以期最大化地降低个体主观建构性，实现目前认知能力上所能达到的最优知识。在根据实践来检验或调整政策的环节上，一方面是检验知识与实在的一致性，另一方面随着社会秩序和实践的改变，也可以根据变化了的事实，调整政策。这样的知识民主程序对新知识具有一定的开放性和容纳性。

知识与社会秩序具有共生关系，知识塑造社会秩序，社会秩序也会影响知识的发展。没有知识的创新和进步，社会秩序就面临停滞和衰败。我们有必要保证知识生产中的学术自由，保持学术批判、质疑和磋商的精神。在中国一胎政策和二孩政策制定过程中，知识选题都受到了政治权力的影响，凡是与当时党的领导思想和国家目标不一致的选题，很难有发表途径也得不到经费支持。人口知识的发展方向和速度受到政治的巨大影响。学术争议虽然同政治相关，但并不等同于政治异议，其争议的目的是找到稳健的知识。各国民主政治差别巨大，有国界之分，但知识并没有国界之分。没有学术自由，就无法保证知识的创新和进步；没有知识民主程序的建立，就无法减少知识中建构性因素所带来的偏差，难以获得广泛的认可和承认，难以在国际上形成先进的知识优势。在中国人口知识与社会秩序的共生过程中，二孩政策制定中更多地实施了知识民主。更加公开的信息交流、政府对舆情的充分考量，都是社会进步和民主制度趋向完善的体现，是知识民主理念的具体实践。在政策制定过程中，对立的知识主张者独立开展研究，同时也用其他平行研究作为对比检验和讨论的依据，并小心谨慎地用社会事实不断对其做出检验和调整，尽量避免知识建构因素中隐含的风险和误差。

本书提出的知识民主原则与程序是在目前社会制度范围内的经验研究结果。随着时代的发展，知识民主的原则与程序以及知识民主化的程度，都会发生变化。这些还有待进一步的讨论和总结。

第三节　科学知识民主的模式

自20世纪70年代以后，学者们关注到科学知识的生产和应用中的多元参与，出现科学社会建构的讨论，但直到20世纪90年代才有学者明确提出“知识民主”的概念。进入21世纪，出现了较多关于科学知识民主的理论研究和实践总结。一些学者就科学知识生产阶段中科学家、政府、企业、媒体与公众的多元参与进行了讨论和总结。本书第五章对此项内容进行了分析。更多的研究集中于科学知识在国家治理中的应用阶段。这是因为，在应用阶段，参与者越发多元化，其身份、利益诉求、价值倾向也有明显区别。这一阶段的权利竞争也就愈加激烈，这一阶段的知识民主问题也就愈加突出。我们关于科学知识民主模式的讨论也集中于科学知识在国家治理中的应用阶段的情况加以分析。

一、西方科学知识民主模式的演变

科学知识在国家治理中的应用是通过制定公共政策而实现的。如第

六、七章的分析，应用科学知识制定公共政策的过程也是公共科学知识的生产过程。在这一过程中，政策参与者就所需科学知识提出各自的知识主张，经过交流、磋商，最终达成一致的知识见解，并以之解决面临的实际问题。科学知识民主就体现在公共科学知识的生产过程中，公共科学知识的生产模式也就是科学知识民主之模式。对于特定国家而言，随着科学技术发展以及政治、经济和文化环境的变迁，该国公共科学知识的生产模式也在演变。从西方发达国家特别是美国的科技决策历史过程来看，西方发达国家经历了从传统“科学家真理代言人模式”，到“专家与技术官僚共谋模式”，再到“公众参与模式”的演变。在这三种模式的公共知识生产过程中都存在多元参与者，只是到第三种模式，异质参与者愈多，其民主色彩愈浓烈。

（一）科学向权力陈述真理：科学家真理代言人模式

20世纪40年代，以曼哈顿工程为代表的一系列科学技术成果为“二战”胜利做出了突出贡献，科学展示出实现国家目标的强大能力。“二战”结束之际，美国总统科学顾问、科学研究与发展局（Office of Scientific Research and Development， OSRD）局长万尼瓦尔·布什（Vannevar Bush）向时任美国总统罗斯福提交了著名的报告《科学：永无止境的前沿》，建议美国政府继续大力支持科学研究。美国政府根据布什的倡议和构想，在战后相继建立了国家科学基金会（NSF）、国防部高级研究规划署（ARPA）等机构，奠定了美国科技管理体系的框架，它赋予科学家相当大的科技事务管理权力。随后冷战开启，美苏在核武器、航空航天等领域展开激烈角逐。1957年，受苏联卫星Sputnik上天的刺激，美国总统艾森豪威尔任命麻省理工学院校长詹姆士·基里安（James Rhyne Killian）担任美国历史上第一个专职总统科技顾问，组建了由20余名著名科学家（兼职）组成的总统科学顾问委员会（PSAC）。这标志着科学家成为美国公共政策的核心参与者之一。此后，各类以科学家为主体的专家咨询委员会如雨后春笋般出现在公共政策领域，科学家与政府的关系经历了一段“相互强力支持”的“黄金时期”[①]。

从20世纪50年代到60年代中期，在美国与科技决策相关的公共知识生产形成了所谓的“科学家真理代言人”模式，其特点包括：①科技专家是最主要的知识生产者。决策者在事实判断方面主要采纳科学家的意见，不仅如此，以万尼瓦尔·布什、奥本海默为代表的许多科学家更成为诸多重要科技部门的决策者。此时的科技决策主要集中在国防领域，具有保密性，公众难以参与。另外，科技政策对普通公众的日常生活影响尚不深入，而公众推崇科学、信任科学家，没有很强的参与意愿，公众在公共知识生产中主要扮演旁观者角色。②生产目标在于客观知识。人们普遍奉行一种客观主义和理性主义的知识观和科学观，认为科学知识可以对科技决策相关事实做出客观而正确的描述。③生产过程遵循较为简单的“科学—同行评议—政策”线性模式。公共知识主张的争论会在科学共同体内部解决，一旦科学界达成共识，该共识即自动成为公共知识，无需再在决策阶段接受政治合法性的检验。④生产组织形式很大程度上仍然采取松散的学院科学模式。科学系统与政治系统之间的边界相对清晰，联系是非制度化的，咨询形式、受邀参与的科学家人选等很大程度上取决于政府决策者的个人偏好。⑤公共知识质量的主要标准是科学合理性，而政治合法性则从科学合理性中衍生出来。这种因“合理而合法”的合法性机制缘于此时科学的认知权威和科学家的道德权威——科学知识被人们视为真理，真实地反映了世界的运转规律；而科学家则被视为真理的代言人，他们遵循“默顿规范”[②]，恪守价值中立。此时，公共知识的质量则通过科学家同行评议进行控制。⑥公共知

① 汝鹏、苏俊：《科学、科学家与公共决策：研究综述》，《中国行政管理》，2008(9): 111–117。

② 默顿认为，民主制度下科学精神的四大特征（或者说科学家应该遵循的四个规范）是：普遍主义（universalism）、公有主义（communism）、无私利性（disinterestedness）和组织化的怀疑精神（organized skepticism）。参看，[美]R. K. 默顿：《科学社会学：理论与经验研究》（上册），鲁旭东、林聚任译，北京：商务印书馆，2003: 363–376。

识生产本质上是一种政治活动，理应构建相应的公共问责机制。但在科学家真理代言人模式下，并没有明确的公共问责机制，主要依靠科学共同体的内部约束。

（二）从科学知识到专门知识：专家与技术官僚共谋模式

从20世纪60年代中期开始，随着科学技术大规模应用到社会生活的各个方面，科学家真理代言人模式的基础逐步动摇了。首先，科技政策的重点目标从促进科技自身发展转向引导科学技术为实现国家军事和经济社会目标服务，决策相关事实的政治和经济社会维度日益受到重视。其次，科学研究的模式从“小科学”向“大科学”转变。政府资助日益庞大，管理规模大幅增加，科技决策的利益冲突日趋凸显。政府面临如何合理分配资源、协调利益冲突的难题。这一切催生了对科技管理、政策分析等社会科学知识的需求。再次，科学的认知权威衰落了。DDT严重破坏生态环境、氟氯烃导致臭氧层空洞、二噁英污染、核电事故等一系列技术危机，表明科学并非绝对真理，而是存在广泛的不确定性，将科学技术从实验室运用到社会生产和生活中可能造成诸多风险。最后，科学家的道德权威衰落了。科学家一度被视为求真求善的楷模，具有崇高的公共美德（civic virtues），然而，随着科学家学术不端行为不断被曝光，科学家为特殊利益集团代言屡被媒体揭露，公众开始怀疑科学家自我约束并不能保证所提供知识的无私利性。上述变化共同造成了公共科学知识生产的第一次公共性危机，无论是政府还是公众都要求对科技决策相关事实进行多重维度的综合考察，要求对公共科学知识生产进行更为严格的控制。为化解危机，政府开始调整科学家与政府关系，科学家不再享有公共知识生产的垄断权，而是与社会科学专家和行政专家一样扮演决策者的幕僚角色。这种调整伴随着科学家群体与政府的冲突进行，例如尼克松于1973年连任后，降低了总统科技顾问的汇报级别，解散了PSAC，将持有不同意见的科学家请出了白宫[①]。

从20世纪70年代中后期开始，“科学家与政府共谋模式”[②]逐步成为公共知识生产的主导模式。其特点包括：①科学家的权威相对下降，社会科学专家和行政专家（技术官僚）开始成为活跃的知识生产者[③]。由于学科背景和研究方法的不同，专家意见之间经常发生冲突，公众日益要求知情权。②生产的目标不再追求绝对客观的知识而是专长。专长是知识生产模式Ⅱ下的一个概念，强调公共知识的社会嵌入性和实践性，它不必然来自特定学科，允许缺少知识，关涉判断而非事实，是被合法化的，而非被证实的[④]。③知识生产过程更为复杂，其一般过程包括“科学—扩展的同行评议—政治家确认”。科学知识不再自动成为公共知识，参与评议的同行范围从科学技术专家扩展到社会科学专家和行政专家，而政治家成为事实的最终决断者。④生产活动的制度化。政府加强了对公共知识生产的控制，立法规范生产活动，并建立了常设决策咨询专门机构。以美国为例，1972年颁布《联邦咨询委员会法案》（FACA），目的在于保证专家咨询机构建议的客观性以及公众在专家咨询过程中的知情权。此后，各类科技咨询机构蓬勃发展。至1991年底，联邦政府57个部门中的各类咨询委员会超过1000个，其中半数以

① [美]T. 戈尔登等：《美国总统科学顾问委员会的工作回顾》，武夷山译，中国科学技术情报研究所编，《科技与发展》（内刊），1987: 4。

② 科学家与政府共谋是指科学与政府的关系越来越亲密，在一系列不利于政府的问题上，科学家对公众隐瞒了一些事实。布赖恩·温最早提出这一“共谋理论”（conspiracy theory）。参见：Wynne B., “Misunderstood Misunderstanding: Social Identities and Public Uptake of Science”, *Public Understanding of Science*, Vol.1, No.3, 1992, pp.281-304。

③ 科技官僚（行政专家）的出现和壮大是公共知识生产模式调整的现实基础。在政府介入科学的早期，科技专家对于公共资源的调度、技术路线的设计等具有很高的自主权，面临科技管理这一新兴的公共治理领域，政府并不擅长，因此委托科学家处理。然而，随着管理规模的扩大和复杂化，暴露出科学家并不擅长协调各方利益。具有行政经验的专家、熟悉科技的技术官僚、了解公众关切的传媒学者、伦理学家（判断什么是重要的议题）都成为决策者咨询的对象。

④ Jasanoff S., “Science, Expertise and Public Reason”, 2007, http://ebookbrowsee.net/sheila-jasanoff-science-expertise-and-public-reason-pdf-d173781368.

上与科技发展相关[①]。1992年，克林顿总统刚上任就恢复设立了总统科技顾问委员会（PCAST）。⑤类科层制的生产组织形式。科技管理部门、政府政策研究机构、科技统计部门、科技决策咨询委员会共同组成了公共知识生产体系，前三者属于政府系统，具有科层制的典型特征；但在直接服务于决策者的科技决策咨询委员会中，大多数成员是政府系统外的著名科学家和人文社科学者，在管理方式上相对灵活，与严格等级化的官僚科层制有所区别。⑥这种模式下的公共知识的质量标准仍然主要是科学合理性，也强调合程序性；通过扩展的同行评议[②]和行政规则对公共知识的质量进行控制。⑦公共问责机制在学术共同体自律的基础上增加了行政问责。前者针对专家而言，而后者则针对决策者和技术官僚，这是伴随着公共知识生产控制权向政府转移后必然出现的结果。

（三）知识的民主化：公众参与模式

从20世纪80年代后期开始，科学不确定性以及由此可能带来的风险成为西方发达国家普遍关心的问题。以英国为例，早在1992年，英国皇家学会和英国健康和安全委员会（Health and Safety Executive）分别发布了题为《风险：分析、感知和管理》和题为《核电站风险的可承受度》的报告，强调风险评估应成为科技决策的必要环节。然而，这种风险分析仍然是基于科学上已知的风险类型及其发生概率。一些敏锐的学者开始关注到科技决策的相关知识的可靠性严重依赖于情境。科学技术知识是对严格控制条件之下的实验对象的抽象认识，而技术运用的环境却是高度开放和异质性的，科技决策必须将一般性的科技知识与地方

---

① 汝鹏、苏俊：《科学、科学家与公共决策：研究综述》，《中国行政管理》，2008(9): 111。

② 扩展的同行评议（extended peer communication），该说法源自后规范科学的讨论。参见：Funtowicz S. O., Jerome R. R., "Science for the Post-normal Age", *Futures*, Vol.25, No.7, 1993, pp.739-755.

性知识紧密结合，否则，可能导致决策不当①。公众掌握的经验知识和私人知识恰是地方性知识的基本来源，因此，公众参与公共知识生产不仅具有政治正当性，也是知识合理性的必然要求。美国学者布赖恩·温主张在环境政策等存在科学不确定性的公共决策中，应当采取上游决策（Upstream decisions）模式。在该模式下，公众参与科技决策不仅意味着公众有权参与价值分配，还应当上溯到参与决策相关事实判断②。更明确地说，公众对科技决策中的事实判断不仅具有知情权和监督权，也有权表达和评议公共科学知识主张。

学者的学术洞见很快就成为现实的潮流。1996年欧洲疯牛病造成了公众对“政府—专家”决策共同体的深刻的信任危机③，激发了公众强烈的参与意愿。与此同时，公众参与的现实条件也已经具备：公民社会的发展与非营利组织的活跃成为公众参与强有力的组织基础；信息社会的到来以及互联网的发展和普及，使普通公民有了更多、更便利、更畅通的信息渠道，获得有关政务治理与管理绩效的信息，为公众参与提供了技术基础④；高等教育的大众化，打破了专家群体对知识的垄断，越来越多的公众有能力参与公共知识生产。在这一背景之下，西方发达国

① 布赖恩·温对1986年英国坎布里亚羊事件的分析是支持这一观点的经典案例。当时切尔诺贝利核泄漏遗留沉积的放射性铯辐射污染影响到位于英国西北部的山区坎布里亚地区的羊群。政府对此颁布的政策是以科学家的研究为依据的，而科学家的研究是以放射性元素铯在黏土土壤中的活动性质为假设的，但是当地的土壤却不是黏土，而是酸性土壤。这样制定出的政策给当地牧场主带来了巨大的损失，也使得科学家失去了牧场主的信任。参看：Wynne B., “May the Sheep Safely Graze? A Reflexive View of the Expert-lay Knowledge Divide”, in Lash S., Szerszynski B., Wynne B., *Risk, Environment and Modernity: Towards a New Ecology*, London: Sage Publications, 1996。相关论述也可参看，刘兵、李正伟：《布赖恩·温的公众理解科学理论研究：内省模型》，《科学学研究》，2003，21(6): 581–585。

② Wynne B., “Uncertainty and Environmental Learning: Reconceiving Science and Policy in the Preventive Paradigm”, *Global Environmental Change*, Vol.2, No.2, 1992, pp.111-127.

③ 高璐、李正风：《从“统治”到“治理”——疯牛病危机与英国生物技术政策范式的演变》，《科学学研究》，2010，28(5): 655–661。

④ 樊春良、佟明：《关于建立我国公众参与科学技术决策制度的探讨》，《科学学研究》，2008，26(5): 897–903。

家政府纷纷响应公民诉求，制定规则，鼓励公民参与，发展出了公民陪审团、共识会议、情景工作室、焦点小组、以社区为基础的研究等多种参与方式。其中产生于丹麦的共识会议最知名，广泛流行于世界各国。各国的经验表明，公众参与确实可以对决策产生直接的效果；但“公众参与”更重要的是他们的间接影响，即让政治家对公众讨论科学技术带来的威胁和机会有了新的认识，同时带给公众新的知识和意识。一种新的、公众广泛参与的公共知识生产模式即知识民主模式在西方发达国家逐渐形成。

这种科学知识民主模式的特点包括：①多元行动者。政府官员、科技专家、人文社科学者、实践专家、利益集团、媒体和公众都是平等的参与者。公共知识生产吸纳各方代表，特别是公众代表，而政府的角色是协调者。②生产的目标是社会稳健的知识①，不再追求知识的绝对客观性。③知识生产的组织形式的社会弥散化。政府对知识生产的组织、协调和确认权都有所削弱。围绕具体议题，科学技术专家、人文学者、各类社会组织、媒体、企业、公众都能够提出见解，影响决策；边界组织活跃、跨界沟通。④决策相关的专业风险评估和广泛的社会评估成为决策的法定要求。公共知识生产的环节变为了“科学-风险评估-扩展的同行评议-社会评估-政策”。⑤生产空间大为扩展，不再局限于由政府控制的正式公共平台，还发生在公民社会和网络虚拟公共空间中。⑥合法性来源于科学合理性、程序合法性以及公众参与性的混合。⑦通过专家同行评议和社会化评估双重机制对知识质量进行控制。⑧生产责任由社会集体共担。

民主是一个社会进程。在其中，各类异质参与者通过不断的斗争而争取平等、自由参与的权利。科学知识民主进程也同样如此。历史上，公共科学知识生产进程中多元参与者范围的不断扩大及权利的均衡，使

---

① 即促进社会稳健的知识。这是从功利主义角度评价知识。参见，[瑞士]海尔格·诺沃特尼、[英]彼得·斯科特、[英]迈克尔·吉本斯：《反思科学：不确定性时代的知识与公众》，冷民等译，上海：上海交通大学出版社，2011。

得民主在知识领域扎根而发展起来。

在上述三种科学知识民主模式中，模式1中的参与者无责任。模式2中专家和官僚共担责任。实际上由于面临科学不确定性，参与者通常因为各种原因不能制定最适宜的决策去阻止灾难，反而是将专家和决策者都置于风险之中。模式3既强调公民的知识权利，也要求公民承担相应的责任，从而起到了保护政治系统的作用。在决策面临可能风险的时候，决策者、专家和公众一同承担责任，从而降低了政治系统面临风险的脆弱性①。

模式1和模式2都只承认公众参与决策的价值理性，不认为公众具有认知上的理性。而认知上的公民权利则为公众参与公共科学知识生产的正当性辩护：首先，这是民主的应有之义，有助于抑制专家统治和政治家独断的负面效应；其次，公众也能提供实践知识等新的知识，为决策议题提供多元角度的理解；最后，公众参与也利于形成事实判断共识，促进决策的制定和执行。新的模式出现并不意味着取代前者，它们实际上都仍然存在，适用于不同类型的科技决策。在基础科学和共性技术研究等关于科学技术发展本身的决策领域，普遍采取模式1，决策的事实判断仍然以科学家的共识为基础。实际上，公众普遍支持科学技术研究，很少介入到科学技术课题研究的内部议程之中。在常规技术开发及应用决策中，科学界内部往往有广泛共识，普遍采取模式2，公众只保留必要的知情权和监督权。在具有较大风险、社会存在很大争议的新技术决策中，例如，转基因农业技术、全球气候变暖应对策略等，由于具有较大的科学不确定性和风险，普遍采取模式3。除了科学技术知识外，利益团体的经验知识和公众的日常知识对公共科学知识生产也至关重要。三种模式的比较如表8-1所示。

① 陈光等：《专家在科技咨询中的角色演变》，《科学学研究》，2008，26(2): 385-390。

表8-1　三种模式的比较

	模式1：科学家真理代言人模式	模式2：专家与技术官僚共谋模式	模式3：公众参与模式
参与者	科技专家	专家与技术官僚	多元行动者
知识目标	客观知识	可靠的专门知识	社会稳健的知识
所用知识	科技知识	专门知识	专门知识、常人知识、实践知识和私人知识
组织形式	学院科学	类科层制	社会弥散化
基本过程	科学—科学家同行评议—政策	科学—扩展的同行评议—政策	科学—风险评估—扩展的同行评议—社会评估—政策
发生空间	科学场域	政治场域（特别是行政系统内部）	多重公共领域
透明度	不透明	半透明	透明
合法性来源	科学合理性	合理性与合程序性	合理性、合程序性与公众参与
质量控制机制	科学家同行评议	扩展的同行评议	社会化评估
公共问责	科学共同体自律	科学共同体自律与行政问责	法律与社会共担
适用决策类型	基础科学	常规技术的运用	新兴技术的运用

历史上，三种科学知识民主模式逐步演变，早期民主氛围淡薄，而最近则民主氛围浓厚。其演变动因，我们认为主要在两个方面：其一是科学的不确定性；其二是社会民主要求的持续高涨及其带来的民主制度的完善。在西方发达国家，公共科学知识生产是西方民主体制试图控制科学技术可能产生的负面效应的产物。随着科学技术的发展，科学也呈现出许多认知上的不确定性，主要表现在：①争论性；②严格假设或

方法论差异；③不可预测性；④认识论的不确定性；等等①。科学的不确定性是科学技术发展必然伴生的现象，不会随科学技术发展而消失。随着科学知识版图的扩张，知道得越多就越无知，这是科学永远也无法消除的悖论。知识的经济化是当今时代的一大显著特征，知识的生产和应用产生了巨大的利益，科学与资本的结合日益紧密，知识运用的外部性特征就越突出，收益与风险分配极不对称。科学不确定性和知识经济化两者的结合，也导致科技决策的巨大不确定性，体现为如下四个方面：界定的不确定性，即未明确选项是什么；结果的不确定性，即不确知各选项会带来何种结果；信任的不确定性，即不清楚来自他人（比如专家）的信息是否值得信赖；价值的不确定性，即无法确知决策者或其他相关人员的价值取向②。因此，为了维护公共利益，在科技决策过程中，在科学知识之外，还需要更多维度的知识输入；需要吸纳包括公众在内的更多利益相关者参与公共知识生产。知识生产的社会弥散化和公民社会的兴起也为公共科学知识生产方式的演变和知识民主的广泛推进提供了条件。

二、中国科学知识民主模式的演变

1978年改革开放以来，中国共产党秉承“科学技术是第一生产力”的理念，推行“科技兴国战略”，大力发展科学技术并以科学技术促进经济社会的全面发展。在目前全球各国执政党之中，中国共产党当属最热衷于“科学技术强国”的执政党。在发展中国的核科学技术、生命科学技术、信息科学技术、新材料科学技术、新能源科学技术等方面，中国共产党不遗余力，“举国体制”也发挥了独特而有效的作用。中国在多个科学技术领域取得突飞猛进的发展，国家工业化水平和经济发展水

① 陈光等：《专家在科技咨询中的角色演变》，《科学学研究》，2008，26(2): 385–390。
② Hansson S. O., “Decision Making Under Great Uncertainty”, *Philosophy of the Social Sciences*, Vol.26, No.3, 1996, pp.369-386.

平也得到巨大提升。今天，中国核电、5G通信、大数据技术和人工智能、高速铁路、生命科学与医药制造，令世人瞩目。在这一过程中，中国的国家治理越来越多地借助科学技术，公共科学知识生产与知识民主也成为蓬勃挺进的社会发展趋势。自20世纪90年代以来，中国政府大力发展代表现代生命科学发展趋向的转基因农业科学技术。本书从中国转基因作物安全评价决策中公共科学知识生产方式的演变来分析中国的知识民主模式的形成和变化。

中国转基因作物安全评价决策中公共科学知识生产方式经历了四个阶段的变迁：科学精英主导、政治精英主导、科学精英与政治精英共谋，再到公众非制度性参与。

（一）科学精英主导模式（1992—1998年）

20世纪70年代以来，随着分子生物学的突破，基因工程被视为一个在医学、农业、环境等领域具有重大应用价值的战略性科技方向，受到发达国家的普遍重视。在农业基因工程研究领域，以转基因作物的研发最为突出。农业生物技术也被中国高层领导人视为解决粮食问题的主要方法和高技术革命的主要内容之一。邓小平早在启动863计划时就已经指出，“将来农业问题的出路，最终要由生物工程来解决，要靠尖端技术”[①]。中国政府对农业生物技术一直保持密切关注和优先资助。从1980年开始，范云六、张启发、黄大昉、陈章良等一大批科学家被选派赴美国学习分子生物学。随着科学家学成归国，中国的农业转基因技术研发也很快启动。在国家863计划的早期项目中，农业生物基因工程技术占有极其重要的地位。1990年制定的《中长期科学技术发展纲领（讨论稿）》中，也明确提出“研究细胞工程和基因工程，努力开辟应用于农业和食品产业的途径……”，“……加强植物分子生物学和转移基因

① 邓小平：《邓小平文选（第三卷）》，北京：人民出版社，2001: 273。

育种新技术的研究”[①]。1999年上半年国家计划委员会出台了投资强度更大的转基因植物重大专项。在国家的重点支持下，中国的农业转基因技术快速发展起来，中国农业科学院在20世纪90年代初成功克隆了多种新型的苏云金芽孢杆菌杀虫蛋白基因，其中部分基因已分别导入玉米、水稻、大豆、烟草、草坪草等植物，为开发具有自主知识产权的抗虫转基因作物提供了技术储备。

在中国转基因作物研发火热进行的同时，转基因作物的推广应用在国外引发了一系列安全争议，转基因的安全性也开始引起中国科学家和政府官员的关注。转基因作物安全评价制度的建立肇始于农业科学家的提议。1993年12月，国家科学技术委员会（简称国家科委）发布了《基因工程安全管理办法》，成立了由原卫生部、原农业部、原轻工业部的专家组成的国家生物遗传工程安全委员会，负责医药、农业和轻工业部门的生物安全，同时，要求与生物安全有关的各部委和单位也要成立相应的生物安全委员会[②]。由此，国家科委构建了中国生物安全评价决策的基本框架。

20世纪90年代初爆发的棉铃虫危机，导致中国棉花生产遭受重创。孟山都转基因抗虫棉借机大举进军中国市场，但需要通过安全评价这一技术手段，以保证中国的农业安全。在这一背景之下，农业部从1994年6月开始了《农业生物基因工程安全管理实施办法》（以下简称《实施办法》）的起草工作，并于1996年11月8日正式施行。《实施办法》对生物安全评价中的公共科学知识的质量标准做出规定，主要强调科学原则以及是否符合法定程序。这种通过科学理性和行政理性保证公共科学知识质量的方式，也是最为基本的方式。基于科学原则的质量控制机制

---

① 国务院办公厅关于征求对《中长期科学技术发展纲领（讨论稿）》意见的通知（国办发〔1990〕6号），[2015-04-01]，http://www.gov.cn/xxgk/pub/govpublic/mrlm/201211/t20121123_65698.html。

② 桑卫国、马克平、魏伟：《国内外生物技术安全管理机制》，《生物多样性》，2000, 8(4): 413–421。

主要指同行评议。合理的同行评议要求：①参与评审专家在评议议题相关专业领域代表上的合理比例；②专家是本专业领域的权威；③同行评议过程符合科学理性和民主原则；④利益回避原则。

从1997年3月到1999年底，农业部共开展了6批次农业转基因生物及其产品的安全审批。到1999年10月底，申报安全评价的转基因植物、动物、微生物达195项，获批159项，其中转基因植物达121项，占获批项目的76.1%。在获得批准的项目中，商品化生产的26项，环境释放的58项，中间试验75项。按功能统计，以抗虫和抗病品种为主，两者合计112项，占总数的70.4%[①]。到1999年12月底，累计批准商品化生产33项，涉及西红柿、烟草、棉花、矮牵牛花等作物，其中转Bt基因抗虫棉种植面积已达10多万公顷[②]。

以《实施办法》及其运行体系的建立为标志，最终由农业部建立了由其主导的转基因作物安全评价决策相关公共科学知识的生产模式。在该模式中，农业部下属的农业科技专家主导公共知识生产；生产空间严格限定在行政体系内封闭运行；公共知识的质量标准强调基于科学和法规程序，但并没有明确而具体的标准；质量控制机制强调了参与评价的专家的利益回避，但并未严格执行；公共问责原则性强，可行性很低，对参与评价的专家责任几乎没有任何限定。公共知识生产体系给政府部门留下很大自由裁量权，为农业安全等科学问题之外的其他考量留下了空间。在体系实际运行过程中，农业部受制于技术能力，只对转基因作物及其产品的生态环境影响进行了安全性评价，而未开展食用安全性评价。评价过程中，基本上是以国外资料和数据为依据，这使得安全评价的科学性有所欠缺，也就是缺乏针对中国具体环境的评价。农业部所构建的这套公共科学知识生产模式也为以后的工作奠定了基础。

---

① 陈东明：《加快推进我国农业生物基因工程研究与产业化的思考》，《农业科技管理》，2000(1): 15-18。该文对1997—1999年发放的安全证书有详尽的统计分析。

② 刘学、李富根：《美国农业生物基因工程安全管理概况》，《农药科学与管理》，2000(4): 41-42。

（二）政治精英主导模式（1999—2003年）

到了20世纪末，全球范围内转基因作物大规模商业化种植，中国转基因农作物种植也达到相当规模，面临履行国际生物安全公约的要求。此时转基因作物的安全事件开始引起广泛关注，如1996年的加拿大超级杂草事件、1997年英国的转基因土豆降低小白鼠免疫能力，以及1999年美国转基因玉米花粉致斑蝶大量死亡事件。这些事件加深了政府、科学家和公众对转基因生物可能危害生态环境和人体健康的忧虑，需要深入开展更为全面和深入的环境和健康安全评价。在中国也是如此。与此同时，中国农业还面临美国进口转基因大豆严重冲击中国市场的威胁。在这一背景之下，中国政府着手将农业转基因生物的安全评价升级到国家层面，制定《农业转基因生物安全管理条例》（简称《安全条例》）。当时有几项因素是政府最高决策者必须认真考虑的：

第一，决策的紧迫性。规则制定时正值中国加入世贸组织谈判的关键时期，加入世贸组织意味着中国的农产品市场必须向国际社会更加开放，而且世贸组织的规则对转基因生物跨境转移的安全要求比较宽松，一旦签署世贸组织协议，中国的大豆等农业生产必将受到国外转基因产品更大的冲击。因此必须赶在WTO贸易协定生效前出台有着更严规定的安全评价制度，造成既成事实。

第二，制度的可操作性。制度的实施需要国务院相关部委之间的密切合作与协调，而部委条块分割、协调难是一直困扰中国政府的老大难问题。中国政府此时正在进行大幅度的行政体制改革，精简机构和人员，以提高行政协调能力和效率。在这样的大背景下，多部门协调模式显然不符合国家领导人的改革思路。此时，农业部提出方案，在已有制度上进行改进，更具有可执行性。

第三，部委权力大小也是影响知识博弈的关键因素之一。当时农业部和环保总局分别牵头起草《农业转基因生物安全管理条例》。在国务院的行政部委序列中，环保总局当时只是副部级单位，在行政级别上低于农业部，而且农业工作很长一段时间内居于中国政府事务的核心位置。在发展的指向下，环境保护相对重视程度不够，农业部在国务院决策中具有更大的话语权。此外，农作物的安全评价权一直由农业部掌握，有利用技术壁垒成功阻击国外转基因抗虫棉的业绩，如果将其权力重新分配给其他部委，可能会引起农业部的不满，增加形成决策共识的难度。最高决策层倾向于农业部。

第四，国际因素方面，生物安全评价中采用的“预防原则”有可能引发美国的不满，导致其在加入世贸组织谈判问题上拖延和阻碍中国。

综合考虑上述因素，2001年初时任国务院总理朱镕基指示由农业部三个月内制定出《农业转基因生物安全管理条例》。2001年5月9日国务院常务会议通过了该条例，并于2001年5月23日公布。该条例奠定了我国农业转基因生物安全评价的制度框架：由农业部负责全国农业转基因生物安全的监督管理工作，卫生部负责转基因食品卫生安全的监督管理工作，另外成立由农业、科技、环境保护、卫生、外经贸、检验检疫等有关部门的负责人组成的农业转基因生物安全管理部际联席会议，负责研究、协调农业转基因生物安全管理工作中的重大问题。《安全条例》还授权农业部负责制定相关的安全评价标准和技术规范，并设立农业转基因生物安全委员会（简称安委会），具体负责农业转基因生物的安全评价工作。国家层面的安全评价决策体系建立起来，也确定了相关行动者在转基因作物安全评价相关公共知识生产中的角色。

在政府部门中，农业部获得了安全评价的主导权。公共知识生产体系的构建、规则制定、程序控制以及公共知识主张的合法化等都由农业部决定，环保总局基本上被排除在外，只是与其他10个部委一样，作为农业转基因生物安全管理部际协调会议成员单位出现。然而该会议制度并没有明确其工作机制，这意味环保总局既没有参与评价的权力，更没有最后代表行政机构确认公共知识主张的权力；而卫生部获得了转基因生物食品安全评价的权力，但在农业部主导的公共知识生产体系中，却没有为其角色提供适当的空间，这也为之后两个部门争夺转基因食品的安全评价权埋下了隐患。

在专家机构中，农业转基因生物安全委员会处在核心地位，被赋予了中国农业转基因生物安全评价职责。但其成员如何遴选、如何开展工作、与农业部的关系如何，并没有明确规定。人们很难判断它到底是独立的评价机构，可以对转基因生物是否安全做出独立的、基于科学的判断；还是只作为技术咨询机构，为农业部的生物安全审批决策提供技术支撑。农业转基因生物安全技术检测机构作为技术辅助机构，在国家公共知识生产体系中也扮演着不可或缺的角色。它们被赋予提供技术服务、承担定性检验与鉴定任务、出具检测报告、研究检测技术与方法的职责。但这些机构如何筛选和组建并不明确。当时中国在转基因生物的检测和安全评价实验方面的技术能力非常薄弱，很难在短期内承担起这样的职责。

企业和研发机构是转基因作物安全评价相关公共知识生产中的第一个重要环节，它们须自行确定安全等级，并提供相应的技术支持材料，作为安全评价的基础性依据。然而没有机制来保证和监督它们所提供资料的科学性和真实性。特别是在《实施办法》坚持保密原则，要求农业转基因生物安全评价受理审批机构的工作人员、参与审查的专家，以及技术检测机构应当为申报者保守技术秘密和商业秘密的情况下。

与1996年建立的农业部转基因作物安全评价相关公共知识生产模式一样，在这个模式中，公众的角色在制度设计中是缺失的，对其知情权和参与权都没有任何规定。生产制度将转基因生物研究和安全评价纳入国家科技保密管理，要求对有关内容不争论也不作宣传，更进一步限定了公众参与的可能性。

（三）科学精英与政治精英共治模式（2004—2009年）

水稻是中国主要粮食作物之一，占全国粮食总产量的34%[①]，全国

① 《2014年国民经济和社会发展统计公报》，国家统计局网站，[2015-04-11]，http://www.stats.gov.cn/tjsj/zxfb/201502/t20150226_685799.html。

每年要消费1.7亿吨[①]。在现代农业发展趋势之下，水稻也因此成为中国转基因育种专家的主攻作物之一。在21世纪初，中国的转基因水稻研究取得了长足进展，多种抗虫和抗病水稻已经完成了中间试验、环境释放和生产性试验，即将进入商业化生产阶段。以华中农业大学张启发团队为例，经过与中国农科院生物技术研究中心多年合作，他们将自主研制的Bt杀虫基因成功地转化至籼稻，获得了具有高抗虫功能的“明恢63”恢复系及由它配制而成的“籼优63”杂交稻。该项成果于1999年通过农业部主持的鉴定。同年，农业部受理了张启发团队培育的两种转基因水稻（转cry1Ab/cry1Ac基因抗虫水稻“华恢1号”及杂交种“Bt汕优63”）的安全评价申请。经农业部批准，于1999—2000年开展了中间试验，2001—2002年开展了环境释放，2003—2004年开展了生产性试验，2004年9月正式申请生产应用安全证书。2008年11月，安委会召开评审会议，同意授予安全证书。2009年8月，农业部做出了对抗虫转基因水稻“华恢1号”和“Bt汕优63”颁发生产应用安全证书的最终决策。2009年10月下旬，农业部将这一消息在其主办的“中国生物安全网”上发布。

转基因水稻安全证书颁发决策的过程伴随着中国经济社会的剧烈变迁。加入世贸组织后，中国经济与社会更加开放。中国社会的进一步市场化，导致利益分化和多元化，也导致了国家对社会控制能力的削弱。互联网的兴起打破了政府对信息的垄断，信息的自由流动和获取也使得人们有了更多自由的信息和知识来源。2001年广州的毒大米事件后，食品安全开始受到人们的重视。此后，食品重金属含量超标、食品中添加兽用药物、食物添加剂问题、“地沟油”以及三聚氰胺奶粉事件等食品安全事件屡屡发生，造成了严重的食品安全信任危机。在危机中，公众的权利意识开始觉醒，政府万能的观念逐步隐退。公共科学知识生产模

① 佟远明：《2007年粮食市场回顾与2008年展望：稻谷市场》，《中国粮食经济》，2008(1): 45-47。

式在这一新的经济社会条件下运转，也注定呈现出与以往不同的特征。

在这阶段中，出现了“绿色和平”等非政府知识主张者，与“农业部-转基因生物科学家”共同体和卫生部之间展开知识权利博弈。市场化媒体和部分关切食品安全和环境问题的公众参与进来，扮演绿色和平的同盟者，而转基因农业企业则是“农业部-转基因生物科学家”共同体的支持者。

“绿色和平”是一个国际组织，拥有科学知识和行动能力的全球支持。它还具有丰富的人文社科知识储备，对国内外管理制度和法律法规十分了解。它所表达的知识主张大多数都是通过亲自或委托其他专业机构开展实地调查、科学研究和检测方式而获得。2002—2009年，绿色和平在中国一共发表了23篇调研报告（如表8-2所示），反对转基因农业技术的使用。绿色和平的相关调查和科学检测，并不是严谨的学术研究，而是有着明确的倡导意图，旨在影响公共舆论和政府决策。

绿色和平不仅有选择性地利用科学，支持其既定的知识主张；还具有推广知识主张的丰富技巧和强大的行动能力，通过塑造公共舆论对政府施加压力。其丰富多样的行动策略，在中国利益结构分化、媒体角色多元化，部委之间存有条块分割的情况下，成功塑造了怀疑转基因水稻安全性的公共舆论。然而，公共舆论仅仅是中国决策层考量的因素之一，它无法改变中国的科技决策结构，其知识主张也注定不会被决策层采纳。

表8-2 绿色和平发表的转基因相关调查报告（2002—2009年）①

序号	报告名称	知识获得方式	发布方式	发表时间
1	转Bt基因抗虫棉环境影响研究的综合报告	委托环保部南京环境研究所研究	新闻发布会	2002-6-3

① 资料来源：根据绿色和平网站提供的报告整理。

续表

序号	报告名称	知识获得方式	发布方式	发表时间
2	首个全国性基因改造食物消费者调查结果摘要	委托市场调查公司调查	网站发布	2003-12-22
3	人类发现DNA双螺旋50周年 科学道路仍漫长	绿色和平科学顾问研究综述	网站发布	2004-1-1
4	绿色和平对《卡塔赫纳生物安全议定书》第一次缔约方大会的建议	自行调研	网站发布	2004-2-23
5	赔偿责任和补救机制对生物安全必不可少	自行调研	网站发布	2004-2-23
6	如何履行卡塔赫纳生物安全议定书第18条	自行调研	网站发布	2004-2-23
7	"中国转基因水稻对健康和环境的风险"报告	绿色和平英国分部科学顾问撰写	新闻发布会	2004-12-1
8	消费者对转基因食品认识度的调查	委托市场调查公司调查	网站发布	2005-3-14
9	非法转基因水稻污染中国大米	实地调查+委托德国权威机构检测	新闻发布会	2005-4-13
10	Bt转基因水稻——食品安全问题及环境威胁	自行调研	网站发布	2005-4-13
11	非法转基因水稻污染大米事件问与答	自行调研	网站发布	2005-4-13
12	非法转基因水稻污染中国大米第二次调查报告	实地调查+委托德国权威机构检测	通过媒体发布	2005-6-13
13	致家乐福的信：发现转基因大米	自行调研	网站发布	2005-8-3
14	家乐福大米受转基因污染事件常见问题解答	自行调研	网站发布	2005-8-3

续表

序号	报告名称	知识获得方式	发布方式	发表时间
15	非法转基因稻米惊现亨氏婴儿米粉——常见问题解答	实地取样+委托德国权威机构检测	通过媒体发布	2006-3-14
16	转基因水稻面临双重阻力	自行调研+委托市场调查公司调查	网站发布	2007-06-29
17	国外专利陷阱中的“中国”转基因水稻	与第三世界网络联合发表	网站发布	2008-05-07
18	谁是中国转基因水稻的真正主人	自行调研+专利检索	网站发布	2009-02-25
19	2009年绿色和平转基因木瓜非法种植报告	实地取样+委托科学机构检测	网站发布	2009-5-14
20	转基因木瓜含抗生素抗性基因	实地取样+委托科学机构检测	网站发布	2009-5-19
21	转基因无法应对气候变化	自行调研	网站发布	2009-6-11

与绿色和平通过公共舆论推广其知识主张不同，转基因科学家不习惯、也不擅长对公共事务表达意见，少数科学家在媒体中以居高临下的态度一味强调其安全性，批评公众不懂科学的表达方式。这一做法反倒产生了负效应。转基因科学家的行动策略主要是通过咨询报告、直接建言等方式直接影响决策者。“一般来说，中国的专家更愿意通过直接渠道去影响决策者。不到万不得已，专家不会采取借助公众舆论的间接渠道来影响决策者，这是因为公开发表意见既有冒犯政府的政治风险，反过来又容易遭受公众批评。”①

中国政府从全能型政府向服务型政府的转变过程中，一些机构和官

① Wang S. G., “Changing Models of China’s Policy Agenda Setting”, *Modern China*, Vol.34, No.1, 2008, pp.56-87。转引自朱旭峰，《中国社会政策变迁中的专家参与模式研究》，《社会学研究》，2011，25(2): 1-27。

员还不适应公众对政府决策的质疑和反对。以往的矛盾更多地指向地方政府，公众极少质疑中央政府机构，特别是在转基因生物安全这样以复杂的以科学为基础的公共管理议题上。因此，农业部仍然是采用传统路数，严格保密，对公众的质疑和反对采取息事宁人的态度，其主要考虑不是说服公众接受其知识主张，而是说服政府系统内部的、与其立场有分歧的卫生部和环保总局。最终通过补充的安全评价实验和国务院领导的协调实现了这一目标。而对于绿色和平发起的公共舆论挑战，则基本上采取了不予回应的策略。

政府有意将知识生产空间限定在行政系统内部，但媒体的市场化和互联网的兴起也为行政系统外的公共知识生产提供了新空间，前者由农业部主导，后者由绿色和平把控。两个生产空间之间缺少勾连，按照各自的逻辑运作。在行政系统内部，生产的组织形式是科层制，具有内部分工明确、职位分等、成员因各专业技术资格而被选中、官僚主导、组织内部有严格的规定和纪律等科层制的典型特征。

在公共知识的质量标准方面，政府关注其科学合理性，默认存在公有共享性和政治合法性。绿色和平主导的民间标准并不挑战公共知识生产体系的政治合法性，对科学合理性也没有疑虑，但强调必须经过多个学科的长期综合评估。对于公共知识的公有共享性，绿色和平认为并非天然具备，公众有获得决策相关知识的知情权，决策过程应该透明。对于公共知识的质量控制，政府主要采取专家同行评议机制。但由于评估专家本身的利益涉入，专家机构和个体对政府部门的依附性、专业知识代表的构成不合理等原因，该机制所发挥作用有限。

这一时期，围绕转基因水稻生产应用安全证书决策，公共知识生产模式表现出“科学精英与政治精英共治”的特征，但是，这一模式下并未生产出具有足够公共性的科学知识。公众不仅日益形成了转基因作物不安全的认知，更重要的是降低了对政府和科学家的信任度，为公共性危机埋下隐患。

（四）非制度性公众参与模式（2010年至今）

2009年转基因水稻安全证书的颁发严重影响了公众对国家权力主导的公共科学知识生产体系的信任，人们不再不加怀疑地认为“官僚-科学家”决策共同体是当然的知识权威，不再相信“科学精英与政治精英共治”模式。随后发生了挺转派（支持转基因农作物种植）和反转派（反对转基因农作物种植）之间的长期争论。这些争论不但没有缓解反而加深了这种质疑，异质多元主体的非制度性参与还导致了公共科学知识生产体系分裂为制度化的官方公共知识生产体系和非制度化的民间公共知识生产体系，进一步导致了公共知识的公共性危机。这种危机不仅体现在公众对作为最终产品的公共知识的不信任，更是对国家主导的公共知识生产体系本身的不信任。这一阶段公共科学知识生产的模式呈现出如下特征：

（1）参与者的多元化和结盟化。与上一阶段博弈集中在“绿色和平”和“农业部-转基因科学家”共同体之间不同。这一阶段激发了几乎所有中国社会精英群体的参与，参与者类型和数量都大幅增加，形成了由人文社科学者、媒体人和环保组织等组成的反转联盟，以及由农业部、挺转科学家、科普作家及科普组织、民间科学爱好者组成的挺转联盟。反转联盟以“乌有之乡”和媒体人崔永元等为核心，以参与者的个人关系网络为纽带，主要以公共舆论为平台，联合开展行动。挺转联盟以挺转科学家和科普作家为核心，同时参与官方公共知识生产体系和民间公共知识生产体系。双方的知识主张尖锐对立，不仅对转基因作物的人类健康安全、环境安全、粮食安全和国防安全见解各异，对公共知识的生产方式也有很大分歧。

（2）知识生产空间的大幅扩展。这一阶段的公共知识生产几乎在所有的公共空间中进行。在制度化的政治平台方面，生产空间不再局限于行政体系内部，也在全国人大和全国政协平台上进行。在社会公共领域，关于转基因作物安全性这一公共决策议题的讨论和辩论不仅发生在报刊、网站、网络社区和博客上，也同时遍及电视、广播、学术会议、论坛以及微博、微信和社交网站等新兴的互联网公共空间。

（3）知识生产过程的复杂化。在公共知识主张的表达方面，由于生产制度和各自资源的约束，反转者以公共舆论为主要表达渠道，以全国政协和全国人大的制度化政治渠道为辅，其表达采取研究报告、议案、上书、公开信、新闻发布会、研讨会、艺术展示等多种形式，表达风格具有强烈的民粹主义和民族主义情绪。挺转者主要通过制度化的政治通道直接影响决策者，以公共舆论渠道为辅。由于正式的政治体系限制公共辩论，转基因生物安全议题的公共辩论主要在公共舆论中进行，双方的交锋遍及几乎所有传播媒介。而且，由于缺少规则约束，公共辩论以一种越来越非理性的方式进行，污名化、人身攻击等极端化的辩论形式层出不穷，挺转和反转最终都演变成非理性的社会运动。争辩的结果不仅没有达成共识，反而导致了群体的极化，挺转和反转方势同水火。公共知识的合法化也因此出现了摇摆，最终决策采取了折中方案，但无论是挺转还是反转方都不满意，双方的交锋仍在持续。

（4）生产组织形式从高度行政化向社会弥散化转变。原本统一的公共知识生产体系分裂为政府主导的官方生产体系和非制度化的民间公共知识生产体系。两者在组织形式有很大的不同，前者仍然采取典型的科层制，而后者则是一种组织程度很弱的个体式生产。两套生产体系之间缺少有机连接。

（5）在知识质量标准和控制机制方面，参与者之间既有一定共识也存在很多分歧。对于公共知识合理性的理解，政府及挺转者主张合理性仍然应当以认知维度的合理性为基础，因此，其控制应当通过农业转基因技术、食品安全、生态环境和农产品检验检疫等相关领域的权威科学家的同行评议来实现；而反转者则认为科学技术知识不足以评判公共知识的合理性，还应当关注其社会维度的合理性，理性的控制机制应该采取扩展的同行评议，其知识代表不仅是科学技术专家，还应当包括伦理、国家安全、实践知识等领域的代表。双方对公有共享性达成了一定程度的共识，即公有共享性应当通过提高知识生产的透明度来实现，但对透明程度有很大分歧。在政府机构看来，透明度仅限于生产结果的透明度，这相对政府机构之前将转基因生物研究与安全管理方面的信息作为国家机密（甚至超出了商业秘密），要求对转基因生物特别是转基因农产品，不争论也不作宣传，已经有了很大变化。然而，反转派不仅要求生产结果的透明度，还要求生产过程的公开透明。对于公共知识的政治合法性维度，政府机构认为只要做到生产的程序合法和生产结果的公开透明即具有政治合法性，而反转者认为不仅如此，还需要通过公众参与来保障合法性。

（6）公共问责机制未能建立。公共知识生产中的参与者，诸如科学技术专家、行政官僚、企业、公众、媒体各自应当承担何种责任以及如何问责？参与评价的专家和负责组织公共科学知识生产的行政官员应当承担何种责任？对上述两项议题，《安全条例》只有模糊的规定，但始终缺少可操作性程序。挺转者主张对违规的专家和行政官员实施法律问责，部分转基因科学家也主张在转基因问题上造谣的人（包括核心挺转者和部分传播反转观点的媒体）应当承担相应的法律责任。但是，这些主张都指向对方，而非整体的问责规则。

非制度性公众参与的公共科学知识生产模式暴露出当前中国科学知识民主存在的不足，表明公共知识生产存在公共性危机。危机的根源在于变化了的政治文化和科技文化与刚性的科技决策制度之间的矛盾。在政治文化方面，公众对政府的信任度降低，公共参与意识日益明显；在科技文化方面，公众对科学家的信任度大幅下降，导致大多数公众以传统科技文化认知转基因技术，形成了转基因作物不安全的认知。政治文化变迁和科技文化变迁的结合致使公众不再信任公共知识生产的“科技精英与政治精英共治”模式，而日益要求参与到公共知识生产之中。然而，刚性的农业转基因生物安全评价制度阻挡了公众在政治系统中的制度性参与，公众及其代表只能在互联网等公共舆论平台中表达和倡导其公共知识主张，进而造成了公共知识的公共性危机。

如前文所述，民主是一个社会进程，在中国更是如此。公共科学知识生产体现着中国知识民主的变迁，我们可以将历史上逐步演变的四种公共科学知识生产模式作为科学知识民主模式。在逐步的演变过程中，异质参与者逐渐增加，多元参与中的权利平等观念日益增强，至2010年后，广泛的公众参与已经出现，尽管此时还缺乏明确的制度安排。建立制度性的公众参与模式，是促进科学知识民主、重塑公共知识的公共性的关键。在科学不确定性的背景下，公众不仅要求参与利益分配，也要求参与表达、检验决策相关知识。决策所需的公共科学知识要经过更为广泛的主张表达、争辩磋商、达成共识以及合法化的过程。知识民主已成为世界潮流。表8-3比较了中国转基因作物安全性评价决策中体现出来的四种科学知识民主模式。

表8-3　中国转基因作物安全性评价决策中的科学知识民主模式

	科学精英主导模式（1992—1998）	政治精英主导模式（1999—2003）	科学精英与政治精英共治模式（2004—2009）	非制度性公众参与模式（2010年至今）
参与者	农业生物学家、农业官员、孟山都公司	国务院、农业部、环保部、卫生部和美国政府	“转基因生物科学家-农业政治精英”共同体、绿色和平	多元化、结盟化和两极化
知识目标	客观知识	可靠的专门知识	社会稳健的知识	社会稳健的知识
所用知识	科技知识	专门知识	专门知识、实践知识	专门知识、常人知识、实践知识和私人知识
组织形式	学院科学	科层制	类科层制	从国家垄断的高度行政化向社会弥散化转变
基本过程	科学家—农业行政官员	政治博弈	政治—科学—政治	多样化的表达方式、非理性的公共辩论、难有共识的合法化

续表

	科学精英主导模式（1992—1998）	政治精英主导模式（1999—2003）	科学精英与政治精英共治模式（2004—2009）	非制度性公众参与模式（2010年至今）
发生空间	农业生物科学家共同体和农业部行政体系	国内和国际政治场域	行政体系和公共舆论	几乎所有的公共平台
透明度	不透明	半透明	半透明	半透明
合法性来源	科学合理性	合理性与合程序性	合理性与合程序性	合理性、合程序性与公众参与
质量控制机制	科学家同行评议	行政评议	社会化评估	广泛的社会化评估
公共问责	科学共同体自律	学术共同体自律与行政问责	法律与社会共担	法律与社会共担

就生物安全性的公共知识生产而言，在中国建立制度性的知识民主模式，需改革农业转基因生物安全评价制度，增强政治信任，建立公开透明、有序参与的农业转基因生物安全评价制度。具体而言，至少可以在如下几点进行改进：

（1）国家生物安全工作协调机制中的专家委员会的构成除农业、环境、卫生食品和质检领域的科学家外，还应当吸收少数经济、伦理和国家安全等人文社科专家，以及消费者代表。组织结构方面，农业、环境、卫生食品和人文社科专家及消费者代表成立四个专门的评估小组，分别对转基因作物的技术原理、环境安全、健康安全和经济社会影响开展独立评估。在表决机制方面，只有3/4以上的委员同意，安委会才能作出评估作物安全的决定。

（2）要建立和完善信息公开制度，提高科技决策透明度。主要包括：大幅提高安委会专家遴选和任命过程的透明度，并通过网站等适宜方式征求对候选人的意见。评审会议要尽量开门进行，允许公民代表旁听。评价方法要更加透明和全面，制定清晰的标准以确定开展哪些检测和安全评价实验、使用哪类科学文献、对文献评估的方式等等。

（3）强化公共问责。应当明确规定：参与安全评价的政府官员和专家应当承担何种责任，以及如果不能履行相关责任或违反规则应当采取何种惩戒措施。

（4）健全法治。《中华人民共和国生物安全法》已于2020年10月17日通过，自2021年4月15日起施行。落实好该法律，对包括转基因作物在内的转基因生物依法开展安全评价。在法治范围内，促进知识磋商有序进行，夯实广为民众接受的政策基础。

（5）建立和完善多样化的公共对话机制。对于转基因生物安全性这样复杂的、存在诸多不确定性的公共科技决策议题，不同参与者基于其知识背景和认知方式提出多种不同的公共知识主张是极为正常的现象。在政治权威和科学权威都无法保障决策共识的今天，在公共领域中，开展有规则、理性的多元参与者之间的对话，既是民主的要求，更是凝聚知识、形成共识的根本之道。其中，既包括公共舆论对话平台，也包括在正式的政治系统中构建公共对话机制，例如共识会议、公民评审团等等。特别是，要推动公共知识主张表达的组织化，让持有各种观点的参与者先行内部协商，提炼观点，在阵营内部达成共识。这一过程能排除极端观点，也有利于最终的共识代表更广泛人群的诉求与利益。

十九届四中全会以来，我国大力推进社会主义协商民主，公众广泛参与的知识民主制度建设进入了快车道。

第九章

科学知识民主的典型现象：科学与社会秩序的共生

第一节　科学与社会秩序共生的核心问题

第二节　对共生现象的早期研究

第三节　共生的过程与影响因素

第四节　共生现象研究的成就与局限

自17世纪科学革命以来，科学技术蓬勃发展，推动人类社会快速进步。在此后400多年间，人类社会先后出现了以蒸汽动力技术、电力技术以及原子能技术和信息技术为基础的大规模产业革命，社会生产方式和生活方式因之发生根本性变革。科学技术成为塑造社会秩序的重要因素。另一方面，社会化大生产方式的确立及深入发展、社会生活的组织化程度日趋提升和民主运动的高涨，也深刻影响了科学技术的发展方向、规模与速度。这种科学与社会秩序相互促进、交织发展的现象，被学者们称为“共生”（the co-production of science and the social order）。这一现象至20世纪后半叶愈演愈烈，成为当代社会的突出现象。进入21世纪，信息技术、生物技术、新能源技术、新材料技术、航天技术等交叉融合正在引发新一轮科技革命和产业变革。这将给人类社会发展带来新的机遇。自20世纪70年代起，科学与社会秩序共生现象成为学界关注的焦点。学者们从哲学、社会学、历史学、人类学、政治学、经济学和法学等学科出发，开展研究，逐步形成了一些理论成果。这些理论成果也成为新兴交叉学科——科学技术论（Science and Technology Studies）的核心内容。

第一节　科学与社会秩序共生的核心问题

社会秩序是指动态有序、平衡的社会状态，涵盖经济、政治、劳动、伦理道德、社会日常生活等方面，以法律、制度和社会道德规范的形式表达出来。在一定的社会形态中，经济秩序和政治秩序的稳定起着决定性的作用。随着现代社会民主运动的高涨，人们追求良好社会秩序的愿望日益强烈。16世纪英国哲学家霍布斯曾以社会契约论解释社会秩序的产生。后来的哲学家和社会学家马克思、涂尔干（Émile Durkheim）、帕森斯（Talcott Parsons）、哈贝马斯等对社会秩序的构成和基础都给出过不同的解释。马克思认为人类社会是通过阶级斗争发展的，社会秩序的基础是经济结构关系或生产关系，社会秩序是部分群体让其他人群顺服的社会结果①。涂尔干认为社会秩序的构成基础是个体行为的社会化，是一整套共享的社会规范，其中重点内容是"集体制度化的信仰和行为模式"②。帕森斯认为社会秩序是基于文化价值框架的一整套社会制度，是调整行为取向的方式。文化价值和社会结构限制个人自主行为的选择，并最终决定所有的社会行动③。哈贝马斯则认为沟通行为是形成社会秩序的重要机制，人类行为和结构可以通过语言结构来分析④。

科学一般被理解为关于自然界现象间因果规律的知识体系，即自然科学知识，以及生产这类知识的科学实践活动。17世纪以后，以英国皇家学会的建立为起点，人类社会发展起庞大的科学共同体，形成各种生产、传播和应用科学知识的社会组织，科学成为一种社会建制

① Marx, Karl, Friedrich Engels, *Manifesto of the Communist Party*, 1848, pp.5-26, [2018-5-30], https://www.marxists.org/archive/marx/works/1848/communist-manifesto/index.htm.

② Durkheim É., "Preface to the Second Edition", *The Rules of Sociological Method and Selected Texts on Sociology and Its Method*, trans. Halls W. D., London: The Macmillan Press, 1982, p. 45.

③ Borgatta E. F., Montgomery R. J. V., *Encyclopedia of Sociology*, Vol.2, New York: Macmillan Reference USA, 2000, p.1031.

④ Fultner B., *Jürgen Habermas: Key Concepts*, Durham: Acumen, 2011, p.54.

（institution），其本身即成为社会秩序的构成部分。产业革命以后，人们用以控制和改造自然的技术逐步摆脱了经验范畴，而依靠科学发展出高效精准的现代科学技术，诸如电力技术、原子能技术、信息技术、生物技术、航天技术等等。20世纪以来，科学与技术的结合日益紧密，出现科学技术一体化趋势。在阐述20世纪科学技术发展时，学者们一般使用科学技术、科技甚或科学，泛指二者。

一、共生现象的形成背景

科学与社会秩序共生是现代社会的典型现象。制定社会秩序必须利用人类关于自然、社会以及人类自身的知识。17世纪科学革命之后，科学知识快速积累，迅速占据了人类知识体系中的突出地位。现代社会秩序的制定过程中，科学知识成为不可缺少的部分，例如，农作物的生物学知识是制定农业经济秩序的基础，必须依据农作物的生长规律来安排农业生产及农产品贸易。20世纪70年代以后，人类社会跨入知识经济与知识社会，科学技术知识成为社会发展的基本动力，科学与社会秩序共生现象变得更为突出。这与两种社会变迁过程有关。其一是后福特式生产体系与国家创新体系的形成。其二是大科学取代小科学，成为科学发展的主要方式。

（一）后福特式生产体系与国家创新体系的形成

20世纪70年代以后，立足于大规模批量生产方式的资本主义经济遭遇了严峻的挑战，难以维持一定的利润率。在这种情况下，发生了由“福特式”生产体系向“后福特式”生产体系的转变，生产过程被拆解成不同的部分，并将之分配给专门的承包人。后者凭借其专长使服务和技能对市场和技术变迁做出迅速的反应。这种生产体系由此获得了最大的灵活性，保持对技术与市场变化的快速与准确的反应，从而保持低成本。后福特式生产体系的确立为产业部门与大学建立紧密的商业联系提供了机会。与此同时，欧美各国政府大幅减低了传统意义上的学院式学术研究的支持力度，大学等学术机构被迫去发现和确立自己所能胜任的专业领域。在这一过程中，一些大学教授联合企业建立研发中心，或者以技术入股的方式加入企业，将个人的研究成果加以商业应用。20世纪末期，大学已经直接参与到产品生产阶段，基础研究—应用研究—工业生产三个阶段不断循环交替，实现了整个科学、技术水平和产品的不断提升。在这一过程中，诸如微软、谷歌等科技型企业逐步成长起来，成为重组后的、新资本主义经济体系的支柱。这一新经济体系被OECD命名为知识经济。20世纪80年代以后，许多国家将大学与产业部门的紧密结合以及公共知识部门的商业化作为经济发展中国家产业政策的替代物，试图营造一种技术创新的总体环境，通过推进技术创新而实现产业的发展，从而应对经济不景气的状况。这一政策导向的直接后果是出现了国家创新体系与科学园区，带动了区域发展。美国的斯坦福、坎布里奇和英国的剑桥成了科学园区发展的成功典范，20世纪80年代以来世界各地建立了许多诸如此类的园区，并将之作为解决技术转移和就业机会的关键机制。知识经济由此确立下来。

大学科学研究商业化、大学与产业的密切结合标志着人类社会正在经历着一次新的学术革命。在这次学术革命中，大学等学术机构的研究直接为农业、工业、医药和军事的发展服务。大学与产业联合的研发活动造就了跨社会建制的新型社会结构（transinstitutional structures），人类社会步入知识社会形态①。

（二）大科学成为科学发展的主要方式

1961年，温伯格（Alvin M. Weinberg）通过对比发现，当代科学与历史上的科学存在明显不同的特征，诸如规模巨大、耗资巨大等特征，

① [美]希拉·贾撒诺夫等编：《科学技术论手册》，盛小明等译，北京：北京理工大学出版社，2004: 385–386。

因而，称之为大科学[①]。普赖斯（De Solla Price）通过科学计量，也发现当代科学论文、科学期刊、科学发现、研究经费、科研人员等指标呈指数增长，当代科学已经打破了过去的传统，进入了一个新时代。他认为："当代科学的优越表现不仅像金字塔那样耀眼，而且国家在人力和财力的巨大投入已让它成为国家经济中的重要组成部分。"[②]"二战"中，美国开启了曼哈顿工程，科学家们的集体合作实现了美国制造原子弹的目标，促进了战争的结束。之后，曼哈顿工程的研究模式成了很多研究的样板，阿波罗计划、人类基因组计划、阿尔法磁谱仪实验等科学研究都采取了类似模式[③]，科学知识生产也由此显著地从小科学时代进入大科学时代。

大科学的组织方式通常由少数政治或科学精英人物"由上而下"进行，将大量科研经费和各种复杂昂贵的设备、众多实验室和科研人员进行合理的分工和合作。由于知识专门化程度的提升，科学家之间的协作变得复杂。这种组织可能并不完美，有些有能力的人并没有参与，而有些参与者可能并不具备应有的能力。与小科学不同，大科学在依靠论文进行交流的同时，更多地采用面对面直接交流。这一过程中改变了科学家对工作和同事的情感和态度。同时，大科学内在的反馈机制进一步加强了精英科学家在科学领域内的地位和权力，以及他们同社会和政治力量的联系[④]。相对小科学时代个体科学家影响巨大的情形，大科学时代科学家团体对社会秩序的影响愈来愈大。由于大科学时代的科学知识生产是在国家总体目标的指导和大规模公共资金的资助下进行的，大科学的知识生产已经成为一种影响社会发展的重要公共资源，在塑造和影响

---

① Weinberg A. M., "Impact of Large-scale Science on the United States", *Science*, Vol.134, No.3473, 1961, pp.161-164.

② Price D. S., *Little Science, Big Science*, New York: Columbia University Press, 1963, p.2.

③ 田喜腾、田甲乐：《大科学时代政府在科学知识生产中的作用——基于国家实验室的分析》，《山东科技大学学报》（社会科学版），2018(1): 9–15。

④ Price D. S., *Little Science, Big Science*, New York: Columbia University Press, 1963, p.2, pp.86-91.

社会秩序中发挥着日益突出的重要作用。

二、共生现象提出的核心问题

后福特式生产体系和国家创新体系的建立以及大科学的形成使得科学研究不再是少数聪慧超群人士的智力游戏，而变成了一种人类社会存在与发展不可或缺的、基本的、惯常的生产方式。这种生产方式的产品即科学知识，成为其他社会生产方式的重要资源。通过生产方式重组，社会生产体系安排特定部门完成科学知识生产。科学职业也不再由少数天资卓著者承担，相反，越来越多的智力平平者进入到科学中来，科学职业群体日益庞大。作为现代社会的一种惯常生产方式，科学知识的生产并不仅仅由自然界因素和科学家的认知结构决定，相反，它不可避免地受到各种社会因素的影响，诸如经济财力、人力资源、物质资源、军事防务需求、国家治理需求、社会伦理观念，甚或社会意识形态等等。这正如现代社会的物质资料生产一样。事实上，20世纪的科学哲学家、科学史家、科学社会学家，都注意到了这一点。以库恩为代表的科学历史主义学者和以默顿为代表的科学社会学学者开展了诸多研究。20世纪70年代以后，在拉图尔和伍尔加把民族志研究方法引入到实验室观察之后，许多历史学家、人类学家、社会学家纷纷尝试说明科学知识生产是一种怎样的社会互动过程，从而建立起各种科学的社会建构理论。尽管这些科学的社会建构论并不否认科学知识中的客观因素，但却提出：社会因素在科学知识的生产过程中发挥着积极且重要的作用；科学知识是在特定社会历史条件下，由人的科学实践活动“建构”而成，具有明显的地方性（local）；科学的普遍性其实是科学实践方式的逐步拓展而形成的，是地方性知识广泛传播的结果。

20世纪后半叶以来，科学知识生产与人类社会各种生产方式深刻地交织在一起。它成为经济社会发展的创新源泉，同时也带来诸如核泄漏、环境破坏等巨大的经济社会风险。它与现实世界的政治权力和文化生活紧密结合，既为国家治理所服务，又为政治权力所左右。深入分析科学与社会秩序这一复杂的互动关系，成为20世纪后期重要的学术课题。“人类有能力生产事实和人造物，能够重塑自然；人类同样有能力生产那些规范或重新规范社会的工具，比如法律、规章、专家、官僚机构、财政工具、利益团体、政治运动、媒介表征或职业伦理等等。”① 这两种能力之间有何联系？其运行方式和互动共生机制如何？这就是科学与社会秩序共生现象所提出的核心问题。

第二节　对共生现象的早期研究

20世纪70年代以后，学者们关注到科学与社会秩序的共生现象，着力考察科学知识如何被应用到当代社会治理过程中，以及当代社会治理的实践如何影响科学知识的生产和应用。以拉图尔为代表的学者们批评流行的现实主义意识形态所采取的二分法，认为把自然、事实、客观性、理性和政策与文化、价值、主观、情感和政治相分离、对立的做法是错误的，认为事实上二者存在内在的联系。这些学者将现代科学技术划分出认知组成、物质组成和社会组成三个部分，采用历史追溯、文本分析、话语分析等方法，将知识生产与人的身份、制度、话语和表征的分析结合起来，描述科学与权力和文化的关系，解释科学与社会秩序的共生过程和机制，提出了关于科学与社会秩序共生现象的理论解释。

共生理论的基本观点是：“我们认识和表征世界（自然界和人类社会）的方式和我们选择的生活方式是密不可分的”②；没有知识，社会无法运作；而没有恰当的社会支持，也无法生产和应用知识。科学知识

① Jasanoff S., “Ordering Knowledge, Ordering Society”, in Jasanoff S.(eds.), *States of Knowledge: The Co-production of Science and Social Order*, London: Routledge, 2004, p.14.

② Jasanoff S., “The Idiom of Co-production”, in Jasanoff S.(eds.), *States of Knowledge: The Co-production of Science and Social Order*, London: Routledge, 2004, pp.2-3.

产生并镶嵌于社会实践、身份认同、规范、传统、话语、工具和制度之中，体现在所有的社会实在之中。科学知识不能被简单地等同为自然真理，也不能被仅仅看作社会和政治利益的附带现象。对科学知识的理解既要关注认知维度和社会因素，同时也要重视社会形塑过程中知识与物质存在的关联。早期的共生理论可分为两类：构成性（constitutive）共生理论和互动性（interactional）共生理论。

一、构成性共生理论

构成性共生理论试图解释：人们如何感知和认识自然和社会中的新组成元素？人们如何调整现有的经验和观察，将这些新因素接受为无可争议的事实，并作为社会秩序中的组成部分？ 构成性共生追问知识“是什么”。

构成性共生理论的发展可追溯到1993年拉图尔所著《我们从未现代过》一书。他将STS研究的建构主义主题和政治哲学联系在一起，认为：自然和文化的二分法是人类的创造，在自然与文化的表层之下潜藏着一个复杂的转译网络。“转译”一词本用于解释不同语句之间的联系。因为科学活动的主要目标是生产知识，知识以语句表达，转译也就被拓展用于编码化的知识领域。这里转译是指与技术设备、人和语句有关的所有操作活动。转译活动带来转译网络，该网络既是各行动者相互结合的过程，也是一种暂时的稳定状态。转译网络将诸如臭氧这种空气中的物质同科学知识、工业生产、国家领导关心的主要问题以及生态学家的担忧相互连接在一起①。自然对象（如臭氧空洞）和社会对象（如专家和政府）通过异质行动者的网络连接在一起，通过技术设备、人和语句的相关操作，转译生产出科学知识和社会事实。

① Latour B, *We Have Never Been Modern*, trans. Porter C., Cambridge: Harvard University Press, 1993, pp.3-11.

拉图尔把科学活动描述成由所有的行动者共同构成的网络。凡是参与到科学实践过程中的所有因素（人和非人对象）都是行动者，不同的行动者在利益取向、行为方式等方面是不同的，但它们没有所谓的网络中心，也没有主客体的对立，所有行动者是一种平权的地位，都是人类认识自然和形成社会秩序过程中的代理者①。不同人群的权力与行动者网络的大小有关，大网络需要更多的资源，拥有更大的权力。事实和技术沿着网络流动。当网络变得更强大时，“知识主张就变得更易被接受，更具有‘事实’色彩，技术也会更成功”②。权力在网络中并不是均匀分布的，大多集中于“计算中心”，控制着各种设备，如报刊、地图、统计公式和其他各种科学铭写装置。权力将世界的主流印象转换为便于携带的表征。发表于期刊的论文所呈现的是科学事实，隐去了各种科学铭写装置，但在实际的科学行动中，设备、仪器等科学铭写装置却是关键因素③。

拉图尔的独特之处在于考察了权力在科学知识形成中的作用，但他未能解释为何不同社会文化中科学断言的公信力会有所有不同。

1995年皮克林（Andrew Pickering）在《实践的冲撞》中试图弥补行动者网络理论的缺陷。他对科学实践行为进行了分析，认为，人的思想和身体与物质对象之间有着本质区别，有些事情人是做不到的，只能依靠机器来辅助帮忙，而有些事情则是机器做不到的，只能靠人来思考规划。这两个行动者在科学实践的每一个阶段中都相互依赖，我们建构的世界在不断地重塑我们的新建构④。基切尔（Philip Kitcher）在《科学、真理与民主》（*Science, Truth, and Democracy*）一书中讨论了科学

---

① Latour B., *Reassembling the Social: An Introduction to Actor-Network-Theory*, New York: Oxford University Press, 2005, p.36.

② 尚智丛：《科学社会学》，北京：高等教育出版社，2008: 218。

③ Latour B., *Science in Action: How to Follow Scientists and Engineers Through Society*, Cambridge: Harvard University Press, 1987, p.69.

④ Pickering A., *The Mangle of Practice: Time, Agency, and Science*, Chicago: The University of Chicago Press, 1995, pp.1-7.

的社会本质，认为：科学只揭示了自然的许多状态中的一部分，科学发现的过程是根据社会制定的“重要性图表”所决定的探索路线来进行的[①]。

拉图尔、皮克林和基切尔关注在一定社会秩序下表征世界的科学知识如何被生产。与之不同，安德森（Benedict Anderson）和斯科特（James C. Scott）则关注在社会秩序的形成过程中科学知识如何被使用。他们认为，国家意象是引导社会大众参与社会秩序建设的主要工具。1991年安德森从人类学视角重新定义了“国家”（nationhood）概念，认为国家是“一个意象政治共同体，该意象本质上是有限的、自治的”[②]。国家只有成为公民的集体意象，才能实现其互惠性特征。如果公民不自愿为共同的梦想身份去努力，仅靠国家的压迫性工具镇压的话，这个国家就是一个空壳子。仅靠武力并不足以维持一个强盛而持久的国家。比如，20世纪90年代苏联和南斯拉夫的解体、2001年阿富汗塔利班政权的倒台、2003年伊拉克萨达姆政权的坍塌，都是因为这些国家未能保持人民对国家集体意象的忠诚。安德森认为，国家主要依赖于运用那些象征国家的符号去进行说服性表征，比如全国性的报纸就可以保证整个国家的各角落有共同的叙事体验。斯科特也认为国家通过权威性表征来加固权力。他认为国家不仅仅是公民的集体意象，而且也是人民服务国家的前瞻目标，例如，欧洲的科学育林、巴西的城市规划、苏联的农业集体制和坦桑尼亚的村庄化等等。在这些实践中，国家领导者利用科学知识建设其理想的社会秩序[③]。

① Kitcher P., *Science, Truth, and Democracy*, New York: Oxford University Press, 2001.

② Anderson B., *Imagined Communities: Reflections on the Origin and Spread of Nationalism*, New York: Verso Books, 2006, p.6.

③ Scott J. C., *Seeing Like a State: How Certain Schemes to Improve the Human Condition Have Failed*, New Haven: Yale University Press, 1998.

二、互动性共生理论

互动性共生理论关注知识与现有社会秩序的冲突和重构，试图说明新知识和新变化与现有的制度、行为、文化、经济和政治因素的互动过程。互动性共生追问知识如何形成。

互动性共生的思想起源于科学知识社会学的爱丁堡学派。1985夏平（Steve Shapin）和谢弗（Simon Schaffer）在《利维坦与空气泵：霍布斯、玻意耳与实验生活》中探讨了英格兰早期现代化过程中实验科学知识的形成过程。他们通过分析霍布斯与玻意耳在王政复辟时期的实验争端，来解释实验在科学中的地位是如何确立的。夏平和谢弗认为王政复辟后的政体对科学知识产生了两个方面的影响：其一是对知识可靠性的判断；其二是确定了哪些人有权利宣称他们的知识有价值。“①知识问题的解决是政治的；解决的前提在于制定规则和成规，约束智识政体中人与人的关系；②如此生产出来并鉴定为真的知识，成为更大政体中政治行动的要素之一；不参照智识政体的产物而竟能认识国家内政治行动的性质，绝无可能；③可能的生活性质之间，以及其特有的智识产物形式之间的竞争，取决于竞争者能否成功地渗入其他机构和其他利益集团的活动。结交的盟友最多、与之结盟者也最有力的人，终将胜出。”“复辟政体和实验科学之共同之处乃是某种生活形式。产生适当知识并对所牵涉的实作加以捍卫、关系到某种社会秩序的确立和保护。其他智识实作被贬抑、排斥，是因为被判定为不适当，或者危害复辟时期形成的政体。”[①]“解决了知识问题，也就解决了社会秩序的问题。”[②] 因此，这本书的内容描述的既是政治的历史也是科学的历史。人们在寻求自然界的确证事实时，会不断遇到社会权威和公信力的问

---

① [美]史蒂文·夏平、西蒙·谢弗：《利维坦与空气泵：霍布斯、玻意耳与实验生活》，蔡佩君译，上海：上海人民出版社，2008: 326。

② [美]史蒂文·夏平、西蒙·谢弗：《利维坦与空气泵：霍布斯、玻意耳与实验生活》，蔡佩君译，上海：上海人民出版社，2008: 316。

题。在一个人不可能掌握所有的相关事实时，人们应该信赖谁的陈词？基于什么基础而信赖？夏平与谢弗认为：在重大的变革期间，即科学革命时期，知识断言的公信力和真实程度更多地依赖于对社会秩序规则的重组。

与科学与政治的关系相比，技术与政治的关系更加密切。温纳（Langdon Winner）探讨了技术内在的政治特征，认为技术不仅提高了效率和生产力，对环境造成负面或正面的影响，它还是政治秩序的一种解决方案，是权力和权威的具体体现，维持着现有权力的某种结构①。温纳用纽约的公路立交桥举例说明：该桥设计得很低，穷人所乘坐的公交车难以通行，从而令穷人无法进入桥另一边的富人区。

司铎瑞（William Kelleher Storey）进一步阐述了科学知识如何影响社会事实的塑造和社会秩序的形成②。他用20世纪毛里求斯殖民地时期的蔗糖生产来加以说明。20世纪20年代，工厂购买甘蔗时是按重量而不是按产糖量计算的，工厂主并不关心不同甘蔗品种的产糖量差异。但是，随着30年代的经济危机和蔗糖价格的锐减，工厂制定了新规定，将产糖量低的甘蔗品种的收购价比其他品种调低了15%。这导致了小农场主的暴动，造成毛里求斯的经济停滞。英国政府通过给暴动者提供新的杂交品种，才解决了这次争端。极端的社会争端通过使用新种植知识和改变相关的自然秩序得以消解，之后甘蔗的税收政策也相应地发生了改变。

知识与权力之间的相互影响，是科学与社会秩序共生研究中的一个主要方面。其中存在两个核心问题：权力是一个固有的社会结构，限制知识生产的可能性？还是权力是变动的，是不断博弈的结果，可以不断受到新知识的重塑③？互动性共生理论试图回答这两个问题。现有知识

① Winner L., "Do Artifacts Have Politics?", *Daedalus*, 1980, pp.121-136.

② Storey W. K., *Science and Power in Colonial Mauritius*, Rochester, New York: University of Rochester Press, 1997, pp.141-147.

③ Jasanoff S., "Ordering Knowledge, Ordering Society", in Jasanoff S.(eds.), *States of Knowledge: The Co-production of Science and Social Order*, London: Routledge, 2004, p.36.

是新知识产生的背景。新知识的确立会与现有的认知框架和其他竞争性认知框架形成冲突，人们已经“知道”什么属于自然和科学、什么属于社会或文化。然而，这样的划界会随着新知识的出现而不断地产生新问题，需要新的解决方法。互动性共生理论试图说明人类如何组织以及周期性地重组他们对身边事实的认识。

第三节　共生的过程与影响因素

构成性共生和互动性共生理论探索揭示出以往理论研究中所存在的科学知识的客观性和科学知识的社会性之间的对立倾向，并试图解决这一问题，阐明科学知识与利益、权力之间的协调关系。两类探索虽各有成就，但并未提出一套规范的分析框架，来阐述具体的科学知识与社会秩序共生的实际过程。进入21世纪，学者们对科学与社会秩序共生的实践过程和影响因素进行了深入研究，提出了一些重要的理论成果。

一、共生过程分析：秩序工具

在人类的社会实践中，我们所理解的自然秩序和社会秩序是同时发生且相互影响的。2004年，哈佛大学贾萨诺夫（Sheila Jasanoff）提出科学与社会秩序的共生主要涉及四个过程：①新对象/新现象出现时，人们对它进行识别、命名、调查研究、赋予意义。②对新对象/新现象提出相互竞争的理论解释，通过不断的争议，一种理论解释最终胜出其他理论。③逐步提升理论解释的可感知性和易传播性，如采用标准化方法等等。④在特定的社会文化环境下将理论解释合法化。对应这四个过程，人类在实践中逐步形成四种秩序工具（ordering instruments）：确立身份（making identities）、确立制度（making institutions）、确立话语（making discourses）和确立表征（making representations）。它们在固化人们的知识及其生产方式、建构自然和社会秩序的过程中，发挥了关键作用[①]。

（1）确立身份：确立身份的过程是将事物归位的过程。新对象/新现象出现，人们对其提出不同解释，确定谁的解释是合法的和具备权威的。汤姆森（Charis Thompson）以恢复非洲大象贸易的事例说明确立身份的重要性[②]。她指出：以往对非洲大象数量的估计是西方环境保护主义者利用问卷调查获取的主观数据。根据这一调查数据，他们将非洲大象定义为CITES“濒危动物”。随着非洲国家“身份意识”的崛起，他们拒绝采用西方科学话语。非洲国家采用直升机近距离观察统计，掌握大象群的准确数量，再通过国际协商，将非洲大象从CITES“濒危动物”降格到“受威胁”动物，恢复大象贸易，刺激经济繁荣。

（2）确立制度：制度是知识和权力的“社会铭写装置”，通过制度可以确立新知识的有效性，承认新技术系统的安全性。通过法律系统和科研实验室，社会就接纳了某些经过检验、被认定为真的知识，同时，也接纳了生产这些知识所使用的调研方法、确保其公信力的方法，以及发布或管理不同意见的机制等等。制度是动态变化的，是科学知识与社会秩序共生过程的一部分。林奇（M. Lynch）发现，在20世纪末美国的惯例法审判中，审判决策重塑了科学与非科学的边界[③]。这说明确立制度的重要性。米勒（Clark A. Miller）认为：生物圈环境知识的生成所要求的不仅仅是诸如卫星数据、循环模式等新的科学和技术，还需要建立具有全球性权威的新制度；全球化不仅仅是原有的知识、信念在

---

① Jasanoff S., “Ordering Knowledge, Ordering Society”, in Jasanoff S.(eds.), *States of Knowledge: The Co-production of Science and Social Order*, London: Routledge, 2004, pp.13-45.

② Thompson C., “Co-producing CITES and the African Elephant”, in Jasanoff S.(eds.), *States of Knowledge: The Co-production of Science and Social Order*, London: Routledge, 2004, pp.67-86.

③ Lynch M., “Circumscribing Expertise: Membership Categories in Courtroom Testimony”, in Jasanoff S.(eds.), *States of Knowledge: The Co-production of Science and Social Order*, London: Routledge, 2004, pp.161-180.

全球传播，而是要求产生新的全球政治秩序意象，能够联结并超越以国家为单位的知识和权力[①]。希尔加特纳（Stephen Hiligartner）指出共生过程中的制度并不单指国家制度，在实验室中也充满了对所有权的争议，它塑造了科学内部的分工，以及科学与外部世界的关系[②]。拉伯利萨（V. Rabeharisoa）和卡伦（M. Callon）探讨了另一种非国家制度——“反思组织”（reflexive organization）。它打破了专家与外行参与者的分界，促进了医学研究。在这一制度中患者既是被研究对象，又是积极的合作研究者[③]。

（3）确立话语：解决秩序问题的同时就会产生新语言，或修改以前的语言以适应新现象。话语选择成为制度中的一部分，用以建立科学权威的新结构。丹尼斯（Michael A. Dennis）分析确立话语的意义。他发现，“二战”之后美国科学发展受军备影响，独立自由的科学知识生产被渴望资源支持的知识和权力秩序所排挤，国家科学的话语体系受到了巨大影响[④]。

（4）确立表征：科学表征表达人们对自然现象的理解，常常被用作公共决策中的事实判据，与政治表征和社会表征存在着密切联系。科学表征的生产以及不同的社会群体对它的理解和辨识，都受到历史、文化和政治的影响。确立表征是科学知识与社会秩序形成的重要环节。埃

---

① Miller C. A., “Climate Science and the Making of a Global Political Order”, in Jasanoff S.(eds.), *States of Knowledge: The Co-production of Science and Social Order*, London: Routledge, 2004, pp.46-66.

② Hiligartner S., “Mapping Systems and Moral Order: Constituting Property in Genome Laboratories”, in Jasanoff S.(eds.), *States of Knowledge: The Co-production of Science and Social Order*, London: Routledge, 2004, pp.131-141.

③ Rabeharisoa V., Callon M., “Patients and Scientists in French Muscular Dystrophy Research”, in Jasanoff S.(eds.), *States of Knowledge: The Co-production of Science and Social Order*, London: Routledge, 2004, pp.142-160.

④ Dennis M. A., “Reconstructing Sociotechnical Order: Vannevar Bush and US Science Policy”, in Jasanoff S.(eds.), *States of Knowledge: The Co-production of Science and Social Order*, London: Routledge, 2004, pp.225-253.

兹拉希（Yaron Ezrahi）认为，科学所生产的真实世界的表征，晦涩深奥，很难为公众所理解，而现代媒体能够低成本地创造并传播许多科学信息，并为广大公众所接受。过去人们曾一度将科学作为现代国家权威的构成部分，而今天公众和决策者不再把科学看作客观性的代表。政治家在面对公众质疑时，也很少用科学来为自己的行动进行辩护。他们也因此减少了对科学活动的支持热情[①]。

四个秩序工具的提出，揭示了科学知识如何被融合到身份、制度、话语和表征之中，也解释了不同社会文化条件下知识与权力关系存在差异的原因。在不同的文化和政治背景下，不同的处理方法可能会引起严重的冲突和误解。这也说明差异的存在能够让不同人群间的合作成为可能。例如，汤姆森对非洲大象管理的分析，就阐释了局部化、情景化的物种保护方法取代一个全球统一的物种保护体制的过程。

共生过程以及四个秩序工具的理论分析推进了人们关于知识与权力的关系的认识[②]。首先，知识不仅仅构成权力，而且，权力也会框架和组织知识。其次，在运用知识的过程中，权力既可以通过采取主流的意见形成，也可以通过消灭其他边缘意见来形成。策略性沉默和明确表达同样重要。最后，知识与权力的关系有着稳定或不稳定状态，其中不仅受到知识范式转变的制约，也受到长期的、持续性的文化和政治因素的影响。把握范式和影响因素，则可以预测知识生产与社会秩序变化之趋势。

---

① Ezrahi Y., “Science and the Political Imagination in Contemporary Democracies”, in Jasanoff S.(eds.), *States of Knowledge: The Co-production of Science and Social Order*, London: Routledge, 2004, pp.254-273.

② Jasanoff S., “Afterword”, in Jasanoff S.(eds.), *States of Knowledge: The Co-production of Science and Social Order*, London: Routledge, 2004, pp.280-281.

二、共生的影响因素

科学与社会秩序的共生并非随机而无序，而是表达出进步趋向。这一进步趋向也成为人类社会进步趋向的重要内容。那么，共生的基础是什么？以什么来引导？遵循何种原则？以秩序工具阐述了科学与社会秩序共生的过程之后，我们必须揭示影响共生的宏观因素。进入21世纪以来的理论探索，取得了一些成果。目前的理论成果主要集中于如下三个概念。

（一）公民认识论（Civic Epistemologies）

“公民认识论指的是某一特定社会中存在的惯例做法。社会成员通过这种做法，检验、考察那些（最终）成为集体选择基础的科学主张。”① 公民认识论是作为世界观而存在的，一经形成，变化缓慢，是社会成员认识各类事物的基础。在知识社会中，“知识不再仅仅是真理或者事实的简单描述，而是一套复杂判断。这套判断包括：确认证据的形式；根据明确的标准和方法，评估证据的可信性和意义；整合相关内容。”② 2005年，贾萨诺夫提出分析公民认识论的三个途径。其一，观察不同社会的成员在针对科学技术进行集体抉择之前，运用何种制度化机制来验证科技知识是否可靠以及进行验证的运作程序。其二，通过观察、检验、核实将知识投入公共场所加以使用的方式，了解知识是怎样作为集体行动的基础而形成文化的。其三，通过考察公民接受知识见解的一般倾向和国家展示新技术的力度，分析公众是如何评估科学主张的合理性和可靠程度的。通过这三条途径，分析政治家、科技专家、公众和媒体的语言和行动，就可以发现各国公民认识论之风格。她对比分析

① Jasanoff S., *Designs on Nature: Science and Democracy in Europe and the United States*, Princeton: Princeton University Press, 2005, p.255.

② Miller C. A., “Civic Epistemologies: Constituting Knowledge and Order in Political Communities”, *Sociology Compass*, Vol.2, No.6, 2008, p.1898.

了美、英、德三国的公民认识论的异同，认为其特征分别是“喜好争论”“共同参与”和“寻求共识”①。

“公民认识论”概念一经提出，即引起学界广泛讨论。米勒提出：现代民主政体需要各种知识系统的支持。从协商民主的角度来看，知识是确立民主权威合法性的关键部分。这样，在公共决策中，如何保证专家意见和知识的正确性和有效性，就成了至关重要的问题。而公民认识论恰恰可以解决这一问题。各种知识系统都是在具有广泛意义的公民认识论下形成。有鉴于此，打破学科的界限，开启科学家、社会学家和政治家全新范围的对话，是解决当代各种政策争议，推进全球化和可持续发展的有效手段②。埃兹拉希、鲍尔（Martin W. Bauer）、马瑟（David Mercer）、阿米尔（Sulfikar Amir）、司徒洛娃（Tereza Stöckelová）、普鲁斯卡（Marcus Paroske）、麦克纳顿（Phil Macnaghten）和吉奥特（Julia Guivant）、雷文玫、尚智丛和杨萌等对公民认识论概念进行了多方面讨论，尝试比较分析印度尼西亚、捷克、巴西、英国和中国的公民认识论特征③。

（二）社会技术意象（Sociotechnical Imaginaries）

所谓“社会技术意象”就是“集体所持有、公众实践所意欲达到的未来。它来源于对社会生活和社会秩序的共同理解，是通过科学技术进步所能达到、所能支持的一种未来意象”④。社会技术意象反映在设计和完成国家科研项目过程中，是集体想象的社会生活方式和社会秩

---

① Jasanoff S., *Designs on Nature: Science and Democracy in Europe and the United States*, Princeton: Princeton University Press, 2005, pp.249-252, 258-260.

② Miller C. A., “Civic Epistemologies: Constituting Knowledge and Order in Political Communities”, *Sociology Compass*, Vol.2, No.6, 2008, pp.1896-1919.

③ 尚智丛、杨萌：《科技政策的文化分析——公民认识论的兴起与发展》，《自然辩证法研究》，2013(4): 42–50。

④ Jasanoff S., “Future Imperfect: Science, Technology, and the Imaginations of Modernity”, in Jasanoff S., Kim S. H.(eds.), *Dreamscapes of Modernity: Sociotechnical Imaginaries and the Fabrication of Power*, Chicago: The University of Chicago Press, 2015, p.19.

序。借助社会技术意象的概念，可以解答科学与社会秩序共生现象中存在的几个核心问题[①]：第一，为何同样具有自由民主的政治体制，基本信条一致的英、美、德等国会出现不同的社会技术结果？传统上，政治学研究更倾向认为大型事件会促使各国政治议程趋向一致，但是，实践表明事实并非如此。各国对技术和技术灾难的反响差异巨大。借助社会技术意象概念就可以解释这种差异。第二，社会秩序变革的动力与趋势如何？未来与过去是不可分割的，过去是未来的序言，未来从过去中诞生，同时也不断重塑过去。通过社会技术意象的分析，我们可以直接考察人类对未来预见的方式。第三，社会秩序如何在不同地域空间中确立？科学技术与权力和伦理的复杂互动，允许人们对未来持有各种不同的意象，通过观念和实践在不同空间和时间中的传播，而确立其社会秩序。第四，个人身份如何与集体行为协调？以往的社会理论重点关注的是社会秩序中统治者和臣服者的关系，而社会技术意象则采取对比分析、话语分析、文本阐释等解释性方法，说明个人与集体的协调。

社会技术意象并不是一成不变的信仰系统，它与国家权力的实施相关。社会技术意象研究弥补了想象与行动、话语与决策、不完善的公共意见和工具性国家政策之间关系的研究空白。语言是建构意象的关键媒介，因此，目前对社会技术意象的研究主要采用针对官方文件的话语分析方法，诸如追述政策叙述、总统演讲和声明等。2013年贾萨诺夫和金（S. H. Kim）采用社会技术意象概念，分析了美国、德国和韩国在能源政策上的差异[②]。泰勒–亚历山大（S. Taylor-Alexander）分析了墨西哥美容移植手术的发展。他认为，医疗团队在游说政府管理部门批准脸部美容移植手术的过程中，构造了一个假设中的“理想病人”

① Jasanoff S., “Future Imperfect: Science, Technology, and the Imaginations of Modernity”, in Jasanoff S., Kim S. H.(eds.), *Dreamscapes of Modernity: Sociotechnical Imaginaries and the Fabrication of Power*, Chicago: The University of Chicago Press, 2015, pp.20-24.

② Jasanoff S., Kim S. H., “Sociotechnical Imaginaries and National Energy Policies”, *Science as Culture*, Vol.22, No.2, 2013, pp.189-196.

概念。这一概念由墨西哥医疗科学家和官僚机构共生出来，成了一个分类范畴。社会技术意象引导了一类医疗技术的发展[①]。此外，伊顿（W. M. Eaton）、盖斯泰尔（S. P. Gasteyer）和布希（L. Busch）研究了密歇根北部木质生物质能源（woody biomass bioenergy）开发[②]，巴洛（I. F. Ballo）分析了挪威未来智能电网的社会技术意象[③]，德利娜（L. L. Delina）研究了泰国的能源社会技术意象[④]。泰德维尔（J. H. Tidwell）还试图将社会技术意象从国家和专家的研究扩展到对普通公民意象的研究，将其建构发展为独立的理论框架[⑤]。

（三）法治主义（constitutionalism）

法治主义指社会以特定的方式分配权利和义务，涉及认识权威和政治权威[⑥]。法治主义是对宪法（Constitution）一词含义的扩展，既包括法律文本，也包括构成法律秩序的制度和行为；既有法庭正式颁布的法令，也有科学家、律师和决策者所理解和运用的原则。这些都体现在物质性技术、专家话语以及政治实践之中。法律文本并没有规定所有的权利和义务。有一些类似法律的基本权利原则，如不能给人类基因授予专利等，虽然法律未曾颁布，但却在日常实践中为人们普遍接受，不断被应用到技术社会之中。

---

① Taylor-Alexander S., "Bioethics in the Making: 'Ideal Patients' and the Beginnings of Face Transplant Surgery in Mexico", *Science as Culture*, Vol.23, No.1, 2014, pp.27-50.

② Eaton W. M., Gasteyer S. P., Busch L., "Bioenergy Futures: Framing Sociotechnical Imaginaries in Local Places", *Rural Sociology*, Vol.79, No.2, 2014, pp.227-256.

③ Ballo I. F., "Imagining Energy Futures: Sociotechnical Imaginaries of the Future Smart Grid in Norway", *Energy Research & Social Science*, Vol.9, 2015, pp.9-20.

④ Delina L. L., "Whose and What Futures? Navigating the Contested Coproduction of Thailand's Energy Sociotechnical Imaginaries", *Energy Research & Social Science*, Vol.35, 2018, pp.48-56.

⑤ Tidwell J. H., Tidwel A. S. D., "Energy Ideals, Visions, Narratives, and Rhetoric: Examining Sociotechnical Imaginaries Theory and Methodology in Energy Research", *Energy Research & Social Science*, Vol.39, 2018, pp.103-107.

⑥ Jasanoff S., "Introducing: Rewriting Life, Reframing Rights", in Jasanoff S.(eds.), *Reframing Rights: Bioconstitutionalism in the Genetic Age*, Cambridge, MA: MIT Press, 2011, pp.1-28.

法律是规范性工作，而科学是认知工作。随着生物技术的发展，在法律和生命科学的日常互动中，不断发生“互动性共生”，两个分离的世界不断努力越界，去命名、定义和处理新的本体。今天，关于生命的新知识重写了个人和集体权利的法律原则。生命科学技术领域的创新影响了社会结构和政治结构。科学革命所带来的立法改变是零碎的、缓慢的、无法预测的，但我们可以通过其发展轮廓和原则来审视在某一结点上法律、生命科学和技术的对话和冲突。贾萨诺夫提出“生物法治主义”（bioconstitutionalism）这一概念，解释了如下两类问题。

（1）生物实体的权利和责任以及民主合法性的问题。比如，干细胞有什么法律权利？DNA分型带来了什么新权利？基因修饰技术引发的担忧，起初是在行政和管理方面，20世纪90年代开始有了伦理方面关注。克隆人等意象塑造了一个凄惨的克隆世界，人类在加强自身基因方面到底可以做什么？不可以做什么？这些问题成为学术反思的前沿。目前，还缺乏相关法律来规范这些对生命的干预。尽管缺少一个具体的法律规则来处理新技术和实体，但是法治概念和文化资源是一直存在的，约束着人们对自身世界规范性的想象。

（2）现代生物立法的动态变化问题。生物学知识和立法规范存在共生关系。随着生物学知识的发展，重构生命法治是必要的。美国的生物法治主义的基本思想是确定性原则，认为自然和权利的意义是不言自明的。1953年DNA技术出现时，美国政体已经习惯了核风险和化学风险，因此也将转基因生物纳入到常见的意象之中，运用的是风险管理的意象框架，只关注生物的安全性，只关心生物实验室工作人员和附近社区的风险，而缺乏对人类的权利和人类主体的保护。随着基因修饰技术的广泛应用，人类的权利和人类主体的保护提上日程，法治建设不可或缺。2018年11月26日贺建奎宣布“基因编辑婴儿已诞生”，引发全球舆论之哗然。这一事件再次说明生物立法随技术进步，刻不容缓。

“法治主义”概念随后也被一些学者运用于医疗和其他社会技术实践之中，代表性的工作如下：华伦斯坦（Alex Wellerstein）研究了美国加州优生学与社会秩序互动的案例①。他详细分析了加州5家精神病医院和精神缺陷者护养院的机构和组织基础以及护理档案。他发现，加州的法律措辞不严谨，导致医生和医院领导有太大的自由裁量权。索诺玛州立智障院（Sonoma State Home）因资金短缺，就将病人结扎后遣散回家。斯托克顿州立医院（Stockton State Hospital）采用“结扎疗法理论”，对精神病人施行了大量结扎手术。20世纪上半叶，美国80%的结扎手术都发生在加州，共结扎了2万多名患有精神疾病的病人。随着老一辈院长退休，新上任院长秉持不同的治疗理念，结扎人数才下降。1951—1952年下降了约80%。随后成立的“精神卫生部”集中管理之前分散的各项权力，新主任开始编制加州精神卫生法案，并建立了上诉机制，结扎行为自此才得以终结。维尼科夫（David Winickoff）认为，CODIS数据库促使美国法庭对第四修正案重新做出解释，禁止非法搜查和拘捕。该数据库是DNA联合索引系统，保存已定罪的犯人的基因图谱。信息技术正在侵犯人类生活，人身权利本身出现了不确定性。数据库的技术迫使法庭重新思考犯人和普通人之间的权利和本质②。贾萨诺夫和梅茨勒（Ingrid Metzler）还研究了辅助生殖胚胎（IVF Embryos）给法律和政策带来的多重不确定性，认为英、美、德等国的生物法治基础不同导致各国对生命权利有着系统性的不同看法，对胚胎生命的处理方式也有所不同③。

---

① Wellerstein A., “States of Eugenics: Institutions and Practices of Compulsory Sterilization in California”, in Jasanoff S.(eds.), *Reframing Rights: Bioconstitutionalism in the Genetic Age*, Cambridge, MA: MIT Press, 2011, pp.29-58.

② Winickoff D., “Judicial Imaginaries of Technology: Constitutional Law and the Forensic DNA Databases”, in Jasanoff S.(eds.), *Reframing Rights: Bioconstitutionalism in the Genetic Age*, Cambridge, MA: MIT Press, 2011, pp.147-168.

③ Jasanoff S., Metzler I., “Borderlands of Life: IVF Embryos and the Law in the United States, United Kingdom, and Germany”, *Science Technology & Human Values*, Vol.45, No.6, 2020, pp.1001-1037.

第四节　共生现象研究的成就与局限

自20世纪80年代，学者们就关注到科学与社会秩序共生的现象，并开展研究，逐步提出一些概念与研究方法。发展至2004年贾萨诺夫总结前人成果，明确提出“共生”概念，并致力建设一套理论体系。与此同时，许多学者高度评价共生理论，并积极加以理论充实，应用共生理论的分析框架针对不同的主题和案例进行了分析和研究。当然，到目前为止，关于科学与社会秩序共生现象的研究还仅仅是开始，还有众多的问题需要探讨，理论有待进一步发展和完善。

一、共生研究的理论成就

2008年，格苏珊（Susan Greenhalgh）在《独生子女：邓小平时代中国的科学与政策》（*Just One Child: Science and Policy in Deng's China*）一书中系统地应用了贾萨诺夫提出的实现共生过程的四个秩序工具，以中国1978—1980年一胎政策出台过程作为案例，研究了中国的人口学知识与政策的共生过程①。她分析了一胎政策的制定过程中，确立身份、确立制度、确立话语和确立表征等四种秩序的形成，探讨了该过程中三种知识主张和政策建议相互冲突与协商的政治过程。通过这一过程分析，她认为：中国的独生子女政策是在科学知识至上的背景下制定出来的。这一政策的制定过程向我们揭示，科学与政治的边界是模糊的，知识过度政治化以及政治过度知识化都是人类社会实践中客观存在的现象。

2014年万德吉斯（Peter Vandergeest）和古诺拉尼（Gururani）运用前人提出的共生理论，审视在新自由主义干预、土地掠夺和气候变化之

① Greenhalgh S., *Just One Child: Science and Policy in Deng's China*, Califonia: University of California Press, 2008.

下的知识与治理的共生[①]。万德吉斯和古诺拉尼指出：环境知识和治理参与者的迅速增加分散了资源管理权力，增加了管理机构，扩大了管理网络。各种相互竞争的参与者注重矿产、土地、濒危动物、社区生计和碳封存等事物的价值，不断地批评环境治理的日常行为和权威专家，批判原有生态学知识并参与其知识发展，从而影响了不同地域的环境治理形式。2011年勒夫布兰德（Eva Lövbrand）用共生理论分析了欧盟第6框架计划（6th Framework Programme）资助的ADAM（适应与减缓策略：支持欧盟的气候政策）项目，探究了知识生产如何被纳入到欧洲的气候政策决策之中[②]。福岛正户（Masato Fukushima）通过分析日本化学生物学协会（Japanese Association of Chemical Biology）的快速成立过程，进一步验证了共生理论的指导价值和优越性[③]。2015年希尔加德纳（Stephen Hilgartner）等人分析了生物技术领域新知识和新权威的确立过程[④]。

2015年杨辉借助公民认识论概念和构成性共生理论，分析了在中国制定转基因水稻的公共政策中科学知识如何转变为公共知识并成为公共决策之基础[⑤]。这是中国学者第一次以严谨的理论框架来探讨20世纪90年代以来中国正在发生的典型的科学与社会秩序共生现象。作者提出：公共知识作为公共决策事实判断的依据，应当是决策相关行动者对决策

---

① Gururani S., Vandergeest P., "Introduction: New Frontiers of Ecological Knowledge: Co-producing Knowledge and Governance in Asia", *Conservation and Society*, Vol.12, No.4, 2014, pp.343.

② Lövbrand E., "Co-producing European Climate Science and Policy: A Cautionary Note on the Making of Useful Knowledge", *Science & Public Policy*, Vol.38, No.3, 2011, pp.225-236.

③ Fukushima M., "Between the Laboratory and the Policy Process: Research, Scientific Community, and Administration in Japan's Chemical Biology", *East Asian Science, Technology and Society*, Vol.7, No.1, 2013, pp.7-33.

④ Hilgartner S., Miller C. A., Hagendijk R., *Science and Democracy: Making Knowledge and Making Power in the Biosciences and Beyond*, New York: Routledge, 2015.

⑤ 杨辉：《知识与秩序的共生：中国转基因作物安全评价决策中的公共知识生产》，中国科学院大学博士学位论文，2015。

议题的共识性理解，应同时满足科学合理性、经济公有共享性和政治合法性三重公共性。公共知识生产可被理解为具有特定的议题认知和利益诉求的行动者，在生产制度的约束下，依托其资源网络，采取多种行动策略的博弈过程。2009年转基因水稻安全证书的颁发触发了公共知识生产的公共性危机，危机的形成机理在于变化了的政治文化和科技文化与刚性的知识生产制度之间产生矛盾。重塑公共性的关键在于推动公共知识生产模式由“科技精英-政治精英”垄断模式向制度化的公众有序参与转变。

回顾30多年来学者们对共生现象的研究，笔者认为已取得如下一些理论成就：

（1）克服了以往哲学与社会学关于科学知识本质和来源的对立观点，沟通二者，从社会实践的角度阐述科学知识的形成及其与社会秩序的一致性。古希腊哲学家柏拉图划分知识为先天知识与后天知识，认为先天知识与理性捆绑在一起，是绝对的、客观的、必然的、真实的。人通过回忆而发现先天知识。后天知识来于经验，是或然的，不一定为真。康德进一步发展柏拉图观点，认为科学知识是先天综合判断。科学知识的发现是科学家理性的心理活动结果。然而。科学家提出的科学假说是否为真，这需要证明，即所谓“知识的证成”。哲学家们特别是20世纪的科学哲学家们为此发明出了一套科学知识的辩护逻辑。然而，知识社会学家认为知识是在人们的集体生活中形成并发展的。迪尔凯姆提出：概念和分类思想在群体活动中形成、表达；有意义的经验首先以社会关系为中介；知识是群体的，与群体的社会生活相融①。在实践中，我们看到科学假说由某一人率先提出，其后经过同行评议、重复实验检验而确定为真知识。科学社会学家称这一过程为“磋商”过程。早期科学发展中的同行评议和重复实验检验规模都较小，而进入20世纪大科学

---

① Durkheim É., Mauss M., *Primitive Classification*, London: Cohen & West Limited, 1963, pp.48-52.

时代则规模巨大，甚至在科学发现阶段就是多人协作，通过磋商而提出新的科学假说。拉图尔等人坚持和发展了迪尔凯姆的思想，提出科学知识的社会建构观点。社会建构论为解决科学争议提供了有效的渠道。20世纪80年代引起广泛争议的巴尔的摩事件中，假如调查小组一开始就了解科学实际操作过程中的建构性，注意区分恶意欺骗和主观错误，那么造成恶劣影响的巴尔的摩事件也许就能够避免。该事件说明：个体观察和判断在认知上缺乏绝对标准的逻辑和演绎，需要许多重复观察来为最终的命题做集体背书（collectively endorsed）①。尽管，目前仍然有一部分哲学家认为建构论立足于相对主义的认识立场，与知识的客观性立场相对立，但事实上，这种知识的社会建构并不否定知识的必然性，我们所知道的所有科学知识都是在群体的社会实践中获得、表达、理解并应用的。

（2）从经验主义出发，分析科学与社会秩序共生的现象，总结出一套相对规范的概念与方法，用于不同对象的比较研究。尽管社会存在有其异质性，但人类的社会实践以及在其中形成的经验和知识则有其相同的一面，这也就是其普遍性。一直以来，科学知识被认为是普遍的，因此，科学与社会秩序共生的过程也有其普遍之处。早期构成性共生理论和互动性共生理论注重考察微观领域中科学与社会秩序的共生关系，强调科学知识的地方性，强调科学知识与特定人群的社会生活的一致和相容。在比较分析的基础上，贾萨诺夫提出完成共生过程的四个秩序工具，在一定程度上解释了不同人群中，特别是国家层面的科学与社会秩序共生有着一致的基本程序。“公民认识论”“社会技术意象”“法治主义”则指明了比较分析共生过程中宏观影响因素的三个方面。

（3）针对当代社会现实，阐述了工业化民主国家中科学发展与公共决策的协调机制。在科学技术愈益发达的社会或国家中，科学与社会

① Jasanoff S., “Is Science Socially Constructed—And Can It Still Inform Public Policy?”, *Science and Engineering Ethics*, Vol.2, No.3, 1996, pp.263-276.

秩序共生的现象则越突出。20世纪后期西方发达国家此类现象愈益突出。一些学者将之定义为工业化民主国家（Industrial Democracy）的典型现象。他们的研究揭示出知识的形成和发展不断受到来自政治、法律、公民文化等各方面的影响，而知识也会进一步对现有的社会秩序诸如政治秩序、法律法规和公民认识产生冲击和重塑。迄今为止，学者们开展了美、英、德、意、欧盟、日本、韩国、中国等众多国家或地区的案例研究和比较研究，阐述了具体环境下的科学与社会秩序共生现象与规律，说明了这些国家中具体的科学发展与公共决策之间的协调机制。其理论成果也促进了这些国家或地区的科技与社会协调发展，为实现跨国交流和合作提供了基础和可能，更有利于协商和制定国际规范。

（4）融合了哲学、社会学和政治学关于当代科学技术实践的理论探讨，提出了一个交叉学科——科学技术论（STS）的理论框架。在当代社会中，科学知识是技术进步和社会发展的基础，是哲学社会科学研究的焦点。共生理论顺应当代社会科学的解释转向，强调话语、文本及其意义的分析。对政治学而言，共生理论提供了思考权力的新方式，突出了知识、技术、专家和物质因素在塑造、改变、颠覆、转变权力关系中的隐性作用。对社会学而言，共生理论以新的方式去框架社会结构和分类，强调宏观与微观、新兴与继承、知识与实践的相互关联。共生理论通过揭示科学技术领域中的价值、伦理、合法性和权力，来考察科学技术的认知过程、物质过程和社会形成过程，为政治学和伦理哲学提供了新的参照系统[①]。共生理论解读权力、文化和社会规范与当代科学技术的深刻关联，拓展了知识社会、知识经济以及知识政治的理论前沿。

二、共生理论的局限与发展趋势

当然，共生理论也存在局限，突出地表现在如下两方面。

---

① Jasanoff S., "The Idiom of Co-production", in Jasanoff S.(eds.), *States of Knowledge: The Co-production of Science and Social Order*, London: Routledge, 2004, p.4.

（1）坚持经验主义认识立场，描述和解释具体国家或领域中的共生过程与机制。这一立场有一个基本预设：存在即合理。在这一立场之下，一些残酷的帝国主义殖民过程中的文化侵略和政治霸权都具备了合理性和发展基础。共生理论展现了事情的来龙去脉，但缺乏价值批判。例如，司铎瑞关于20世纪毛里求斯殖民地时期的蔗糖生产过程中科学与社会秩序共生的分析，即默认了英国殖民扩张的合理性。这种经验主义的立场使得我们不得不问：人类社会到底有没有基本趋向与规律？还是通过相互学习，创造了一种大家认可的趋向与规律？

（2）该理论的概念体系远未成熟。共生理论的概念和方法都是在具体案例研究中逐步提出的，其广泛适用性还有待检验。例如，“法治主义”这一概念提出于近年来的生命科学发展及其法律运用过程，在其他领域的运用还远远不足。此外，共生理论关注不同国家和地区的差异比较，采用公民认识论、国家技术意象和法治主义等概念来加以解释，而且依不同情况而分别利用，解释力不足。

虽然共生理论的探索起于20世纪80年代，但直到2004年才提出规范的分析概念。在近十几年的时间里，学者们才建立起分析共生过程的概念体系，也就是四个秩序工具和三个宏观概念。多数学者采用其中一个或几个概念，缺乏系统地综合运用一系列概念去研究某个领域中科学知识与社会秩序的持续性共生过程。可以预见，未来共生理论发展的一个主要趋势就是综合使用这些已建立的概念开展具体案例研究，逐步完善这一概念体系，从而强化理论解释能力，扩大理论解释范围。

共生理论发展的另一个重要趋势则是不同政体的国家和社会的比较研究。“二战”结束以后，现代国家推崇民主共和制度，在各自民族文化和意识形态的影响下逐步建立起总统共和制、议会共和制、委员会制、人民代表大会制等各种类型的现代民主共和制度。当然，以英国为代表的君主立宪制也被保留和效仿。冷战结束以后，科学技术迅猛发展，全球化进程快速推进，科学与社会秩序的共生进程不同程度地出现于全球主要国家。目前，学者们集中分析了深受基督教文化和自由主义意识形态影响的民主共和国家的情况，但针对深受儒家文化和社会主义意识形态影响以及受伊斯兰文化和民族主义意识形态影响的国家的研究则较少。越是差异巨大的对象的比较研究，越能丰富我们关于研究对象的认识，共生理论才能得以丰富和发展。

第十章

中国人口知识与生育政策的共生分析

在人类社会的发展中，知识和社会秩序存在共生过程。中国生育政策所依据的知识，对中国社会产生深刻影响。在中国，公共政策一旦被制定出来就会得到国家和全社会的贯彻执行，对社会生活各方面带来显著影响。公共政策制定过程中所依赖的知识主张会通过政策的中介作用，放大到社会各领域，全面塑造新的社会秩序。人口学知识和人口预测数据的生产为生育政策的制定提供了关键依据。1980年以来独生子女政策在政府强有力的推行之下，对社会秩序的各方面以及人民的生育文化和实践产生了巨大影响。2016年1月1日全国开始不分城乡全面实施二孩政策。2021年7月20日公布《中共中央 国务院关于优化生育政策促进人口长期均衡发展的决定》，全国范围实施一对夫妻可以生育三个子女政策。在政策出台前，各种人口学主张和建议也在社会上引起了广泛的讨论和争议，对未来生育政策的走向，有许多不同的呼声。中国一胎政策和二孩政策的制定过程集中体现了科学与社会秩序的共生过程。共生理论虽然在西方文化背景下提出，但并不预设知识与社会秩序共生的固定路径，而是运用各种分析工具去描述和解释所发生的共生现象，去考察在知识与政治的互动过程中知识与民主的具体实践关系。共生理论建立在对实证研究的总结和提炼之上，并提出相应的秩序分析工具：确立身份、确立制度、确立话语和确立表征。该理论提出后，不同学者就不断针对不同国家民主实践中有争议的现象进行了分析，目前已经应用于英、美、德、韩等国家中的知识争议和民主决策的分析，考察知识是有利于民主还是阻碍了民主。在分析解释的基础上，学者们还进一步提出适合各国公民认识论的规范性建议，追溯其民主差异的根本性原因，进而提出不同的应对策略和跨文化交流建议。人口学知识中的不同主张和观点也是通过社会关系和实践的转变和扩散，才最终使某一种知识主张成为政策制定者所信任的和采纳的事实判断依据。生育政策与知识的互动共生具有重要的实践意义，用共生理论所建立的分析工具来分析和解释这一现象，对考察中国社会中的知识与民主的关系具有典型代表意义。本部分运用共生理论，采取描述现象—解释现象—规范性建议的研究进路，分析中国一胎生育政策和二孩生育政策制定两个案例中知识与社会秩序的共生。

第一节　一胎政策的共生分析

美国学者格苏珊（Susan Greenhalgh）曾对中国一胎政策的制定过程进行过共生分析。本文首先简要回顾一胎政策制定中三种知识主张的建议和竞争过程。随后，在总结格苏珊研究成果的基础上，分析知识依据确立过程中知识与政治秩序的共生过程，以及身份、制度、话语和表征等秩序工具所发挥的作用，阐述公民认识论、社会技术意象、法治主义等宏观因素的影响。

一、一胎政策制定中的知识磋商

一胎政策出台前，主要有三种不同的知识主张和建议，分别是：刘铮等从统计学视角所提出的“提倡生一个，杜绝生三个”的建议；宋健等从人口控制论视角预测的百年人口数据以及一胎化政策的建议；梁中堂从中国社会实践特别是农村实践出发，提出的二胎加长间隔的建议。具体建议和立场如表10–1所示。

表10–1　三种知识主张和建议①

主要代表	刘铮等	宋健等	梁中堂
知识特征	马克思主义统计学	中国化的人口控制论	马克思主义的人本学说
知识主张	在经济技术落后的情况下，人口快速增长，给国民经济带来巨大困难；从衣、食、粮、油、住等多方面计算，人口增长过快导致人均物质水平的下降和短缺	可以通过计算机模拟，进行人口增长的定量研究；预测按照3.0的生育率，百年后2080年人口高达42.64亿；人口过快增长会加速环境恶化，耗竭粮食，导致不可再生性自然资源短缺	需要控制人口、实施计划生育，但同时一胎化会带来许多社会和经济问题，如人口老龄化严重、兵力缺乏、无子女照顾的老年人太多，以及4∶2∶1人口结构等
政策建议	人口问题是国家规划中的不均衡结果，建议用杜绝三胎来解决	人口问题是现代化危机，需要用全民一胎化来解决	一胎化需付出沉重的社会代价和政治代价，提倡晚婚晚育加8～10年二胎间隔

三种不同的知识主张和建议中，哪一种能够成为政策的决策依据？这取决于知识主张提出后，提出者相互之间的竞争以及知识主张与社会秩序发生的积极互动。只有获得决策者的认可后，才能成为影响政策出台的知识依据。中国人民大学刘铮教授的团队，最先通过官方途径介入到人口研究之中。1978年12月之后，中国政府面临的最大人口问题就是如何控制人口的迅速增长，但推行计划生育仍会遇到50年代批判马寅初时的“马尔萨斯主义”困扰。刘铮等从马克思主义经典著作中发掘“两种生产论”，即人类自身生产要同物质资料的生产相适应，并使之逐步

① 资料来源：根据代表人物发表的文章整理。参见：刘铮、邬沧萍、林富德，《对控制我国人口增长的五点建议》；宋健、于景元、李广元，《人口发展过程的预测》；梁中堂，《对我国今后几十年人口发展战略的几点意见（1979年9月）》。

成为中国控制人口增长、推行计划生育的理论依据。同时，通过研究发展中国家的人口管理经验，他们发现新加坡将人口控制纳入到经济与社会发展计划之中，对人口实现了有效控制①。这样，从理论和实践两个方面，刘铮等奠定了将人口纳入到经济与社会发展计划的合理性。他们建议：应该千方百计坚决杜绝三个孩子及以上的生育行为，提倡一对夫妇只生一个孩子，逐步减缓人口增长，提高独生子女的比率；在控制人口增长的同时，保留人们对生育二胎的自由选择权。在宋健给出中国人口的百年预测并提出一胎政策的主张之后，刘铮等社会科学家内部有所分化。刘铮公开支持一胎政策，同时，部分对一胎政策有意见的社会科学家则选择了策略性沉默，只是私下抱怨，不敢公开反对。格苏珊认为，“文革”后遗症让饱受忧患的社会科学家特别谨慎，他们大都选择了策略性沉默②。

宋健先生的研究团队对人口学研究的介入，起源于“四个现代化”要求，鼓励军事科学研究向民用科学研究的转型。1978年6月，时任七机部二院副院长的宋健参加了在赫尔辛基举行的第七届国际自动控制联合会（IFAC）会议。在会议上，他了解到两位荷兰控制论专家G. J. Olsder和R. C. W. Strijbos提出的人口控制论的科学模型。这种人口控制论属于当时闻名遐迩的罗马俱乐部学派。该学派持有新马尔萨斯主义，认为物质资源依照算术级数增加，而人口增长则是指数级数增加，人口过快增长会加速环境恶化、耗竭粮食和不可再生的自然资源短缺。人口控制论结合工程领域的控制论，试图解决人口不断增长和资源有限性之间的矛盾。其实，这种观点存在明显缺陷。20世纪70年代后期，已有西方学者指出，人口控制论模型是一种静态的机械观，剔除了人类适应环境等动态因素，也忽略了未来社会、政治和文化中的新变化。然而，宋

① 刘铮、邬沧萍、林富德：《发展中国家的人口增长和人口政策》，《世界经济》，1979(10): 29-35。

② Greenhalgh S., *Just One Child: Science and Policy in Deng's China*, Califonia: University of California Press, 2008.

健当时所参加的是自动化控制会议，主要精神是宣言科学的确证性、科学的进步和对科学可以改变世界的极端热情，会议上并没有体现社会科学领域对该模型的批评。宋健在赫尔辛基只停留了两周左右，没有机会了解到西方社会科学领域对人口控制论的批评。宋健自身对人口控制论坚信不疑。通过这次会议，宋健获得了新的人口科学理论、数学工具、环境危机的人口观以及解决危机的工程控制方法[①]。回国后，宋健召集于景元和李广元一起来研究人口问题，1978年末，他们用数据首次预测了中国未来20年、50年和100年后的人口数据。这是刘铮等社会科学家所无法实现的精确计算。他的百年人口预测结果显示：3.0生育率会造成40亿以上的人口。这一预测结果让国家领导层深感震惊和忧虑，更加认同需要快速控制人口增长的建议。之后，宋健等又提出人口增长带来灾难和生态危机，根据其计算结果，认为中国的自然资源无法供养一对夫妻生育两个孩子，提出一胎化的建议。这一建议奠定了领导层的决策基础。1979年8月，陈慕华副总理在《人民日报》上首次提出争取在2000年，将人口自然增长率降到零[②]。但是，宋健的计算机模拟显示，这是不可能达成的目标。1980年初，宋健研究小组开始多方位寻求联盟，基于国防部的政治资源和社会关系网，以及其自然科学家的文化公信力，他们成功联合了政策过程中的三个关键行动者：政策决策者、有文化的公众、科学家和工程师中的精英。1980年2月，《人民日报》发表社论，提出到2000年把人口控制在12亿以内。1980年9月25日，《人民日报》公开发表《中共中央关于控制我国人口增长问题致全体共产党员、共青团员的公开信》（下文简称《公开信》），明确提倡“一对夫妇只生育一个孩子”，号召党员和团员做出表率。

梁中堂先生等少数人对一胎化政策持明确的反对态度，他们对人

① Greenhalgh S., *Just One Child: Science and Policy in Deng's China*, Califonia: University of California Press, 2008, p.136.

② 陈慕华：《实现四个现代化，必须有计划地控制人口增长》，《人民日报》，1979-08-11。

口研究的介入时间较晚。1979年，中央政府开始制定一胎政策的人口发展规划。梁中堂等从马克思主义的人本主义出发，考察这种政策一旦出台会给当时占全国人口80%的农业人口带来什么样的影响[①]。当时中国农业尚未实现机械化，农业发展需要壮劳力，农民普遍重视男孩，农村重男轻女的风俗文化浓厚[②]。一家至少有一个男孩才能保证基本的农业生产和生活。1979年中期，全国开始不分城乡提倡一胎化政策。在此期间，梁中堂公开发表反对观点。1979年12月，他在成都会议上发表《对我国今后几十年人口发展战略的几点意见》，认为：人口控制的重点在未来十年，应该致力于削去1980—1990年的出生高峰浪头，建议采取"晚婚晚育加8～10年二胎间隔"的方案，允许间隔8～10年后生育二胎。但是，他的这种提法在当时被简单地视作反对计划生育，许多文章得不到公开发表。2003年格苏珊对梁中堂进行采访，得知1979年9月梁曾经找刘铮交谈，向他指出"一胎化的目标和世纪末12亿以内的人口目标绝对不可能达到"。然而，此时认同和参与宋健一胎化建议的刘铮先生则指出，这是一个争取达到的目标，倘若能达到更好，达不到也无妨。这是一个在人口学上不可能实现，却在政治上得到通过的目标[③]。

梁中堂敢于发表不同意见的重要原因在于其个人经历。他在"文化大革命"中未遭受到刘铮等社会科学家曾经遭受过的伤害，没有那种小心翼翼的谨慎，相反，他是当时毛主席选中的红卫兵，具有又红又专的身份。他隶属于山西省委党校，主要研究中国共产党的理论与实践。他在基层工作多年，对农民的实际生活情况甚为了解。但是，梁中堂仅仅是高中毕业，之后自学成才，缺乏统计学和数学方面的正规教育，他所提出的生育政策建议具有明显的政治色彩，所使用的计算方式和方法也

---

① 梁中堂：《中国生育政策研究》，太原：山西人民出版社，2014: 2。

② 中国传统生育文化中具有显著的男孩偏好，当时大多数农民认为只有男孩才是香火继承者。女孩也是传代人的观念是随着计生政策的教育宣传和现代生物学基因理论的普及才逐渐被人们接受的，但目前中国人依然有较强的男孩偏好。

③ Greenhalgh S., *Just One Child: Science and Policy in Deng's China*, California: University of California Press, 2008, p.180.

明显落后于宋健等科学家们的精确计算，数据缺乏客观性和精确性的表征，因此，说服力不足。但是，梁中堂代表了当时为政策制定者所忽视的农民群体，他的积极建议为政策建构中的群众道路做出了重要的政治贡献。

相对于其他人口学研究者，宋健等人具有很多优势。作为国防科学部门的研究者，他们拥有当时中国为数不多的大型计算机，也是1978年改革开放后第一批去外国交流并掌握外国文献和研究前沿的一批人。同时，宋健通过个人关系从公安部门获取了1975—1978年人口统计的最新数据，比刘铮一组早几个月得到基础人口信息。此外，宋健与钱学森的师生关系①以及其职位奠定了他的人脉关系网，保证了其观点沟通渠道的畅通。此外，宋健等人从事国防科学研究，一贯具有挑战难题、迎接风险的传统，他们敢于大胆创新，仰仗国防科学和技术成果，已经获得了政治影响力和文化权威。因此，宋健一组拥有当时人文社会科学所缺少的各种科学资源以及相关的公共决策影响力。宋健的研究报告中采用复杂的理论模型和各种深奥的公式来预测和计算未来人口，这些科学方法打动了许多并不全面理解这些公式的领导和众多同行。他们和刘铮一组一样具有丰富的政治资源，能够将己方的观点发表在《人民日报》和《光明日报》等全国性的重要报纸上，向群众宣传其人口预测结果的科学性。

值得关注的是，《公开信》中所提出的12亿人口目标在宋健的百年预测表中对应的是育龄妇女人均生育1.75个孩子，但《公开信》中则建议一对夫妇只生育一个孩子②。这种考虑主要是出于政治和科学两方面。政治层面上，中国领导人担心如果制定为1.5～1.75的生育率，农民

---

① 1960年宋健从苏联留学回国后，就成为钱学森的得意门生，钱学森当时担任《中国科学》和《科学通报》两个期刊的编辑。奚启新：《钱学森传》，北京：人民出版社，2014: 296-297。

② 《中共中央关于控制我国人口增长问题致全体共产党员、共青团员的公开信》，载于彭珮云主编，《中国计划生育全书》，北京：中国人口出版社，1997: 16。

不会遵守，实际上可能仍会达到2个以上，而严格的一胎政策，对农民具有震慑力，基层计生干部更容易执行。科学层面上，宋建自身对人口数量预测的科学方法深信不疑，国内也很少有人有能力质疑他。其一胎化建议得到领导认可之后，宋健又从人口、环境和资源的角度，继续为一胎政策提供更多方面的量化证据。他论述过多人口会导致生态灾难。中国的资源丰富但人口已经太多，超过了资源的供给限度，人口生态的稳定关系到中国的存亡和兴盛。此时，一胎政策的社会政治后果已经成为次要矛盾。一胎政策不是最好的政策，但却是唯一的办法。他的人口预测和一胎化方案从“最有效的控制手段”，又进一步成为“唯一的解决办法”。按照他的计算，100年后中国的资源供养7～8亿人口比较合适①，号召人们要为下一代负责，目前需要党来救中国，避免人口灾难。在修辞上，他诉诸爱国主义情怀和民族复兴的伟大梦想。此外，他还援引英国和荷兰的理想人口规划，即减少45%～63%的人口，提出中国只是减少1/3的人口，认为这样的目标是合理的、可以达到的，实现这个目标就要求我们坚持30到40年的一胎政策②。因此，12亿的人口目标和一胎政策的出台是一个典型的科学与政治的共生过程。在计划生育政策制定中，刘铮等社会科学家提供了马克思主义两种生产的论述，为人口计划提供了知识辩护，宋健等则是给出了控制程度的计量依据，而梁中堂等则对政策的社会后果和影响给出了建议。中共中央在广为征求各学科学者的意见基础上，经过对三种知识主张和建议的磋商，将一胎政策的结束时间定在了30年之后，即2010年。

---

① 宋健、孙以萍：《从食品资源看我国现代化后所能养育的最高人口数》，《人口与经济》，1981(2): 2-10。

② Song J., “Some Developments in Mathematical Demography and Their application to the People's Republic of China”, *Theoretical Population Biology*, 1982, Vol.22, No.3, pp.1-16.

二、一胎政策制定中科学与政治的共生过程

格苏珊曾运用福柯的“治理性”（govermentality）概念，结合组成性共生理论观点，对中国一胎生育政策制定过程中各参与者的互动进行了分析。各种行动参与者（包括知识行动者、计生部门领导和科学家等）、制度（党和政府的机构组成与规章制度）和知识（不同学科视角下提出的人口学知识主张）发挥了不同作用。共生过程可以从四个方面进行分析。第一，确立身份（making identities）。作为一个导弹专家，宋健等为确立其在社会科学研究方面的权威，将人口研究划归到自然科学的研究领域。1979年，中国人民大学刘铮研究小组是国务院主要的人口问题咨询专家组。12月成都会议之后，社会科学家的公信力急剧下降，在政策问题上的权威性随之降低。人口研究转而由自然科学背景强大的学者所主导。第二，确立话语（making discourse）。政策制定之初，计划生育办公室寻求导弹部队计算团队的帮助，希望能够帮助做预测。宋健等人不但参与预测，还进一步给出了政策建议。在之后的知识公信力竞争中，科学家团体试图扩大科学的认知权威。宋健在12月成都会议的发言中，认为当时的人口学处理方法基本就是“统计处理法”，对人口预测使用“年龄移算法”不合适。他认为：这类数学描述比较简单、粗略，而他们的模型法使用函数关系能够细致研究各种变量的依赖关系①。宋健等人从话语上建构自然科学方法较之社会科学研究方法的优越性，在原有的科学权威基础上进一步将科学研究的定量方法扩大到社会科学领域。第三，确立制度（making institutions）。通过与各个机构建立同盟，宋健确立了在关键体制中的发言权和公信力。第四，确立表征（making representations）。宋健的科学表征主要体现于将定量研究方法引入人口学等社会科学的研究之中，用图表、公式和复杂的计算机运算确立其预测客观性和精确性的表征。

① 宋健、李广元：《人口发展问题的定量研究》，《经济研究》，1980(2): 60–67。

从这四个方面的分析，我们可以看到：①一胎政策制定过程中，人口知识存在建构性，政策制定过程是一个科学与政治的共生过程。②在制定政策时，不但要依赖科学依据，也要注意社会后果和影响，政策的制定中需加入人文因素的考量。科学与人文的结合才能更好地指导国家规划的大方向，制定出合理的政策。③中国的一胎政策尽管与西方社会提倡的自由精神不一致，但并不是中国领导人的个人主观指示，而是经过详细讨论和严格的科学论证的。西方的科学理论偶然影响到了宋健，然后，宋健依靠话语权威，通过与制度的积极互动，确立了自身研究的权威性，将其主张表征为国家政策。④在一胎政策制定过程中，政治力量决定何种科学观点能够存活下来。就人口问题的预测而言，不同的研究团体给出了不同的方案，即便同样都是依据精确的数学方法推算的结论，也可能落得不同命运。宋健的建议得以广泛推广，成为一国之策，而同时西安交通大学的数学研究员李娟给出的预测数据，除了在1979年成都会议上展示一下之外，就悄然消失了。李娟的数据推测显示2000年绝对不可能达成零增长目标。

从宋健建议被肯定并推广情况来看，个人地位和关系网会影响科学家知识主张的权威以及转化为政策。在当时具体的社会历史条件下，并非宋健刻意制造出客观事实的印象，宣扬人口危机论。当时，中国人存在极大的认知局限，宋健本人对其人口控制论结论深信不疑，对来自西方的前沿科学理论大为崇尚，而国人也普遍崇拜现代科学技术。刚刚打开国门的中国人对西方先进的科学技术具有强烈的向往和追赶愿望。实现科技进步、改变落后现状，不但是国家领导人的科学技术意象，也是在集体主义制度下每个中国人的愿望。一胎政策的制定与推行并非仅仅源于宋健的理论偶然性和个人关系网络的强大，也是当时中国的政治与文化因素催生的结果。

三、一胎政策制定中科学与政治共生的影响因素

上一节的分析，充分说明中国一胎政策制定过程中科学与政治共生。这一共生过程受到多种外部因素的影响。借鉴西方学者提出的共生影响因素，我们从公民认识论、社会技术意象和法治主义三个方面进行探讨。

（一）中国的公民认识论

公民认识论通常被用来分析在特定文化、政治和历史情景中，公众获取知识的方法。它作为认识基础，支持社会成员通过文化中固有的习俗，来考察或反对某些作为集体选择之基础的科学主张。本文借鉴贾萨诺夫提出的六个定性指标，来分析一胎政策中的全民《公开信》，探讨文化怎样影响当时中国人看待和评价他们生存于其中的世界，分析知识和秩序的共生又是怎样依赖于不同条件制约下的公民认知。

（1）公众的认知方式（styles of public knowledge making）。在《公开信》[①]中，宋健等科学家退居幕后，党和政府站了出来，倡导一个家庭只生一个孩子。1980年的中国文盲率大约在34.5%左右[②]，大部分人民的文化水平不高。当时在号召一对夫妻只生一个孩子时，《公开信》诉诸人民的直接经验感知：即人数的增加将导致人均耕田亩数的下降和生活的贫困。《公开信》中明确说："现在我国每人平均大约两亩地，如果增加到13亿人口，每人平均下降到一亩多。"这符合中国当时的农业社会中人民以耕地为生存保障的实践经验和认知模式。

（2）公共问责制（public accountability）。政策相关制定者必须设法说服公众相信其可信性。一胎政策是中共中央向全国人民发出的号召，依靠的是全国人民对党代表人民利益的信任和对国家集体的责任

① 《中共中央关于控制我国人口增长问题致全体共产党员、共青团员的公开信》，《人民日报》，1980-09-25。

② 黄荣清：《中国各民族文盲人口和文盲率的变动》，《中国人口科学》，2009(4): 2-13。

感。针对一胎政策可能引起的各种问题，《公开信》中也没有回避，指出部分问题是出于误解，部分是可以解决的。在人口老龄化问题上，说明40年后才会出现高龄化的人口，建议政策实施30年。对将来会出现的无人照顾的老人，则指出政府要想办法解决，“将来生产发展了，人民生活改善了，社会福利和社会保险一定会不断增加和改善，可以逐步做到老有所养”。党和政府对可能存在的问题给出了解决方法和乐观主义的态度，受到了绝大多数人的信任。少数对此质疑的人，在经历过“文化大革命”之后，也策略性地保持沉默。可以说，基于大多数民众的信任和少数人的沉默，政府问责的可能性降到了最低点。

（3）示范做法（demonstration）。在此方面，美国人用实验去证明科学技术自身的正确性和合法性；德国则由专家共同出面审查、背书，达成内部一致意见。既不同于美国的技术实验，也不同于德国诉诸专家理性，在中国，用专家和决策者商定的既定事实来汇报总结，进行说服；用国家的前途、人民的幸福、爱国主义情感和集体主义社会责任感，号召共青团员和党员们做出表率。《公开信》中说：“中央要求全体共产党员、共青团员，特别是各级干部，一定要关心国家前途，对人民的利益负责，对子孙后代的幸福负责”，“党员干部要带头克服自己头脑中的封建思想”。党员要首先为人民做出表率，率先遵守一对夫妇只生育一个孩子的要求。在要求全国人民为国家前途考虑时，执政党自身需要率先做出表率，只要一个孩子。1982年政府开始试点计划生育一票否决制，即所有公职人员如果生育多于一个孩子，则开除公职。该政策逐渐推行，到1990年则全面铺开。所有公职人员都严格遵守一对夫妻一个孩子的政策，党员和各级领导干部在这方面确实做出了表率。其结果是独生子女在中国现在的占比约三成①。农村落后地区家庭和城市中富裕的非公职家庭基本上都如愿生了至少两个孩子。该政策对党员和公

① 中国计划生育委员会公布的统计数字，载于崔素文、张海涛，《独生子女问题30年回顾》，《人口与经济》，2010(S1): 31–32。

职人员的约束力最大，也确实在群众中起到了表率作用。

（4）客观性（objectivity）。在中国的一胎政策制定中，其客观性是政策制定者代表人民基于对科学方法和科学客观性的崇拜，以及对专家（宋健等人）专业能力和政治忠诚的信任而形成的，是科学知识与政治的共生结果。宣传计生政策时，向公众展示目前客观存在的庞大人口数字和现实困难，"建国后出生人口6亿多""30岁以下人口占总人口的65%"，随后提出解决困难最有效的办法：一对夫妇生育一个孩。

（5）专业知识（expertise）。20世纪80年代，中国人均受教育年限为4.3年[①]，绝大多数人民的文化水平不高。《公开信》中诉诸的专业知识是公众易于理解又兼具客观性和说服力的简单数学计算。"今后每年平均有两千多万人进入婚育期"，"按目前一对夫妇平均2.2个孩子计算，20年后人口总数将达到13亿，40年后将超过15亿"。人均耕地会从两亩多下降到一亩多等预测性前景所带来的生存压力，成为说服民众的知识。

（6）专家团体的透明度（visibility of expert bodies）。在《公开信》中，所有人口专家的名字都被隐去。在社会主义国家中，全体人民的利益是一致的，专家代表的也是全体人民的利益，所以，向公众公布政策时，隐去具体专家的名字，而是以党的名义和国家前途的责任感去号召人民担负起对子孙后代的责任、对实现四个现代化的责任。

经历过轰轰烈烈集体主义生活的中国人民在20世纪80年代的认知模式仍然以集体模式为主。国家诉诸的也是公民责任感。这是中华人民共和国建立后人们在长期的集体主义生活下形成的认知模式。大部分群众并不了解科学主张，但相信科学主张所展示的数据事实及其所促成的政策。人民群众认同需要控制人口增长，虽然他们个人依然希望能够拥有

---

① 《我国国民整体受教育水平进一步提高》，《中国信息报》网络版，[2018-05-05]，http://www.zgxxb.com.cn/jqtt/201204120010.shtml。

自己理想的子女数量。当时公共生活中最重要的任务，是引领人民摆脱落后，走向富强，实现经济发展和国家稳定。人口的大量增长会造成生态灾难，威胁到国家的存亡，这自然是头等大事。中国的政治模式把集体利益放在第一位。政策与个体的生育意愿相冲突，也只能是个体利益服从集体利益，集体利益服从国家利益。《公开信》首创历史先河，首次就重大问题对公众提供声明，以家信的亲切形式，向人民提出党和国家对人民群众的号召。摆事实、讲道理，进行思想教育，让群众做好思想准备，号召党员率先做出积极响应。随后，在全国广泛推行，推行成功之后才立法。一胎政策在《公开信》发表后，就在全国推行，1984年进行了一些调整，但直到20年后的2001年12月才正式在《中华人民共和国人口与计划生育法》第十八条规定“提倡一对夫妻生育一个子女；符合法律、法规规定条件的，可以要求安排生育第二个子女”[①]。党和政府与中国人民做沟通的这一过程体现了中国特有的公民认识论。独生子女政策的执行，成功改变了中国人民的生育观念，完成了一件移风易俗的大事。

（二）社会人口意象

影响一胎政策出台的另外一个重要因素是当时中国人的社会人口意象。社会人口意象反映的是在国家政策的设计中，国家对人口的集体想象，是人口领域中具体的社会技术意象。在一胎政策制定中的社会人口意象有两项重要内容。其一，人口是国家应该管控的对象。这一点不同于西方的社会人口意象，西方国家中认为人口属于家庭的自由规划。其二，人民应该遵守国家的人口政策，实现集体的长远利益和健康发展，一起努力实现“四个现代化”的目标。中国社会人口意象的本质是将人口作为经济发展的一部分，受到国家计划管理。与西方国家的社会人口

① 《中华人民共和国人口与计划生育法》，[2018-05-05]，http://www.gov.cn/banshi/2005-08/21/content_25059.htm。

意象中将每一个个体的人本身的发展当作目的不同，在中国的社会人口意象中，个体的人只是集体中的一部分，是经济发展中的一部分，个体目标需要服从集体目标。国家要求党团员积极参与集体目标，给人民起到了表率作用。生育应该由国家来控制的观念已经深入人心，正如当时集体主义的家长制管理模式下，粮食、布匹、住房、工作等统一由国家来分配一样，人口是分配的基数和依据，是国家的重要管理对象。20世纪50年代起，中国共产党内就有人主张节育[①]，20世纪80年代党的人口意象大力支持计划生育，在原计划生育基础上进一步采取更严格的措施，控制1980年即将出现的第三次生育高峰。具体采取怎样的措施，是社会人口意象下科学知识与社会秩序共生的结果。

当然，具体到不同人群，其社会人口意象存在差别，国家管理者的人口意象是控制人口增长；农民的人口意象是尽可能地达到自己理想的子女数；而基层干部的人口意象则是努力降低人口出生数，兼顾农民的实际生育需要，同时，征收社会抚养费，提高计生部门的经济分红。在农村地区，超生、躲生、游击生、早婚早育现象在20世纪80至90年代非常普遍，大量的二胎出生人口被强行征收社会抚养费。基层计划生育工作人员作为群众一员，对农民抱有很大的同情心，基于同情和对上面的政策有交代，许多出生人口都被瞒报。1983年8月的人口抽样检查发现，按照抽样数据估算，1982年的人口净增加1454万，而按照各地上报的总数，是增加1247万，但当年全国实际人口净增加了1495万，当年漏报了248万人，漏报率为20%[②]。基于此，抽样调查也成为取得精准人口变动数据的较好方法。这一做法开启了统计局会据漏报率估算，按照10%～25%适当上浮普查人口数据的惯例做法。这种上调数据的做法，

---

① 周恩来：《经济建设的几个方针性问题》，载于彭珮云主编，《中国计划生育全书》，北京：中国人口出版社，1997: 134。

② 《国家统计局、国家计划生育委员会、国务院第三次人口普查领导小组关于认真做好一九八三年人口变动情况抽样调查工作的意见》，载于彭珮云主编，《中国计划生育全书》，北京：中国人口出版社，1997: 73。

符合当时中国的政治文化和特殊国情。而这一做法在二孩政策的讨论阶段也引起了许多争议，许多学者认为随着时代进步，这一上调数据的惯例导致人口数据不准确，导致了数据罗生门的出现。

（三）党和政府的执政理念与法理情

在分析西方工业化民主国家中科学与社会秩序共生之时，贾萨诺夫等提出了法治主义，作为重要的宏观影响因素。但是，中国的国情与西方不同，需要具体分析。在西方社会中，法治主义的重要含义是指法律就是最终评判标准。从词源上来说，“法”起源于古罗马的ius（法），之后的词汇变化始终都包含这三个字母，如iustum（正义）、ius civile（市民法）[①]。法作为西方文化的终极评判标准，已经有数百年的历史。贾萨诺夫等人所研究的美、英、德等西方国家中已经有了非常完善、细致的法律系统，法律精神体现在整个社会文化之中。中国具有与西方不同的社会背景和文化传统，形成了适用于国情的中国特色社会治理机制，体现在历代以来主张的是德主刑辅，官员处理诉讼依据的是天理、人情和国法，字面意义上的国法在裁决中只占据第三位。法律从古代以来都是统治者的管理工具，是政府的施政工具。严复就认为，西方社会的“法”这一概念可以用中国的四个概念来对应翻译，即“理（道理）、礼（礼教）、法（法律）、制（政府制度）”[②]。中华人民共和国成立后，更多地强调社会主义思想道德体系，法律的实施是为社会秩序稳定提供的制度性保障，只是“实现国家政治、经济、文化管理及其他社会管理职能的重要手段”[③]。同时，中国共产党是中华人民共和国唯一执政党。党和国家的执政理念一旦提出和确立，就会得到强有力的、自上而下的贯彻执行。“执政理念”虽然是2004年被中共中央作为首要的执政范畴而提出，但在明确识别之前，一直贯彻于中国的政务

① Wikipedia, *The Free Encyclopedia*, [2018-05-03], https://en.wikipedia.org/wiki/Roman_law.

② 严复：《法意》按语，《严复集》第四册，北京：中华书局，1986: 940。

③ 《思想道德修养与法律基础》，北京：高等教育出版社，2013: 9。

管理之中。许多学者对其做出过许多不同的定义。综合而言，执政理念是执政党执政活动的核心价值和总体指导思想[①]，是执政实践中最基本的理论观念、是非标准和价值取向，是管理国家政务过程中所贯彻的信念[②]。中国特色社会主义的执政理念不同于西方国家政党的执政理念。在西方自由民主制国家中，每一个执政党的上台都是凭借其竞选口号。他们迎合民众的意愿，针对选民当时比较关切的问题提出一时的理念和原则，用一揽子政策计划方案作为竞争的筹码。上台之后，竞选成功者有时并未能兑现竞选时的承诺。西方国家没有贯彻始终的执政理念，新的总统上台后，甚至会推翻前任总统的许多执政理念和政策设计。中国的执政理念具有明显的继承性、连续性和发展性。从中国共产党的党章中可以看出，新中国成立以来，我国一直贯彻的都是马克思主义、毛泽东思想、邓小平理论，一直发展到今天的习近平新时代中国特色社会主义思想，都是基于前人的基础并结合具体国情做出进一步的理论发展，提炼出总体方针策略，使之成为一种全国自上而下贯彻的思想指导。中国共产党和政府的执政理念是独具中国特色的共生因素，在中国的科学与社会秩序共生中产生重要影响。在中国具体国情和社会文化影响下，党和政府的执政理念以及法理情，发挥了西方社会中法治主义的作用。法理情是社会文化生活的综合的评判标准，而执政理念是引导社会法律和文化发展的指南。执政理念指导下的法理情是中国20世纪80年代社会文化生活的综合评判标准。

我们可以从当时的计生口号、法律条文，以及经济社会活动和风俗习惯中，清晰地看到执政理念和法理情发挥的积极作用。一胎政策中的一个关键点就是邓小平讲话中提到的“四个现代化”以及在2000年实现人均一千美元的国民生产总值这一目标。这一目标提出后，全中国上下各单位、各部门都在努力设法实现这一目标，各级干部对宋健的人口控

---

① 王新建：《论中国共产党的执政理念》，《马克思主义研究》，2005(4): 42–45。

② 陈枢卉：《执政理念与中国共产党的执政理念研究述评》，《福建论坛》（人文社会科学版），2009(2): 59–63。

制论非常认同，并将该知识应用到决策之中。中国共产党的执政理念就是从人民利益出发，建立起有利于全国人民和国家发展的集体目标，然后通过各种方式自上而下地贯彻执行。基层在贯彻上级政策时，更是采取各种方式努力实现上层设计的国家目标。在这一过程中，各地区、各部门也走了不少弯路。因为法律法规系统的不健全和法治意识淡薄，各地为贯彻完成人口指标的要求，出台了许多不合理的地方性规定，在短期内也引发了一些负面事件。

计生标语是政策变化的风向标，从中可以看到基层单位对国家执政理念的贯彻情况。在政策执行的最初阶段，政府利用标语来宣传计生政策，针对当时民众普遍受教育程度较低的情况，对计生政策和法规进行通俗易懂的翻译。这些标语结构工整、节奏感强、朗朗上口，具有口语化和通俗化的特征[①]。这一时期的计生标语体现出的认知模式，是将大众看作政策的违反者，以威胁恐吓的方式强调违反政策的后果，基层计生工作和人民群众变成了一种猫鼠关系，少数地方还发生了群众集体抗拒的骚乱事件。直到2001年12月29日《中华人民共和国人口与计划生育法》出台，这种侵犯人民权益的强迫命令和非法措施才得以明文禁止。

除了行政强制执行外，标语在发展中也采取了大量的宣传教育和说服性的说辞，例如，“少生优生，幸福一生”“生男生女都一样”“少生快富奔小康”“只生一个好，政府来养老”等等。这些标语宣传男女平等的思想，强调少生孩子的经济收益和家庭收益，并用养老的承诺来解除人民的后顾之忧。

总体而言，在20世纪80年代一胎政策实施初期，政府的宣传标语采取的是一种强制命令、反面预防的立场。即便是到了2016年实施二孩政策时期，这种强制命令的倾向虽然有了很大改善，但也依然没有完全消失，比如全面二孩政策一出台，个别基层执行部门就强制新婚夫妇交纳

① 周思若、徐晶晶：《中国计划生育标语的批评话语分析》，《外国语文研究》，2017(6): 10–20。

六千元的押金，生了两个孩子后，给予返还。这一强制政策刚一执行，就遭到了新闻曝光而被及时制止。目前，基层部门执行国家政策的工作方式虽然已经有了很大的改进，但粗暴执行、侵犯人民权益的行为仍有发生，需要进一步完善法律制度，限制对权力的滥用和误用，中国的法治主义建设仍有待进一步完善。

执政理念是一种总体性的指导方针和原则，而法理情的综合评价标准则是针对具体事件的评价，即便是21世纪的今天也依然在中国的社会生活中广泛应用。中国农业社会中的农民长久以来重男轻女，一直追生男孩的超生行为虽然不合法，但按照农村风俗习惯来看却是合理的。合理和合法有时是一对矛盾，中国一直在试图寻找二者的平衡，希望实现人民利益的最大化。

一胎政策中的一个关键点是，领导人认为1.75的生育率需要用一胎政策的国法要求才可能达到。在当时高生育的文化中，人们传宗接代的封建思想非常严重，国法只有严格要求，才能在生育的天理和基层执行部门的人情之间找到平衡，尽可能地控制人口增长。

从道理上来讲，中国农村地区不但有高生育文化和追生男孩的传统习俗，更有多生育的经济基础和经济动机。1978年，安徽省凤阳县小岗村采取“分田到户、瞒上不瞒下”的土地改革。一年的粮食生产量，是过去五年的生产量总和，农村地区的劳动积极性和生产力大大提高。1980年，邓小平肯定了农民的这一伟大创举，在全国范围内推行了家庭联产承保责任制。农村地区粮食产量的大幅提高，使农民可以多养活几个孩子。反过来，多生孩子，家中人口多，才能多分到责任田。当时，部分地区规定：超生且不缴纳社会抚养费的，不给分地。只要是法律没有规定不允许的，就默认是可以的。缴纳社会抚养费的，一般都可以正常上户口、分地。因此，农民既能够养活更多的子女，而多子女又会多分责任田，从道理上来讲，农民有了超生的经济动机。“多子多福”“传宗接代”等传统文化观念则提供了文化动机。

从人情上来说，基层的计生干部一般以本地人居多，大都具有当地的乡土观念。虽然国法要求他们查处超生的情况，严抓计划生育，但许多人员自身也希望多要孩子，对乡亲也多有同情心。在计划生育检查时，出于乡土人情，亲戚邻居都会想办法帮助违反政策怀孕者躲避检查，偷着生、躲着生。对部分执法特别严格的基层干部，其严格执法后，在整个村落和乡邻间会被排斥，甚至无以立足。

在政策与法律执行层面，存在工作人员不足、社会配套措施不健全的情况。1980年，中国计生部门只有60名编制人员，到了1989年才有8000名编制人员。1995年全国共有计生干部40.6万人[①]。节育产品的研制和生产、节育方法的宣传和普及，也需要时间。政策制定者也清楚人口生产不同于物质生产，不能简单地“关停并转”。人口生产受到生育观念、婚姻制度、风俗习惯和社会条件等多方面的制约，这些转变也需要时间。因此，1980年的一胎政策是在中国特有的国情、文化、科学认知和法制下共生出来的政策，是为了最大化地降低人口增速。

从原国家人口计划生育委员会（简称人口计生委）的《严禁违法婚姻的通知》中我们可以看出，违反当时政策和法律规定的人数非常多。其中提到：目前全国的“许多农村地区早婚和不登记就以夫妻关系同居的现象非常严重”[②]，农村人口中早婚比例达30%。1986年末，全国有610万人早婚。在中国民间婚姻习俗中，农村地区更重视的是举行婚礼仪式，而不是在民政部门进行婚姻登记。不登记，法律不承认其婚姻的合法性，不给予婚姻和财产的保护。但这对农村的婚姻并不构成太大的阻碍或威慑力。农村地区传统习俗和风土人情保护了法律不予保护的仪式婚姻，在正式登记之前婚姻破裂的夫妻，一般是按照当地的习俗协议离婚，他们无论结婚还是离婚都很少诉诸法律。风俗在很大程度上大于

① 解振明、邬沧萍、张敏才等：《回眸与思考：〈公开信〉发表30年》，《人口研究》，2010(4): 28–52。

② 《国家计划生育委员会、民政部、司法部、中华全国妇女联合会关于认真贯彻执行〈婚姻法〉，严禁违法婚姻的通知》〔1987〕国计生委（厅）字 第280号，引自彭珮云主编，《中国计划生育全书》，北京：中国人口出版社，1997。

法律对农村日常生活的影响。即便没有法律保护婚姻，早婚的不登记人群也受当地风俗人情和惯例的保护。在解释早婚的原因上，《严禁违法婚姻的通知》的官方叙述也是诉诸道理和人情，认为除了法制不健全之外，主要是“农村经济和文化不够发达，落后的婚嫁习俗回潮”“婚嫁习俗改革的宣传和教育不够”，节育和新婚姻习俗的道理还未被人们普遍接受，许多地方沿用旧时的婚嫁习俗。当然，也存在“各项政策规定不配套，对婚姻登记附加不必要的条件”等情况。

综合上述分析，我们可以看到，1980年中国一胎政策的出台和执行，是中国共产党执政理念下法理情综合作用的结果。这是中国文化传统所决定的。正是在严格要求、弹性执行、天理人情国法综合作用下，1975—2010年中国累计共出生9千万独生子女[①]。这是原国家人口和计划生育委员会公布的数据[②]，加上其父母不到3亿人口，独生子女家庭约占社会总人口数30%。30%的比例正好是梁中堂先生提倡的二胎间隔方案计算中的理想状态[③]。政策实施的结果避免了一胎化的缺陷，同时达到了梁中堂先生所描述的二胎政策的理想状态，且社会只需要负担10%左右的无子女抚养的独居老人。用一胎的政策要求，实现了二胎加8～10年长间隔方案下的理想状态。达到了控制人口的目标，也避免了过多的社会问题。

一胎政策是科学与政治共生的结果，是在当时中国社会的公民认识论、社会人口意象、执政理念和法理情等宏观因素作用下产生的政策

① 崔素文、张海涛：《独生子女问题30年回顾》，《人口与经济》，2010(S1): 31-32。

② 根据不同的建模，学者们计算出与此不同的结果。王广州认为2007年已超过1.5亿，辜子寅认为2010年是1.64亿，陈恩认为2010年是1.67亿，周伟和米红认为2010年是1.79亿。参见：杨书章、王广州，《一种独生子女数量间接估计方法》，《中国人口科学》，2007(4): 58-64。辜子寅，《我国独生子女及失独家庭规模估计——基于第六次人口普查数据的分析》，《常熟理工学院学报》，2016(1): 83-89。陈恩，《全国“失独”家庭的规模估计》，《人口与发展》2013(6): 100-103。周伟、米红，《中国失独家庭规模估计及扶助标准探讨》，《中国人口科学》，2013(5): 2-9。

③ 梁中堂：《对我国今后几十年人口发展战略的几点意见（1979年9月）》，引自梁中堂，《中国生育政策研究》，太原：山西人民出版社，2014: 7。

结果。格苏珊分析了一胎政策中科学与政治的共生过程，从西方的科学传统主张出发，表达了对政策制定中科学至上主义的忧虑。西方的早期科学也一直强调科学应该具有自主性，不能成为宗教或政治的婢女，西方的科学政策一方面强调政府对科学具有支持义务，一方面排斥政治干预科学，强调科学自治。但随着科学的发展及其在社会各领域的广泛应用，这种科学与政治的分离“无论是在学术知识还是在常识中都被打破”[①]。中国的现代科学在引进之初，就是出于“师夷长技以制夷”的政治目的，承担着民族责任和国家使命。在集体主义制度下的20世纪80年代，科学的发展更加依靠国家规划和经济计划的支持。科学与政治的共生关系较西方国家更为密切。

虽然西方经常以强制堕胎和农民弃杀女婴为由，强烈批评中国的一胎政策，但这里涉及对生命定义的不同。不同文化中，对生命起始点的界定不同，看待堕胎的态度也不同。在中国儒家文化中，人们通常认为生命起始于婴儿呱呱落地的那一刻，在此之前的堕胎都不被视为扼杀生命，从古至今堕胎在中国在一定程度上是合法合理合情的，但出于对母亲的生命考虑，对孕晚期的堕胎非常慎重。而在西方基督教文化中，普遍将胚胎定义为生命，认为生命起源于受精卵形成的那一刻，也因此禁止对所有胚胎的研究。崇尚实用主义的美国则认为生命起源于神经细胞发育有痛感那一刻，认为14天之前的胚胎可以被视为无生命之物，而14天之后的胚胎就应作为人来保护，禁止用来做研究。美国政府明确认为胚胎是生命，表明不会用联邦经费资助任何胚胎研究，但每个州的规定严格程度差别很大，许多州政府基金和私人基金也可以用于支持相关研究[②]。此外，虐杀女婴事件在中国一直都存在，只是一胎政策导致了当时这一行为的激增。不可否认，一胎政策剥夺了许多女孩的出生和成

① [美]希拉·贾撒诺夫等编：《科学技术论手册》，盛小明等译，北京：北京理工大学出版社，2004: 408–423。

② Jasanoff S., *The Ethics of Invention: Technology and the Human Future*, New York: W. W. Norton & Company Inc., 2016, pp.136-140.

长机会。但这反过来也使中国女性的地位迅速上升，成年女性不再终生为生育所束缚，获得了走出家门的工作权，有了经济收入，女性的家庭地位和社会地位才趋向与男性平等。未成年女孩也由于家中孩子数量不多，获得了受教育的权利。基于城市独生女的出现，女性不但在法律层面而且在实际执行层面，确切地获得了继承权①。更重要的是，传统文化中重男轻女的思想观念也逐步被改造。

通过对一胎政策制定过程与宏观影响因素的分析，我们可以看出一胎政策制定过程中对人口知识的发展和使用。3.0的生育率会导致40亿人口的出现。国家领导人对此前景非常忧虑，希望人口下降。中国的土地资源状况、人口实际数量、传统文化观念等表明，实行人口控制政策是必要的，争论的焦点在于生育孩子的数量和政策执行的年限。出于对社会宏观因素的综合考量，决策者最终采用一胎政策（后来事实演变为一胎半的生育政策）来实现12亿的人口目标，并最终基本得以实现（2000年的实际人口是12.3亿）。这一政策的制定是中国具体国情与文化氛围下知识与政治的共生结果。

第二节 二孩政策的共生分析

2010年意味着1980年《公开信》中独生子女政策执行30年的承诺期限已满。2009年就不断有学者呼吁政府信守承诺，尽快放开二孩生育。对于政策的变动可能，学者们从不同视角作出知识辩护并提出不同的建议。

① Fong V. L., "China's One-child Policy and the Empowerment of Urban Daughters", *American Anthropologist*, Vol.104, No.4, 2002, pp.1098-1109.

一、二孩政策制定中的知识磋商

自2016年1月1日起，中国在全国范围内实施一个家庭可生育二个孩子的政策，即二孩政策。此政策确定之前，一直存在各种知识观点与建议之间的争议。梁中堂等人从20世纪80年代起就不断向中央建议实施二孩政策，先后出现不少试点地区，如甘肃酒泉、河北承德、山西翼城、湖北恩施等。1996年李涌平提出要提前为二孩政策做出相应准备，在老龄化高峰到来的前20年，逐渐从一孩过渡到二孩①。2000年末，中国部分省市开始实施双独二孩政策试点，即均为独生子女的一对夫妻可生育两个孩子。2006年曾毅提出二孩“软着陆”政策，“每隔一年或一年多普遍允许生二孩的低限年龄下降一岁”②。2009年原国家人口和计划生育委员会宣布启动生育政策的调整，政策变动正式提上日程。本文关注的焦点在于政策变动正式提上日程之后，公共决策在四种对立的人口学主张之间的知识选择。概括而言，主要有四种知识主张与政策建议，见表10-2。

表10-2 四种知识主张和建议③

代表人物	知识主张	建议
程恩富、李小平、侯东民	人口总数逼近自然资源承受极限，中国人口最好降到5亿左右；人口负增长前，应继续坚持独生子女政策	继续独生子女政策

① 李涌平：《决策的困惑和人口均衡政策——中国未来人口发展问题的探讨》，《北京大学学报》（哲学社会科学版），1996(1): 66–71。

② 曾毅：《试论二孩晚育政策软着陆的必要性与可行性》，《中国社会科学》，2006(2): 93–109。

③ 资料来源：根据代表性人物所发表的文章整理。参见：程恩富、王新建，《先控后减的“新人口策论”——与六个不同观点商榷》；翟振武、张现苓、靳永爱，《立即全面放开二胎政策的人口学后果分析》；王广州、张丽萍，《到底能生多少孩子?——中国人的政策生育潜力估计》；易富贤，《资源、环境不构成人口增长的硬约束》。

续表

代表人物	知识主张	建议
翟振武、曾毅、陈友华	政府承诺的30年政策执行期届满，为避免立刻放开二孩所带来的人口波动，采取各种措施逐步放开	逐步放开二孩
王广州、梁中堂、穆光宗	信守政府承诺，目前人口生育率很低，进入低生育文化，全面放开二孩也不会产生太大的人口反弹	全面放开二孩
易富贤、黄文政、何亚福	现代经济发展，娱乐活动增多，人口生产已经自然下降。自然供养能力是无限的，人口多的国家才会持续繁荣昌盛	停止计划生育

争议与决策过程可分为两个阶段：第一个阶段是2010年至2013年5月之前权威知识抉择型的公共决策，第二阶段是2013年5月之后平行对立的民主型公共决策。下文按照这两个阶段来说明二孩政策制定中知识主张与建议的提出与磋商过程。

2010年到2013年5月，人口学领域的知识主张主要对政策调整的力度和可能性进行论证，专家群体不断提出调整方案和理由。面对人口学界的各种主张和建议，国家计生部门委托中国人民大学翟振武教授的团队对相关问题进行调研，并把其调研报告作为政策的主要依据。这一阶段，决策机构倾向于选择权威知识者的研究结果作为知识依据。

翟振武团队于2007年受计生机构委托，开始组织大规模调查，所获得人民生育意愿的基本数据是大约60%的人群有二孩生育意愿。这与各网站开展的网络调查结果相类似，如新浪网上2万多人的投票显示，二孩意愿为64.5%[①]。2011年受国家计生部门委托，翟振武团队开始论证国家是否能在2012年全面放开二孩。他们的研究思路是城乡统筹、逐步放开，即先放开单独二孩（夫妻一方是独生子女的家庭可生育二

① 《如果政策允许，你会选择生二胎吗？》，《新浪调查》，[2018-10-25]，http://survey.baby.sina.com.cn/result/39485.html?f=1。

孩），再全面放开二孩。该团队的研究指出，二孩政策覆盖的目标人群为1.5亿，每年至少出生3000万人，年度峰值可高达4995万[①]。这样一个巨大的生育堆积将对医疗、教育等社会公共资源造成难以承受的巨大冲击。这一人口学论证被国家计生部门采纳，在决策上否定了直接放开全面二孩政策的可能性，并在2014年7月10日的原国家卫生计生委新闻发布会上作为决策的知识依据向媒体和社会公布。

与此同时，一些学者也发表不同见解。梁中堂指出，二孩政策能够更好地实现控制人口并优化人口结构的目标。曾毅呼吁应该在2012—2013年尽快普遍放开二孩，建议调查女性生育意愿和该地区的小学招生名额，实施分地区分年龄开始二孩排队，而对没有此方面压力的部分地区，可立马允许普遍生育二孩[②]。穆光宗则从独生子女政策所带来的后果进行分析，认为“中国人口增长的大势已去，生育政策调整的良机已失”[③]，建议尽快适度放开二孩。但是，这些放开二孩的呼吁和论证并未得到计生部门的官方认可。决策者在知识争议中，选择人口学界的权威人物作为知识代表，对决策中的核心问题进行论证。作为中国人口学会常务副会长，翟振武对2012年放开二孩后的人口学后果预测在论证中处于领先地位，他的研究报告于2011年完成并提交给决策层，但是直到2014年才公开发表。因此，乔晓春、王广州等对立知识主张者无法及时对其论证中的数据和内容提出反对和批判，也没有及时把握住政府所关心的核心问题，不能及时了解内部交流的权威知识内容，也不可能提出有效的对立证据和论证。2012年，王广州等也对政策放开后的人口学后果进行了预测，研究指出，假定2015年全国城乡全面放开二孩，每年的

① 翟振武、张现苓、靳永爱：《立即全面放开二胎政策的人口学后果分析》，《人口研究》，2014(2): 3–17。

② 曾毅：《普遍允许二孩，民众和国家双赢》，《社会科学文摘》，2012(9): 23–25。

③ 穆光宗：《论我国人口生育政策的改革》，《华中师范大学学报》（人文社会科学版），2014(1): 31–39。

出生人口规模在2100万左右，全面统一放开是可行的[①]。马上放开二孩的主张者虽然很早就提出了其主张的依据，但主要是从放开二孩的可能性和必要性进行论证，对直接放开二孩后所带来社会后果的预见和辩护上缺乏精确的预测数据，其预测数据总是比生育累积的论证稍晚一步，处于弱势。

继续坚持独生子女政策的主张，一方面违背政府“三十年之约”的承诺，有损政府公信力；另一方面在知识争议中，也难以为人口学者们支持。进入21世纪，人口学者达成共识，认为仅重视人口数量而忽视人口结构是行不通的，但全面停止计划生育的主张被学者们认为也是不严肃的。最后一种主张不顾中国自然资源的供养极限（15亿～16亿）和人口累积效应的冲击，建议采取移民等措施减少国内人口，并对外繁荣中华文明。这一建议不符合中国政府历来奉行的“和平共处、互不侵犯”的基本政治原则，不利于社会稳定，被学者们批判为新马尔萨斯主义的人口论。继续执行独生子女政策或全面停止计划生育的建议，在知识争议中处于明显弱势，未曾进入到决策层的考量范围之内。

《中国人口发展报告2011/12：人口形势的变化和人口政策的调整》对当时的几种建议分别做出了人口学后果预计，研究指出：2012年如果全面放开二孩，生育率会超过4.4，社会资源难以承受人口的大波动。人口世代更替生育率水平是2.1，根据中国当时的具体情况，国家制定的理想生育率是1.8。全面放开单独二孩则会导致峰值年份的出生人口多达2600万，比2010年之前每年1600万左右的出生人口多出1000万。这样的一个人口反弹趋势，也会对社会资源造成不小的冲击[②]。这份报告不但再次给政府构成压力，带来一定恐慌，也进一步将“立马放开单独二孩”的政策方案给彻底否定了。2011年9月各省市逐步分批次

① 王广州、张丽萍：《到底能生多少孩子?——中国人的政策生育潜力估计》，《社会学研究》，2012(5): 119–140。

② 中国发展研究基金会：《中国人口发展报告2011/12：人口形势的变化和人口政策的调整》，北京：中国发展出版社，2012: 50–59。

放开单独二孩，2013年又要求各省谨慎审批。

这份人口发展报告给出的预测结论，后来被许多学者认为严重脱离实际。北京大学乔晓春教授曾就单独二孩和全面二孩政策出台前后，国家计生部门发言中的数据进行了对比，并提出质疑。他认为国家计生部门在决策时参考《中国人口发展报告2011/12》预测的每年新出生人口增加1000万的数字，因而采取谨慎政策，但在对外公布时，又采取翟振武的单独二孩预测数据，即每年新出生人口增加150～200万[①]。决策依据和公开宣称的依据前后不一致，在不断变化。而且，决策中所使用的新知识，无论是否定2012年全面放开二孩的论证，还是单独二孩应谨慎审批的关键性知识论证都出现了错误。一时间，人口学者们对许多基本数据都有争议，各说各话，真相不明。中国人口的出生率陷入了数据罗生门。基于生育现状的不同评估，学者们所主张的政策调整方案差别也很大，人口学领域出现各种知识争议。在这一背景之下，计生部门通过对权威人物和高累积效应知识的抉择，确立了决策的知识依据。

2013年3月国家机构改革，将原国家人口和计划生育委员会与原卫生部合并成立国家卫生和计划生育委员会，同时将拟订人口发展战略及人口政策职责划入国家发展和改革委员会（简称发改委），但发改委不负责征收社会抚养费。政策决策机构和利益获取机构分离，有利于不同知识主张者的研究结果在决策层都能够得到认真考量。2013年5月以后，计生部门展开平行对立的民主型公共决策，分别委托翟振武和王广州两组团队研究单独二孩政策的实施方案，并要求他们背对背开展平行研究，不能相互“看答案”，且要对外保密。同时，中国人口与发展研究中心展开数据大调查，以对比两个团队的预测结果。

翟振武团队的研究认为，单独二孩实施5年内，每年会多出生200万左右的人口，总和生育率在1.9左右，总人口峰值不会超过14.2亿，基本

① 乔晓春：《“单独二孩”，一项失误的政策》，《人口与发展》，2015(6): 2–6。

处于可控和资源环境的可承受范围内[①]。王广州的研究指出，如果分三批放开单独二孩，每年新增出生人口在50万至110万，对比其2012年的研究结果，即一步到位放开单独二孩每年新增出生人口为100万左右，认为分批次放开单独二孩的人口学意义不大[②]。2013年8月，中国人口与发展研究中心对29个省市63 000多名已婚者进行调查，修正了之前的许多重要数据，预测符合单独二孩政策的家庭有1100万个，每年新增出生人口会在100万与200万之间浮动，不会对教育、卫生和就业等基本公共服务造成太大冲击[③]。这一数据同王广州和翟振武两组的研究结论趋同，也是单独二孩政策出台的关键知识依据。2013年11月12日中共十八届三中全会正式提出放开单独二孩。

2014年翟振武和王广州两个团队又分别受计生部门委托，独立开展平行研究，对全面放开二孩可能带来的诸多问题进行研究。基于2014年全国人口变动情况抽样调查的大规模数据，翟振武团队的研究修正了2011年研究中的几项重要数据，指出2016年全面二孩政策的目标人群约为9101万人，预计每年出生人口最多不超过2300万，总人口的最高峰值不超过14.6亿[④]。翟振武团队的前后研究结果，差距巨大，主要原因是其2011年的研究中对目标人群总量的估计、预测模型和生育参数的设定都出现较大偏差。同时，王广州团队的研究假设2016年开始实施普遍二孩，且所有育龄妇女按预期的生育意愿实施生育计划的话，每年的总出生人口不会超过1900万，2016—2020年的出生累积效应不会过大[⑤]。

---

① 翟振武、李龙：《“单独二孩”与生育政策的继续调整完善》，《国家行政学院学报》，2014(5): 50–56。

② 王广州：《生育政策调整研究中存在的问题与反思》，《中国人口科学》，2015(2): 2–15。

③ 翟振武、陈佳鞠、李龙：《中国出生人口的新变化与趋势》，《人口研究》，2015(2): 48–56。

④ 翟振武、陈卫、宋健等：《基于分人群分要素回推预测方法的全面两孩政策目标人群及出生人口变动测算》，载于王培安主编，《实施全面两孩政策人口变动测算研究》，北京：中国人口出版社，2016: 13–88。

⑤ 王广州：《从“单独”二孩到全面二孩》，《领导科学论坛》，2016(2): 31–36。

但考虑到生育意愿、生育计划与实际生育行为的差距（例如日本的生育意愿为2.1，但实际出生率只有1.3），那么每年的实际出生人口可能要低于1900万。中国人口与发展研究中心的姜卫平等也得出了类似的研究结果，认为每年的出生人口最多不超过2086.6万[①]。人口学者们的数据预测结果趋同，达成共识，认为生育累计效应不大，建议2016年全面实施二孩政策。这一知识共识是决策层在短时间内就迅速从单独二孩调整到全面二孩的重要知识依据。据调查，2016年的新出生人口为1786万，2018年为1523万。以此来看，学者们当初的预测是正确的，王广州团队的预测数据更接近事实。低生育文化下，实际出生人口低于调查所得的生育意愿。

2015年的人口数据也确证生育意愿较低的事实。截止到2015年5月，全国申请二孩的夫妇有145万对，仅占政策预期人群的13.2%。没有出现预测中所担心的单独二孩生育堆积现象。2015年的出生人口比前一年少了32万。群众的生育热情并不高。在得到充分和必要的知识论证以及生育实践的确证之后，经过多部门的协商，党中央和国务院决定在全国统一放开了普遍二孩。2015年10月29日，中共十八届五中全会明确提出“一对夫妇可生育两个孩子”的政策。

二、二孩政策制定中科学与政治的共生过程

本部分基于上文对知识磋商过程的描述，利用共生理论的四个秩序工具来分析二孩政策制定过程中科学与政治的共生过程。

（一）确立身份

一胎政策制定过程中宋健等科学家和人口社会学家竞争知识权威

① 王谦、姜卫平、周美林等：《实施全面两孩政策人口变动测算总报告》，载于王培安主编，《实施全面两孩政策人口变动测算研究》，北京：中国人口出版社，2016: 1–12。

之地位。相比较而言，二孩政策制定过程中发挥关键作用并与计生部门一同出现在公众视野中的翟振武、王广州等教授都具有人口学权威专家的身份。从一胎政策制定时期开始，中国人民大学的人口与发展研究中心就一直是国家计生部门的官方咨询机构。翟振武教授当时作为中国人民大学社会与人口学院的院长也是研究中心的主任，同时还是中国人民大学认定的人口学科的学术带头人，具有其他学者不可比拟的身份优势。他能够直接同计生部门的官员交流观点。此外，翟振武教授的另一重身份是中国人口学会的常务副会长，而该学会的会长是国家人口和计划生育委员会的前主任张维庆。可以说翟振武团队与国家计生部门可以通过正式和非正式的沟通渠道，便捷传达和交换观点。从政府公开信息来看，对二孩政策制定发挥过关键作用的翟振武、蔡昉、李建民等还是原国家人口和计划生育委员会公共政策专家咨询委员会的主要成员，但王广州不在其中[①]。相对而言，王广州2000年刚取得人口分析技术与应用专业的博士学位，2007年升任中国社科院人口与劳动经济研究所研究员，相对翟振武等人而言，资历较浅。2007年中国人民大学翟振武研究团队已经接受国家计生部门委托对政策调整的相关问题开始调研和测算。由于各种数据和测算方案的争议，王广州承接2013年改组后的计生部门实施的平行研究方案，在较晚时间确立了其在决策中的专家权威身份。在中国现有体制下，许多精英学者同时也是“两会代表”，拥有提交议案的权利，他们能够同时活跃于科学和政治领域，能够用自己的科学知识主张，对政治产生影响。他们在影响政策变动中具有制度性机会。这一点与一胎政策制定时期相比，发生了重要的变化。随着社会经济的发展、社会观点的复杂化，社会秩序的维持和重构都需要社会科学知识更多的参与，目前已经建立了制度性的官方咨询渠道和互动方式。中国特色的国情需要赋予精英学者以政治身份，使得他们能够与决策者

---

① 《国家卫生计生委公共政策专家咨询委员会名单》，来自2017年11月1日作者向国家卫生计生委申请的政府信息公开。

进行制度性对话。

（二）确立制度

在2010年“三十年之约”到来之前，政府和人口学界已经对二孩政策开始讨论，举办了许多研讨会并设立多项国家级课题。2007年在中国人民大学举行“二孩地区人口态势”课题研讨会，2008年在复旦大学举行“中国生育政策座谈会”。国家社会科学基金还设立相关研究项目“生育政策的完善与平稳过渡”等等。2007年原国家人口和计划生育委员会开始就政策变动的可能性进行前期调研。原国家人口和计划生育委员会作为人口预测和政策制定部门，同时负责征收社会抚养费，其调研的结果很容易被人们质疑是否受到部门利益的影响。

时任原国家卫生和计划生育委员会主任李斌在2013年12月23日就单独二孩的决议（草案）做出说明，指出“我国粮食安全以及基本公共服务资源配置规划，均是以2020年总人口14.3亿人、2033年前后总人口达到峰值15亿人左右作为基数制定的”①。基于这样一个具体的人口目标峰值和控制人口波动幅度有序平稳的考虑，计生机构最关心的是政策变动后的人口学后果。直到多方结果证明，放开单独二孩不会对粮食安全、教育、卫生和就业造成过大的压力，单独二孩政策才迟迟出台。同样，在单独二孩政策遇冷之后，对全面二孩的论证和人口学后果的测算数据中，总人口峰值不会突破国家人口发展规划的15亿的安全线也是政策变动的一个基本前提。

科学与政治共生过程中，制度偏好是重要因素。改组前的国家人口和计划生育委员会有人口长期发展的预测和决策权，同时，拥有征收社会抚养费的权力。他们是不希望政策变动的，会倾向于采取对自己有利的科学知识作为依据，在学界不断争议的数据罗生门和各种预测方案

---

① 李斌：《关于〈关于调整完善生育政策的决议（草案）〉的说明》，2013年12月23日在第十二届全国人民代表大会常务委员会第六次会议上的报告，中国人大网，[2018-09-28]，http://www.npc.gov.cn/wxzl/gongbao/2014-03/21/content_1867705.htm。

中，选取的都是依据生育堆积学说中的高预测值来延缓政策的调整。直到2013年机构调整、职能调整，政策制定中才给予对立主张者参与论证核心问题的机会。

（三）确立话语

在相互对立的知识主张中，翟振武与王广州团队的话语建构在于辩护数据的可信度上。他们相互质疑对方的数据模型，指出对方的缺陷和漏洞。翟振武等认为王广州团队建立的孩次–递进模型，受数据质量的影响比较大。由于王广州采用微观仿真模拟，需要妇女孩次比等具体数据，而之前的全国普查和抽样调查的数据难以提供此类具体数据，特别是缺乏对全国妇女孩次比和不同生育意愿的统计。而翟振武团队则是从2007年就开始对妇女的生育意愿等情况进行调研，样本数量也比较大。从话语建构而言，其研究所采取的总和生育率与计生部门官方公布的生育率相一致，其数据和模型更容易得到原卫生计生委决策部门的认同，同时也更符合计生部门的利益导向。

王广州等对翟振武的预测模型和计算数据提出了质疑，指出其计算中将原来一孩政策下所覆盖的二孩人群重复计算，未区别新增二孩目标人群和原二孩覆盖人群，所预测的1.5亿二孩目标人群是错误的。王广州纠正为9千万。王广州同时质疑翟振武等使用的宏观人口模型，指出其缺乏对妇女孩次结构的分析，认为这类模型对生育政策调整的描述是脱离实际生育情况的。2015年王广州反思全面二孩政策制定过程中知识主张中的争议，指出其中的基础数据、数学模型及其假设参数中存在的问题，促进了知识共识的达成。

（四）确立表征

各种知识主张在表征上采取不同策略，坚持独生子女政策和生育堆积说的学者从始至终客观冷静，用数据和文本解读，逐条反驳立马放开二孩政策的几大理由。相比较而言，二孩政策的初期积极倡导者在科学的修辞表征上，具有明显的情感特征和话语建构。例如，“让一对夫妻生育两个孩子，天塌不下来”[①]，情绪性词汇过多，经常表达的是一种强烈的主观看法，缺乏精确的数据证据。再如，他们认为部分地区严重超生、普遍超生等，随着时间的推移和超生人群的减少，已经成为“少部分人群的合理超生”[②]，再根据超生现象而反对二孩政策，是“小题大做”。在政策论证的初期阶段对二孩放开后的后果缺乏充分论证和具体的数据支持，在崇尚数据和证据的科学氛围中很容易失败。他们认为当时中国的生育率已经进入超低陷阱，但在数据罗生门争议中，不像高生育率的主张者那样能够轻易获得计生部门的认可。而随后机构改革，不同的主张能够得到同等的发声机会，同时王广州等团队也通过建立微观仿真模型的多重验证的科学修辞手段，树立了其研究的科学性和客观性形象，用数据证明了放开二孩的人口学后果是在承受范围之内。

三、二孩政策制定中科学与政治共生的影响因素

有一些因素明显影响中国二孩政策的制定过程。我们对此作一分析。

（一）中国的公民认识论的变化

相较于1980年，2010年以后中国基础教育已广为普及，基本消灭文盲，高等教育进入大众化阶段。加之，广播电视与计算机网络的普及，中国大众很容易获得关于国家计划生育的各种政策与争论观点以及相关知识。中国的公民认识论发生了较大变化。

---

① 陈友华：《二孩政策地区经验的普适性及其相关问题——兼对“21世纪中国生育政策研究”的评价》，《人口与发展》，2009(1): 9–22。

② 李建新：《中国人口数量问题的“建构与误导”——中国人口发展战略再思》，《学海》，2008(1): 5–12。

（1）公众的认知方式：公众的文化水平比较高，公众认知能力得以提高，2015年公布的平均受教育年限为9.28年①，2017年公布的新增劳动力平均受教育年限更是高达13.3年②。公众有能力也有意愿参与二孩政策的讨论和制定，除了在网络上积极发表评论、讨论该议题之外，公众还联名正式向政府提出建议。2014 年，5000对夫妻组成的非独家庭联名向国务院法制办、全国人大常委会以及原国家卫生计生委提出《非独家庭要求全面开放二胎的建议信》③。进入21世纪，中国政府与群众的沟通途径和机制已趋向成熟。信息技术促使民众能够通过媒体和网络平台参与和推动政策的走向，拓宽了民主参与政治的渠道。

（2）公共问责制：随着教育水平的提高和网络信息技术的发展，公众具有积极发表不同意见的正式和非正式渠道。全面放开二孩政策符合中国大多数公众的利益和意愿，许多人期盼这一政策的实施。政府公布二孩政策时，没有像一胎政策那样发布致全民的《公开信》，进行号召呼吁，只是以国家公文和新闻报道的形式进行了公开。与此同时，媒体也不断在政府和民众之间发挥沟通桥梁的作用，将二孩政策制定过程中所考虑的因素都进行了公开报道。媒体也就人民对二孩政策的热切期盼，不断咨询和公开二孩政策放开的具体议程。这一过程中，公众进行质疑的渠道不断增加，能力不断提高，政府对公众质疑的回应也在不断完善。当然，政府的回应速度还不能满足公众期望，公众也期望进一步拓展参与范围。

（3）示范做法：不同于一胎政策制定和实施中诉诸爱国感情的恳切号召，政府在二孩政策制定过程中更倾向于诉诸专家理性，由专家共同出面审查背书，达到内部意见一致之后，再对外公开政策。计划生育

---

① 《我国劳动力平均受教育年限为9.28年》，中华人民共和国教育部网站，[2018-05-09]，http://www.moe.gov.cn/jyb_xwfb/s5147/201512/t20151207_223334.html。

② 《我国新增劳动力平均受教育年限超过13.3年》，新华社，[2018-10-28]，http://www.xinhuanet.com//2017-09/28/c_1121741721.htm。

③ 《5000个非独家庭联名上书人大 呼吁全面放开二胎》，第一财经日报，[2018-10-06]，https://news.qq.com/a/20141113/008468.htm。

政策的长期执行也已经在事实上稳固了其存在的基础。中共中央也不断强调目前中国的基本国情没有变，依然是人口众多、资源紧张，仍需要坚持计划生育的基本国策。中共十八届第五次会议的公报公开指出，“促进人口均衡发展，坚持计划生育的基本国策”①。这一转变，将原来控制人口的目标改为人口均衡发展的目标，在老龄化压力和人口结构优化的充分考量下，允许一个家庭生育两个孩子，但对超生依然会征收社会抚养费。

（4）客观性：二孩政策制定过程中所展示的客观性是正式的、有数据支持的、理由充分的。在保证知识客观性、对立主张逐渐趋同、充分证明安全平稳之后，政府才实施二孩政策。在向公众展示时，也明确陈述政策调整的原则和目前的专家预测结果。在原卫生计生委的官方新闻发布会上，人口学家也不断向公众公开其测算的人口学后果。

（5）专业知识：在二孩政策制定过程中，生育率和生育意愿是影响政策的最重要因素。不同专家对现状的估算差别很大，有些专家认为：目前生育率在1.6左右，稍低于国家理想的1.8，放开二孩生育就会反弹。而有些专家则认为：目前生育率在1.4左右，亟须鼓励社会积极生育二孩。也有专家认为生育率在1.05～1.2，需要全面放开并鼓励生育，以应对我国人口雪崩之势。人口基数和算法的不断调整，各种不同的知识主张在网络媒体上传播。面对这一数据争议，公众缺乏判别的能力。最终，由独立的专家研究团队进行相互验证，并在2014年抽样调查补充之前所缺失的一些重要数据，通过实地调查和多组研究交叉验证，达成一致的知识主张。

（6）专家团体的透明度：二孩政策制定过程中，专家从隐性走向显性。在公布单独二孩政策时，政策背后的专家们也走进了公众的视野，各新闻媒体、网络报刊中都出现了顾宝昌、翟振武、王广州、蔡

---

① 《中国共产党第十八届中央委员会第五次全体会议公报》，新华社，[2018-10-28]，http://www.xinhuanet.com//politics/2015-10/29/c_1116983078.htm。

昉、程恩富等专家的观点，翟振武和计生委主任共同出现在公众面前，一起向公众解说为何需要先放开单独二孩，再全面放开二孩，采取的是一种公开和沟通的民主姿态。这也是中国政务公开制度建设的进步体现，包括本项研究中所申请的政府公开信息等辅助信息，也都按照规定的日期和程序准时给予答复。这是中国法治建设和政务制度的进步。

当然，目前的专家团体透明度是有限的。所有专家在参与政策调研时也基本处于保密状态（可能是避免有关利益集团影响专家知识生产），专家们都是在决策后、向社会公布时才开始走进公众视野中，向媒体公开其中部分工作。王培安等计生委官员的官方论述非常模糊，仅仅是说“组织了百余场研讨会、同经济、环境资源、人口统计等方面专家商讨、同发改委共同拟订”[①] 等。参与政策制定过程中专家团体的透明度，还需进一步提高。

（二）社会人口意象的变化

进入21世纪，中国共产党及中国政府的社会人口意象发生了显著变化，重点不再是强调减少人口数量，而是强调保持人口均衡发展。在面对人民生育意愿较低的情况，政府提倡适龄婚育、优生优育，实施三孩生育政策。2021年7月20日公布的《中共中央 国务院关于优化生育政策促进人口长期均衡发展的决定》中明确提出：“以均衡为主线。把促进人口长期均衡发展摆在全党全国工作大局、现代化建设全局中谋划部署，兼顾多重政策目标，统筹考虑人口数量、素质、结构、分布等问题，促进人口与经济、社会、资源、环境协调可持续发展，促进人的全面发展。”[②]

---

① 王培安：《论全面两孩政策》，《人口研究》，2016(1): 3–7。

② 《中共中央 国务院关于优化生育政策促进人口长期均衡发展的决定》，新华社，[2021-10-20]，http://www.gov.cn/zhengce/2021-07/20/content_5626190.htm。

（三）执政理念的变化与法治建设的进步

进入21世纪，中国共产党的执政理念发生了变化。2003年中国共产党十六届三中全会提出“坚持以人为本，树立全面、协调、可持续的发展观，促进经济社会和人的全面发展”，确立了可持续发展观的指导方针和以人为本的目标。科学发展观要求经济、社会和人的全面发展，国家人口结构成为执政党、政府以及全社会关注的焦点，人口研究的“数量”范式开始让步于“结构”范式。这为调整“以数为本”的生育政策提供了契机。“和谐社会”“中国梦”的提出都力图建立以人为本、可持续发展的和谐社会。在“以人为本”观念的执政理念指导下，国家人口与计划生育委员会于2011年8月开启了“洗脸工程”，计划用一年的时间将原来从管理执行部门角度出发的强制性和禁止性标语全部撤下，换上群众愿意接受的、内心有所触动的温馨问候和善意提醒。例如，“少生优生，幸福一生”“生男生女都不赖，就怕子女没能耐”“独生子女双女户，人到60有补助”等新标语取代原有的惩戒性标语①。二孩政策出台后，基层计生机构也更新了鼓励生育二孩的口号，例如，“生一个是险儿，生两个是胆儿”“一胎少二胎好，小有伴老有靠”“二胎养四老，一家一个不争吵”“生男生女都一样，不然儿子没对象！”②。“以人为本”执政理念的提出，也让学者们和人大代表们能够站在政治立场的高度，呼吁尽快调整独生子女政策，以实现人口的健康稳定发展和人民生育二孩的期盼。二孩政策的实施体现了党中央、国务院近年来所追求的执政理念与奋斗目标。

中共在十八大期间已经提出全面进行法治体系建设。计生系统主要领导在全国计划生育座谈会上也不断强调要依法行政，坚强对地方立法

① 《人口计生工作“洗脸”更需“入脑入心”》，人民网，[2018-11-18]，http://cpc.people.com.cn/GB/64093/64103/15332986.html。

② 《村委会鼓励生育二胎的宣传标语》，人民网，[2018-11-18]，http://bbs1.people.com.cn/post/23/1/2/152465962.html。

的指导，坚持法治统一、文明执法[①]。在二孩政策出台之时，已经相应地修改了法律，并公布了具体的实施细节。政策和法律法规同步进行。国内的重要报刊都对新政策的法律实施细节，给予了报道和宣传。2015年10月29日中共十八届五中全会闭幕之后，《人民日报》立刻对相关政策的细节和具体违规生育的界定进行了报道[②]。

目前中国法治建设取得了巨大进步。1980年党中央和政府在号召“一对夫妻只生育一个孩子”时，将政策执行的自由裁量权交给地方基层组织，通过行政强制和党团员的先锋模范带动作用来实现。与此不同，在2013年和2015年分别制定单独二孩和全面二孩政策时，更多地依靠国家法律与制度而进行。从人大通过决议，再到国家委托各省修改地方条例，或者从全国层面直接修改国家的计划生育法，政策的实施都是在相关的配套法律和地方条例的法治之下，有序进行。

虽然法治建设已经取得不少进步，但人情的因素依然发挥重要作用。早婚依然严重，每个人都有了结婚登记意识，但是登记前就已经有一个甚或两个孩子的事实婚姻也很常见。网络社交平台上有数以万计的早婚妈妈在炫耀自己14岁就生子、17岁就是二胎妈妈的短视频。这就反映了许多地区的法治建设仍然有待完善。这些行为明显违反《中华人民共和国民法典》的相关规定，但在当地的风土人情和习俗之下却层出不穷。中国幅员辽阔，各地经济社会发展程度差距较大，各地生育文化也差异巨大，在部分地区，多子多福的观念依然根深蒂固。二孩政策一出台，农村社会中部分家庭追生三胎。一些家庭倾向于孕育至少一儿一女，胎儿鉴别技术虽然违反法律但却被广为使用。法律严格禁止的非医学目的的胎儿性别鉴定技术，在大城市执行得比较到位，但在乡村仍按照人情和习俗办事，法律所禁止的行为在民不举官不究的人情社会中，仍普遍存在。

---

① 王侠：《推动人口计生工作融入改革发展稳定大局 以优异成绩迎接党的十八大胜利召开》，《人口与计划生育》，2012(3): 4–6。

② 贾玥：《五问全面两孩政策：何时执行？“抢生”怎么界定？》，《人民日报》，[2018-09-18]，http://politics.people.com.cn/n/2015/1030/c1001-27759085.html。

法治的完善是一个持续的综合过程。二孩政策出台之后，女性就业可能面临比以往更严重的性别歧视，相关法律法规必须做到与二孩政策配套。如果不能出台新的法律法规有效制止就业中的性别歧视，将会带来多方面的问题，女性生育意愿也很难提高。当新现象出现时，法律法规语言模糊，会带来严重后果。例如在美国结扎手术和优生学理论出现时，由于法律措辞模糊，导致医院有自由裁量权，就出现了基于各种理由的大量结扎手术。目前，随着女性受教育水平的提高、女性意识觉醒，作为生育主体的女性有许多人生目标要实现，生孩子只是其中不太吸引人的一个目标。女性要求更多的社会公平和发展机会，但保障女性生育权利和工作权利的法律法规仍需完善。目前女性的生育产假、生育津贴等成本部分由企业来负担，造成部分企业将该成本再次转嫁到女性个人身上，女性在就业和升职中受到歧视。完善与二孩政策配套的法律条款，是促使生育意愿转化为生育事实的重要手段。

第三节　两次政策制定过程中科学与政治共生的比较

一、共生过程与影响因素的差异

根据前文的分析，在一胎政策和二孩政策制定过程中科学与政治共生，其共生过程与影响因素有所变化。具体情况如表10-3所示。

表10-3 两次政策制定过程中科学与政治共生的情况比较

		一胎政策的制定	二孩政策的制定
共生过程	身份	宋健等科学家的权威身份	翟振武、王广州等人口学家权威身份
	制度	二机部广泛的政治资源	中国人民大学作为国家计生部门的官方咨询机构；对立知识主张的平行研究
	话语	人口预测的客观性和精确性	生育积累的高风险话语；人口结构优于人口数量
	表征	在人口学中引入控制论、计算机科学和预测模型，具有优越性、先进性	各种预测模型已发展成熟，运用官方的高生育率数据作为参数，在数据争议中易获得官方机构的认可
影响因素	公民认识论	人民文盲率高，政治参与意识薄弱；政府对人民采取直观的经验说服策略	人民通过制度性和非制度性方式积极参与政策制定；政府用专家预测的高累积数据来说服人民，延缓了二孩政策的进程；后期采用平行研究的数据优化知识主张
	执政理念	实现四个现代化，一切以经济建设为中心，提高人民的生活水平	以人为本；经济发展取得成效，开始重视人民的意愿和人民对美好生活的需求
影响因素	社会人口意象	人民生育意愿较高，人口增速过快，千方百计控制人口数量	稳定生育率在1.8，保持合理的人口结构，总人口稳中求降。人民生育意愿较低，鼓励按政策生育二孩
	法治与风俗人情	法治薄弱，依靠行政和人情力量实施和调和	建立起了法治体系，但法治建设有待继续完善，风俗人情依然发挥重要作用

在政策目标方面，一胎政策的目标是控制快速增长的人口数量，确定20世纪末的人口峰值不超过12亿；全面二孩政策的目标则是优化人口

结构，维持在可更替水平。两次政策制定过程中知识争议的焦点不同。一胎政策制定中，知识争议的焦点是：出生率多高合适？是否立即实施全民一胎政策？二孩政策制定中知识争议的焦点：是否应该立刻全面放开二孩？人们生育意愿到底怎样？在风险管控方面，一胎政策制定中主要是为了避免人口增长过快导致国家资源供给崩溃、生态危机，进而引发人口危机。二孩政策制定时则是鼓励按政策生育，优化人口结构，避免生育高峰给社会公共服务资源配置带来短时间内的冲击。在政策辩护方面，一胎政策制定时强调人口过快增长带来灾难性社会秩序破坏，造成生态危机。全面二孩政策制定时强调社会稳定，避免生育积累效应带来的社会冲击和资源压力。

二、共生中知识生产方式和社会秩序建构方式的变化

从历时性的政策对比中，我们可以看出，人口学知识变得更加稳健，从最初对人口数量的关注，逐渐扩展到对人口结构、人口质量和人口长远发展的关注。通过对各种文献、数据、领导人讲话、公共政策的研究，去追溯人口学知识的发展，我们可以看出人口学知识中的许多概念具有偶然性和建构性。人口学知识的社会建构性在此可见一斑。在偶然性和建构性的共同作用下，中国的学者发展出一些具有客观性和普遍性的知识概念，如人口生育高峰的传递性、年龄结构的意义、人口预测模型的计算公式，以及各种计算机预测模型等。这些知识在中国人口学发展中不断积累、集成和发展。

在两次计划生育政策制定过程中，人口学知识通过政策对社会秩序产生重大影响，知识生产方式和社会秩序建构的方式都表现出从单一走向综合的特征。前者体现在从以单学科（控制论）和个体学者团队的知识为主导，走向以多学科（统计学、人口学、社会学）和多个学者团队的知识综合；后者体现在从单一的人口数量调整，走向人口结构、产业结构、教育供给、医疗供给等协同建构。知识生产的稳健性和社会秩序

的和谐稳定性在同步演化。

人口学知识通过计生政策对社会秩序产生了重要的形塑功能，同时社会秩序对人口学知识生产也产生了重要影响。社会制度、执政理念、制度设置等，影响人口学知识的研究选题、基本数据的获得以及知识主张的发表权利。中国社会治理体系对学术研究的选题、进程引导和知识主张的传播与应用有着巨大影响，形成独特的风格。这与推行共和民主的西方国家不同。1980年，中国社会各种登记管理系统不完善，政府管理中无法保证二胎长间隔的实施，梁中堂提出的二胎加间隔的知识主张难以在实践中实施，因而不符合当时的政治需要，未被决策者采纳。他的知识主张只能通过个人向中央领导写信表达和内部交流，主流期刊不予刊发。直到2015年，其观点才得以公开发表。同样，二孩政策调整阶段，在政策变动的信号明确之前，讨论政策调整的文章也很难见诸报刊。而信号明确之后，关于未来政策的走向和研究则雨后春笋般发表出来。针对实施二孩政策的人口学后果，原人口计生委制定了研究项目，委托大学的研究人员来承担具体的研究工作。后期由于社会争议较多加之国家机构调整，原卫生计生委设立平行对照研究。在具体的知识探索过程中，研究项目选题、数据的完善和研究结果的讨论，都受到政治权力和制度设置的巨大影响。

三、科学知识民主的进步

通过上文的共生分析，我们可以考察一胎政策和二孩政策的知识争议所体现出来的知识民主及其差异。在一胎政策制定过程中，由于国家计生部门刚刚成立不久，其官方咨询专家是中国人民大学以刘铮等为代表的人口学研究者；但同时宋健作为导弹科学家，拥有强大的科学资源和政治资源，在知识论证和政策建议中同刘铮等形成了竞争。同时，宋健的百年人口预测图表也公开发表在《人民日报》上，向社会公开其研究成果。之后，他提出一胎化建议。该建议先是在学术共同体内得到热烈讨论，随后，宋健团队积极建立同盟，用其研究成果说服政策制定者、有文化的公众、科学家和工程师中的精英等关键行动者。梁中堂等反对一胎化的学者也能够通过内部报告等形式来表达自己的担忧和其他建议。在这一知识争议过程中，宋健的学术研究成果向学术共同体公开，并进行内部小范围的知识民主磋商和讨论。这一阶段呈现出小范围的内部知识民主特征。这一阶段中，其他学者所掌握的现代科学知识相对比较少，很少有人能够有效质疑宋健的人口计算方程和模型，对人口控制论的缺陷也缺乏了解，无法撼动数据理性所建立的科学形象。结合具体国情和执政理念，中共中央在决定采纳宋健的一胎化建议之前，先后召开了几次民主会议，将不同领域的官员、自然科学家和社会科学家召集在一起进行集中讨论，自由提问并解答疑问，形成了最终决议。这一阶段，有外行的参与和讨论，政策制定在以知识为依据的同时，也在寻求小范围的民主共识，积极解答质疑和获取认同。这一阶段的缺陷在于，民主会议中所选取的代表都是官员或相关知识专家，缺乏对普通人民意愿的关注和协商。在小规模的民主会议中，占全国80%的农业人口缺少发声机会。这一阶段具有较充分的专家内部的知识民主讨论和磋商，但决策过程中民众代表的选取和外部民主存在不足。

二孩政策制定阶段初期，权威知识的选择表现出明显的阻碍民主的特征。在该阶段，国家计生部门有其官方的咨询机构和专家咨询名单，将所关心的问题委托给了翟振武的研究团队，其团队所预测的高累积生育反弹峰值达4955万。这一研究结果在2011年被采取，否决了2012年直接放开二孩的可能性。但是，直到2014年该结果才向学术界和社会公开，其他专家才得以对其研究进行直接检验。这一阶段的政策制定主要以某一权威专家的知识论断为依据，排除了民主讨论和知识的自由磋商。但这一阶段后期，迫于媒体和舆论的压力，国家计生部门考虑普通大众的二孩意愿，在高人口反弹的风险顾虑之下，也依然谨慎地放开了单独二孩政策。可以说，这一过程中缺乏学术共同体内部知识民主，但考虑了外部因素，将人民意愿作为了政策制定的重要考量因素。2013年之后，国家计生部门委托翟振武和王广州两组持不同知识主张的专家团队对同一选题作出论证，同时，用第三方的调查数据和预测结果进行对比检验。这一过程中建立起了知识民主的平行原则，具有内部知识民主的特征。对几组专家团队所提供的不同预测方案，进行充分的交流和讨论，磋商后达成共识并形成最终的知识主张和建议报告。经过人民代表大会表决，政府出台了全面二孩政策。

第十一章
科学知识民主的当代价值

第一节　促进民主政治，发展全过程人民民主

第二节　完善科技治理，推进国家治理现代化

第三节　拓展国际合作，构建人类命运共同体

"科学知识民主"是对"科学与民主"关系的认识在当代的深化。作为开放的民主共同体，科学共同体为建立良好的民主政治提供了典范，科学知识亦成为当代社会民主政治的基础与保障。科学知识民主为解决国家治理中科学决策的合理性困境与民主困境提供了有效途径，为平衡科学的计划与自由发展提供了可行渠道。它不但为当代大科学的发展扫清了道路，也为知识经济时代的科技治理和国家治理提供了强有力的手段。同时，科学知识民主还为拓展平等协商的国际合作奠定了良好基础。科学知识民主对当代的民主建设、国家治理和国际合作，都具有积极的意义。

第一节　促进民主政治，发展全过程人民民主

正如本书开头所讲，"科学与民主"的关系是一个老生常谈的话题。自18世纪以来，这一话题就是各国现代化进程中的焦点论题之一。现代社会的人们一致赞同：科学知识的传播和应用与民主政治之间存在相互促进的作用。但是，二者到底如何相互影响、相互促进？这是一个需要具体说明的问题。

一、“科学与民主”认识在当代的深化

18世纪德国启蒙思想家康德提出“公共”理性观念，阐述了知识与民主之间的联系。按照康德的说法，人具有基于知识的自由及责任，也就是说，有思想的人主张带有约束性的观点。他认为社会秩序要求以“特权”职业身份行事的人遵守适用于该职位的规则，但他可以对这些规则发表自由言论。康德断言，一个有义务向国家纳税的公民，可以“作为学者”自由地对税收的不当或不公正大声疾呼。同样，士兵和神职人员在遵守这些规则的同时，可以批评约束他们的规则。公共理性是公共领域中人们普遍遵从的理性准则。康德所提的公共领域是自由交流知情信念的空间，原则上向有能力进行理性辩论的人开放[①]。当然，随着时代的变迁，这里所谓“有能力进行理性辩论的人”的具体内涵与外延都在发生变化。

在文艺复兴之后的整个现代化进程中，资本主义与科学革命同时爆发，“与资本主义的介入相连的是一种由兴趣、愿望和活动所构成的、影响深远的理性化过程，以及把科学和经验性技术知识应用于工业生产的过程”[②]。按照默顿（Robert K. Merton）的分析，17世纪是英格兰首次广泛使用煤炭的开端。采矿业的迅速发展使得矿井越来越深、规模越来越大，从而提出了亟待解决的重大技术问题，如矿井排水、矿井排风和矿石到地面的提升等问题。这些问题使煤矿主大伤脑筋，悬赏征求有才智的人来解决这些问题。这些问题因此也吸引了大批发明家的关注。1561—1688年英格兰公布的317件专利中有75%与煤炭工业相关，其中43%直接相关，32%间接相关。这317件专利中的43件（约14%）是直接来解决矿井排水问题的。与此同时，金属冶炼、远洋航海所遇到的技术

---

① [德]康德：《答复这个问题：“什么是启蒙运动？”》，何兆武译，引自康德，《历史理性批判文集》，北京：商务印书馆，1990: 22–31。

② Merton R. K., *The Sociology of Science: Theoretical and Empirical Investigations*, Chicago: The University of Chicago Press, 1973, p.138.

问题，吸引了大批有才智者参与研究，促进了力学、物理学、天文学等科学的大发展①。这个时期造就了集经验研究的技术发明与科学发现于一身的科学家，其典型代表如英国皇家学会的第一位实验监管人胡克（Robert Hooke）。这个时期也促成了科学共同体。早期的科学（当时被称为自然哲学）探索者们聚集在伦敦格雷山姆山庄，探讨和交流新知识。后世学者称这一知识团体组织形式为无形学院。随着人员的增加，参与者在格雷山姆学院的基础上于1660年宣告成立伦敦皇家自然知识促进学会（即英国皇家学会）。1662年英王查理二世向皇家学会颁发特许状。这标志着资产阶级民主共和政体首次承认科学的政治意义，并将其纳入政治范畴。此后，在英王和内阁的大力支持下，皇家学会的科学和技术成就突飞猛进，促成英国的产业革命，也造就了强大的日不落帝国。这是现代社会中科学与民主相互促进的开端，也由此形成了“向权力陈述真理”的科学与政治关系模式。

民主政治的合法性在于多数人的赞同，然而，无论是直接民主还是代议制民主，参与决策的人并非个个都是科学的行家。因此，在发展科学或利用科学发展生产、促进国计民生、强化国防等方面，就必须有科学技术专家提供专业知识。这就是“向权力陈述真理”这一科学与政治关系模式的精髓。在近现代科学发展的早期，科学知识是对宏观自然现象或社会现象之规律的描述。接受过良好教育的政治家们较容易理解这些科学知识，能够较好地预见科学知识应用所带来的经济与社会效益。当然，社会公众也常常赞叹科学的社会文化利用效果。然而，19世纪末20世纪初爆发的科学革命将现代科学推进到一个崭新的层面，即关于微观世界与宇观世界的规律的描述。微观世界和宇观世界的现象必须借助特定的仪器设备才能够观察到，对其规律的描述则使用了更加专门化的术语。这些都远远超越了普通人的日常经验与知识范围。现代科学知识

① Merton R. K., *The Sociology of Science: Theoretical and Empirical Investigations*, Chicago: The University of Chicago Press, 1973, p.204.

的应用所带来的效益与风险也非常人可预见。这就带来了“向权力陈述真理”这一模式中的困难。解决这一困难的办法就是政治权威向科学技术专家授权，科学技术专家成为自然界的代言人。通过这一做法，政治权威获得了合理性的科学的证明，而科学技术专家则得到了合法性的政治的支持。实践中，出现科学与政治精英共谋的政治统治模式。

20世纪初，一些人认为将政治权力下放给科学技术官僚是必要的和不可避免的[①]，而另一些人则认为是有害的和过分的[②]。这反映了民主政治实践中出现的困境，即“知情公众”这一观念难以真正落实。越来越多的人意识到，科学技术官僚的作用使得普通大众被隔离在民主政治之外，他们呼吁限制科学技术专家的影响力，以保障人们规划和审议自己未来的权利。1927年，美国哲学家约翰·杜威与著名记者沃尔特·李普曼之间爆发了一场著名的辩论。这场辩论表达了20世纪人们的这一焦虑。

在民主政治中落实“知情公众”这一观念，就要求政府能够提供为广大公众所认可的、良好的公共知识。政府应该如何生产如此良好的公共知识呢？这涉及两个核心问题。其一，谁提供的知识是好的治理所需要的知识？其二，如何处理科学知识、专家领域与其他形式的知识的关系？对于这两个问题，20世纪后半叶出现两种代表性的观点。查尔斯·林德布洛姆（Charles E. Lindblom）批评对科学的过度依赖，认为“实用知识”应该包括普通人的知识——即“常识、偶然的经验或深思熟虑的推测和分析”。唐·普莱斯（Don K. Price）则认为，科学技术决策需要受过培训的专家将判断与价值观相结合，而政策教育可以架起“从真理到权力”的桥梁。林德布洛姆相信挖掘大众的智慧，而普莱斯则提供了一门新的专业知识，作为在科学和民主之间取得平衡的正确

① Veblen T., “The Place of Science in Modern Civilization”, *American Journal of Sociology*, Vol.11, No.5, 1906, pp.585-609.

② Laski H. J., “The Limitations of the Expert”, *Society*, Vol.57, No.4, 2020, pp.371-377.

手段[①]。

随着现代科学成就与改变生活的现代性技术越来越紧密地联系在一起，民主遭遇的挑战变得更加复杂。第二次世界大战的破坏、原子弹的巨大杀伤力、强迫性的人口迁移和种族灭绝、工业化进程中的贫民窟以及环境破坏，使得人们无法忽视现代科学技术的失控力量，它似乎终结了人类所珍视的价值观念，并逃避管理和控制。越来越多的学者与公众反思这些问题，出现了帕格沃什会议等组织以及一系列政治和文学的反思作品。其中广有影响的如法兰克福学派的马尔库塞（Herbert Marcuse）、马丁·海德格尔（Martin Heidegger）、于尔根·哈贝马斯、汉娜·阿伦特（Hannah Arendt），以及米歇尔·福柯（Michel Foucault）、雅克·埃卢尔（Jacques Elul）和刘易斯·芒福德（Lewis Mumford）等等。他们批判现代科学技术破坏了现代民主政治的本性，造成了人的背离本性的发展。从这些学者的论述与相关社会运动来看，人们要求并有意识地将民主的原则贯彻到科学知识的生产和应用之中。所以，我们说“科学知识民主”是“科学与民主”认识在当代的深化。

对于20世纪初的中国人来说，科学与民主是地道的舶来品。“以‘民主’‘科学’为基本口号的新文化运动的兴起，俄国十月革命的胜利，五四运动的爆发，马克思主义在中国的传播，促进了中国人民的伟大觉醒，中国先进分子对民主有了更加深刻的思考和新的认知。”[②]“科学”与“民主”的口号是陈独秀最早提出来的。“陈独秀所主张的就是西方的民主共和制和科学，所反对的是整个封建政治和文化，或者说整个封建社会上层建筑。他的反对，是无分析全盘否定，这当然是偏激的片面的，但在当时是难于避免的，后来的历史纠正了这种

---

① Jasanoff S., “Science and Democracy”, in Ulrike F., Fouché R, Miller C. A., Smith-Doerr L (eds.), *The Handbook of Science and Technology Studies*(4th ed.), Cambridge: MIT Press, 2017, pp.262-265.

② 中华人民共和国国务院新闻办公室：《中国的民主》，北京：人民出版社，2021: 4。

片面性。”[①] 20世纪初中国进步知识分子首次了解到西方社会与文明，对推动西方社会进步的科学与民主大加赞赏，并以此批判封建中国。陈独秀成了当时的领袖。其观点也代表了当时先进知识分子的看法。

“陈独秀所说的民主是抽象的一般的民主，其实际所指是西方资产阶级民主，但在他接受了马克思主义之后，他对民主的理解就变了。”他承认了民主的阶级性[②]。“陈独秀所说的科学包含两个含义，一是指各种具体科学，包括多种自然科学和社会科学；一是指科学精神和科学态度。……他对科学精神做了唯物主义理解。”[③] 20世纪初中国知识分子的科学观并非都是唯物主义的，丁文江等人采取实证主义立场，而胡适则采取实用主义立场。“五四运动时期，陈独秀及其他马克思主义者所坚持的科学观基本上是马克思主义的科学观。”[④]

随着中国共产党发展壮大以至中华人民共和国成立，马克思主义的科学观和民主观为中国知识分子所普遍持有。这种观点认为：“人类社会实践是人类活动中最根本的活动，其目的是谋求全体人民的生存、发展和幸福，要达到这个目的，必须以规律性认识，亦即各种科学来指导，而民主，既是达到人民的共同的科学认识的最佳途径，也是在意见分歧而又需要作出决定时唯一可行的办法——这就是科学与民主在人类社会中的重要地位。”[⑤] 黄楠森先生的这段话表达了中国马克思主义者对于科学与民主二者关系的认识。科学认识需要民主途径，意见共识也需要民主方法。20世纪90年代以来中国科学知识生产与应用中的民主进程是逐步推进的。“全过程人民民主，具有完整的制度程序和完整的参与实践，使选举民主和协商民主这两种重要民主形式更好结合起来，构建起覆盖960多万平方公里土地、14亿多人民、56个民族的民主体系，

① 黄楠森：《论科学与民主》，《理论视野》，1999(3): 6。
② 同上。
③ 黄楠森：《论科学与民主》，《理论视野》，1999(3): 7。
④ 同上。
⑤ 黄楠森：《论科学与民主》，《理论视野》，1999(3): 8。

实现了最广大人民的广泛持续参与。”① 科学知识民主作为知识经济时代和知识社会中具体的协商民主形式，在全过程人民民主中发挥着越来越突出的作用。

二、开放的民主共同体的典范

从其本质上来讲，科学共同体是典型的民主共同体。尽管古代与中世纪时期不乏杰出人物的科学发现和技术发明，也出现了诸如欧几里德、阿基米德、亚里士多德、欧多克斯（Eudoxus）、托勒密、希波克拉底（Hippokrates of Kos）、克劳迪亚斯·盖伦（Claudius Galenus），以及中国的扁鹊、张衡、祖冲之、华佗、张仲景、沈括等杰出科学家，但是，科学家作为真正的职业分化，并形成一种独特的知识共同体，却是在17世纪科学革命之后。此后，科学家与科学共同体才登上政治舞台，在社会生活中彰显自身独特的价值与理念，为社会注入蓬勃生机。其代表就是英国皇家学会。

16世纪文艺复兴之时，宗教改革、资本主义、科学革命的相继爆发，促成了巨大的社会变革，与中世纪形成强烈反差。其中突出之处在于社会价值观念的变化，人们所关注的焦点从神和天国转向人自身与世俗生活。

16世纪后期宗教改革运动迅速在欧洲展开。在德国，出现了一批支持路德主张的封建主和市民教会；在瑞士，出现了以加尔文（John Calvin）、茨温利（Huldrych Zwingli）为首的激进改革；在英国，开始了自上而下的宗教改革。宗教改革的主要内容是：反对罗马教会对各国教会的控制；反对教会占有土地、出售赎罪券；不承认教会有解释《圣经》的绝对权威，不承认教士沟通神人的中介作用，认为《圣经》是信仰的最高原则，因信即可称义，教徒能够与上帝直接相通相遇；要求用

① 中华人民共和国国务院新闻办公室：《中国的民主》，北京：人民出版社，2021: 7。

民族语言举行宗教仪式，简化形式，主张教士可以婚娶。

宗教改革之后，西欧和北欧各国的世俗君主摆脱了罗马教廷的控制，并把各国教会置于自己的控制之下，产生了脱离罗马教廷的基督教第三大派别即新教各宗派。在德国和北欧诸国有路德宗，法国、瑞士和苏格兰有加尔文宗，英国有安立甘宗等等。以各种民族语言文字书写的《圣经》也相继出版。尽管英国国教在断绝了与罗马教廷的关系之后，王室、贵族和资产阶级开始大规模剥夺罗马教会的土地和财产，但这种保守的宗教改革不可能满足资产阶级的需要，它保留了许多旧教的残余。到16世纪下半期，不相信国教的人越来越多，他们在加尔文教的影响下，主张纯洁教会，清除国教中的旧教残余，摆脱王权的控制，力图建立一个真正适合资产阶级需要的廉价教会，这就是清教运动。

清教（Puritanism）运动在英格兰兴起，将个人救赎的任务由教会转移到个人身上，提倡以个人的苦修接近上帝，获得真知。清教徒个人热切渴望赦免（religious justification），并且，全心追求其神责（calling）。新的伦理观念促使清教徒全身心地投入某一项具体的世俗活动之中，以深刻地认识上帝的伟大。它激发了人们的热情，促使人参与特定的活动，并迫使人献身于此项活动。“清教的不加掩饰的功利主义、对世俗的兴趣、有条不紊坚持不懈的行动、彻底的经验论、自由研究的权力乃至责任以及反传统主义等，这一切都与科学的价值观念一致。”[①] 以清教伦理观念为核心的社会价值的确立，激励了近现代科学的兴起。

清教更加关注世俗生活事务，因而推崇经验主义。清教精神之中结合了理性主义与经验主义。清教徒热衷于从认识和理解大自然的世俗活动中，认识上帝的伟大。科学实验成为清教的实践、勤奋和有条理意向的体现，因而被清教徒们广泛接受、热情支持。清教改变了社会取向，

① Merton R. K., *The Sociology of Science: Theoretical and Empirical Investigations*, Chicago: The University of Chicago Press, 1973, p.136.

它促使人们倾向于理性主义与经验主义，并将二者结合起来。这种社会取向促成了一种新的职业阶层的出现。这一职业阶层的基础就是赋予探索自然奥秘的科学家们日益高涨的声望，正如默顿所说："清教主义的一个结果就是，通过给科学带来声望的方式来改造社会结构。这对于某些天才转向科学领域产生了影响。相反，如果是在另一个社会环境中，他们就会转向其他职业领域了"①。

综上所述，科学共同体从其产生之日起即推崇经验主义的认识，这与以往的知识生产有着巨大的差别。自古希腊以来，理性主义统治着知识领域。在理性主义看来，知识来源于明白无误、确定无疑的天赋观念，而经验只不过提供偶然的认识。既然坚持经验主义的认识原则，科学共同体就必须保证由此获得的知识的正确性。个体的经验是偶然的，提高这种偶然获得知识的正确性、可信性，就必须有多人多次的共同见证。这正是近现代科学早期特别强调归纳方法在知识发展中有着重要作用的根本原因。既由多人共同见证经验知识，这些人就必须拥有平等的知识权利，也就是在科学共同体——这种职业共同体中平等地提出主张、磋商观点、实验检验、达成共识。因此，从本质上来说，科学共同体是彻底的民主共同体。

英国皇家学会是最早的科学共同体，其成员由选举产生。起初的英国皇家学会院士的选举规则模糊，而且大部分的院士不是职业科学家，但他们热衷于自然科学。1731年学会订立了新规则，所有院士候选人都必须获得书面推举，并需要得到支持者的签名。到了1847年，学会决定院士提名必须根据他们的科学成就来取决。可见，作为知识共同体，英国皇家学会内部的政治权利分配也遵从民主原则，采取民主方式。自英国建立皇家学会之后，欧洲各国纷纷效法，法国、德国、俄国先后建立国家科学院。时至今日，发达国家及主要发展中国家都建立了自己的国

---

① Merton R. K., *The Sociology of Science: Theoretical and Empirical Investigations*, Chicago: The University of Chicago Press, 1973, p.95.

家科学院。这些国家级的科学共同体代表了各国科学发展的最高水平，是各国最优秀的科学共同体。

在本书第五章中，详细分析了科学知识生产中的民主主体，即科学家与科学共同体。由于近现代科学知识本质上是经验知识，其正确性和可信性来源于多人多次的共同见证，因此，科学知识的最终生产者是科学共同体。尽管知识主张的最初提出者是个体科学家，但知识的确定需要多人的磋商及共识的达成。在近现代科学知识生产中，科学共同体采取了多重发现、同行评议与重复实验等知识生产方式，来保证个体科学家平等、自由地参与进来。除了科学家个人的才智以外，任何其他因素不能妨碍或阻止科学家参与到科学知识的生产之中。为此，科学共同体还发展出职业规范，以保障科学知识生产中的民主。这就是默顿等人所提倡的普遍主义、公有主义、无私利性、有条理的怀疑精神等规范。其中最重要的是普遍主义规范。普遍主义规范要求，在科学知识生产中，“无论其来源如何，关于真理的陈述必须符合预先设定的非个人标准，即与观察和以前被证实的知识相符合。无论是把一些陈述划入科学之列或划于科学之外，都不依赖于这些陈述的提出者的个人或社会属性。他的种族、国籍、宗教信仰、阶级和个人品质都与此无关”①。

在近现代科学发展史上也曾发生违背科学规范的情况，严重的则会导致科学共同体解体。1933年，希特勒就任德国总理，纳粹彻底控制德国政治舞台，推行种族纯净政策，认为“犹太人天生愚蠢，犹太人提出的理论是荒谬的”。不符合“雅利安”（Aryan）血统的科学家被纳粹逐出大学与研究所，其中包括赫赫有名的爱因斯坦等人。当时，纳粹推行的种族主义还暗含一个信念，认为种族会因为实际的接触或观念上的接触而被亵渎，于是，在德国出现一个新的种族政治概念——“白色犹太人”（White Jews）。这个概念被用来指称那些与犹太科学家有接

① Merton R. K., *The Sociology of Science: Theoretical and Empirical Investigations*, Chicago: The University of Chicago Press, 1973, p.270.

触或同情犹太科学家的雅利安科学家。这些科学家被纳粹认为“不可救药”。沃纳·海森伯（Werner Karl Heisenberg）因为坚持“爱因斯坦的相对论形成了进一步研究的基础”而被划入此类。此外，还有薛定谔（Erwin Schrödinger）、冯·劳厄（Max von Laue）和普朗克（Max Planck）等人也被划入此类。其中许多科学家的科学理论在德国遭到禁止。他们无法开展科学研究，被迫逃往美国等地。反过来，这些人的离去造成德国科学的严重损失，纳粹德国的科学因此被破坏了。

科学共同体还是开放的共同体。英国皇家学会在其报告《科学：开放的事业》（Science as an Open Enterprise）中倡言：“开放式探索是科学事业的核心。各种科学理论（包括作为基础的实验和观察数据）的公开发表，使他人能够发现错误，从而支持、反对或完善这些理论，或者重复使用这些数据进一步探索并获得新知识。科学强大的自我修复能力正来自于这种开放性，这种直面审视与挑战的开放性。”[①] 当然，这种开放首先是对同行科学家的开放。近现代科学在早期发展中，依靠科学家的个人通信和发行小册子，促进科学的开放。科学期刊的出版和发行实现了大规模、规范化的科学开放。这是第一次科学开放。20世纪后期以来数字技术与互联网的发展，逐步取代印刷品，充当科学开放交流的主要媒介，为专业的或业余的科学家们提供交流与合作的新途径。这带来第二次科学开放，其开放程度进一步扩大，不再局限于同行科学家，而是向同行之外以至关注科学问题的所有人开放。

当人类社会跨入知识经济时代，“我们越来越倾向于利用翔实的科学证据，来核实那些可能影响我们生活的科学结论是否可信；同时，相关数据的公开也迫使各国政府对各自的行为与决定更负责任。公众普遍希望数据公开能带来两大好处，一是提高公信力，二是使商业活动更加

---

① [英]英国皇家学会：《科学：开放的事业》，何巍等译，上海：上海交通大学出版社，2015: 1。

活跃”[①]。伴随大科学的发展，政府和企业在科研选题以至科研议程设定等方面，越来越多地介入到科学研究之中。与此同时，公众、社会团体与媒体对仔细审查科技证据的需求也日渐高涨。在生态环境、生物医学等一些领域中，被称为“公民科学家”的公众也越来越多地参与进研究计划，从而，以新的方式使职业科学家和业余科学家的界限变得越来越模糊。当然，科学共同体的开放并非无限制，而是在具体的社会历史条件下进行的。开放要维护科学参与者的权益。

恰恰是科学共同体的民主与开放，造就了20世纪以来科学与社会秩序共生的典型现象。正如本书第十、十一章分析的那样，科学与社会秩序的共生发生在社会生产体系重组、国家创新体系建立与大科学形成的背景之下。尽管各国的具体状况有所差异，但是，在20世纪以后的全球化进程中，科学与社会秩序共生的现象越来越表达出共同的过程与特征。

三、当代民主政治的基础与保障

当代民主政治的核心是民主治理，而民主治理越来越多地依赖科学知识。科学技术专家在民主治理中扮演关键性的咨询角色。所谓民主治理，是指政府与非政府组织以及公民社会行动者之间在发展、形成和实施公共政策时的相互影响。目前，部分国家在政治实践中逐步发展出协商民主与社会治理相结合的协商治理。这是民主治理的现实方式。

科技咨询不仅是重要的认识资源，也是主要的政治资源。目前，各国的科技咨询体制无论在组织形式，还是实用性和立法依据上都存在很大差异。这主要是因为在其发展进程中，公共知识的构成以及专家知识和专家信任都扎根于一个国家的政治文化和公民认识论之中[②]。但

① [英]英国皇家学会：《科学：开放的事业》，何巍等译，上海：上海交通大学出版社，2015: 1–2。

② [德]尤斯图斯·伦次、彼得·魏因加特编著：《政策制定中的科学咨询：国际比较》，王海芸等译，上海：上海交通大学出版社，2015: 1。

是，在经济全球化、欧洲一体化、“一带一路”倡议、人类命运共同体建设、全球文化冲突与交融和新公共管理等因素的与日俱增的影响下，在面对诸如新型冠状病毒传染性疾病、核扩散、全球气候变暖、经济危机等严峻的跨国挑战情形下，各国的科技咨询也表现出越来越多的一致性。

因其自然属性和客观性，科学知识被作为公共决策的事实依据，以保证依此制定的政策对所有人的一视同仁，从而实现民主政治的平等要求。然而，正如本书第三、四章的分析，科学知识是人类意识活动的产物，是社会协作的结果，因此，不可避免地有其社会属性和建构性，体现人的价值诉求，也附带着知识提供者的个人偏好。当代社会中科学知识的应用一直存在着这种知识自然属性与社会属性、客观性与建构性之间的张力，正如尤斯图斯·伦次（Justus Lentsch）和彼得·魏因加特（Peter Weingart）所说：“咨询制度能否成功运转，关键取决于它能在多大程度上保证咨询质量两个基本方面的平衡：认识论的稳健性和政治的稳健性。认识论的稳健性说的是专家意见在有效性和稳定性上的质量高低。如果公共政策环境的多变性和不确定性提出的要求能够与知识生产的学科标准和制度背景相吻合，那么咨询质量就能得到保证。另一方面，政治的稳健性是指一旦将提供的建议付诸实施，其可接受性和可行性如何，换句话说，也就是建议与政治进程的融合程度。这可以根据建议所具有的稳定性而进行描述，这些建议是基于多重利益、偏好和建议所涉价值的多角度考虑的。”①

科技咨询与公共政策制定过程是一个科学知识再生产的过程，在这一过程中公共政策获得其科学合理性，科学知识获得其政治合法性。这是一个过程的两个方面，即公共政策制定方面与公共科学知识生产方面。经过多年的实践，这一过程已形成一个基本的结构框架。尽管各国

① [德]尤斯图斯·伦次、彼得·魏因加特编著：《政策制定中的科学咨询：国际比较》，王海芸等译，上海：上海交通大学出版社，2015: 3。

实践有所差异，其相同的方面是可以总结出来的。本书的第七章阐述了这一过程的基本的结构框架。这一框架具有如下基本特征：①公共科学知识的生产者并不局限于政府、自然科学家、社会科学家以及技术专家，人文学者、企业、媒体、政府乃至普通公众等政策的利益相关者都可能成为参与者，扮演着各种角色。其中，政府处于核心地位。它是公共科学知识的主要需求者、生产活动的组织者、合法性的仲裁者。②公共科学知识生产超出了科学共同体的范围，在更广阔的公共领域中进行。这些公共领域既包括正式的政治系统所提供的空间，例如议会、法院和行政机构，也包括政府平台之外的广场、街道、公民论坛等公民自发地公开表达知识主张的平台和场所。大众媒体、虚拟网络等新型的公共领域越来越多地成为公共表达和讨论的最为重要的公共空间。③公共知识的生产过程与公共决策过程紧密交织在一起，遵循一定的程序，一般经过如下四个基本阶段：提出知识需求、表达知识主张、交流与辩论、合法化。④公共科学知识生产的组织形式是多样的，但至少受到如下三个方面的制约：其一，参与生产的组织及其组织化程度，如政府、大学、科研机构、产业组织、公民社会组织和大众媒体等组织类型；其二，各类组织之间的分工与协作关系；其三，政府机构内部围绕公共科学知识生产形成的分工，包括权力的集中与分散程度及行政分层特征等。⑤科学知识生产的质量控制标准是其公共性程度，即对科学合理性、经济公有共享性和政治合法性的符合程度。控制机制通过三个途径来实现。其一，公共科学知识的科学合理性由专家的同行评议来实现，但其知识来源的代表性将大为扩展，参与评议的不仅有科技专家，还包括社会科学家、行政管理专家、实践专家和相关人文学者。其二，公共科学知识的经济公有共享性通过合理的知识产权制度和信息公开机制实现，前者要求知识所有权的垄断程度在保护创新者的积极性与保障公共利益之间维持平衡。后者意味着公众对公共科学知识生产拥有知情权，他们可以便捷地获取决策议题的相关知识，同时，生产过程保持较高的透明度。其三，政治合法性必须经过公众的同意和授权，并且这种规则得到严格执行。⑥公共科学知识生产涉及公共权力的行使，因此必须实施问责制，涉及问责主体、问责客体、问责范围、问责过程和问责结果等几个主要方面。在公共知识生产的各类行动者中，政府是公共权力的主要行使者，因此毫无疑问它必须承担相应的责任，包括道德责任、政治责任、行政责任和法律责任等。除政府外，其他行动者，特别是掌握知识权力的专家应当承担何种责任？是否以及如何对其问责？对此，各国实践中存在较大差异，也存在较大争议。⑦当代各国多以法律、法规、指导方针与政策等形式，确定公共科学知识生产的制度。但是，在实践中，由于制度本身的完善程度和可执行性等因素，行动者可能偏离制度规定，或是遵照一套与国家明文法规不一致的非制度性规则。这种情况在转型社会中较为普遍。

专家咨询委员会是科技咨询即公共科学知识生产中的主要组织形式，承担着沟通科学共同体内外民主的作用。在各国具体体制和制度与政治文化环境下，专家咨询委员会在发挥其作用方面各有千秋。美国的各联邦咨询委员会受到各种管理法规管制，其中最为突出的是1973年生效的《美国联邦咨询委员会法》。该法为联邦咨询委员会和其他为行政机构提供咨询的专业团体建立了统一标准。该法要求咨询委员会做到“独立”和“适当均衡”。如何做到“独立”和“适当均衡”？相关规定在某种程度上是模糊的，在实践中各有解释。马克·布朗（Mark B. Brown）的调查发现：美国的专家咨询委员会中存在双重标准——那些被归类为专家的委员依据其专业能力来加以评价，而那些被归类为代表的委员则依据其政治利益来评价。其结果推动了科学的政治化。这暴露出美国专家咨询委员会在沟通科学共同体内外民主方面存在缺陷。布朗建议根据委员的社会角色和专业视角重新考虑均衡要求[①]。

自20世纪50至60年代世界风行“技术治国论”以后，许多国家的

① [德]尤斯图斯·伦次、彼得·魏因加特编著：《政策制定中的科学咨询：国际比较》，王海芸等译，上海：上海交通大学出版社，2015: 2–37。

专家咨询委员会逐步演变成政府的构成部分。在20世纪后期知识民主呼声高涨的情势下，专家咨询委员会面临改革重任，其核心是促进知识民主。荷兰率先开创科技咨询治理的新途径，一方面，其运作接近政治运作，可以直接联系首相，预算必须由政府批准，工作计划与政府部门讨论后确定；另一方面，它享有宪法保证其独立性的权利。这是一种将靠近政府的“技术治国论”咨询组织与其对政治关注点结合起来的制度组合。面对疯牛病的威胁，法国专家咨询委员会确立了三项基本原则，即专家能力、风险评估与风险管理的能力、透明。对“透明”的承诺为那些过去未能纳入专家知识生产过程的外部行动者提供了资源，外部行动者的参与由此增多。此外，专家知识不再天然合法，需要证明其合法性①。

“民主是历史的、具体的、发展的，各国民主植根于本国的历史文化传统，成长于本国人民的实践探索和智慧创造，民主道路不同，民主形态各异。评价一个国家政治制度是不是民主的、有效的，主要看……社会各方面能否有效参与国家政治生活，国家决策能否实现科学化、民主化……。”② 中华人民共和国成立以来，人民民主制度建立起来并逐步完善，特别是改革开放以后全过程人民民主发展迅速，协商民主日益完善。“中国的协商民主，广开言路，集思广益，促进不同思想观点的充分表达和深入交流，做到相互尊重、平等协商而不强加于人，遵循规则、有序协商而不各说各话，体谅包容、真诚协商而不偏激偏执，形成既畅所欲言、各抒己见，又理性有度、合法依章的良好协商氛围，充分发扬了民主精神，广泛凝聚了全社会共识，促进了社会和谐稳定。”③ 科学知识民主作为其中的重要部分，发展迅速，并且大大促进了民主政治进程。

① [德]尤斯图斯・伦次、彼得・魏因加特编著：《政策制定中的科学咨询：国际比较》，王海芸等译，上海：上海交通大学出版社，2015: 8–9。

② 中华人民共和国国务院新闻办公室：《中国的民主》，北京：人民出版社，2021: 2。

③ 中华人民共和国国务院新闻办公室：《中国的民主》，北京：人民出版社，2021: 28。

自1986年时任副总理的万里在《决策民主化和科学化是政治体制改革的一个重要课题》中明确提出以来，党的历次全国代表大会中都强调决策民主化和科学化的重要性。国家的科技咨询体系与制度也逐步建立起来，且充分发掘政党协商、人大协商、政府协商、政协协商、人民团体协商、基层协商、社会组织协商等多种协商形式的作用。目前，我国已建立起庞大的科技咨询体系与相应制度。在国家层面上来说，执政党方面有中共中央政策研究室；全国人大有各专门委员会，其中教育科学文化卫生委员会承担主要的科技咨询任务；全国政协有各专门委员会，其中教科卫体委员会承担主要的科技咨询任务；国务院有国务院研究室、发展研究中心、参事室、中国科学院、中国工程院，以及跨部门的专家委员会，如国家生物安全工作协调机制中的专家委员会、国家科技伦理委员会等等，且下属各部委都设立了直属的专家咨询委员会。此外，还有中国科协、中国社会科学院、中国科学技术发展战略研究院等一大批智库，以及各种学会提供科技咨询。在地方各层级上，也相应地设置了科技咨询系统。这些机构在决策咨询过程中不但提供专门科学技术知识，同时也履行沟通公众与科学共同体及政府之间交流与意见磋商的功能。本书第八章详细分析了中国国家卫生部碘缺乏病专家咨询小组在制定、实施和改革食盐加碘政策中所发挥的作用，探讨咨询小组与其他科学家及各种社会成员之间的交流和沟通。在长达30年的政策变革与实施过程中，该专家组的职能也在发生变化，从单一地向政府陈述真理，逐步转向沟通科学共同体内外的知识民主参与。

在实践中，目前我国科技咨询体系建设还存在一些不足。主要是①：

（1）需要进一步提高科技咨询体系及其运行的法制化、规范化和透明化水平。我国的科技咨询目前尚缺乏关于决策过程履行咨询程序或

① 李慧敏、陈光、李章伟：《决策与咨询的共生与交融——基于日本科技咨询体系的考察与启示》，《科学学研究》，2021，39（7）：1199-1207。

决策部门设置咨询机构的相关法律和制度规范。部分省市或部委出台的《专家委员会管理办法》等规范性文件，规定咨询机构的组织模式、人员配置和具体职能，但在运行方式等方面的规范则不够具体、明确，而且，专家委员会的具体咨询过程少有公开。2018年我国组建国家科技咨询委员会，在国家科技规划、应对新冠疫情、科技支撑碳达峰、碳中和方面，建言献策。在依法开展科技咨询，促进决策科学化、民主化方面，成效显著，但依然任重道远。

（2）需要进一步提升科技咨询在决策中的影响力。我国目前的各类专家委员会在行政决策体系之外单独设置，一方面，其意见在多大程度上影响决策，很难评价；另一方面，专家委员的遴选和委员会的运行大多取决于行政决策部门，不可避免地带有依附性或不完全独立性。真正将独立的咨询意见体现在决策之中，还需要探索更加完善的运行机制。

（3）需要创新更加灵活多元的咨询方式，提升决策科学化与民主化。伴随科学技术的快速发展，新兴科技成果给现代公共决策带来诸多新问题和新挑战，充分发挥各类专家委员会和智库的科技咨询作用，保持更加灵活、多元的咨询形式，及时吸纳更多专家参与决策咨询，有利于提高决策科学化；吸引来自社会各界更广泛多元的主体积极参与决策咨询，有利于提升决策民主化。

完善科技咨询体系，增强科技咨询功能，可以有效促进我国的科学知识民主，从而推进全过程人民民主，发展良好的民主政治。

第二节　完善科技治理，推进国家治理现代化

20世纪70年代起，科学知识民主的呼声持续高涨。一方面是学者的理论探讨，另一方面，也不乏一些国家在科技治理方面的尝试。科技治理通常包括国家发展科学技术的规划与实施以及利用科学技术促进经

济社会发展的规划与实施这两个方面。科技治理的核心环节就是相关规划与政策的制定，通常称为科学决策。20世纪后期，伴随科学技术的飞速发展及其在生产生活中的广泛应用，科技治理成为国家治理中的重头戏，做好科技治理是提升国家治理水平的关键所在。进入知识经济时代，高技术被国际公认为国际竞争的制高点，成为国家影响力的决定因素。然而，这一时期国家科技治理与科学决策中存在的困境也日益突出。其中最为突出的是科学决策的合理性困境与民主困境以及科学的自由与计划发展的矛盾冲突。在解决这些困境方面，科学知识民主日益显示出积极的作用。

一、科学决策的合理性困境及突破

20世纪后期以来，科学技术知识的广泛应用带来大批核电站、PX化工项目、基因工程、大数据和人工智能应用等工业项目建设，以及人类基因增强与基因治疗等医疗实践。与此同时，核泄漏事故、环境污染、个人隐私暴露等一系列负面影响也随之增加，人类伦理遭遇前所未有的挑战。在工业化国家中，公众对国家科技治理的立场和能力产生怀疑，“技术统治论”下的专家治国体制遭受抨击。其中首要表现就是科学决策的合理性被质疑。

科学决策遭遇合理性困境，主要起因于对科学知识的确定性的质疑。在“技术统治论”下，科学决策及其合理性首先来源于决策所依据的科学知识的客观性与确定性。正如第二章的分析，科学知识确有其自然属性，因而也具有“客观性”。科学知识的“客观性”自然产生“确定性”。但是，这种“客观性”在不同时期、不同人群中的理解是不一样的。当科学知识被广泛应用于生产与生活之时，参与知识评议的人群就变得异质多样，而不只限于一个或一种科学共同体。在很多情况下，具有一定知识的普通公众也参与评议。如此一来，所用科学知识的“客观性”与“确定性”就被做了多种解释，其“客观性”与“确定性”遭受质疑。例如，PX化工项目，对其设计者而言，所用各种知识是明确的，其安全性是毋庸置疑的，但对于邻近居民来讲，其安全性遭受了多方质疑。再如转基因农作物，对此技术的开发者而言，所用各种知识是明确的，其安全性毋庸置疑，但是，对作物的种植者和消费者而言，转基因产生的新蛋白质可能带来的过敏与毒性却是未经大规模检验的，存在安全隐患。

本书中，我们将这种用于科学决策的科学知识称为公共科学知识。有学者将之称为“后常规科学”①，以突出显示科学知识进入公共领域之后发生的变化。这是相对库恩的“科学革命的结构”理论中的“常规科学”而提出的概念。按照库恩的观点，常规科学研究是科学家从“范式”出发来解决疑难的认识活动，通常聚焦于三个方面：其一，发现与范式本身符合相当好的、特别能表明范式具有揭示事物本质能力的那类事实，诸如比重、波长之于物理学，星球轨道、周期之于天文学，物质酸性、结构式之于化学等等；其二，对范式的验证性研究，比如验证广义相对论的水星近日点实验等等；其三，阐明范式的经验工作，即解决范式理论中剩余的模糊性，并且容许解决那些先前只是注意到但尚未解决的问题，也就是能让范式本身进一步精确化、普遍化的那些工作。这些工作仍旧是为了保持范式的活力，解决知识按其内在逻辑发展所提出的新问题，其关注焦点不在于解决生产和生活的实际问题。

后常规科学要直接面对生产和生活的重大问题，且要求在一定时间内加以解决。后常规科学往往产生于事实不确定、价值有争议和决策时间紧迫的情境下。所谓事实不确定，是因为科学研究是针对研究对象的抽象认识。在观察与实验、分析与综合的过程中，研究对象被假设为特定条件下的模型，而这一模型只反映研究对象的某些特征。当我们将由此而得出的理论用于处理实际对象的时候，会出现不一致的方面，应

① Funtowicz S. O., Jerome R. R., “Science for the Post-normal Age”, *Futures*, Vol.25, No.7, 1993, pp.739-755.

用越广泛、越频繁，不一致的方面则越多。比如，之前讲到的转基因带给农作物的新蛋白质的过敏性和毒性，在未经大规模实验前是不确定的。所谓价值有争议，是因为所有人都有认知局限，参与研究的科学家可能存在知识偏见，同时，所研究问题与生产生活直接相关，科学家以其价值取向，在提供科学知识时夹带价值输出。孟山都等生物科技企业的科学家在论证转基因生物安全性时常常被质疑出于企业和个人利益的考量，就是因为这一缘故。所谓决策时间紧迫，是因为后常规科学是对生产和生活中重大问题的即时解决，遇到问题，需马上解决。科学成果的优劣以其解决问题的效用来加以评价，能够解决当下问题即可。如此一来，“后常规科学是复杂、混乱和矛盾三个因素相互作用的产物，再加上各种各样的不确定性和无知，使得事实、情况和发展越来越难以理解。”①“以前人们认为科学是在我们的知识确定性和对自然世界的控制力方面稳步发展的……事实与价值、知识与无知的旧的二分法正在被超越……科学论证的模式不是形式化的演绎，而是互动的对话。”②

知识的不确定性可分为三种：表面的不确定性（Surface Uncertainty）、肤浅的不确定性（Shallow Uncertainty）和深刻的不确定（Deep Uncertainty），分别对应朴素的无知、可避免的无知和不可战胜的无知。朴素无知是指知识的缺失，可以通过学习、获取新知识来克服。可避免的无知是指相关问题的答案只能在未来找到。不可战胜的无知是对潜在风险的内在无知，植根于我们的认识和世界观之中的不确定性，这也就是后常规科学的不确定性③。

在后常规科学中，不确定性问题其实是知识作为决策“质量信息”的可靠性问题。常规科学时期，知识由科学共同体内部的科学家的集体

① Sardar Z., “Welcome to Postnormal Times”, *Futures*, Vol.42, No.6, 2010, pp.435-444.

② Funtowicz S. O., Jerome R. R., “Science for the Post-normal Age”, *Futures*, Vol.25, No.7, 1993, pp.739-755.

③ Serra J., Sardar Z., “Intelligence in Postnormal Times”, *World Futures Review*, No.5, 2017, pp.159-179.

信念和规范保证其确定性。后常规科学实质是质疑专家知识的中心地位，批判科学家和科学知识的客观性、普遍性与价值中立性，否认知识的确定性。在后常规科学中，为政策提供“真理性”的知识是困难而没有必要的，知识被当作输出“质量”的技术性产品，所谓的“质量”是由实践领域中的知识生产者和使用者分别制定的评价标准，科学的研究活动和产出的工具性知识负载了科学家的价值和偏见，以及决策者和利益相关者的社会、政治、经济等多方面的价值诉求。

解决后常规科学的不确定性问题，一条可行的途径就是扩大政策制定时的“举证责任”，不仅由科学家举证，而且让公众与相关者参与举证，为科学家“纠错”，帮助科学家发现自己忽视的隐性知识[①]。这恰恰是科学知识民主所能发挥的作用。具体而言，可以做到如下两点。

（1）承认知识提供者的认识局限，通过多元参与，促进科学知识、技术知识、经验知识与意会知识的互补和综合

哈里·柯林斯与罗伯特·埃文斯在《科学的社会研究的第三波浪潮理论：关于专业知识与经验知识的研究》[②]一文详细回顾了进入科学决策中的科学技术知识（即他们所谓的“专业知识”）与经验知识的关系。在历史上，人们对这二者的关系存有争议，20世纪50至60年代，科学技术知识统治科学决策领域；70年代以后，出现了科学技术知识的相对主义观念，逐渐混淆了经验知识与科学技术知识的界限，不利于科学决策。2002年，柯林斯与埃文斯将专业知识与经验知识结合起来，提出“专业知识与经验知识的研究”（SEE），将之作为一个知识连续统，认为拥有某一方面科学理论和实验知识的科学家作为科学决策的核心组，而那些未经科学认证的参与者，因掌握经验知识，同样在决策中发挥作用，由此而形成一种“互动型的专业知识”。一直以来，标准的科

① Ragnar F., “Facing the Problem of Uncertainty”, *Journal of Agricultural and Environmental Ethics*, No.6, 2002, pp.155-169.

② Collins H., Evans R., “The Third Wave of Science Studies: Studies of Expertise and Experience”, *Social Studies of Science*, Vol.32, No.2, 2002, pp.246-256.

学知识的划界很固执地将“外行”排除在外，但是，近十多年间诸多的公众参与科学决策的实践案例证实：“外行视角”在政策制定中的参与有效地调和了不同群体之间对科学的争议与分歧。公众介入到科学决策过程中的理想模式是建立在专家与普通公众的合作与相互依赖的良序模式之下，在生产和使用知识的过程中专家可以与公众密切合作。“互动型的专业知识”成为一种疏解公众参与科技决策过程中合理性困境的理想方式。

（2）承认认知方法的多元，实现多元认识方法的互补

科学决策是对现实问题的即时解决，那些置身现实环境之中的人才有着最切实、最丰富的经验认识。这些经验也正是近现代科学强调的知识来源。近十几年间发展起来的参与者观察研究强调各种认识和社会假设在权威知识的生产过程中都发挥作用。在这里，要平等对待处于专家位置和非专家位置的人，或者占支配地位的人和处于边缘区域的人。医学和环境科学为参与者观察研究提供了特别富有成果的场所，例如，关于切尔诺贝利放射性沉降物的研究中，坎布里亚牧羊农民告知科学家当地土地是碱性而非酸性、研究中使用的分析模型是错误的、辐射的影响通过动物和食物链影响到人。这些案例记录了“公民科学”的出现，即普通人的经验知识及其积极主动的事实确认，挑战或放大了专家的主张。

在中国国家治理现代化进程中，提倡决策科学化。本书前述许多章节中结合转基因农作物安全评价、食盐加碘、环境影响评价和计划生育等政策的制定与调整中的知识争议与政策沿革，详细分析了中国公共决策科学化实践中出现的合理性困境及解决的情况。这里就不再赘述。发扬科学知识民主，可以有效解决公共决策科学化中的合理性困境，完善科技治理，促进国家治理现代化。

二、科学决策的民主困境与解决

科学决策所受到的质疑并不仅仅是源于自身的合理性问题，还因

其与西方民主制度的冲突而受到批判。从逻辑上来说，知识与民主的关系是矛盾的，民主政体主要是遵从多数人的意愿，而知识则又是少数人所掌握的真理。从现实的政策实践来看，政府决策越来越依赖于知识，而这种知识型决策也需要通过民主取得政策合法性，获得人民的理解和支持。科学技术知识的高度专门化，使得专家咨询远离一般公众，导致技术统治而背离民主理念。这一趋势被以哈贝马斯、温纳为代表的学者注意并批判，前者指出了科学技术在资本主义国家已获取的意识形态地位[①]；后者更是提出，由于科学技术同时涉及真理问题和最佳科学技术解决方案，真正的政府管理行为不应包括人民大众参与和民众的直接发言权[②]。名义上追求科学性的决策，很可能会变成专制主义的决策。这就是科学决策的民主困境。如何在政策制定中把科学决策和民主决策统一起来，这是需要研究的重大问题。至少在两个方面，科学知识民主可以提供解决科学决策民主困境的途径。

（1）扩大决策参与者，让决策中的利益相关者的代表进入到决策程序之中

当科学被视为一项公共事业时，便不能够再以知识的合理性来逃避政治的合法性，科学活动也必须保障公民的参与权利。尽管民主共和理念背后的集体福利的价值承诺与现代科学决策的哲学基础相符合，但是，我们应该认识到民主时代科学决策的价值蕴含不再单一。这恰恰是将民主理念贯彻到科学决策中的现实困境。一项合法的科学决策应当是专家意见、公众的参与和接受以及法律授权和责任等三者的结合。其中包含本质上的合法性和程序上的合法性。本质上的合法性要求决策符合全体公民的利益，而程序上的合法性则要求在决策过程中，有各阶层相关利益者的平等、自由地参与。如何实现平等、自由地参与，科学知识

① [德]尤尔根·哈贝马斯：《作为“意识形态”的技术与科学》，李黎、郭官义译，上海：学林出版社，1999。

② Winner L., *Autonomous Technology: Technics-out-of-Control as a Theme in Political Thought*, Cambridge, MA: MIT Press, 1978.

民主在理论和实践中都进行了一些尝试。例如，在不需要很多专业知识的领域，有教育基础的公民通过共识会议等形式直接参与其中，如大气污染、水污染等；而在一些科学技术专业化程度高的议题中，则效仿共识会议的模式或开展各类听证会，并由专家用通俗易懂的语言向公众解释和分析，最终的决定权归公众所有。在实践中，公众参与发挥了积极作用："民众对于环境风险从隐忍到爆发社会行动的转变历程，事实上也是民众风险自觉的历程，科学知识不再被单纯地视为客观事实，而是可以包含主观价值的论述。民众的反抗意识不再仅局限于直接的受害经验，多起邻避事件都是对尚未兴建的项目进行反抗，通过知识与草根力量的结合，将风险感知的时间点往前推移，这些行动关注未来建设项目对其居住环境、财产与健康等权益的影响。"①

（2）通过科学决策过程中咨询专家的去政治化，实现决策的民主价值

在理想的科学决策模型中，咨询专家的选择应当是去政治化的，也就是专家遴选依据其知识和学术声誉，而不是其政治倾向和意识形态。但是，我们并非生活在理想世界中，现实世界中政治考虑往往影响咨询专家的遴选。解决科学咨询专家遴选中的政治化问题，一种解决方案是阻止政治因素发挥作用，但实际上难以做到。另一种可行的方案就是让各种政治偏见相互抵消。也就是说，专家确实因为潜在的利益相关者身份而影响专业咨询结果，而专业知识的支持在国家治理中又是不可或缺的，那就不如直接将制定规则的权力委托给专业的利益相关者，甚至主动建立利害关系来吸引这些利益相关者；而政府仅需要通过独立的资金来源、加入有限的监督和加强与立法政治的隔离等手段来保证政策的民主性。具体来说，就是承认知识渗透价值，承认科技咨询专家的价值倾向，通过民主磋商，避免少部分专家与政治权威的合谋，实现价值认同。不同的人群有不同的价值取向和利益诉求，在科学决策过程中，均

---

① 杜健勋：《论环境风险治理转型》，《中国人口·资源与环境》，2019(10): 38。

会寻求有利的证据支持以保证决策有利于自身。在科技咨询之中，不能苛求科学家放弃自身价值取向和利益诉求，可行的方法只能是各自表达其价值取向和利益诉求，经过广泛的磋商，达成最大程度的共识。

由于专业知识的不确定性、不同学科的视角差异性，新知识出现的偶然性等因素，在很多情况下，不同立场的政治权威，均能找到持有利于己方的观点的少数专家。夏曼（A. Sharman）等人调查发现：欧盟《可再生能源指令》中提出的“到2020年欧盟成员国的道路运输燃料至少包含10%的可再生能源”这一目标所依赖的科学证据是在政治活动和资本活动的引导下被制造出来的。在这一过程中，政策可能并非基于科学证据而制定，而是“基于政策的证据收集”①。少数专家试图用自己的科学观点配合利益、立场相符的政治家，引导政策决定，出现实质上的技术统治；或是政治权威选择部分专家，片面使用、滥用，甚至制造专业知识，使之符合自己的政治需求。这两种情况都使得科学决策出现民主困境。广泛的科学知识民主，可以最大程度改善这一情况。

戴维·雷斯尼克（David Resnik）曾就美国各种国家级科学咨询委员会专家遴选中如何实现去政治化、促进科学决策的民主治理，提出建议。基本内容如下：减少总统和政府对咨询委员会的任命权力，由国会实施约束。首先，国会监督政府科学咨询的质量和可靠性，让行政机关对政府科学咨询中的问题负责任。其次，国会立法允许国会的委员会批准某些政府科学咨询委员会的任命，并严格限制政府科学咨询委员会的数量。最后，国会有权调查、批评科学咨询委员会的任命、咨询报告和会议记录②。关于这一科学咨询委员会如何运行，戴维·雷斯尼克又建议道：“当专家咨询委员会提出某个意见的时候，政府应该遵从这个意

① Sharman A., Holmes J., “Evidence-based Policy or Policy-based Evidence Gathering? Biofuels, the EU and the 10% Target”, *Environmental Policy and Governance*, Vol.20, No.5, 2010, pp.309-321.

② [美]戴维·雷斯尼克：《政治与科学的博弈：科学独立性与政府监督之间的平衡》，陈光、白成太译，上海：上海交通大学出版社，2015: 195。

见，除非有令人信服的不遵从该意见的证据。证明的责任应该属于那些试图忽视专家意见的人。如果一个咨询委员会的意见对立双方相对均势，仅对某一立场形成微弱多数，此时政府官员可以选择采纳少数派意见。但政府官员不可忽视绝对多数（66%以上）的立场。政府不应扭曲、操纵、篡改或审查科学咨询委员会或科学机构的咨询报告。咨询委员会的报告和会议记录应当向公众开放。如果行政机构不赞成某个委员会的报告，它可以发表立场相反的意见。”① 同时，政府应当向咨询机构提供资助，以完成必要的调查、研究工作。

雷斯尼克的这一建议是在承认咨询专家具有价值取向与政治倾向前提下，通过国会任命，让多种政治立场和价值取向相冲突，经过民主磋商，达成决策咨询意见。这一建议立足于美国国会的代议制民主的制度基础之上，假设国会议员代表了各阶层、各种族、各地区的人民的利益。实际上，在金元政治的影响下，这一建议的实施效果与理想还存在一定差距。相反，中国实行全过程人民民主，加强政党协商、人大协商、政府协商、政协协商、人民团体协商、基层协商、社会组织协商等多渠道民主协商，在实现多元价值取向和政治倾向的专家遴选与意见磋商方面，具有制度优越性。

本书前述多个章节中结合转基因农作物安全评价、食盐加碘、环境影响评价和计划生育等政策的制定与调整中的知识争议与政策沿革，详细分析了中国公共决策科学化实践中出现的民主困境及解决情况。这里就不再赘述。科学知识民主是一种在知识生产和应用阶段容纳所有主体平等自由参与和理性协商的民主形式。知识民主以协商民主理论为基础，具有多元主体参与、理性协商、知识的平等共享等三方面的典型特征。中国实行全过程人民民主，在根本上保障重大议题的民主协商与民主决策。全国过程人民民主特别强调通过协商达成根本利益一致基础上

① [美]戴维·雷斯尼克：《政治与科学的博弈：科学独立性与政府监督之间的平衡》，陈光、白成太译，上海：上海交通大学出版社，2015: 195–196。

的共识，这一点优越于西方国家偏重选举民主的制度，也为中国发扬科学知识民主，解决科学决策的民主困境奠定了良好的制度基础。

三、科学之自由与计划发展的平衡

当代国家的科技治理中一直存在一个颇有争议的话题，即国家对于科学发展的作用。从20世纪30年代英国科学家贝尔纳和哲学家波兰尼之间的争论，到40年代后期美国政府官员布什和国会议员基尔格之间的争论，再到90年代表政策界的美国国会和代表科学界的科学家之间的争论，都围绕科学应该由国家"计划"发展还是"自由"发展的问题而展开。科学的自由与计划发展之间的矛盾冲突成为当代国家治理中的一个突出困境。

20世纪30年代初，英国学者贝尔纳在其著作《科学的社会功能》中强调如下三个观点：除非在某种程度上对科学工作加以规划，否则科学就无法有所进展；虽然我们的确不知道自己可能发现些什么，但我们首先应该知道到哪里去找寻；某些短期规划一直是科学研究所固有的，长期规划则含蓄地体现于科研人员的培训之中①。1936年，英国成立了以贝尔纳为首的科学人文主义者组织，宣称要对科学进行国家计划发展。与之相对，1940 年以波兰尼为首成立科学自由协会，宣称：科学是完全自主的事业，科学的发展是无法计划的，科学系统是自我调节的共同体；科学体系的本质是通过独立科学家各自的努力而实现科学的进步②。这次争论尽管双方言词针锋相对，但实质观点并没有太大的分歧。双方将焦点放在了意识形态的差别上，对"计划"的具体内容却没有太多的讨论。

1945年7月，美国科学研究与发展局局长万尼瓦尔·布什向总统提

---

① [英]J. D. 贝尔纳：《科学的社会功能》，陈体芳译，北京：商务印书馆，1982: 437。

② [英]迈克尔·博兰尼：《自由的逻辑》，冯银江、李雪茹译，长春：吉林人民出版社，2002: 96。

交报告《科学——没有止境的前沿》，阐述了三个基本观点：①科学是政府职责范围内的事，政府只是为了国家的福利才开始利用科学；②基础研究将导致新的知识和对自然及其规律的理解，是技术进步的先行者；③建议成立美国国家科学基金会（NSF），以确保对基础研究的支持。其思想的精髓是：基础研究会产生新知识，基础研究的繁荣自然会满足国家目标。虽然我们不可能预测这些新知识将会有什么具体的应用，但这些知识最终得到了实际应用，因此，国家不需要按社会经济目标为科学设立优先选择的目标和路径，而是应该提供稳定的资金支持，保证探索的自由①。

布什的观点提出后不久，民主党参议员哈利·基尔格（Harley Kilgore）向国会提出《政府战时研究和开发报告》，针对性地提倡国家计划发展科学，强调政府作用和潜在用户需要。此后，布什和基尔格各为一方代表，展开了近五年的激烈争论。这场争论的焦点是准备成立的NSF的行政结构和体制。1947年，美国国会参众两院通过成立NSF的议案，但却遭到杜鲁门总统的否决。其理由是：NSF决定国家重大政策，掌握巨额经费。这样的权力机构不能由议案所谓的“民选公民”来执掌。其主任不由总统任命，其他官员亦为兼职人员，这种组织方式会削弱总统职权。另外，基金会中有些成员来自可能获得基金拨款的单位，这将难以避免利益冲突和拨款偏袒。议案被驳回国会后，按照杜鲁门的意见作了修改，才于1950年得到总统的批准。这场争论明确界定了国家计划发展科学的实质内容，并通过NSF这一政府部门来实施。

进入20世纪70年代，随着大科学的形成和后福特式生产体系的建立，科学研究直接服务经济社会发展的压力越来越大，科学与国家政治需求的结合越发紧密起来。围绕NSF“战略研究”的调整，科学的自由

① [美]V. 布什等：《科学——没有止境的前沿》，范岱年、解道华等译，北京：商务印书馆，2004: 63–64。

与计划发展的争议进入到一个新层次。科学共同体认为，“战略的”就意味着“应用的”，如果以“战略研究”为主组织NSF，容易造成与科学发展规律不符的制度，因为今天合适的战略目标明天可能就不合适。然而，政府认为，科学是经济发展的重要力量，因此，科学投资应集中于对经济增长有重要意义的目标。这些目标是重要的国家目标。1994年，美国政府发表政策报告《科学与国家利益》，明确提出：科学推进着国家利益，改善着我们的生活质量；对科学的投资是具有巨大回报的可持续资源；科学研究与技术作为支撑国家经济的相互依赖的因素，应获得优先投资，以实现新的、拓展了的国家目标①。

科学共同体与政府及社会各界达成基本一致的观点。主要是如下四点：①基础研究是重要的。科学探索是基础研究的根本。基础研究是技术进步的先行者。只有对新问题的探索和研究，才能产生新知识，才有进一步的实用技术的创新。传统工作、生活、教育、福利方式等方面的创新，都根植于基础研究的发现。②政府应主导和组织科学发展。科学已经不再是科学界自己的事情，它逐渐成为政府职能的一部分。③基础研究和应用研究并不存在截然区别的界线，它们相互联系，基础研究会导致实用技术的突破，应用研究也可能产生科学发现。基础研究和技术发展支撑着国家的繁荣富强，反过来，国家繁荣富强目标的实现，又会服务于基础研究和技术进步，促进科学研究系统的进一步发展。科学发展最终要体现国家目标。实现这一良性循环，必须强化三个要素：一是激励基础研究，确保新思想的产生；二是从基础研究中不断汲取新发现，用于技术开发，解决社会和环境问题；三是加强教育体系建设，保证科学家、工程师和公众的交流渠道。④科学的“计划”与“自由”发展相辅相成。基础研究和应用研究的相互联系，自由探索和长远目标的相互支持，说明在科学技术发展的进程中，“计划”和“自由”并不完

① [美]威廉·J. 克林顿、小阿伯特·戈尔：《科学与国家利益》，曾国屏、王蒲生译，北京：科学技术文献出版社，1999: 3。

全对立。它们在研究的某些领域、时段和程度上相辅相成。只有将国家利益和科学、技术、教育政策相结合，才能取得科学研究的长足进步，才能实现国家目标和人民的安康。这构成了知识经济时代国家科学技术政策的基础。

然而，科学与政治的关系并非一顺百顺，二者间的紧张关系或强或弱依旧存在。有时政治家为了自身利益，打破科学与政治的平衡。有学者认为，2001—2007年，美国乔治·布什政府为保证石油开采行业的利益，有意篡改气候变化科学项目的数据和内容，坚称人类活动在气候变暖中没有起到主要作用，反对《京都议定书》[①]。政治家们试图控制、操纵或影响科学决策以实现其政治目的。雷斯尼克认为存在如下一些情况："审查或篡改科学出版物，如报告或其他出版物品；秘密安排科学咨询委员会的成员，选择赞同既定政治议题的专家；如果科学咨询委员会的意见与其政治立场不一致，则拒绝听从；干扰或者逃避科学同行的评议；出于政治目的，限制政府资助的科学研究。"[②] 这些做法带来负面影响，诸如，破坏科学研究的诚信和信誉，妨碍科学创造性和创新性，损害政府行为及政策的公平性和有效性，侵犯科学家的研究权力，等等。

2021年4月21日，美国第117届国会参议院多数党领袖查克·舒默（Chuck Schumer）联合共和党参议员托德·杨（Todd Young）提出新版本的《无尽前沿法案》（Endless Frontier Act），并于2021年5月12日获得美国国会参议院商业、科学和运输委员会表决通过。该法案的主要战略是调动国家机制，以立法与国家投资等方式，将科技研发、商业化和人力资源等重新作为国家战略的出发点。具体提议包括：重构NSF，产生科技董事会，计划在4年内经费增加四倍（现在整个机构有80亿美

---

① [美]戴维·雷斯尼克：《政治与科学的博弈：科学独立性与政府监督之间的平衡》，陈光、白成太译，上海：上海交通大学出版社，2015: 5–7。

② [美]戴维·雷斯尼克：《政治与科学的博弈：科学独立性与政府监督之间的平衡》，陈光、白成太译，上海：上海交通大学出版社，2015: 16。

元的预算）。NSF也将重新被命名为美国国家科学技术基金会，科学方向和技术方向分别有自己的副主任（NSF现在只有一个副主任）。新法案呼吁在未来的5年再拨付1000亿美元给NSF，以完成新的职责。

查克·舒默和托德·杨认为："在核心科技领域，如人工智能、量子计算、高级通信、先进制造业，取得胜利的国家，将会是未来的超级大国。"这新增加的1000亿美元，NSF将拨付给一些高校科研机构的10项主要领域，用于发展高科技产品，并最终通过公司引入市场。同时，也强调了对教育和培训项目的投资，促进所有高新科技的发展，加快NSF经费用于基础研究。与此配套，美国商务部也将拨付大概100亿美元投资10～15个地方性科技中心，用来培养现有国家科技热点之外的其他领域的创新。这一战略将大大加强科学技术的计划发展[①]。这是针对当前国际竞争形势，特别是中国科技实力迅速提升而制定的战略。此举将围绕核心领域打响国家科技竞争战。美国政客试图以此恢复并巩固美国在科技方面的全球主导地位，并最终为经济发展等提供高效动力，促进社会进步。

科学知识民主的理论探讨有助于认清参与到科学的研究与应用等领域中的科学家、政府、企业、公众与媒体等各类参与者的权利与责任，特别是科学家与政府的权利与责任。科学家要负责科学中的研究设计、假说检验、数据分析与解释，而政府要负责科学资助、科学决策、科学风险控制、科学教育、科学伦理监督，以及与国家安全相关的科学出版等等。尽管，政府的资助与管理会渗透到科学研究进程之中，但科学家不能以此为由摆脱科学研究的主要责任。相反，科学家应当更多地了解科学的政治并参与到与科学有关的政治议题之中。科学家要能够面对审查制、资助的限制、科学咨询的扭曲等各种科学政治化问题，发挥作用，避免政治化给科学带来的危害。在实践中，2006年成立了美国科

---

① Mervis J., "U.S. Lawmakers Unveil Bold $100 Billion Plan to Remake NSF", (2021-05-25) [2021-08-02], https://www.sciencemag.org/news/2020/05/us-lawmakers-unveil-bold-100-billion-plan-remake-nsf.

学家与工程师联盟（Scientists and Engineers for America，简称SEA），教育公众和科学共同体成员了解科学政策问题并参与相关政治过程，确保政治家有责任就相关科学问题根据自己的立场传播正确的信息。该联盟制定《科学家和工程师权利法案》，在行动上推进科学知识民主。该法案主要内容如下[①]：①公共政策的制定应使用可以获得的、最好的科学、技术和工程知识；②任何政府组织不得故意散布虚假或误导性的信息；③政府对科学、技术、工程和数学（STEM）教育的资助只能用于以证据为基础的课程；④没有人会因为她或他自己的研究成果而担心报复或恐吓；⑤使用公共资金进行研究或分析的科学家、技术专家和工程师在讨论和出版其研究工作时有权利免受不合理的限制，政府资助的研究或分析的结果应该向公众公开，而无任何不合理的拖延；⑥以国家安全为由，限制某些信息公开的决策应有清晰、公开、透明的过程，应该有质疑类似决定的程序，以及纠正保密制度错误和滥用的补救措施；⑦曝光他们所认为的出于政治或意识形态原因操纵研究和分析的雇员应受到保护，使其免受由于大胆直言而带来的恐吓、报复或其他不利的认识行动；⑧公共资助的咨询委员会的任命应当考虑职业和学术能力，而不是政治隶属关系和意识形态。

一直以来，中国的科学发展有着较强烈的“计划”色彩。进入到21世纪，面向知识经济与知识社会发展潮流，中国政府也深刻认识到科学在促进技术进步、实现国家目标中的重要作用，深刻认识到政府在科学发展中的重要责任。从历史规律来看，任何国家都不能单纯依赖技术引进、消化、吸收和再创新而大幅提高本国核心技术的自主创新能力，还必须依靠本国基础研究力量的提升。目前，中国科学发展虽然已取得显著成就，但仍然少有领先世界的研究领域，这正是造成中国科学研究不能有力推动自主创新的根本原因。尽管科学知识具有公有共享性，科学

---

① [美]戴维·雷斯尼克：《政治与科学的博弈：科学独立性与政府监督之间的平衡》，陈光、白成太译，上海：上海交通大学出版社，2015: 201–202。

知识可以为任何国家采用来进行技术开发，但是，当某一国家试图利用最新的科学知识来进行技术开发之时，必须依赖一批对此科学知识有着深刻认识并能够将之推广应用的优秀科学家，换言之，该国在此科学领域须处于国际领先水平。因此，以科学发现为目的的基础研究是未来我国发展技术与实现国家目标的不可或缺的重要基础。

2015年，国务院办公厅印发《关于发展众创空间推进大众创新创业的指导意见》（国办发〔2015〕9号），加快实施创新驱动发展战略，顺应网络时代大众创业、万众创新的新趋势，激发亿万群众创造活力，打造经济发展新引擎。8年来的实践取得了良好的成果，极大促进了我国的科学发展与技术创新，推动了经济发展与社会进步。当然，这同时也招致老牌帝国主义的围堵与遏制。在当今知识经济时代，为维持其全球霸权地位，这些先发国家想尽办法占据科技领导地位。2020年以来，以美国为首的西方国家对中国实施高技术出口限制，造成科技领域的“卡脖子”状况。中国的科技发展和经济社会进步遭遇极大限制。在这一背景之下，发扬科学知识民主，促进“计划”与“自由”发展的平衡，激发广大科技人员和公众积极参与科技创新，就显得更为重要。

第三节 拓展国际合作，构建人类命运共同体

当代信息科学技术、交通科学技术与航空科学技术将地球变成了一个地球村，各国、各地区人民可以方便、快捷地交流信息、物资与人员，人类社会大家庭的趋势日益加强。面向日益增多的共同问题，各国人民加强合作，构建人类命运共同体，共解难题，是大势所趋。

一、当代人类面临的全球性问题

当代社会中，人类共同面临的发展中问题日益增多。这些问题需要

携手解决。气候变化、瘟疫流行、人口老龄化、粮食短缺、能源短缺是当前人类社会面临的五大全球性问题。

自20世纪70年代以来，全球气候变化引起国际各界人士的普遍关注，特别是2009年哥本哈根大会之后，气候变化成了国际社会广泛关注并持续争议的重要问题。气候变化是多样的，人类社会曾经历过气候变冷、极端天气、酸雨、臭氧层破坏等气候变化，而全球气候变暖更具有代表性。气候变化给人类生存、生产和生活带来持久的消极影响。1988年，联合国政府间气候变化专门委员会（IPCC）成立，气候变化议题被逐步上升至国家战略和外交政策高度。从联合国政府间气候变化专门委员会的角度来看，气候变化问题更多的是指“人为气候变化”（anthropogenic climate change），也就是人类活动排放的温室气体导致的全球温升以及因此而引起的气候变化。地球只有一个，全球气候变化不区分国家，因此应对全球气候变化也就成了世界各国必须共同参与的国际事务。气候变化本是自然现象，应对气候变化似乎只需要科学和技术，但是，一旦涉及国家利益，就变成了政治问题。气候变化与气候政治不可分割。IPCC作为气候科学的知识共同体，首要功能在于阐述关于气候变化的普遍知识。但是，在这一过程中却无法解决国家间的政治分歧，而这类分歧反过来又妨碍了温室气体减排以及有效应对气候变化。从国际政治的角度来看，气候变化既为国家安全的逻辑注入新的内容，又因各国不同的风险观念和社会价值理念而争议不断。2015年，《巴黎协定》诞生，气候政治倾向进一步加强，主要国家深刻认识到气候变化带来的巨大影响，认为亟须共同应对气候变化。具体达成如下共识：“一是国际社会通过该协定确定了21世纪内尽快实现世界经济脱碳的必要性，各国意识到彼此间高度相互依存，主要经济体和碳排放国必须为应对气候变化风险而共同采取行动。二是在《巴黎协定》框架下实行所谓自主贡献趋同，即美国、中国、欧盟等主要排放国/国家集团甚至一些发展中国家采取气候行动计划，进一步限制温室气体排放量。三是在实现低碳甚或脱碳发展的世界愿景中，低排放能力日益成为重要的权力和影响力来源。通过专业、知识、政策、技术和经济手段等促进脱碳的能力，低排放能力强的行为体可能从中收获经济利益并带动世界经济发展，同时在应对气候变化中不断推进主要排放国之间的合作。”[①] 然而，随着各国经济发展中碳排放量的升高，国际关系和国内政治中围绕气候变化而发生的冲突加剧。2019年马德里气候大会并未就《巴黎协定》实施细则第六条中有关碳市场机制合作这一关键问题达成共识，在减排和资金等具体议题上仍存在较大的南北分歧。与此同时，民粹主义、极端民族主义、单边主义、环境主义等思想与政治势力抬头，各国在气候变化应对中的相互信任降低。2020年11月4日，美国正式退出《巴黎协定》。拜登政府上台后，又于2021年2月19日重返《巴黎协定》。美国在《巴黎协定》上的反复大大打击了全球应对气候变化的信心。

伴随全球气候变化，极端天气增多，自然灾害频发，流行性瘟疫持续增加。2019年12月，新型冠状病毒引发的疫情持续肆虐全球。世界卫生组织2022年6月9日公布的数据显示，全球累计新冠确诊病例超过5.32亿例，死亡病例超过630.3万例。持续2年多的新冠疫情造成世界经济严重衰退。此外，仅在1980年以后全球就多次暴发影响范围广泛的疫情。1981年至今，艾滋病在世界范围内流行，到目前大约已经夺走3500万人的生命。特别是非洲地区疫情严重。2009—2010年甲型H1N1流感大流行，在一年内，感染了全球多达14亿人，致死超过57万人。2014—2016年，埃博拉疫情席卷了西非，报告了28 600例病例，其中11 325例死亡。2016年，非洲安哥拉、刚果和乌干达等地集中爆发了黄热病，疑似病例达7509例，其中确诊970例，死亡130例，病死率为13.4%。2018年，黄热病入侵了南美洲，巴西全国共确诊黄热病病例1257例，其中394例死亡。2019年菲律宾、马来西亚、越南爆发登革热病，病患总数超10万例。1999年和2003年西尼罗河病毒（西尼罗热）在北美肆虐。

① 赵斌：《全球气候治理的复杂困局》，《现代国际关系》，2021(4): 38。

2003年，美国当年共有9862人患病，其中264人死亡，平均死亡率高达10%，幸存者也将面临长期神经疾病困扰。2002年SARS在中国、东南亚乃至全球扩散。截至2003年8月，中国累计报告诊断病例5327例，死亡349例。

人口老龄化也是一个突出问题。按照联合国有关规定，一个国家65岁以上的老年人占人口总数超过7%，或者60岁以上老年人占人口总数超过10%，便被称为“老年型”国家。当前，在全世界190多个国家和地区中约有70 个已进入“老年型”国家。预计2050年，全球60岁以上的老年人口总数将占总人口21%，并将超过14以下儿童人口的总数。非洲的老年人口将达到2.05亿，亚洲的将增加到12.27亿，欧洲的将增加到2.21亿，美洲的将达到3亿。百岁老人将从2002年的21万增长到320万。人口老龄化导致不利于社会进步的人口结构。退休人口数量增加、人类寿命延长及少子化加速劳动力短缺，加重了劳动人口与整个社会的负担。以欧盟为例，2000年底，欧盟国家73%的劳动力养活27%的退休者，而到2050年，将由47%的劳力养活53%的65岁以上的退休老人。据人口专家预计，到2030年，西方7个主要工业化国家65岁以上人口将占全部人口的22%，而在1980年仅占12.5%。日本是目前全球老龄化最突出的国家。20世纪后半叶的日本是全球最富活力、最年轻化的工业化国家之一，而今人口迅速老化已使日本劳动力短缺，日本政府不得不鼓励已退休的老人继续工作。据第七次全国人口普查提供的数据，截至2020年11月1日零时，中国60岁及以上人口达到2.64亿，占人口总数的18.7%；65岁及以上人口达到1.91亿，占人口总数的13.5%①。中国人口老龄化问题越来越突出。联合国和许多国家政府重视老龄化问题，积极调整人口政策，以保护老年人权益并促成合理的人口结构。自2011年以来，中国政府多次调整人口政策，最新政策鼓励一个家庭生育3个孩子。

---

① 《第七次全国人口普查公报》（第五号），(2021-05-11)[2021-08-02], http://www.mnw.cn。

粮食短缺是长期困扰国际社会的重要问题。2015年之前，全球营养不良人口比例一直在快速下降，达到11%。但此后，饥饿人口的绝对人数不断增加，从2015年的7.95亿人增加到2018年的8.2亿人。撒哈拉以南非洲地区近23%的人口处于饥饿状态，南亚地区15%的人口处于饥饿状态，两个地区饥饿人口数分别为2.39亿和2.79亿人左右。据联合国世界粮食计划署评估，2019年全球粮食短缺人口为1.3亿人，2020年为2.65亿人。自2020年暴发全球范围的新冠疫情，世界经济持续低迷，越来越多的人无力负担所需食品，出口限制和囤积造成粮食供应愈加紧张。从2020年5月到10月之间，全球食品价格上涨幅度高达8%。主要食品的价格上涨更为明显，2020年10月粮农组织谷物价格指数比2019年10月高出16.5%。而在巴西这样的新兴经济体国家，大米、牛奶和西红柿等主要食品的价格已经上涨25%以上。虽然饥饿问题在发达国家并不普遍，但粮食不安全问题，或者说不能持续摄入充足的营养食品的问题依然存在。据联合国粮食及农业组织（FAO）估计，欧洲和北美约有8%的人口缺乏粮食保障，其中，美国有超过11%的人口面临粮食短缺，而英国有10%。粮食不安全状况持续加剧。这一趋势将造成国家之间不平等现象的加剧，特别是新兴市场国家不得不应对饥饿率的上升，经济将进一步萎缩，而发达经济体也将面临风险。粮食不安全问题进一步引发社会紧张局势，带来其他严重问题，如肥胖和儿童发育迟缓。2019年，全球超过20%的5岁以下儿童发育迟缓。在非洲和亚洲部分地区，发育迟缓造成的生产力和经济损失之和高达GDP的11%。查塔姆研究所（Chatham House）发现，世界新兴市场国家中人口营养不良给企业造成的生产力损失可高达8500亿美元①。

能源短缺同样是目前全球面临的重要问题。能源短缺是相对于人们的生产和生活需要而言的。工业化以来，人类社会主要依赖石油、天然气和煤炭等化石能源。1997年世界能源消费总量为121.56亿吨标准煤。

① [德]科尔尼咨询：《全球粮食有风险》，《21世纪商业评论》，2021(2、3月合刊): 8–11。

随着经济的发展、人口的增加、社会生活水平的提高，世界能源消费量以每年2.7%的速度增长，到2020年世界的能源消费总量达到195亿吨标准煤。根据目前国际上通行的能源预测，石油资源将在40年内枯竭，天然气资源将在60年内用光，煤炭资源也只能使用220年。能源短缺一直是困扰各国工业化发展的主要因素。这也造成世界各国为争夺化石能源而大打出手，诸如1990年爆发的伊拉克入侵科威特、1991年爆发的海湾战争，以及2003年的伊拉克战争。在人类开发利用能源的历史长河中，以石油、天然气和煤炭等化石能源为主的时期仅是一个不太长的阶段。化石能源终将走向枯竭，而被新能源所取代。近十几年来，各国纷纷开发核能、氢能、太阳能、水能、风能、海洋能等新能源，以满足未来发展的能源需求。根据国际权威机构预测，到2060年，全球新能源的比例将会占到世界能源构成的50%以上。

二、解决问题的关键：共识

既为全球问题，就需要各国、各民族的协作来加以解决。认识是行动的指导，相互协调的合作需要建立在共识基础之上。对于气候变化、瘟疫流行、人口老龄化、粮食短缺、能源短缺等问题，需要各国、各民族人民建立自然与社会两面的共同认识。

以关于气候变化的认识为例，气候变化涉及气象学、地质学、化学、生物学、生态学等自然科学，同时也涉及经济学、人口学、社会学、政治学、法律、伦理学和哲学等人文社会科学。共识需要建立在多学科学者的知识磋商，以及各国经济与社会利益的协调基础之上。1992年6月在巴西里约热内卢举行的联合国环境与发展大会上，150多个缔约方签署《联合国气候变化框架公约》，表达了基本共识。该公约于1994年3月21日正式生效。该公约首先表达了如下共识：各缔约方承认地球气候的变化及其不利影响是人类共同关心的问题；注意到人类活动已大幅增加大气中温室气体的浓度，这种增加增强了自然温室效应，平均而言将引起地球表面和大气进一步增温，并可能对自然生态系统和人类产生不利影响。注意到历史上和目前全球温室气体排放的最大部分源自发达国家；发展中国家的人均排放仍相对较低；发展中国家在全球排放中所占的份额将会增加，以满足其社会和发展需要；意识到陆地和海洋生态系统中温室气体汇和库的作用和重要性，注意到在气候变化的预测中，特别是在其时间、幅度和区域格局方面，有许多不确定性；承认气候变化的全球性，要求所有国家根据其共同但有区别的责任和各自的能力及其社会和经济条件，尽可能开展最广泛的合作，并参与有效和适当的国际应对行动。

1997年，各缔约国进一步协商，签订《京都议定书》。2015年12月12日，《联合国气候变化框架公约》近200个缔约方在巴黎气候变化大会上又达成《巴黎协定》。这是人类历史上应对气候变化的第三个里程碑式的国际法律文本，形成2020年后的全球气候治理格局。《巴黎协定》共29条，当中包括目标、减缓、适应、损失损害、资金、技术、能力建设、透明度、全球盘点等内容。

从环境保护与治理上来看，《巴黎协定》指出，各方将加强对气候变化威胁的全球应对，把全球平均气温较工业化前水平的升高控制在2摄氏度之内，并为把升温控制在1.5摄氏度之内努力。只有全球尽快实现温室气体排放达到峰值，21世纪下半叶实现温室气体净零排放，才能降低气候变化给地球带来的生态风险以及给人类带来的生存危机。

从人类发展的角度看，《巴黎协定》将世界所有国家都纳入了呵护地球生态、确保人类发展的命运共同体当中。协定涉及的各项内容摈弃了“零和博弈”的狭隘思维，体现出与会各方多一点共享、多一点担当，实现互惠共赢的强烈愿望。《巴黎协定》在联合国气候变化框架下，在《京都议定书》、“巴厘路线图”等一系列成果基础上，按照共同但有区别的责任原则、公平原则和各自能力原则，进一步加强联合国气候变化框架公约的全面、有效和持续实施。

从经济视角审视，《巴黎协定》具有实际意义。首先，推动各方以“自主贡献”的方式参与全球应对气候变化行动，积极向绿色可持续的增长方式转型，避免过去几十年严重依赖石化产品的增长模式继续对自然生态系统构成威胁。其次，促进发达国家继续带头减排并加强对发展中国家提供财力支持，在技术周期的不同阶段强化技术发展和技术转让的合作行为，帮助后者减缓和适应气候变化。最后，通过市场和非市场双重手段，进行国际合作，通过适宜的减缓、顺应、融资、技术转让和能力建设等方式，推动所有缔约方共同履行减排贡献。此外，根据《巴黎协定》的内在逻辑，在资本市场上，全球投资偏好未来将进一步向绿色能源、低碳经济、环境治理等领域倾斜①。

面对当前肆虐全球的新冠疫情，共识与合作更为重要。目前，尽管各国存在分歧，但已形成基本共识。在2021年8月5日举行的新冠疫苗合作国际论坛上，阿根廷、巴西、智利、中国、哥伦比亚、多米尼加、厄瓜多尔、埃及、匈牙利、印度尼西亚、肯尼亚、马来西亚、墨西哥、摩洛哥、巴基斯坦、菲律宾、塞尔维亚、南非、斯里兰卡、泰国、土耳其、阿联酋和乌兹别克斯坦等国发表联合声明，表达如下具体见解②：

（1）我们认为新冠肺炎疫情大流行是全球面临的共同挑战，应秉持人类卫生健康共同体理念，坚持人民至上、生命至上，团结协作应对疫情挑战。

（2）我们强调新冠疫苗作为全球公共产品的重要意义，呼吁各方为实现疫苗在发展中国家的可及性和可负担性继续努力，尽可能向发展中国家特别是最不发达国家提供疫苗。

（3）我们呼吁世界各国与利益攸关方合作，增加国家、区域和全球疫苗研发和生产，根据世界卫生组织要求，以严格标准开展疫苗研发

---

① 王龙云：《〈巴黎协定〉助力全球绿色经济》，[2021-08-02]，人民网，http://finance.people.com.cn/n1/2015/1214/c1004-27923678.html。

② 新华社：《新冠疫苗合作国际论坛联合声明》，《人民日报》，2021-08-06(3)。

和生产，提供安全、有效、高质量的新冠疫苗。

（4）我们支持世界卫生组织通过“新冠疫情应对工具加速计划”及其“新冠疫苗实施计划”获得疫苗，鼓励有条件的疫苗生产国向“新冠疫苗实施计划”提供更多疫苗，呼吁多边金融机构和其他国际组织为发展中国家采购疫苗、提高疫苗生产能力提供包容性融资支持。

（5）我们强调疫苗多边主义的重要性，呼吁各国增强国际合作机制与协作，摒弃“疫苗民族主义”，解除有关疫苗和原材料的出口限制，包括通过技术转让等方式，支持本国企业开展疫苗研发、生产、公平分配等国际合作，确保疫苗跨境运输畅通。

（6）我们呼吁各方支持世界贸易组织继续推进新冠疫苗知识产权豁免，强调需要展现灵活性、务实性和紧迫性。我们鼓励各国通过开展联合研发、授权生产和技术转让等方式进一步加强疫苗产能国际合作，继续采取具体措施提升发展中国家疫苗产能。

（7）我们强调世界卫生组织紧急使用清单制度的科学和重要性，呼吁各国政府在研究放松对疫苗接种者入境管控措施时，采取公平、合理、科学、非歧视性原则，尊重世界卫生组织根据此原则提出的建议，并加强疫苗认证和监管政策沟通协调。

（8）我们听取了疫苗企业代表的报告，欢迎他们取得的合作成果。我们决心进一步采取共同行动，与企业和利益攸关方接触，并支持他们参与疫苗国际合作，增加疫苗产量，提升本地生产能力，共同促进全球疫苗公平、可负担、及时、普遍、合理分配，欢迎更多伙伴加入。

三、共识基础上的国际合作

以民主磋商形成共识，为广泛而有效的国际合作奠定了坚实的基础。通过协商实现劳动力转移、粮食和能源的全球市场供需平衡及必要援助，可以在很大程度上缓解人口老龄化、粮食短缺和能源短缺所带来的困境。在应对气候变化和抗击疫情方面，世界各国通过磋商，达成共识，开展了更有成效的国际合作。

尽管在具体措施上还存在一些未确定内容，但就减少温室气体排放以应对气候变暖方面，美国、中国、欧盟等主要国家和国家集团已达成阶段性目标，并制定和实施了主要的措施。当前不少经济体都制定了碳减排目标，经济去碳化转型成为重要发展趋势。全球已有151个国家公布碳中和目标。不少国家在加快能源转型，引导资金流向气候领域。2021年7月14日，欧盟提议从2035年起将不再有新的燃油车注册。有的国家和城市通过城市规划、发展绿色建筑等，以减少热岛效应和极端高温天气影响。如阿联酋加强对新建建筑的能效管理，严格执行绿色建筑评级标准，推动现有建筑进行绿色改造，减少碳排放。国际货币基金组织前副总裁张涛认为，国际社会可帮助协调各国政府在脱碳方面采取行动，例如可以实施差异化的国际碳价下限，调动气候融资、促进技术转让等。他指出："有效的减排政策往往能在很大程度上收回成本，应对气候变化实际上会促进而不是阻碍经济发展。"[①]

中国在其中发挥了积极作用。2007年6月，中国政府发布《中国应对气候变化国家方案》，全面阐述了中国在2010年前应对气候变化的对策。这是中国第一部应对气候变化的综合政策性文件。2008年10月，中国政府又发布《中国应对气候变化的政策与行动》白皮书，阐述中国减缓和适应气候变化的政策与行动，成为中国应对气候变化的纲领性文件。2009年11月，中国宣布到2020年单位国内生产总值二氧化碳排放比2005年下降40%至45%的行动目标，并将其作为约束性指标纳入国民经济和社会发展中长期规划。2013年11月，中国发布第一部专门针对适应气候变化的战略规划《国家适应气候变化战略》。2015年6月，中国向《联合国气候变化框架公约》秘书处提交了应对气候变化国家自主贡献文件，提出到2030年单位国内生产总值二氧化碳排放比2005年下降

① 沈小晓、张梦旭、李强：《积极采取行动 应对气候变化》，《人民日报》，2021-07-28(16)。

60%至65%等目标。这不仅是中国作为公约缔约方的规定动作，也是为实现公约目标所能作出的最大努力。世界自然基金会等18个非政府组织发布的报告指出，中国的气候变化行动目标已超过其“公平份额”。2017年，中国启动全国碳排放交易体系，并把应对气候变化的行动列入“十三五”发展规划。2021年9月22日，中共中央国务院发布《中共中央 国务院关于完整准确全面贯彻新发展理念做好碳达峰碳中和工作的意见》，明确了中国在气候治理方面的各阶段目标：“到2025年，绿色低碳循环发展的经济体系初步形成，重点行业能源利用效率大幅提升。单位国内生产总值能耗比2020年下降13.5%；单位国内生产总值二氧化碳排放比2020年下降18%；非化石能源消费比重达到20%左右；森林覆盖率达到24.1%，森林蓄积量达到180亿立方米，为实现碳达峰、碳中和奠定坚实基础。到2030年，经济社会发展全面绿色转型取得显著成效，重点耗能行业能源利用效率达到国际先进水平。单位国内生产总值能耗大幅下降；单位国内生产总值二氧化碳排放比2005年下降65%以上；非化石能源消费比重达到25%左右，风电、太阳能发电总装机容量达到12亿千瓦以上；森林覆盖率达到25%左右，森林蓄积量达到190亿立方米，二氧化碳排放量达到峰值并实现稳中有降。到2060年，绿色低碳循环发展的经济体系和清洁低碳安全高效的能源体系全面建立，能源利用效率达到国际先进水平，非化石能源消费比重达到80%以上，碳中和目标顺利实现，生态文明建设取得丰硕成果，开创人与自然和谐共生新境界。”①

在气候治理方面，中国还积极推进南南合作，向发展水平较为落后的国家和地区提供力所能及的支持。2011年至2014年，中国政府累计安排2.7亿元人民币用于帮助发展中国家提高应对气候变化能力。2014年9月，中国宣布从2015年开始将在原有基础上把每年的“南南合作”资金

---

① 《中共中央 国务院关于完整准确全面贯彻新发展理念做好碳达峰碳中和工作的意见》，中国政府网，[2022-04-12]，http://www.gov.cn/zhengce/2021-10/24/content_5644613.htm。

支持翻一番，建立气候变化南南合作基金，并将提供600万美元支持联合国秘书长推动应对气候变化南南合作。2015年9月，中国宣布出资200亿元人民币建立“中国气候变化南南合作基金”，用于支持其他发展中国家应对气候变化。

目前，中国持续努力，以实现碳达峰、碳中和，以及能源绿色低碳转型的战略目标，积极开发和利用可再生能源。2020年中国可再生能源发电量超过2.2万亿千瓦时，占全部发电量比重接近30%，全年水电、风电、光伏发电利用率分别达到97%、97%和98%，已成为世界水电建设的中坚力量，风电、光伏发电基本形成全球最具竞争力的产业体系和产品服务。2020年中国可再生能源利用规模达到6.8亿吨标准煤，相当于替代煤炭近10亿吨，减少二氧化碳、二氧化硫和氮氧化物排放量分别约达17.9亿吨、86.4万吨和79.8万吨，为减缓气候变暖做出了积极贡献。中国政府推行的“精准扶贫十大工程”之一的光伏扶贫成效显著，水电在促进地方经济发展、移民脱贫致富和改善地区基础设施方面持续贡献，可再生能源供暖助力北方地区清洁供暖落地实施。

在国民经济与社会发展“十四五”期间（2021—2025年），中国对节能减排做出了严格计划：可再生能源发电新增装机容量占新增发电装机的70%以上，可再生能源消费增量占一次能源消费增量的50%左右。到2025年，预计可再生能源发电装机占全国发电总装机的50%以上。可再生能源将由能源电力消费增量补充成为增量主体，在能源转型中发挥主导作用。到2025年，“三北”地区多个省份风电、光伏发电装机占比超过50%，构建以新能源为主体的新型电力系统。农光互补、渔光互补、光伏治沙等复合开发模式持续壮大，新能源发电与5G基站、大数据中心等信息产业融合发展，在新能源汽车充电桩、铁路沿线设施、高速公路服务区及沿线等交通领域推广应用，新能源直供电和以新能源为主的微电网、局域网、直流配电网不断提高分布式可再生能源终端直接应用规模，促进新能源与新兴技术、新型城镇化、乡村振兴、新基建等深度融合，不断拓展可再生能源发展新领域、新场景[①]。通过这些具体措施的落实，中国将在节能减排、应对气候变暖方面取得巨大成果，同时，以表率作用发挥知识民主的积极作用，促进全球合作，应对气候变暖。

① 《中国可再生能源发展报告2020发布》，[2021-08-06]，https://baijiahao.baidu.com/s?id=1703882293655053638&wfr=spider&for=pc。

第十二章

结　论

科学与民主分别属于认识与政治两个领域，然而，所有的政治活动中都不可避免地要借助于人类的认识成果——知识。在古代社会中，知识掌握在少数人手中，精神活动是少数人的特权，因此，古希腊柏拉图提出“哲学王”之治，中国的庄子与孔子则提倡“内圣外王”之道。这些学说和理论为帝王专制提供了依据。欧洲中世纪，借助天启论，教会将精神生活与知识牢牢地控制于手中，推行近千年的教会专制。然而，随着启蒙运动的高涨和文艺复兴的爆发，人的精神生活摆脱教会或士族等少数阶层的控制，回到个体的人的手中。正如康德所言：启蒙运动是人类智力解放的时代。特别是20世纪以后，随着教育的普及，普罗大众广泛地掌握各种知识，政治活动中知识的利用就不再能够由少数人控制，相反，各类参与者都要提出知识主张，经过磋商而达成一致。与此同时，知识的生产也难以由少数人把持，相关者都要提出见解，参与其中。这就提出了一个当代社会的新课题——知识民主。20世纪的知识民主更为突出地体现在科学知识这种典型的世俗知识的生产和应用之中。提出科学知识民主的目的不是将科学与政治混为一谈，相反，是要在理论上澄清在研究和应用科学的各个领域中各类参与者的权利和责任，在实践中促使各类参与者良好地履行职责，以便更好地发展科学、造福人类。

经过前述12章的分析，我们可以得出如下简明的结论：

（1）科学知识民主是指在当代具有情境化、跨学科、异质性与网络型等特征的知识生产和应用过程中，各参与者平等、自由地表达主张、交流磋商和达成共识。它要求不仅实现科学治理的民主化，而且，要实现科学知识生产和应用的民主化；不仅是科学共同体内部的民主，也是政府和公众的民主。它不仅是由科学知识在当代公共决策和民主中的地位所决定的，也是由科学知识的发展和民主条件的发展所决定的。

（2）科学知识民主是近代以来科学与民主关系在当代的深化发展。20世纪70年代以来，后福特式生产体系和国家创新体系的形成以及大科学发展模式的确立，使得科学知识生产和应用中的异质多元主体参与已成为越演越烈的社会趋势。深入社会现实，探讨科学知识民主问题，是时代提出的重大任务。

（3）科学知识有其自然属性与客观性。在科学历史进程中，不同人群对于科学客观性存在不同理解，追求一致性是相同之处。同时，科学知识也有其社会属性和建构性，不同参与者的价值取向和利益诉求，会体现在科学研究选题、研究进程设置、知识评议和知识应用之中。立足于马克思主义的实践认识论基本观点，我们才能深刻理解科学知识的自然属性与社会属性、客观性与建构性的辩证统一。

（4）科学知识民主首先体现在科学知识的生产过程之中，更多地表达为科学共同体内部的民主。科学家与科学共同体是内部民主的主体，多重发现、同行评议和重复实验是实现科学共同体内部民主的基本方式，而科学的社会规范则是保证科学共同体内部民主的约束条件。在知识社会和大科学时代，政府、企业和公众也以课题设置、资助选择、绩效考核、经验知识供给等多种方式，参与到科学知识生产之中。

（5）当代科学知识民主更多地体现在科学知识的应用过程之中，表达为公共科技政策制定过程中的民主。公众参与科技政策成为科学知识应用中的民主的集中体现。这一过程既是政策制定过程，也是公共科学知识的生产过程。知识权利是知识社会中公民的基本权利，因此，政府、科学家与科学共同体、企业、公众与媒体都成为公共科学知识生产中的主体，通过明确知识需求、提出知识主张、交流和磋商、达成共识，生产公共科学知识。这是一个多元主体凭借其资源禀赋、采取各种策略，进行认知、利益和价值博弈的过程。当代的公共科学知识生产已形成完整的生产体系。专家咨询委员会发挥着沟通科学共同体内外民主的中介作用。

（6）在现代社会的发展进程中，继政治民主、经济民主、社会民主之后，出现了知识民主。在反思西方民主进程之时，西方学者提出协商民主理论，其中就深刻地分析了科学技术在民主进程中的作用。结合协商民主，西方学者提出科学知识民主的原则和程序，即平衡、公开和尽职调查三项原则，以及平行研究、结果公开和进一步调查的程序。相比较而言，中国全过程人民民主更强调协商在形成一致认识和开展一致行动中的重要作用，更有利于科学知识民主的建立和完善。贯彻平行对立、检验公开和实践检验的原则，以及专家内部民主、尽职调查、小范围民主讨论、决策与公开、意见反馈与磋商以及实践检验的程序，有利于持续推进中国的科学知识民主。20世纪以来，知识民主历经科学家真理代言人模式、专家与技术官僚共谋模式，而发展为公众参与模式。中国的科学知识民主还曾出现政治精英主导模式，如今进入到非制度性公众参与模式，知识民主在进一步的发展和完善进程之中。

（7）科学与社会秩序共生是科学知识民主的典型现象。通过深入分析共生现象，可以发现共生过程的基本机制与影响因素，由此，我们可以了解当代社会中影响科学知识民主的主要因素。自20世纪80年代以来，西方学者率先开展研究并提出了一些理论见解，但直到21世纪，贾萨诺夫才提出形成共生的四项秩序工具，即确立身份、确立制度、确立话语与确立表征，以及三个主要的影响因素，即公民认识论、社会技术意象和法治主义。这些见解形成了一个基本的理论框架，为分析和比较不同国家和地区的科学与社会秩序共生提供了理论工具。尽管中国的现代科学技术和工业化起步较晚，但自改革开放之后，发展迅速，20世纪后期以来，科学与社会秩序共生的现象凸显。借鉴共生理论，分析中国人口知识与生育政策的共生过程，我们发现了一些特点，诸如，基于马克思的两种生产理论，学者与政府确定了中国的社会人口意象；中国共产党的执政理念与社会法理情则深刻地影响了人口知识形成和生育政策的制定。

（8）推进科学知识民主，有益于促进民主政治、发展全过程人民民主；完善科技治理，促进国家治理现代化；发展以共识为基础的国际合作、构建人类命运共同体。

跋

本书由我所承担的国家社会科学基金项目“科学知识的民主问题研究”（项目批准号15AZX007）成果修改而成。依托该项目，我指导多位研究生完成了主题相关的博士学位论文或硕士学位论文。本书也吸收了这些论文的部分内容。全书由尚智丛规划并统稿。尚智丛撰写了大部分稿件，参加撰稿的还有：章雁超、田甲乐、杨辉、杨萌、田喜腾。庞增霞、冯础和樊春雨三位同学参加了项目研究，查阅相关文献资料并提供了有益的见解。项目验收时，五位匿名专家对项目成果提出了积极且中肯的意见和建议。本书成稿时充分吸收了这些意见和建议。科学出版社的侯俊琳、石卉和邹聪等三位编审对书稿的完善提供了积极建议。世界图书出版公司的编辑邢蕊峰、刘天天为本书的编辑付出了辛勤劳动。本书的出版得到中国科学院大学人文学院的支持。在此，对上述为本书的撰稿与出版给予帮助和支持的个人与单位，表示衷心的感谢！

知识民主是当代知识社会的新生事物，其实践如火如荼，理论探讨方兴未艾。愿本书的出版有益于当代社会理论研究，有益于我国全过程人民民主建设。

尚智丛

2023年11月5日

于北京

参考文献

1.外文文献

Ahteensuu M., "Assumptions of the Deficit Model Type of Thinking: Ignorance, Attitudes, and Science Communication in the Debate on Genetic Engineering in Agriculture", *Journal of Agricultural & Environmental Ethics*, Vol.25, No.3, 2012, pp.295-313.

AmericaSpeaks, (2015-09-10)[2016-07-04], https://en.wikipedia.org/wiki/AmericaSpeaks.

Anderson B., *Imagined Communities: Reflections on the Origin and Spread of Nationalism*, New York: Verso Books, 2006.

Ballo I. F., "Imagining Energy Futures: Sociotechnical Imaginaries of the Future Smart Grid in Norway", *Energy Research & Social Science*, Vol.9, 2015, pp.9-20.

Barne B., Bloor D., "Relativism, Rationalism and the Sociology of Knowledge", in Hollis M., Lukes S. (eds.), *Rationality and Relativism,* Oxford: Blackwell, 1982.

Beck U., *Risk Society: Towards a New Modernity*, trans. Ritter M., London: Sage Publications, 1992.

Bernal J. D., *The Social Function of Science*, London: George Routledge & Sons Ltd., 1939.

Bloor D., "Anti-Latour", *Study in History and Philosophy of Science*, Vol.30A, No.1,

1999, pp.81-112.

Bloor D., "Idealism and the Sociology of Knowledge", *Social Studies of Science*, Vol.26, No.4,1996, pp.839-856.

Bloor D., *Knowledge and Social Imagery* (2nd ed.), Chicago: The University of Chicago Press, 1991.

Borgatta E. F., Montgomery R. J. V., *Encyclopedia of Sociology*, Vol.2, New York: Macmillan Reference USA, 2000.

Bridgstock M., Burch D., Forge J. et al., *Science, Technology and Society: An Introduction*, Cambridge: Cambridge University Press, 1998.

Brown P., "Popular Epidemiology and Toxic Waste Contamination: Lay and Professional Ways of Knowing", *Journal of Health and Social Behavior*, Vol.33, No.3, 1992, pp.267-281.

Brown P., "Popular Epidemiology: Community Response to Toxic Waste-Induced Disease in Woburn, Massachusetts", *Science, Technology & Human Values*, Vol.12, No.3, 1987, pp.78-85.

Bruce V. L., "The Meaning of 'Public Understanding of Science' in the United States After World War Ⅱ", *Public Understanding of Science*, Vol.1, No.1, 1992, pp.45-68.

Bucchi M., *Beyond Technocracy: Science, Politics and Citizens*, trans. Belton A., New York: Springer, 2009.

Bunders J. G. et al., "How Can Transdisciplinary Research Contribute to Knowledge Democracy?", in In't Veld R. J. (eds.), *Knowledge Democracy: Consequences for Science, Politics, and Media*, Berlin: Springer, 2010, pp.125-152.

Carayannis E. G., Campbell D. F. J., *Mode 3 Knowledge Production in Quadruple Helix Innovation Systems*, New York: Springer, 2012.

Chalmers A. F., *What is the Thing Called Science?*, Indianapolis: Hackett Publishing Company, 1999.

Christiano T,. "Democracy", *Stanford Encyclopedia of Philosophy*, (2006-07-27)

[2015-5-8], http://plato.stanford.edu/entries/democracy/.

Collins H. M., *Changing Order: Replication and Induction in Scientific Practice*, London: Sage Publications, 1985.

Collins H., Evans R., "The Third Wave of Science Studies: Studies of Expertise and Experience", *Social Studies of Science*, Vol.32, No.2, 2002, pp.235-296.

Collins H., Weinel M., Evans R., "The Politics and Policy of the Third Wave: New Technologies and Society", *Critical Policy Studies*, Vol.4, No.2, 2010, pp.185-201.

Crawford E., Shinn T., Sőrlin S. (eds.), *Denationalizing Science: The Contexts of International Scientific Practice*, Dordrecht: Springer, 1993.

Crosby N., Hottinger J. C., "The Citizens Jury Process", (2011-07-01)[2016-07-02], http://knowledgecenter.csg.org/kc/content/citizens-jury-process.

D' Agostino M. J. et al., "Enhancing the Prospect for Deliberative Democracy: The AmericaSpeaks Model", *The Innovation Journal: The Public Sector Innovation Journal,* Vol.11, No.1, 2006, pp.8-9.

Davies S. R., "Constituting Public Engagement: Meanings and Genealogies of PEST in Two U.K. Studies", *Science Communication*, Vol.35, No.6, 2013, pp.687-707.

Dear P., "Totius in Verba: Rhetoric and Authority in the Early Royal Society", *Isis*, Vol.76, No.2, 1985, pp.145-161.

Delina L. L., "Whose and What Futures? Navigating the Contested Coproduction of Thailand's Energy Sociotechnical Imaginaries", *Energy Research & Social Science*, Vol.35, 2018, pp.48-56.

Dewey J., *Democracy and Education: An Introduction to the Philosophy of Education*, Delhi: Aakar Books, 2004.

Dewey J., *The Public and Its Problems*, New York: Holt, 1927.

Doubleday R., Wilsdon J. (eds.), *Future Directions for Scientific Advice in Whitehall*, London: Alliance for Useful Evidence & Cambridge Centre for Science and Policy, 2013.

Durkheim É., "Preface to the Second Edition", *The Rules of Sociological Method and Selected Texts on Sociology and Its Method*, trans. Halls W. D., London: The Macmillan Press, 1982.

Durkheim E., Mauss M., *Primitive Classification*, London: Cohen & West Limited, 1963.

Eaton W. M., Gasteyer S. P., Busch L., "Bioenergy Futures: Framing Sociotechnical Imaginaries in Local Places", *Rural Sociology*, Vol.79, No.2, 2014, pp.227-256.

Edward J. H., Amsterdamska O., Lynch M., et al. (eds.), *The Handbook of Science and Technology Studies* (3th ed.), Cambridge: MIT Press, 2008.

Epstein S., "The Construction of Lay Expertise: AIDS Activism and the Forging of Credibility in the Reform of Clinical Trials", *Science, Technology & Human Values*, Vol.20, No.4, 1995, pp.408-437.

Epstein S., *Impure Science: AIDS, Activism, and the Politics of Knowledge*, Califonia: University of California Press, 1996.

European Union, *Europeans and Biotechnology in 2010: Winds of Change?*, A Report to the European Commission's Directorate-General for Research, 2010.

Evans G., Durant J., "The Relationship Between Knowledge and Attitudes in the Public Understanding of Science in Britain", *Public Understanding of Science*, Vol.4, No.1, 1995, pp.57-74.

Fong V. L.,"China's One-child Policy and the Empowerment of Urban Daughters", *American Anthropologist,* Vol.104, No.4, 2002, pp.1098-1109.

Frankenfeld P. J., "Technological Citizenship: A Normative Framework for Risk Studies", *Science, Technology & Human Values*, Vol.17, No.4, 1992, pp.459-484.

Fukushima M., "Between the Laboratory and the Policy Process: Research, Scientific Community, and Administration in Japan's Chemical Biology", *East Asian Science, Technology and Society,* Vol.7, No.1, 2013, pp.7-33.

Fultner B., *Jürgen Habermas: Key Concepts*, Durham: Acumen, 2011.

Funtowicz S. O., Jerome R. R., "Science for the Post-normal Age", *Futures*, Vol.25,

No.7, 1993, pp.739-755.

Funtowicz S. O., Ravetz J. R., "Three Types of Risk Assessment and the Emergence of Post-normal Science", *Social Theories of Risk*, New York: Praeger, 1992, pp.251-274.

Galison P., Hacking I. et al., "Objectivity in History Perspective", *Metascience*, Vol.21, No.1, 2012, pp.11-39.

Gaventa J., "Toward a Knowledge Democracy: Viewpoints on Participatory Research in North America", in Fals-Borda O., Rahman M. A. (eds.), *Action and Knowledge: Breaking the Monopoly with Participatory Action-Research*, New York: Apex Press, 1991.

Gibbons M., Limoges C., Nowotny H. et al., *The New Production of Knowledge: The Dynamics of Science and Research in Contemporary Societies*, London: Sage Publications, 1994.

Greenhalgh S., *Just One Child: Science and Policy in Deng's China*, Califonia: University of California Press, 2008.

Griliches Z., *R&D and Productivity: The Econometric Evidence*, Chicago: University of Chicago Press, 1998.

Gururani S., Vandergeest P., "Introduction: New Frontiers of Ecological Knowledge: Co-producing Knowledge and Governance in Asia", *Conservation and Society*, Vol.12, No.4, 2014, pp.343-351.

Habemas J., *Moral Consciousness and Communicative Action*, trans. Lenhardt C., Nicholsen S. W., Cambridge: MIT Press, 1990.

Hacking I., "Let's Not Talk About Objectivity", in Padovani F., Richardson A., Tsou J. Y. (eds.), *Objectivity in Science: New Perspectives from Science and Technology Studies*, Switzerland: Springer, 2015.

Hacking I., *The Emergence of Probability: A Philosophical Study of Early Ideas About Probability, Induction and Statistical Inference* (2nd ed.), Cambridge: Cambridge University Press, 2006.

Hansson S. O., "Decision Making Under Great Uncertainty", *Philosophy of the Social Sciences*, Vol.26, No.3, 1996, pp.369-386.

Hilgartner S., Miller C. A., Hagendijk R., *Science and Democracy: Making Knowledge and Making Power in the Biosciences and Beyond*, New York: Routledge, 2015.

Hyde M. J., Craig S., "Hermeneutics and Rhetoric: A Seen but Unobserved Relationship", *Quarterly Journal of Speech*, Vol.65, No.4, 1979, pp.347-363.

In't Veld R. J. (eds.), *Knowledge Democracy: Consequences for Science, Politics, and Media*, Berlin: Springer, 2010.

Iredale R., Longley M., "Public Involvement in Policy-making: The Case of a Citizens' Jury on Genetic Testing for Common Disorders", *Journal of Consumer Studies and Home Economics*, Vol.23, No.1, 1999, pp.3-10.

Irwin A., "Constructing the Scientific Citizen: Science and Democracy in the Biosciences", *Public Understanding of Science*, Vol.10, No.1, 2001, pp.1-18.

Jasanoff S. (eds.), *Reframing Rights: Bioconstitutionalism in the Genetic Age*, Cambridge, MA: MIT Press, 2011.

Jasanoff S. (eds.), *States of Knowledge: The Co-production of Science and Social Order*, London: Routledge, 2004.

Jasanoff S., "Breaking the Waves in Science Studies: Comment on H.M. Collins and Robert Evans, 'The Third Wave of Science Studies'", *Social Studies of Science*, Vol.33, No.3, 2005, pp.389-400.

Jasanoff S., "Is Science Socially Constructed—And Can It Still Inform Public Policy?", *Science and Engineering Ethics*, Vol.2, No.3, 1996, pp.263-276.

Jasanoff S., "Science and Citizenship: A New Synergy", *Science & Public Policy*, Vol.31, No.2, 2004, pp.90-94.

Jasanoff S., "Science and Democracy", in Ulrike F., Fouché R., Miller C. A., Smith-Doerr L (eds.), *The Handbook of Science and Technology Studies* (4th ed.), Cambridge: MIT Press, 2017, pp.259-287.

Jasanoff S., "The Politics of Public Reason", in Rubio F. D., Baert P. (eds.), *The Politics of Knowledge*, London: Routledge, 2012, pp.1-32.

Jasanoff S., *Designs on Nature: Science and Democracy in Europe and the United States*, Princeton: Princeton University Press, 2005.

Jasanoff S., Kim S. H. (eds.), *Dreamscapes of Modernity: Sociotechnical Imaginaries and the Fabrication of Power*, Chicago: The University of Chicago Press, 2015.

Jasanoff S., Kim S. H., "Sociotechnical Imaginaries and National Energy Policies", *Science as Culture*, Vol.22, No.2, 2013, pp.189-196.

Jasanoff S., Markle G. E., Petersen J. C. et al. (eds.), *Handbook of Science and Technology Studies* (Rev. ed.), London: Sage Publications, 1995.

Jasanoff S., Metzler I., "Borderlands of Life: IVF Embryos and the Law in the United States, United Kingdom, and Germany", *Science Technology & Human Values*, Vol.45, No.6, 2020, pp.1001-1037.

Jasanoff S., "Science, Expertise and Public Reason", 2007, http://ebookbrowsee.net/sheila-jasanoff-science-expertise-and-public-reason-pdf-d173781368.

Jasanoff S., *The Ethics of Invention: Technology and the Human Future*, New York: W. W. Norton & Company Inc., 2016.

Joss S., Durant J., "The UK National Consensus Conference on Plant Biotechnology", *Public Understanding of Science*, Vol.4, No.4, 1995, pp.195-199.

Kitcher P., *Science in a Democratic Society*, New York: Prometheus Books, 2011.

Kitcher P., *The Advancement of Science: Science Without Legend, Objectivity Without Illusions*, New York: Oxford University Press, 1993.

Knorr-Cetina K., "Culture in Global Knowledge Societies: Knowledge Cultures and Epistemic Cultures", in Jacobs M. D., Hanrahan N. W. (eds.), *The Blackwell Companion to the Sociology of Culture*. Malden: Blackwell, 2005.

Knorr-Cetina K., *The Manufacture of Knowledge: An Essay on the Constructivist and Contextual Nature of Science*, Oxford: Pergamon Press, 1981.

Laski H. J., "The Limitations of the Expert", *Society,* Vol.57, No.4, 2020, pp.371-377.

Latour B., *Politics of Nature: How to Bring Sciences into Democracy*, Massachusetts: Harvard University Press, 2004.

Latour B., *Reassembling the Social: An introduction to Actor-network-theory*, New York: Oxford University Press, 2005.

Latour B., *Science in Action: How to Follow Scientists and Engineers Through Society*, Cambridge: Harvard University Press, 1987.

Latour B., *We Have Never Been Modern,* trans. Porter C., Cambridge: Harvard University Press, 1993.

Latour B., Woolgar S., *Laboratory Life: The Construction of Scientific Facts*, New Jersey: Princeton University Press, 1986.

Laudan L., *Progress and Its Problem: Toward a Theory of Scientific Growth*, Berkeley: University of California Press, 1977.

Leach M., Scoones I., "Science and Citizenship in a Global Context", *Seminar Research in Action*, 2003.

Ledford H., "Open-data Contest Unearths Scientific Gems—And Controversy", *Nature*, Vol.543, 2017, p.299.

Lippmann W., *The Phantom Public,* New York: Macmillan, 1927.

Lone A., "Multiple Discovery", in Runco M. A., Pritzker S. R. (eds.), *Encyclopedia of Creativity* (2nd ed.), London: Academic Press, 2011, pp.153-160.

Longino H., "The Social Dimensions of Scientific Knowledge", *Stanford Encyclopedia of Philosophy*, (2002-04-12)[2015-10-17], http://plato.stanford.edu/entries/scientific-knowledge-social.

Lövbrand E., "Co-producing European Climate Science and Policy: A Cautionary Note on the Making of Useful Knowledge", *Science & Public Policy*, Vol.38, No.3, 2011, pp.225-236.

Lubowitz J. H., Brand J. C., Rossi M. J., "Two of a Kind: Multiple Discovery AKA Simultaneous Invention is the Rule", *Arthroscopy: The Journal of Arthroscopic and Related Surgery*, Vol.34, No.8, 2018, pp.2257-2258.

Lundvall B., "National Innovation Systems-Analytical Concept and Development Tool", *Industry and Innovation*, Vol.14, No.1, 2007, pp.95-119.

Marx, Karl, Friedrich Engels, *Manifesto of the Communist Party*, 1848, pp.5-26, [2018-5-30], https://www.marxists.org/archive/marx/works/1848/communist-manifesto/index.htm.

McKitrick R., "Bringing Balance, Disclosure and Due Diligence into Science-based Policy-making", in Porter J. M., Phillips P. B., *Public Science in Liberal Democracy*, Toronto: University of Toronto Press, 2007, pp.239-263.

McLuhan M., *Understanding Media: The Extensions of Man*, Cambridge: MIT Press, 1994.

Merton R. K., *The Sociology of Science: Theoretical and Empirical Investigations*, Chicago: The University of Chicago Press, 1973.

Mervis J., "U.S. Lawmakers Unveil Bold $100 Billion Plan to Remake NSF", (2021-05-25)[2021-08-02], https://www.sciencemag.org/news/2020/05/us-lawmakers-unveil-bold-100-billion-plan-remake-nsf.

Miller C. A., "Civic Epistemologies: Constituting Knowledge and Order in Political Communities", *Sociology Compass*, Vol.2, No.6, 2008, pp.1896-1919.

Miller J. D., "Scientific Literacy: A Conceptual and Empirical Review", *Daedalus*, Vol.112 No.2, 1983, pp.29-48.

Miller J. D., "Toward a Scientific Understanding of the Public Understanding of Science and Technology", *Public Understanding of Science*, Vol.1, No.1, 1992, pp.23-26.

Millikan R. A., "The New Opportunity in Science", *Science*, Vol.50, No.1291, 1919, pp.285-297.

Moore A., "Public Bioethics and Deliberative Democracy", *Political Studies*, Vol.58, No.4, 2010, pp.715-730.

Naik G., "Peer-review Activists Push Psychology Journals Towards Open Data", *Nature*, Vol.543, 2017, p.161.

Oreskes N., Conway E. M., "Merchants of Doubt: How a Handful of Scientists Obscured the Truth on Issues from Tobacco Smoke to Global Warming", *Nature*, Vol.466, 2010, pp.565-566.

Perrow C., *Normal Accidents: Living with High-Risk Technologies*, New York: Basic Books, 1984.

Pickering A, *The Mangle of Practice: Time, Agency, and Science*, Chicago: The University of Chicago Press, 1995.

Pojman L. P., *What Can We Know?: An Introduction to the Theory of Knowledge*, United States: Wadsworth Thomas Learning, 2000.

Polanyi M., *Personal Knowledge: Towards a Post-Critical Philosophy* (Rev. ed.), New York: Harper & Row Publishers, 1964.

Porter J. M., Phillips P. B., *Public Science in Liberal Democracy*, Toronto: University of Toronto Press, 2007.

Price D. S., *Little Science, Big Science*, New York: Columbia University Press, 1963.

Ragnar F., "Facing the Problem of Uncertainty", *Journal of Agricultural and Environmental Ethics*, No.6, 2002, pp.155-169.

Sardar Z., "Welcome to Postnormal Times", *Futures*, Vol.42, No.6, 2010, pp.435-444.

Scott J. C., *Seeing Like a State: How Certain Schemes to Improve the Human Condition Have Failed*, New Haven: Yale University Press, 1998.

Serra J., Sardar Z., "Intelligence in Postnormal Times", *World Futures Review*, No.5, 2017, pp.159-179.

Shapin S. & Schaffer S., *Leviathan and the Air-Pump: Hobbes, Boyle, and the Experimental Life*, Princeton: Princeton University Press, 2011.

Sharman A., Holmes J., "Evidence-based Policy or Policy-based Evidence Gathering? Biofuels, the EU and the 10% Target", *Environmental Policy and Governance*, Vol.20, No.5, 2010, pp.309-321.

Simis M., Madden H., Cacciatore M. A. et al., "The Lure of Rationality: Why Does the Deficit Model Persist in Science Communication?", *Public Understanding of*

Science, Vol.25, No.4, 2016, pp.400-414.

Smith S., "Scenario Workshop", (2013-02-26)[2016-07-04], http://participedia.net/en/methods/scenario-workshop.

Soler L. et al. (eds.), *Science After the Practice Turn in the Philosophy, History, and Social Studies of Science*, New York: Routledge, 2014.

Song J., "Some Developments in Mathematical Demography and Their Application to the People's Republic of China", *Theoretical Population Biology*, 1982, Vol.22, No.3, pp.1-16.

Sørensen G., *Democracy and Democratization: Processes and Prospects in a Changing World* (3rd ed.), Philadelphia: Westview Press, 2008.

Stengers I., *Cosmopolitics* II, Minneapolis: University of Minnesota Press, 2011.

Storey W. K., *Science and Power in Colonial Mauritius*, Rochester, New York: University of Rochester Press, 1997.

Taylor-Alexander S., "Bioethics in the Making: 'Ideal Patients' and the Beginnings of Face Transplant Surgery in Mexico", *Science as Culture*, Vol.23, No.1, 2014, pp.27-50.

Teng W., Shan Z., Teng X. et al., "Effect of Iodine Intake on Thyroid Diseases in China", *New England Journal of Medicine*, Vol.354, No.26, 2006, pp.2783-2793.

The Royal Society, *The Story of the Royal Society is the Story of Modern Science*, [2016-04-14], https://royalsociety.org/about-us/history/.

Tidwell J. H., Tidwel A. S. D., "Energy Ideals, Visions, Narratives, and Rhetoric: Examining Sociotechnical Imaginaries Theory and Methodology in Energy Research", *Energy Research & Social Science*, Vol.39, 2018, pp.103-107.

Veblen T., "The Place of Science in Modern Civilization", *American Journal of Sociology*, Vol.11, No.5, 1906, pp.585-609.

Wakeford T., "Citizens Juries: A Radical Alternative for Social Research", (2005-11-26)[2016-07-02], http://sru.soc.surrey.ac.uk/SRU37.pdf.

Wang Z. Y., "The Chinese Developmental State During the Cold War: The Making of the 1956 Twelve-year Science and Technology Plan", *History and Technology,* Vol.31, No.3, 2015, pp.180-205.

Wang Z. Y., *In Sputnik's Shadow: The President's Science Advisory Committee and Cold War America*, New Jersey: Rutgers University Press, 2008.

Warren M. E., "Deliberative Democracy and Authority", *American Political Science Review*, Vol.90, No.1, 1996, pp.46-60.

Weinberg A. M., "Impact of Large-scale Science on the United States", *Science,* Vol.134, No.3473, 1961, pp.161-164.

Winner L., "Do Artifacts Have Politics?", *Daedalus*, 1980, pp.121-136.

Winner L., *Autonomous Technology: Technics-out-of-Control as a Theme in Political Thought*, Cambridge, MA: MIT Press, 1978.

Wynne B., "May the Sheep Safely Graze? A Reflexive View of the Expert-lay Knowledge Divide", in Lash S., Szerszynski B., Wynne B., *Risk, Environment and Modernity: Towards a New Ecology*, London: Sage Publications, 1996.

Wynne B., "Misunderstood Misunderstanding: Social Identities and Public Uptake of Science", *Public Understanding of Science*, Vol.1, No.3, 1992, pp.281-304.

Wynne B., "Uncertainty and Environmental Learning: Reconceiving Science and Policy in the Preventive Paradigm", *Global Environmental Change*, Vol.2, No.2, 1992, pp.111-127.

Ziman J., *Public Knowledge. An Essay Concerning the Social Dimension of Science*, Cambridge: Cambridge University Press, 1968.

Ziman J., *Real Science: What it is, and What it Means*, Cambridge: Cambridge University Press, 2000.

2.中文文献

[奥]马赫：《感觉的分析》，洪谦、唐钺、梁志学译，北京：商务印书馆，1986。

[澳]巴兹尔·赫特泽：《征服碘缺乏病：拯救亿万碘缺乏受害者》（第二版），陈祖培等译，天津：天津科技翻译出版公司，2000。

[德]康德：《答复这个问题："什么是启蒙运动？"》，何兆武译，引自康德，《历史理性批判文集》，北京：商务印书馆，1990: 22–31。

[德]科尔尼咨询：《全球粮食有风险》，《21世纪商业评论》，2021(2、3月合刊):8–11。

[德]马丁·卡里尔、钱立卿：《科学中的价值与客观性：价值负载性、多元主义和认知态度》，《哲学分析》，2014(3): 110–119, 199。

[德]马克思·韦伯：《经济与社会》（上卷），林荣远译，北京：商务印书馆，1997。

[德]尤尔根·哈贝马斯：《交往行动理论》（第二卷），洪佩郁等译，重庆：重庆出版社，1994。

[德]尤尔根·哈贝马斯：《在事实与规范之间：关于法律与民主法治国的商谈理论》，童世骏译，北京：生活·读书·新知三联书店，2014。

[德]尤尔根·哈贝马斯：《作为"意识形态"的技术与科学》，李黎、郭官义译，上海：学林出版社，1999。

[德]尤斯图斯·伦次、彼得·魏因加特编著：《政策制定中的科学咨询：国际比较》，王海芸等译，上海：上海交通大学出版社，2015。

[法]孟德斯鸠：《论法的精神》，许明龙译，北京：商务印书馆，2011。

[古希腊]柏拉图：《柏拉图全集》（第二卷），王晓朝译，北京：人民出版社，2003。

[古希腊]亚里士多德：《形而上学》，吴寿彭译，北京：商务印书馆，1995。

[加]迈克尔·豪利特、M. 拉米什：《公共政策研究：政策循环与政策子系统》，庞诗等译，北京：生活·读书·新知三联书店，2006。

[联邦德国]A. 施密特：《马克思的自然概念》，欧力同、吴仲昉译，北京：商务印书馆，1988。

[美]L. 劳丹：《科学与价值：科学的目的及其在科学争论中的作用》，殷正坤、张丽萍译，福州：福建人民出版社，1989。

[美]N. R. 汉森：《发现的模式》，邢新力、周沛译，北京：中国国际广播出版社，1988。

[美]R. K. 默顿：《科学社会学：理论与经验研究》（上册），鲁旭东、林聚任译，北京：商务印书馆，2003。

[美]V. 布什等：《科学——没有止境的前沿》，范岱年、解道华等译，北京：商务印书馆，2004。

[美]阿尔伯特·爱因斯坦：《爱因斯坦文集》（第一卷），许良英等编译，北京：商务印书馆，1976。

[美]保罗·法伊尔阿本德：《反对方法——无政府主义知识论纲要》，周昌忠译，上海：上海译文出版社，1992: 31。

[美]伯纳德·巴伯：《科学与社会秩序》，顾昕、郏斌祥、赵雷进等译，北京：生活·读书·新知三联书店，1991。

[美]戴维雷斯·尼克：《政治与科学的博弈：科学独立性与政府监督之间的平衡》，陈光、白成太译，上海：上海交通大学出版社，2015。

[美]黛安娜·克兰：《无形学院——知识在科学共同体的扩散》，刘珺珺、顾昕、王德禄译，北京：华夏出版社，1988。

[美]汉恩、纽拉特、卡尔纳普：《科学的世界概念：维也纳学派》，载于陈启伟主编，《现代西方哲学论著选读》，北京：北京大学出版社，1992。

[美]赫尔德：《民主的模式》，燕继荣等译，北京：中央编译出版社，1998。

[美]马克·布朗：《民主政治中的科学：专业知识、制度与代表》，李正风、张寒、程志波等译，上海：上海交通大学出版社，2015。

[美]马克斯韦尔·麦库姆斯：《议程设置：大众媒介与舆论》，郭镇之、徐培喜译，北京：北京大学出版社，2008。

[美]史蒂文·夏平、西蒙·谢弗：《利维坦与空气泵：霍布斯、玻意耳与实验生活》，蔡佩君译，上海：上海人民出版社，2008。

[美]托马斯·库恩：《必要的张力》，范岱年、纪树立译，北京：北京大学出版社，2004。

[美]托马斯·库恩：《科学革命的结构》，金吾伦、胡新和译，北京：北京大

学出版社，2003。
[美]威廉·J. 克林顿、小阿伯特·戈尔：《科学与国家利益》，曾国屏、王蒲生译，北京：科学技术文献出版社，1999。
[美]威廉·詹姆士：《实用主义》，陈羽纶、孙瑞禾译，北京：商务印书馆，1979。
[美]希拉·贾撒诺夫等编：《科学技术论手册》，盛小明等译，北京：北京理工大学出版社，2004。
[美]希拉·贾萨诺夫：《自然的设计：欧美的科学与民主》，尚智丛、李斌等译，上海：上海交通大学出版社，2011。
[美]熊彼特：《资本主义、社会主义与民主》，吴良健译，北京：商务印书馆，2011。
[美]约翰·克莱顿·托马斯：《公共决策中的公民参与》，孙柏瑛等译，北京：中国人民大学出版社，2010。
[美]约瑟夫·本-戴维：《科学家在社会中的角色》，赵佳苓译，成都：四川人民出版社，1988。
[美]约瑟夫·劳斯：《知识与权力——走向科学的政治哲学》，盛晓明、邱慧、孟强译，北京：北京大学出版社，2004。
[民主德国]赫伯特·赫尔茨：《马克思主义哲学与自然科学》，愚生、振扬、林海译，上海：上海人民出版社，1986。
[瑞士]海尔格·诺沃特尼、[英]彼得·斯科特、[英]迈克尔·吉本斯：《反思科学：不确定性时代的知识与公众》，冷民等译，上海：上海交通大学出版社，2011。
[瑞士]萨拜因·马森、[德]彼德·魏因加编：《专业知识的民主化？》，姜江、马晓琨、秦兰珺译，上海：上海交通大学出版社，2010。
[英]J. D. 贝尔纳：《科学的社会功能》，陈体芳译，北京：商务印书馆，1982。
[英]J. D. 贝尔纳：《科学的社会功能》，陈体芳译，桂林：广西师范大学出版社，2003。

[英]J. S. 密尔：《代议制政府》，汪瑄译，北京：商务印书馆，2011。
[英]K. R. 波珀：《科学发现的逻辑》，查汝强、邱仁宗译，北京：科学出版社，1986。
[英]W. C. 丹皮尔：《科学史及其与哲学和宗教的关系》，李珩译，北京：商务印书馆，1997。
[英]巴里·巴恩斯、大卫·布鲁尔、约翰·亨利：《科学知识：一种社会学的分析》，邢冬梅、蔡仲等译，南京：南京大学出版社，2004。
[英]芬利森：《哈贝马斯》，邵志军译，南京：译林出版社，2010。
[英]杰勒德·德兰迪：《知识社会中的大学》，黄建如译，北京：北京大学出版社，2010。
[英]卡尔·波普尔：《猜想与反驳——科学知识的增长》，傅季重等译，上海：上海译文出版社，1986。
[英]罗素：《西方哲学史》（下卷），马元德译，北京：商务印书馆，1976。
[英]迈克尔·博兰尼：《自由的逻辑》，冯银江、李雪茹译，长春：吉林人民出版社，2002。
[英]迈克尔·吉本斯等：《知识生产的新模式：当代社会科学与研究的动力学》，陈洪捷、沈文钦等译，北京：北京大学出版社，2011。
[英]梅森：《自然科学史》，周煦良等译，上海：上海译文出版社，1980。
[英]培根：《新工具》，许宝骙译，北京：商务印书馆，1984。
[英]伊·拉卡托斯：《科学研究纲领方法论》，兰征译，上海：上海译文出版社，1986。
[英]伊姆雷·拉卡托斯、艾兰·马斯格雷夫等编：《批判与知识的增长》，周寄中译，北京：华夏出版社，1987。
[英]英国皇家学会：《科学：开放的事业》，何巍等译，上海：上海交通大学出版社，2015。
[英]英国上议院科学技术特别委员会：《科学与社会》，张卜天、张东林译，北京：北京理工大学出版社，2004。
[英]约翰·齐曼：《元科学导论》，刘珺珺、张平、孟建伟译，长沙：湖南人

民出版社，1988。
[智]赫尔南·奎瓦斯·巴伦苏埃拉、伊莎贝尔·佩雷斯·查莫拉：《智利艾滋病治理：权力/知识、患者——用户组织及生物公民的形成》，《国际社会科学杂志》（中文版），2013(3): 53–66。
安维复、郭荣茂：《科学知识的合理重建：在地方性知识和普遍知识之间》，《社会科学》，2010(9): 99–109。
白剑峰：《我国人群碘营养水平总体适宜（热点解读）》，《人民日报》，2009–08–13(6)。
北京大学哲学系外国哲学史教研室编译：《古希腊罗马哲学》，北京：商务印书馆，1982。
蔡铁权：《公众科学素养与STS教育》，《全球教育展望》，2002(4): 25–28。
蔡仲：《现代科学何以能普遍化？——科学实践哲学的思考》，《江苏社会科学》，2015(1): 112–118。
曹志平：《马克思科学哲学论纲》，北京：社会科学文献出版社，2007。
陈东明：《加快推进我国农业生物基因工程研究与产业化的思考》，《农业科技管理》，2000(1): 15–18。
陈恩：《全国“失独”家庭的规模估计》，《人口与发展》，2013(6): 100–103。
陈光等：《专家在科技咨询中的角色演变》，《科学学研究》，2008，26(2): 385–390。
陈海丹：《干细胞转化研究的治理——一种基于案例研究的分析》，浙江大学博士学位论文，2009。
陈家刚：《协商民主：概念、要素与价值》，《中共天津市委党校学报》，2005(3): 54–60。
陈嘉明：《个体理性与公共理性》，《哲学研究》，2008(6): 72–77。
陈鸣、许十文、单崇山：《碘盐致病疑云》，《南都周刊》，2009(338): 25–39。
陈慕华：《实现四个现代化，必须有计划地控制人口增长》，《人民日报》，

1979-08-11。

陈强强、李霞：《如何理解科学知识的“地方性”与“普遍性”？》，《科学学研究》，2019(3): 399–405。

陈汝东：《理性社会建构的受众伦理视角》，《北京大学学报》（哲学社会科学版），2012(6): 121–130。

陈枢卉：《执政理念与中国共产党的执政理念研究述评》，《福建论坛》（人文社会科学版），2009(2): 59–63。

陈水生：《当代中国公共政策过程中利益集团的行动逻辑》，复旦大学博士学位论文，2012。

陈晓春、刘青雅：《公共危机治理中政府与非政府组织的互动关系研究》，《湘潭大学学报》（哲学社会科学版），2009，33(4): 32–34。

陈幸欢：《英国环境决策公民陪审团制度及镜鉴》，《中国科技论坛》，2016(3): 156–160。

陈友华：《二孩政策地区经验的普适性及其相关问题——兼对“21世纪中国生育政策研究”的评价》，《人口与发展》，2009(1): 9–22。

陈则谦：《探析“公共知识”——概念、特征与社会价值》，《图书馆学研究》，2013(5): 2–4, 15。

陈祖培：《该不该全民食盐加碘》，《健康报》，2002-05-21(2)。

陈祖培：《监测体系完备 预防“碘过量”》，《人民政协报》，2002-08-07。

陈祖培主编：《中国控制碘缺乏病的对策：卫生部碘缺乏病专家咨询组工作概要（1993—2000）》，天津：天津科学技术出版社，2002。

程恩富、王新建：《先控后减的“新人口策论”——与六个不同观点商榷》，《人口研究》，2010(6): 78–91。

程竹茹等：《全过程人民民主：基于人大履职实践的研究》，上海：上海人民出版社，2021。

崔燕、黄佳、王生玲：《新疆南疆地区地方性克汀病现患调查结果分析》，《中华地方病学杂志》，2016，35(8): 593–596。

崔永华：《当代中国重大科技规划制定与实施研究》，南京农业大学博士学位论文，2008。

戴红、单忠艳、滕晓春等：《不同碘摄入量社区甲状腺功能减退症的五年随访研究》，《中华内分泌代谢杂志》，2006，22(6): 528–531。

邓小平：《邓小平文选（第三卷）》，北京：人民出版社，2001。

《第七次全国人口普查公报》（第五号），(2021–05–11)[2021–08–02]，http://www.mnw.cn。

碘缺乏病防治策略研讨会在北京召开，[2022–04–09]，http://www.zgcdc.com/jkdt/kx-View-56-4452.html。

法律出版社大众出版编委会编：《中华人民共和国宪法：实用问题版》，北京：法律出版社，2019。

樊春良、佟明：《关于建立我国公众参与科学技术决策制度的探讨》，《科学学研究》，2008，26(5): 897–903。

樊小龙、袁江洋：《牛顿"判决性实验"判决了什么？》，《自然辩证法通讯》，2016(2): 61–66。

范玫芳：《科技、民主与公民身份：安坑灰渣掩埋场设置争议之个案研究》，《台湾政治学刊》，2008(1): 185–228。

房宁、冯钺：《西方民主的起源及相关问题》，《政治学研究》，2006(4): 11–17。

付建军：《政社协商而非公民协商：恳谈协商的模式内核——基于温岭个案的比较分析》，《社会主义研究》，2015(1): 85–87。

傅俊英：《干细胞领域研究、开发及市场的全球态势分析》，《中国生物工程杂志》，2011(9): 132–139。

傅俊英、赵蕴华：《美国干细胞领域的相关政策及研发和投入分析》，《中国组织工程研究与临床康复》，2011(45): 8537–8541。

傅俊英、赵蕴华：《中国在干细胞领域的相关政策、资助情况及成果产出分析》，《中国组织工程研究与临床康复》，2011(49): 9256–9261。

高洁、袁江洋：《科学无国界：欧盟科技体系研究》，北京：科学出版社，

2015。

《高举中国特色社会主义伟大旗帜　为夺取全面建设小康社会新胜利而奋斗——在中国共产党第十七次全国代表大会上的报告》，中国广播网，(2007-10-25)[2022-03-26]，http://www.cnr.cn/2007zt/sqdjs/wj/200711/t20071102_504610399.html。

高璐、李正风：《从“统治”到“治理”——疯牛病危机与英国生物技术政策范式的演变》，《科学学研究》，2010，28(5): 655-661。

龚胜生：《2000年来中国地甲病的地理分布变迁》，《地理学报》，1999，54(4): 335-346。

龚旭：《政府与科学——说不尽的布什报告》，《科学与社会》，2015(4): 82-101。

辜子寅：《我国独生子女及失独家庭规模估计——基于第六次人口普查数据的分析》，《常熟理工学院学报》，2016(1): 83-89。

谷云有：《食盐加碘是阴谋？》，《北京青年报》，2016-03-17。

关海霞、滕卫平、杨世明：《不同碘摄入量地区甲状腺癌的流行病学研究》，《中华医学杂志》，2001，81(8): 457-458。

《关于加强社会主义协商民主建设的意见》，北京：人民出版社，2015。

郭渐强、刘菲：《民主行政的价值诉求与行政程序的制度构建》，《山东社会科学》，2009(8): 122-124, 141。

郭忠华：《当代公民身份的理论轮廓——新范式的探索》，《公共行政评论》，2008，1(6): 52-73。

《国务院办公厅关于成立国家中长期科学和技术发展规划领导小组的通知》，[2016-11-19]，http://www.gov.cn/zwgk/2005-08/12/content_22217.htm.

国务院办公厅关于征求对《中长期科学技术发展纲领（讨论稿）》意见的通知（国办发〔1990〕6号），[2015-04-01]，http://www.gov.cn/xxgk/pub/govpublic/mrlm/201211/t20121123_65698.html。

洪谦：《维也纳学派哲学》，北京：商务印书馆，1989。

洪谦：《现代西方哲学论著选辑》（上册），北京：商务印书馆，1993。

侯泉林、侯小林等：《中国居民碘营养状况分析及对策探讨》，《环境科学》，1999(3): 82–84。

胡春艳：《初探科技决策中的公众参与》，《科学技术与辩证法》，2005, 22(3): 108–112。

胡雅君：《“被绑架”的碘含量，“被绑架”的盐改：食盐碘含量标准因盐业公司反对难产10年》，《21世纪经济报道》，2010–08–04(8)。

黄楠森：《论科学与民主》，《理论视野》，1999(3): 6–9, 14。

黄勤、邹大进、金若红等：《食盐碘化对甲状腺功能亢进症发病率的影响》，《中华内分泌代谢杂志》，2001，17(2): 86。

黄荣清：《中国各民族文盲人口和文盲率的变动》，《中国人口科学》，2009(4): 2–13。

黄小勇：《决策科学化与民主化的冲突、困境及操作策略》，《政治学研究》，2013(4): 3–12。

黄月琴：《反石化运动的话语政治：2007—2009年国内系列反PX事件的媒介建构》，武汉大学博士学位论文，2010。

黄珍霞：《基于产业链边界的干细胞与再生医学产业发展战略研究》，《决策咨询》，2019(2): 79–82, 86。

贾玥：《五问全面两孩政策：何时执行？“抢生”怎么界定？》，《人民日报》，[2018–09–18]，http://politics.people.com.cn/n/2015/1030/c1001-27759085.html。

《坚定不移沿着中国特色社会主义道路前进　为全面建成小康社会而奋斗——在中国共产党第十八次全国代表大会上的报告》，人民网，(2007–10–25) [2022–03–26]，http://cpc.people.com.cn/n/2012/1118/c64094-19612151.html。

江洪波、陈大明、于建荣：《世界各国干细胞治疗相关政策与规划分析》，《生物产业技术》，2009(1): 11–18。

江怡：《知识与价值：对德性认识论的初步回答》，《北京师范大学学报》（社会科学版），2012(4): 88–92。

解振明、郛沧萍、张敏才等：《回眸与思考：〈公开信〉发表30年》，《人口研究》，2010(4): 28–52。

金俊岐、胡杨：《科学中的权威与权威的科学——默顿传统科学社会学中的科学权威问题述评》，《河南师范大学学报》（哲学社会科学版），2000，27(4): 33。

《决胜全面建成小康社会 夺取新时代中国特色社会主义伟大胜利——在中国共产党第十九次全国代表大会上的报告》，人民网，(2017–10–28)[2022–03–26]，http://cpc.people.com.cn/n1/2017/1028/c64094-29613660.html。

寇鸿顺：《试论民主政治的伦理意蕴与道德追求》，《道德与文明》，2011(1): 146–150。

李斌：《关于〈关于调整完善生育政策的决议（草案）〉的说明》，2013年12月23日在第十二届全国人民代表大会常务委员会第六次会议上的报告，中国人大网，[2018–09–28]，http://www.npc.gov.cn/wxzl/gongbao/2014-03/21/content_1867705.htm。

李海波：《新闻的公共性、专业性与有机性——以“民主之春”、延安时期新闻实践为例》，《新闻大学》，2017(4): 8–17。

李慧敏、陈光、李章伟：《决策与咨询的共生与交融——基于日本科技咨询体系的考察与启示》，《科学学研究》，2021，39(7): 1199–1207。

李建新：《中国人口数量问题的“建构与误导”——中国人口发展战略再思》，《学海》，2008(1): 5–12。

李良栋：《自由主义旗帜下两种不同民主理论的分野——当代西方主要民主理论评述》，《政治学研究》，2011(2): 29–35。

李猛：《帝国博物学的空间性及其自然观基础》，《自然辩证法研究》，2017(2): 88–92。

李宁、赵兰香：《从〈科学：无止境的前沿〉到美国科学基金会》，《科学学研究》，2017(6): 824–833。

李欣：《公共性、知识生产与中国知识分子的“媒介化在场”》，《暨南学报》（哲学社会科学版），2015(2): 24–29。

李醒民：《科学客观性的特点》，《江苏社会科学》，2008(5): 1–8。

李涌平：《决策的困惑和人口均衡政策——中国未来人口发展问题的探讨》，《北京大学学报》（哲学社会科学版），1996(1): 66–71。

李玉姝、赵冬、单忠艳等：《不同碘摄入量地区甲状腺自身抗体的流行病学五年随访研究》，《中华内分泌代谢杂志》，2006，22(6): 518–522。

李真真：《科学家与决策者——两个社会系统间的对话机制》，《民主与科学》，2004(2): 22–25。

李真真：《"科学在社区"活动——从思想到行动》，载于江晓原、刘兵主编，《伦理能不能管科学》，上海：华东师范大学，2009: 180–193。

李重锡：《各国政府对干细胞研究的支持力度及其相关论文发表和专利申请》，《中国组织工程研究与临床康复》，2007(15): 2913–2918。

梁中堂：《中国生育政策研究》，太原：山西人民出版社，2014。

林慧岳、孙广华：《后学院科学时代：知识活动的实现方式及规范体系》，《自然辩证法研究》，2005(3): 32–36。

林建成、翟媛丽：《"月亮问题"引发的思考——客观性及其根源的理论探讨》，《自然辩证法研究》，2014(7): 109–113。

刘兵、李正伟：《布赖恩·温的公众理解科学理论研究：内省模型》，《科学学研究》，2003，21(6): 581–585。

刘桂英：《环境治理中的科学与民主：争论与关系建构》，《自然辩证法研究》，2019(2): 48–52。

刘锦春：《公众理解科学的新模式：欧洲共识会议的起源及研究》，《自然辩证法研究》，2007(2): 84–88。

刘明：《西方协商民主理论中的程序与实质》，《西南大学学报》（社会科学版），2019(1)，http://xbbjb.swu.edu.cn, DOI:10.13718/j.cnki.xdsk.2019.01.002。

刘鹏：《客观性概念的历程》，《科学技术与辩证法》，2007(6): 47–50, 111。

刘婷婷、滕卫平：《中国国民碘营养现状与甲状腺疾病》，《中华内科杂志》，2017，56(1): 62–64。

刘学、李富根：《美国农业生物基因工程安全管理概况》，《农药科学与管理》，2000(4): 41–42。

刘洋、张藜：《备战压力下的科研机构布局——以中国科学院对三线建设的早期应对为例》，《中国科技史杂志》，2012(4): 433–447。

刘颖勃、柯资能：《在科学与文化之间：德国洪堡基金会简史》，《科技管理研究》，2007(5): 26–29。

刘铮、邬沧萍、 林富德：《对控制我国人口增长的五点建议》，《人口研究》，1980(3): 1–5。

刘铮、邬沧萍、林富德：《发展中国家的人口增长和人口政策》，《世界经济》，1979(10): 29–35。

卢倜章、张钧、马泰等：《承德地区地方性克汀病的临床观察》，《天津医药》，1965(1): 1–8。

罗兵：《过量添加或致食品安全问题 强制全民补碘值得商榷》，《中国质量报》，2013–08–15。

罗栋：《科学客观性的分类学研究》，《自然辩证法研究》，2017(11): 9–13。

马泰：《全民食盐加碘的国策应当坚持》，《中华内分泌代谢杂志》，2002，18(5): 339–341。

毛宝铭：《科技政策的公众参与研究》，吉林大学博士学位论文，2006。

苗力田：《古希腊哲学》，北京：中国人民大学出版社，1989。

穆光宗：《论我国人口生育政策的改革》，《 华中师范大学学报》（人文社会科学版），2014(1): 31–39。

《2014年国民经济和社会发展统计公报》，国家统计局网站，[2015–04–11]，http://www.stats.gov.cn/tjsj/zxfb/201502/t20150226_685799.html。

宁莉娜、王冠伟、王秀芬：《西方逻辑思想史》，哈尔滨：黑龙江人民出版社，2004。

欧庭高、王也：《关于转基因技术安全争论的深层思考——兼论现代技术的不确定性与风险》，《自然辩证法研究》，2015(1): 49–53。

帕力达·克立木、孙岩：《新疆和田地区新发地方性克汀病家庭加碘盐使用调查报告》，《新疆医学》，2008，38(5): 126–127。

彭珮云主编：《中国计划生育全书》，北京：中国人口出版社，1997。
彭小花：《科学公信力的危机与重建——以美国艾滋治疗行动主义者运动为例》，《自然辩证法通讯》，2008(1): 55–62。
齐文涛：《转基因农业为何闯至人前？》，《科学文化评论》，2015(6): 44–55。
钱明、王栋：《中国医科大学碘致甲状腺疾病课题组系列论文的商榷》，《中华内分泌代谢杂志》，2002，18(5): 417。
钱再见：《国外协商民主研究谱系与核心议题评析》，《文史哲》，2015(4): 151–162。
乔晓春：《“单独二孩”，一项失误的政策》，《人口与发展》，2015(6): 2–6。
邱仁宗：《科学技术伦理学的若干概念问题》，《自然辩证法研究》，1991(7): 14–22。
汝鹏、苏俊：《科学、科学家与公共决策：研究综述》，《中国行政管理》，2008(9): 111–117。
桑卫国、马克平、魏伟：《国内外生物技术安全管理机制》，《生物多样性》，2000，8(4): 413–421。
桑玉成等：《全过程人民民主理论探析》，上海：上海人民出版社，2021。
单忠艳、滕卫平、李玉姝等：《碘致甲状腺功能减退症的流行病学对比研究》，《中华内分泌代谢杂志》，2001，17(2): 71–74。
单忠艳：《用指南规范甲状腺疾病的诊治》，《中国全科医学》（医生读者版），2010(2): 12–13。
尚智丛：《科学社会学》，北京：高等教育出版社，2008。
尚智丛、卢庆华：《科学的“计划”与“自由”发展：争论及其影响》，《自然辩证法研究》，2007(4): 64–66。
尚智丛、杨萌：《科技政策的文化分析——公民认识论的兴起与发展》，《自然辩证法研究》，2013(4): 42–50。
申丹娜：《美国科技评估的国家决策及实践研究》，《自然辩证法研究》，

2017(4): 51–56。
沈小晓、张梦旭、李强：《积极采取行动 应对气候变化》，《人民日报》，2021-07-28(16)。
盛晓明：《地方性知识的构造》，《哲学研究》，2000(12): 36–44。
盛晓明：《后学院科学及其规范性问题》，《自然辩证法通讯》，2014(4): 16。
宋健、李广元：《人口发展问题的定量研究》，《经济研究》，1980(2): 60–67。
宋健、孙以萍：《从食品资源看我国现代化后所能养育的最高人口数》，《人口与经济》，1981(2): 2–10。
宋健、于景元、李广元：《人口发展过程的预测》，《中国科学》，1980(9): 920–932。
孙桂华：《我国实施全民食盐加碘防治碘缺乏病的现实和期望》，《国外医学内分泌学分册》，2003(3): 147–149。
孙秋芬、周理乾：《走向有效的公众参与科学——论科学传播“民主模型”的困境与知识分工的解决方案》，《科学学研究》，2018(11): 1921–1927, 2010。
孙文彬：《科学传播的新模式——不确定性时代的科学反思和公众参与》，中国科学技术大学博士学位论文，2013。
谈火生编：《审议民主》，南京：江苏人民出版社，2007。
滕卫平：《补充碘剂对自身免疫甲状腺病和甲状腺功能的影响》，《中华内分泌代谢杂志》，1998(3): 203–205。
滕卫平：《碘摄入量变化对甲状腺疾病的影响》，《中华内分泌代谢杂志》，1998(3): 145–146。
滕卫平：《碘摄入量增加对甲状腺疾病的影响》，《当代医学》，2001，7(2): 17–21。
滕卫平：《对钱明、王栋医师〈中国医科大学碘致甲状腺疾病课题组系列论文的商榷〉一文的答复》，《中华内分泌代谢杂志》，2002，18(5): 418。

滕卫平：《防治碘缺乏病与碘过量》，《中华内分泌代谢杂志》，2002，18(3): 237–240。
滕卫平：《普遍食盐碘化与甲状腺功能亢进症》，《中华内分泌代谢杂志》，2000，16(3): 137–138。
滕卫平：《再论碘摄入量增加对甲状腺疾病的影响》，《中华内分泌代谢杂志》，2001，17(2): 69–70。
滕晓春、滕笛、单忠艳等：《碘摄入量增加对甲状腺疾病影响的五年前瞻性流行病学研究》，《中华内分泌代谢杂志》，2006，22(6): 512–517。
田甲乐：《科学共同体的知识生产与社会秩序共生》，中国科学院大学博士学位论文，2017。
田喜腾、田甲乐：《大科学时代政府在科学知识生产中的作用——基于国家实验室的分析》，《山东科技大学学报》（社会科学版），2018(1): 9–15。
田喜腾：《知识与社会秩序共生：基于中国生育政策的研究》，中国科学院大学博士学位论文，2019。
佟远明：《2007年粮食市场回顾与2008年展望：稻谷市场》，《中国粮食经济》，2008(1): 45–47。
万斌、吴坚：《论自由、民主、法治的内在关系》，《浙江大学学报》（人文社会科学版），2011(5): 35–42。
王广州：《从“单独”二孩到全面二孩》，《领导科学论坛》，2016(2): 31–36。
王广州：《生育政策调整研究中存在的问题与反思》，《中国人口科学》，2015(2): 2–15。
王广州、张丽萍：《到底能生多少孩子?——中国人的政策生育潜力估计》，《社会学研究》，2012(5): 119–140。
王培安：《论全面两孩政策》，《人口研究》，2016(1): 3–7。
王培安主编：《实施全面两孩政策人口变动测算研究》，北京：中国人口出版社，2016。
王庆华、张海柱：《决策科学化与公众参与：冲突与调和——知识视角的公共决策观念反思与重构》，《吉林大学社会科学学报》，2013(3): 91–98, 175–176。

王蕊：《10专家吁修订加碘条例》，《钱江晚报》，2009–04–02 (14)。

王绍光：《民主四讲》，北京：生活·读书·新知三联书店，2014。

王锡锌：《公众参与、专业知识与政府绩效评估的模式——探寻政府绩效评估模式的一个分析框架》，《法制与社会发展》，2008，14(6): 3–18。

王锡锌、章永乐：《专家、大众与知识的运用——行政规则制定过程的一个分析框架》，《中国社会科学》，2003(3): 113–127, 207–208。

王侠：《推动人口计生工作融入改革发展稳定大局 以优异成绩迎接党的十八大胜利召开》，《人口与计划生育》，2012(3): 4–6。

王新建：《论中国共产党的执政理念》，《马克思主义研究》，2005(4): 42–45。

王阳、胡磊：《巴尔的摩案与美国不端行为处理程序的演进》，《科学学研究》，2016(3): 338–345。

王忠国：《完善行政问责制需实现三个突破》，中国改革报网站，[2020–02–22]，http://www.crd.net.cn/2010-04/26/content_5144845.htm。

卫郭敏：《观察渗透理论必然导致相对主义吗？》，《岭南学刊》，2015(3): 112–116。

卫生部就乳品安全国标情况举行例行新闻发布会，(2010–07–13)[2012–08–30]，http://www.china.com.cn/zhibo/2010-07/13/content_20476283.htm?show=t。

魏刚：《碘之惑：新国标实施后补碘科学性调查》，《中国科学报》，2012–11–24。

吴建国：《从私人知识到公共知识的建构》，《自然辩证法研究》，2004(12): 62–65, 78。

吴奇：《知识观的演变》，中国社会科学院研究生院博士学位论文，2003。

吴彤：《“观察/实验负载理论”论题批判》，《清华大学学报》，2006(1): 127–131。

吴彤：《科学研究始于机会，还是始于问题或观察？》，《哲学研究》，2007(1): 98–104。

吴彤：《“两种地方性知识”——兼评吉尔兹和劳斯的观点》，《自然辩证法研究》，2007(11): 87–94。

吴卫红、陈高翔、张爱美：《“政产学研用资”多元主体协同创新三三螺旋模式及机理》，《中国科技论坛》，2018(5): 1–10。

武小川：《论公众参与社会治理的法治化》，武汉大学博士学位论文，2014。

奚启新：《钱学森传》，北京：人民出版社，2014: 296–297。

夏俊、张骏：《委员建议增加无碘盐与天然海盐供应，补碘不补碘交给居民选》，《新闻晨报》，2010–03–14。

肖显静：《生态学实验实在论：如何获得真实的实验结果》，北京：科学出版社，2018。

新华社：《新冠疫苗合作国际论坛联合声明》，《人民日报》，2021–08–06(3)。

徐洁、蒋旭峰：《媒介权力简论》，《学海》，2003(5): 88–91。

徐竹：《具体情境下的“经验”概念——从对“观察渗透理论”命题的批判说起》，《自然辩证法研究》，2006(6): 29–32, 45。

薛洁：《偏好转换的民主过程——群体选择的困境》，吉林大学博士学位论文，2006。

严复：《严复集》第四册，北京：中华书局，1986。

杨帆、李佳、单忠艳等：《不同碘摄入量社区甲状腺功能亢进症的五年流行病学随访研究》，《中华内分泌代谢杂志》，2006，22(6): 523–527。

杨帆、滕卫平、单忠艳：《不同碘摄入量地区甲亢的对比流行病学研究》，《中华内分泌代谢杂志》，2001，17(4): 197–201。

杨辉：《民间科学基金会的分类与功能》，《自然辩证法研究》，2018(9): 104–110。

杨辉：《知识与秩序的共生：中国转基因作物安全评价决策中的公共知识生产》，中国科学院大学博士学位论文，2015。

杨灵：《社会运动的政治过程——评〈美国黑人运动的政治过程和发展（1930—1970）〉》，《社会学研究》，2009，24(1): 230–241。

杨书章、王广州：《一种独生子女数量间接估计方法》，《中国人口科学》，2007(4): 58–64。

杨雪莲：《中华医学会内分泌学分会对食盐加碘的意见》，《中华医学信息导报》，2009，24(17): 3。

杨莹：《转基因议题建构过程中的“去科学化”现象——基于对报纸媒体的实证分析》，《新闻爱好者》，2012(2): 5–6。

杨悦：《“占领华尔街”运动与茶党运动的对比分析——政治过程理论视角》，《美国研究》，2014(3): 58–79, 6–7。

杨智煜：《从计生标语看我国法制进步》，《公民导刊》，2008(5): 50–51。

易富贤：《资源、环境不构成人口增长的硬约束》，《国际经济评论》，2012(6): 136–149, 7–8。

于志恒：《碘盐防治地方性甲状腺肿和克汀病的经验》，《赤脚医生杂志》，1979(8): 4–6。

于志恒、王厚厚、胡文媛：《碘盐中碘化物稳定剂的研究报告》，《河北医科大学学报》，1960(2): 141–145。

余文森：《个体知识与公共知识——课程变革的知识基础研究》，西南大学博士论文，2007。

《在庆祝中国人民政治协商会议成立65周年大会上的讲话》，人民网，(2014-09-21)[2022-03-26]，http://cpc.people.com.cn/n/2014/0922/c64094-25704157.html。

曾毅：《普遍允许二孩，民众和国家双赢》，《社会科学文摘》，2012(9): 2325。

曾毅：《试论二孩晚育政策软着陆的必要性与可行性》，《中国社会科学》，2006(2): 93–109。

翟振武、陈佳鞠、李龙：《中国出生人口的新变化与趋势》，《人口研究》，2015(2): 48–56。

翟振武、李龙：《“单独二孩”与生育政策的继续调整完善》，《国家行政学院学报》，2014(5): 50–56。

翟振武、张现苓、靳永爱：《立即全面放开二胎政策的人口学后果分析》，《人口研究》，2014(2): 3–17。

张弛：《碘化食盐与甲状腺功能亢进症》，《国际内分泌代谢杂志》，1999(4): 173–175。

张文康：《齐心协力为持续消除碘缺乏病而努力奋斗——中国2000年实现消除碘缺乏病阶段目标总结暨再动员大会工作报告》，《中国地方病学杂志》，2001，20(1): 1–4。

赵斌：《全球气候治理的复杂困局》，《现代国际关系》，2021(4): 37–43，27。

赵鼎新：《社会与政治运动讲义》，北京：社会科学文献出版社，2006。

赵万里：《科学的社会建构——科学知识社会学的理论与实践》，天津：天津人民出版社，2002。

赵万里、薛晓斌：《科学的智力组织和社会组织——惠特利的科学组织社会学述评》，《科学技术与辩证法》，2001(6): 42–47。

郑庆斯、徐菁等：《中国碘缺乏病监测系统及其在碘缺乏病防治中的意义》，《中国地方病防治杂志》，2010(6): 428–451。

中办国办印发《意见》进一步弘扬科学家精神加强作风和学风建设，[2019-06-19]，http://cpc.people.com.cn/n1/2019/0612/c419242-31131632.html。

《中共中央关于党的百年奋斗重大成就和历史经验的决议》，(2021–11–16)[2022–03–26]，http://www.gov.cn/zhengce/2021-11/16/content_5651269.htm。

《中共中央关于坚持和完善中国特色社会主义制度 推进国家治理体系和治理能力现代化若干重大问题的决定》，人民网，(2019–11–06)[2022–03–26]，http://cpc.people.com.cn/n1/2019/1106/c64094-31439558.html。

《中共中央关于控制我国人口增长问题致全体共产党员、共青团员的公开信》，《人民日报》，1980–09–25。

《中共中央 国务院关于完整准确全面贯彻新发展理念做好碳达峰碳中

和工作的意见》，中国政府网，[2022-04-12]，http://www.gov.cn/zhengce/2021-10/24/content_5644613.htm。

中共中央马克思恩格斯列宁斯大林著作编译局：《马克思恩格斯全集》（第二卷），北京：人民出版社，1957。

中共中央马克思恩格斯列宁斯大林著作编译局：《马克思恩格斯全集》（第四十二卷），北京：人民出版社，1979。

中共中央马克思恩格斯列宁斯大林著作编译局：《马克思恩格斯选集》（第4卷），北京：人民出版社，2012。

中国碘缺乏病防治策略研讨会工作组：《中国碘缺乏病防治策略研讨会专家共识》，《中华地方病学杂志》，2015，34(9): 625–627。

中国发展研究基金会：《中国人口发展报告2011/12：人口形势的变化和人口政策的调整》，北京：中国发展出版社，2012。

《中国公民合法、正当权益不容侵犯（钟声）》，《人民日报》，[2018-12-10]，http://news.cnr.cn/comment/latest/20181209/t20181209_524444084.shtml。

《中国共产党第十八届中央委员会第五次全体会议公报》，新华社，[2018-10-28]，http://www.xinhuanet.com//politics/2015-10/29/c_1116983078.htm。

《中国共产党第十五届中央委员会第五次全体会议公报》，人民网“中国共产党历次全国代表大会数据库”，(2000-10-11)[2022-03-26]，http://cpc.people.com.cn/GB/64162/64168/64568/65404/4429268.html。

中华人民共和国国家发展与改革委员会、教育部、科技部等：《国家重大科技基础设施建设“十三五”规划》，[2017-12-11]，http://www.ndrc.gov.cn/zcfb/zcfbtz/201701/t20170111_834846.html。

中华人民共和国国务院新闻办公室：《中国的民主》，北京：人民出版社，2021: 4。

《中华人民共和国人口与计划生育法》，[2018-05-05]，http://www.gov.cn/banshi/2005-08/21/content_25059.htm。

周箐、张芳喜：《公共研究经费分配中的价值判断——以NIH公共医学研究经费的分配为例》，《自然辩证法研究》，2019(2): 64–70。

周思若、徐晶晶：《中国计划生育标语的批评话语分析》，《外国语文研究》，2017(6): 10–20。

周伟、米红：《中国失独家庭规模估计及扶助标准探讨》，《中国人口科学》，2013(5): 2–9。

周小兵：《真理的共识论与文化共识》，《社会科学辑刊》，2003(2): 22–26。

朱海兵、金毅：《杜卫委员：建议加碘盐不要"一刀切"》，《浙江日报》，2010-03-10。

朱旭峰、田君：《知识与中国公共政策的议程设置：一个实证研究》，《中国行政管理》，2008(6): 107–113。

朱旭峰：《中国社会政策变迁中的专家参与模式研究》，《社会学研究》，2011，25(2): 1–27。

朱旭峰：《专家决策咨询在中国地方政府中的实践：对天津市政府344名局处级领导干部的问卷分析》，《中国科技论坛》，2008(10): 18–23。

竺王玉、胡晓斐、周世权等：《舟山海岛地区城镇居民甲状腺肿流行病学调查》，《浙江预防医学》，2009，21(4): 1–3。

竺王玉、刘晓光、胡晓斐等：《舟山群岛居民碘营养状况及甲状腺癌现患调查》，《卫生研究》，2012，41(1): 79–82。